本书得到总装备部装备科技译著出版基金、总装备部"1153"人才

SYSTEM DYNAMICS
Modeling and Simulation of Mechatronic Systems

(Fourth Edition)

系统动力学
机电系统的建模与仿真

（第4版）

[美]Dean C.Karnopp　Donald L.Margolis　Ronald C.Rosenberg

刘玉庆　李昊　郭强　安明　周伯河　译
陈善广　主审

国防工业出版社
·北京·

著作权合同登记　图字:军－2009－025 号

图书在版编目(CIP)数据

系统动力学：机电系统的建模与仿真：第 4 版 /
（美）卡罗普（Karnopp, D. C.），（美）马戈利斯
（Margolis, D. L.），（美）罗森伯格（Rosenberg, R. C.）
著；刘玉庆等译. —北京：国防工业出版社，2012.5
书名原文：System Dynamics：Modeling and
Simulation of Mechatronic Systems（4th Edition）
　ISBN 978-7-118-07214-3

　Ⅰ.①系… Ⅱ.①卡… ②马… ③罗… ④刘… Ⅲ.
①系统动态学 Ⅳ.①N941.3

中国版本图书馆 CIP 数据核字(2011)第 060962 号

※

国防工业出版社出版发行
（北京市海淀区紫竹院南路 23 号　邮政编码 100048）
北京奥鑫印刷厂印刷
新华书店经售
*
开本 787×1092　1/16　印张 24¾　字数 568 千字
2012 年 5 月第 1 版第 1 次印刷　印数 1—2000 册　定价 118.00 元

（本书如有印装错误，我社负责调换）

国防书店：(010)88540777　　发行邮购：(010)88540776
发行传真：(010)88540755　　发行业务：(010)88540717

译 者 序

随着计算机软硬件技术的迅猛发展,系统建模与仿真已经成为工程领域不可或缺的一种非常重要的支持手段,逐步渗透到工程系统的各个环节,对于提高产品质量和可靠性、缩短研制周期、降低研制成本以及预测成品结果等方面均有非常重要的意义。现代工程系统大多规模庞大、成分多样,其包含的组件涵盖机械、电子、热力、液压等各类不同物理领域。一个系统不仅涉及单一能量形式,而且是多种能量形式的耦合,针对任何一个能量域的动力学分析方法,往往仅限于该领域的系统,很难适用于其他能量域系统。

键合图理论的出现和发展,为解决上述问题提供了一条新的行之有效的途径。作为一种图形化数学建模工具,键合图提供了一套标准化符号系统,用以描述工程系统中属于不同物理领域的各类组成部分,并且为不同能量形式之间的交互提供了完备的分析手段。键合图不仅适用于一般的线性动态系统,对于工程领域常见的非线性系统也表现出强大的求解能力。键合图作为一种方便、快捷的建模与仿真研究工具,正逐步得到工程研究人员的认可。同时,许多支持键合图建模与仿真的工具软件,为键合图理论在工程中的应用提供了便利。

《系统动力学 机电系统的建模与仿真(第4版)》原著作者是3位分别从事教学和科研工作的建模与仿真领域的知名教授。该书是一部有关机电系统动力学建模的经典教材,被多所美国著名大学选用。特别是在该书2006年出版的第4版中,在延续了前面版本中从基础知识着手,并逐步深入创建动力学模型方法的基础上,通过对相关章节的调整,使得该书对不熟悉物理系统建模的读者也能轻松地理解和掌握。

译者在做出国访问学者期间,在美国密西根大学选修了以该书作为教材的"动态系统建模与分析"研究生课程,并且在Jeffrey L. Stein教授的自动化建模实验室接触了许多采用键合图理论建模的应用实例。考虑到该书对从事动态系统建模的科研人员有重要的参考价值,因此将该书翻译成中文,期待为该书的读者提供更大的便利,同时也希望能对键合图理论在国内的应用与发展起到推动作用。本书可作为工科专业高年级本科生和研究生的参考教材,也可作为工程人员的参考资料。

翻译工作于2008年启动,李昊、安明、郭强、周伯河参加了翻译工作,安明、李昊参加了本书的整理工作。本书得到了总装备部装备科技译著出版基金及总装备部"1153"人才工程资助。

在翻译和整理的过程中,得到了中国航天员训练中心的大力支持,中心主任陈善广研究员在百忙中对本书进行了审阅,在此特别表示感谢。

由于译者水平有限,书中不妥之处,欢迎读者批评指正。

译 者

序

很高兴受邀对这本专门介绍动态物理系统建模与仿真的教材进行修订再版,因为我们始终认为,在现代工程系统的设计中,非常有必要对系统的物理属性作深入理解;同时,用统一的形式化方法描述系统的数学模型也是至关重要的,因为这样可以直接掌握通过解析方法或计算机仿真预测获得响应的物理本质。在实际的工程环境中,工程人员必须在多学科的条件下工作和交互。实际上,对所有复杂系统的研究而言,都是解决热力学问题、结构问题、振动和噪声问题、控制和稳定性问题,等等,这些问题都无法归结到一个单独学科的范畴。对工作在各个领域的绝大多数工程技术人员而言,理解这些不同学科间的交叉是非常有价值的。我们也仍然相信,键合图为研究和解决这些多能域系统的问题提供了一种最佳的手段。

本书几乎涉及了对所有类型工程系统的建模与仿真。我们认为,撰写本书的目的完全是为了探讨一般意义下"机电(Mechatronic)"领域的问题。但是,由于在本书第1版出版时,学术界和工程领域已经开始使用术语"机电",该术语通常被用来描述机械系统的电子控制领域的研究。而在本书中,我们的研究既包括单纯的机械系统,也包括各种各样的物理系统。我们将介绍如何使用类似于对复杂工程系统电子控制方案设计的方法,实现对各种复杂系统的建模和仿真。

自从本书的第3版问世后,在国际范围催生了许多相关的课程,甚至是在专门研究机电系统的院系。在国际互联网上以"Bond Graph Courses"(键合图课程)作为关键词搜索,能找到成百个目前使用键合图讲授系统建模的课程。这些课程涵盖多个领域,例如,生物学、经济学、物理学以及传统的工程学。作为本书作者,曾了解国际上所有使用键合图的科研和工程人员。但那个时候已经过去了,因为越来越多的学科中的人们已经意识到使用一种统一的方法对所有类型的物理系统建模以得到线性或非线性数学模型的优势。

在本书的早期版本中,将内容分为两部分,前6章作为本科生的教材,剩余部分作为研究生的教材。在第3版中,着重引入了一些最新的资料,这些资料涵盖了多维非线性机械系统,可表示为偏微分方程的典型分布式系统,用于电磁执行机构的电磁回路,以及热流系统,这些内容在第7~12章中给出。还专门增加了第13章,介绍如何使用商业软件对复杂非线性系统的仿真。

在第4版的前6章中,主要改写了基础内容。为了让初学者能更容易掌握,根据几十年的本科教学经验重写了前6章。其主题基本不变,但是具体的描述是全新的。每章中还加入了新的习题,和前面版本一样,也提供了解答手册。这些章节适合作为本科教材,学时约占 1/4 学期或 1/2 学期。

　　键合图对于描述线性和非线性系统同样适用。虽然通篇的介绍和举例中一直说明真实系统实际上都是非线性的,而且其非线性特性最终必须要考虑,但是在第 1 章引言中还是重点介绍线性系统。因为在所研究的系统中不论包含何种能域,都可以使用线性简化方法建立一个系统模型作为分析和仿真研究的标准起点。为讨论自动化仿真新添加了一节,可以直接在计算机显示屏上画出其键合图,然后使用软件将所有的方程自动导出,并配合一些可用的开发包将其集成到仿真中去。接下来的章节属于研究生阶段的课程,也可作为高级键合图建模技术的参考。

　　很高兴地看到书中的内容得到不断丰富并被认可。经实践证实,键合图方法不仅能有效帮助本科生为动态物理系统建立数学模型,并且可被扩展至研究生阶段来处理一些高级问题,甚至可被用来处理一些有工业背景的具体问题。对系统建模的初学者而言,虽然键合图方法和其他建模方法一样简单,但键合图方法相比有更多优势,尤其当遇到更有挑战性的系统问题时,其他那些形式化功能较差的方法几乎派不上什么用场。

　　有关物理系统建模的话题仍然深深地吸引着我们,希望同学们能喜欢这本书,并在实际工作中发现它的用处,也希望专业工程师们能从中获益。

目　录

第1章　绪论 ………………………………………………………………… 1

1.1　系统模型 …………………………………………………………… 2

1.2　系统、子系统和元件 ……………………………………………… 4

1.3　确定状态系统 ……………………………………………………… 5

1.4　动态模型的应用 …………………………………………………… 6

1.5　线性系统与非线性系统 …………………………………………… 7

1.6　自动化仿真 ………………………………………………………… 7

习题 ………………………………………………………………………… 8

参考文献 …………………………………………………………………… 10

第2章　多通口系统与键合图 …………………………………………… 11

2.1　工程多通口 ………………………………………………………… 11

2.2　通口、键和功率 …………………………………………………… 15

2.3　键合图 ……………………………………………………………… 17

2.4　输入、输出和信号 ………………………………………………… 18

习题 ………………………………………………………………………… 20

第3章　基本元件模型 …………………………………………………… 23

3.1　基本一通口元件 …………………………………………………… 23

3.2　基本二通口元件 …………………………………………………… 31

3.3　三通口结元件 ……………………………………………………… 36

3.4　基本多通口系统的因果关系 ……………………………………… 40

3.4.1　基本一通口元件的因果关系 ………………………………… 40

3.4.2　基本二通口和三通口元件的因果关系 ……………………… 41

3.5　因果关系与方块图 ………………………………………………… 43

3.6　伪键合图与热系统 ………………………………………………… 44

习题 ………………………………………………………………………… 46

参考文献 …………………………………………………………………… 50

第4章　系统模型 ………………………………………………………… 51

4.1　电系统 ……………………………………………………………… 51

4.1.1　电路 …………………………………………………………… 52

4.1.2　电路网络 ……………………………………………………… 55

4.2　机械系统 ·· 58

 4.2.1　机械平动 ·· 59

 4.2.2　定轴转动 ·· 63

 4.2.3　平面运动 ·· 66

4.3　液力与声学回路 ·· 75

 4.3.1　流体阻力 ·· 76

 4.3.2　流体容量 ·· 78

 4.3.3　流体惯量 ·· 82

 4.3.4　流体回路构建 ·· 83

 4.3.5　一个声学回路的例子 ······································ 84

4.4　换能器与多能域模型 ·· 85

 4.4.1　变换器型换能器 ··· 86

 4.4.2　回转器型换能器 ··· 87

 4.4.3　多能域模型 ··· 89

习题 ·· 91

参考文献 ·· 102

第5章　状态空间方程与自动化仿真 ······························· 103

5.1　系统方程的标准形式 ··· 105

5.2　键合图的增广 ··· 107

5.3　基本公式与化简 ·· 112

5.4　扩展的形式化方法:代数环 ·· 117

 5.4.1　扩展的形式化方法:微分因果关系 ····················· 121

5.5　输出变量形式化 ·· 126

5.6　自动化的和非线性系统 ·· 128

 5.6.1　非线性系统 ·· 128

 5.6.2　自动化系统 ·· 130

习题 ·· 133

参考文献 ·· 139

第6章　线性系统分析 ··· 140

6.1　引言 ·· 140

6.2　常微分方程解法 ·· 141

6.3　特征值与自由响应 ·· 143

 6.3.1　一阶系统举例 ·· 143

 6.3.2　二阶系统举例 ·· 146

 6.3.3　举例:无阻尼振荡器 ······································ 149

 6.3.4　举例:有阻尼振荡器 ······································ 153

6.3.5　一般情况 ······························ 155

6.4　激励响应与频率响应函数 ···················· 158

  6.4.1　响应曲线的正态属性 ················ 165

  6.4.2　一般情况 ························· 166

6.5　传递函数 ······························· 167

  6.5.1　方块图 ·························· 168

6.6　完全响应 ······························· 169

6.7　可选状态变量 ··························· 171

习题 ··································· 173

参考文献 ································ 179

第7章　多通口场和结型结构 ···················· 180

7.1　储能场 ································ 180

  7.1.1　C – 场 ·························· 180

  7.1.2　C – 场的因果关系 ·················· 184

  7.1.3　I – 场 ·························· 190

  7.1.4　混合储能场 ······················ 195

7.2　阻性场 ································ 196

7.3　可调二通口元件 ························· 199

7.4　结型结构 ······························ 201

7.5　多通口变换器 ··························· 202

习题 ··································· 206

参考文献 ································ 210

第8章　换能器、放大器和设备 ···················· 211

8.1　功率换能器 ···························· 211

8.2　储能换能器 ···························· 217

8.3　放大器和设备 ··························· 220

8.4　受控系统的键合图和方块图 ················· 224

习题 ··································· 227

参考文献 ································ 236

第9章　含非线性几何学的机械系统 ················ 237

9.1　多维动力学 ···························· 237

9.2　机械系统动力学中的非线性 ················· 244

  9.2.1　基本建模过程 ···················· 244

  9.2.2　多体系统 ························ 252

  9.2.3　拉格朗日或哈密顿 IC – 场表示 ·········· 258

9.3　车辆动力学的应用 ······················· 262

习题 ·· 265

参考文献 ··· 275

第 10 章　分布参数系统 ································· 277

10.1　应用于分布式系统的简单集总技术 ············· 277

10.2　分离变量实现连续集总模型 ······················· 285

10.3　有限模式键合图的通用性研究 ···················· 296

10.4　组合完整系统模型 ··································· 303

10.5　小结 ·· 304

习题 ·· 305

参考文献 ··· 309

第 11 章　磁路和设备 ··································· 310

11.1　磁效应与流变量 ····································· 310

11.2　磁能的存储与损耗 ··································· 313

11.3　磁路的组成 ·· 317

11.4　磁力元件 ··· 319

11.5　设备模型 ··· 321

习题 ·· 326

参考文献 ··· 329

第 12 章　热流系统 ····································· 330

12.1　键合图形式表示的基本热力学 ···················· 330

12.2　实键合图和伪键合图中的热传递 ················· 335

12.2.1　一个简单案例 ····························· 337

12.2.2　电热电阻器 ······························· 338

12.3　流体动态系统 ·· 340

12.3.1　一维不可压流 ····························· 342

12.3.2　可压缩效应的表示 ························ 345

12.3.3　一维流的惯性和可压缩性 ··············· 347

12.4　可压气体动力学的伪键合图 ······················ 349

12.4.1　动态热存储器 ····························· 349

12.4.2　等熵喷嘴 ································· 352

12.4.3　构建含热动态存储器和等熵喷嘴的模型 ··· 354

12.4.4　小结 ······································ 357

习题 ·· 357

参考文献 ··· 361

第 13 章　非线性系统仿真 ······························ 362

13.1　显式一阶微分方程 ·································· 362

X

13.2　代数环产生的微分代数方程 ·· 364

13.3　微分因果关系导致的隐式方程 ·· 367

13.4　动态系统的自动化仿真 ·· 370

　　13.4.1　方程的分类 ·· 370

　　13.4.2　隐式方程和微分代数方程的求解 ······································ 371

　　13.4.3　基于图标的自动化仿真 ·· 371

13.5　非线性仿真举例 ·· 372

　　13.5.1　一些仿真结果 ·· 375

13.6　结论 ·· 377

习题 ·· 377

参考文献 ·· 380

附录　用于建模机械、声学及液压元件等典型材料的属性值 ·············· 381

第1章 绪 论

本书与工程师们要设计的动态物理系统的发展息息相关。将要研究的系统可用术语"机电"来描述,其含义是系统的组成在一般意义下是机械的,同时包括一些电子控制。在计算机—控制系统的设计中,透彻理解功率和能量以各种形式相互转化的系统动力学至关重要。本书中介绍了对实际系统的建模过程,探究了系统行为的分析方法,以及使用计算机技术仿真在外界激励下系统的动态响应。在开始学习物理系统之前,有必要先讲解一下工程学中的系统动力学。

术语"系统"通常被用来描述一系列广义的概念,因此很难对其下一个精确的定义,甚至无法给出一个能够涵盖其不同含义的基本概念。在本书中,使用"系统"需要预先给定两个假设:

(1)系统可以理解为通过物理边界或者概念边界从其他事物(系统环境)中分离出来的一个实体。例如:一个动物就是一个系统,它受周围环境的影响(例如气温)并与之相互交换能量和信息。这种情况下边界是物理的或是空间上的。航空指挥控制系统是一个复杂的人造系统,它不仅包括周边的物理环境,而且还包括不断变化的交通情况,它最终由客流和货流的运输所决定。这两个不同系统的共有特点是它能够确定哪些属于该系统,哪些属于外部干扰或是源自系统外部的命令。

(2)系统由一些相互作用的成分构成。对动物来说,在其体内可以发现具有特殊功能的器官和神经等。而航空交通控制系统由人和机器组成,并通过通信链路相互连接。显然,把系统内部的网状结构映射到其各组成部分的研究既是一门技术又是一门艺术,而且大多数的系统都可以分解为很多的部件,对这些部件的分析也很复杂。

在日常生活以及本书大部分主题所涉及的更特殊且技术化的应用中,我们都能意识到系统这两方面的特性。例如,当听到有人抱怨某个国家的交通系统不是很好时,在逻辑上就有人会使用"系统"这个词。首先,交通系统大体被定义为一个整体,它由空中、陆地以及海洋交通运输工具、人、机器和交通规则组成。另外,系统中的很多部分都很明确:汽车、飞机、船、行李处理设备、计算机等。交通系统的每一部分还可以细分(每一个组成部分也是一个系统),但是由于各种原因在细分过程中必须谨慎。

所谓"系统观点"的本质就是从整个系统的运行出发,而不是在组成部分的层面上考虑问题。对交通系统的抱怨就是对整个"系统"的抱怨。按照各自设计,驾驶者能够开车进行旅行,飞机按设计时速无故障飞行,出租车也像预计的那样为大家服务,但事实却可能是交通大拥堵,飞机晚点,诸如此类的情况经常发生。事实上,光有好的部分不一定能组合成一个让人满意的系统。

在工程领域里,一个系统的设计或运行与各种各样的人类活动和任务紧密相关,在某些层面上系统的很多部分都可以独立运行。例如发电站的发电机、涡轮、锅炉、供水泵,它们都是由不同的人独立设计而成的。而且，热传递、压力分析、流体动力学和电子学等都是其中的一个子集。必须意识到在一个任务下的所有工作组都不仅是本组在工作，更重要的是整个系统都在工作，而且还要实现整个系统的预期功能。很多情况下，过分简化的假设都是这些只负责局部小系统设计的工作人员做出的。这种情况发生后，结果往往让人很失望。他们设计的发电站可能在满载的时候损坏，而这种结果是那些看上去似乎很合理的设计导致的。

本书的重点放在研究系统行为，而不是组成部分的层面上。这需要有关于组成系统各成分的知识以及某些特定工程领域的知识。本书中工程系统的主要问题和题目来自振动学、材料力学、动力学、流体力学、自动控制、热力学以及电路学。很多的工程师把自己职业生涯的大部分时间花在了以上学科中的一种上，但是很少有大工程系统只涉及一个学科领域。因此，系统工程师有理由必须掌握工程学的各方面以及相关的其他知识。

很多系统是以其变量不随时间改变为假设的，以此来完成静态或者稳态操作，这样的设计也许会成功，但是本书关注的是动态系统，这类系统的行为是时间的函数。对于一架运输机而言，它的绝大部分时间是匀速飞行，因为保持匀速以节约燃油是很重要的。对同一架飞机来说，研究匀速飞行时机翼所承受的压力远不如在湍流中飞行以及在紧急情况和硬着陆情况下所受的时变压力那样重要。在研究飞机燃油经济问题方面，静态系统分析就够用了。但是对于压力预测，系统动态分析是必需的。

一般来说，没有一个系统可以真正地在静态或者稳态下工作，系统都会有短时间的起伏变化并受瞬时效应的影响，例如，开关状态就很重要。尽管稳态分析在设计研究中很重要，但本书着重研究动态系统。由静态系统分析作出的决策往往会误导我们，因此动态系统分析要比静态系统分析复杂的多和重要的多。当考虑系统动力学时，由于外部的干扰和不稳定性，系统可能永远都达不到稳态。而且当以静态考虑时，各种系统会有反直觉的行为。系统的一处改动或者一条控制策略的变化，即使是从静止状态起的短暂运行都可能给整个系统带来长时间的影响，甚至是带来和初始状态相反的结果。社会历史中就充满了类似的悲剧，因此人们希望动态系统分析可以帮助规避"静态思维"的错误。甚至对简单的工程系统，在以静态为基础合理地研究系统之前，也必须要了解一些系统动态响应方面的问题。

在工程领域中一个反直觉系统的简单例子，如水力发电站。为了减小功率，位于涡轮前面的水闸门向关闭的位置移动。但是，在该瞬时，由于惯性作用使水流过阀门时保持稳定，导致水流通过小阀门区域时水流加速，导水管中水的惯性作用反而使功率增加。慢慢地，随着导水管中的水流速减慢，从而使功率减少。如果对这一系统的动力学不了解，人可能会打开阀门来减小功率。如果真的这样做，只会导致功率暂时减小，而后就是不可避免的增大。从这个例子可以看出，对于设计机电一体化系统控制器而言，掌握动态响应是非常关键的。

1.1 系统模型

对实际系统的动力学研究中，核心是对系统模型的认识。系统模型是通过简化和抽象得到的一种用来预测系统行为的结构。在工程中，缩放模型曾得到了广泛使用。例如：

飞机风洞模型、船模实验水池中的船体模型、城市工程中的建筑模型、光弹性应力分析中金属部件的塑料模型、以及电路设计中的"试验板"模型。

这些模型只能体现真实系统的部分特性。例如：在飞机风洞模型中，并没有刻意改变真实飞机内部的色彩或是座位布局。航空工程师们做出了如下的假设：真实飞机中的某些因素对飞机的空气动力学并不重要，因此系统的模型中只包含对真实系统当前研究内容有重要影响的因素。

本书中把另一类模型称作数学模型。尽管这类模型比物理模型要抽象得多，但是在物理模型与数学模型之间仍然有很多相似之处。数学模型也可以用来预测系统响应输入的某些方面。例如，在测试过程中数学模型可以预测一架飞机是如何响应来自飞行员的输入命令，但是这样的模型却不能预测真实飞机在任何一个方面的响应。例如，这个模型不包括在操作过程中气动力加热变化的任何信息，以及飞机结构高频振动的信息。

因为模型是由真实系统简化得来的，所以构建模型也是一门艺术。一个非常复杂的系统可能还有若干无法估计的参数，甚至无法进行分析，而且即便可以分析也会产生一些无关的细节。过度简化的模型同样不适用于体现重要的作用。事实上要明白：没有任何一个系统可以被精确地建模。任何一个可靠系统的设计人员都必须要经历建立各种复杂程度模型的过程，以此来寻找解决问题的最简模型。

本书的剩余章节将继续介绍系统模型、构建模型以及从模型中抽象系统特性的过程。此处模型一词仍为通常意义上的数学模型，但它是以形式化图形和计算机模型的形式体现，而不是以常微分方程组的形式表示。

各种物理系统的系统模型将由统一的符号构建。这些模型以工程学领域的各分支为基础，在能量和信息流的基础上使用"键合图"的符号表示系统。这些符号能够支持我们研究系统模型的"结构"。模型元件的自然属性和形式以及它们之间的相互作用以图形方式清晰地表示出来。通过这种方法，可明显看出各种系统之间的相似之处，且其经验可以从某一个领域扩展到其他领域。

使用键合图语言，仅需要一套很少的理想化的模型元件就能构建各种系统的模型，如电模型、磁场模型、机械模型、液压模型、气压模型、热力学模型以及其他系统模型。该形式化方法支持将模型转化为微分方程模型或图形化的计算机仿真模型。过去针对每一类型的系统分别用图表来表示其动态系统模型，如图1.1中的(a)、(b)、(c)，每一个图都表示一种典型的模型。注意到图中每一元件看上去都源自其设计草图，但事实上真实系统的图片却和此图完全不同。图1.1(a)表示一辆汽车在路面行驶的动力学，但是模型中的质量块、弹簧、阻尼器与可视化的部件并没有一一对应关系。类似地，图1.1(b)中的电阻和电感符号并不是对应被称为电阻和感应线圈的物理元件，而是对应单独物理设备中的电阻作用和电感效应。因此，系统的部分示意图甚至要比直观上更为抽象。

图1.1(d)显示的是一种复合的系统，这种传统方法表示的系统模型不是很完善。事实上，如此将模型中功能都在图中显示的情况确不多见，图中模型的基本结构并不明显。键合图要比图1.1中的示意图抽象得多，但是它的描述很清楚且图1.1中最大的好处是所有模型都使用了一组相同的符号。对于图1.1(d)中的复合系统，可用键合图这样的通用语言来显示系统模型的本质结构。

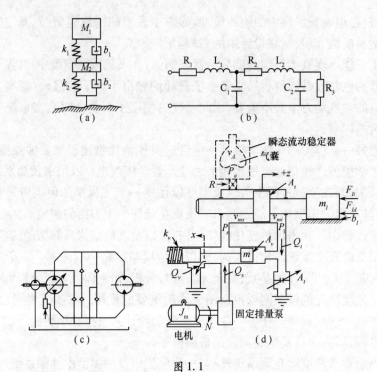

图 1.1

(a)典型示意图；(b)典型电路图；(c)典型液压图；
(d)包含机械、电、液压元件的复合系统示意图。

1.2　系统、子系统和元件

　　为了建立一个系统的模型,通常需要先将系统分解为若干小的部件,对部件进行建模和实验研究,然后将这些部件再组合成系统模型。通常对系统的分解需要经过几个步骤完成。在本书中称系统中的主要部件为子系统,子系统的基本组成部分称为元件。当然,元件、子系统、系统的分界也不是完全绝对的,一个系统最基本的部分也可能是一个复杂的子系统。但是在很多的工程应用中,子系统和元件的分界是非常明显的。

　　从根本上来说,子系统是系统的一部分,像系统一样被建模;子系统可以分解为若干相互作用的元件。元件被作为一个单元进行建模,并且认为其不可再分。一方面必须弄清楚各个元件之间如何相互作用,另一方面元件被看做是一个"黑盒",没有必要知道它内部如何工作。

　　为了说明上述观点,考虑图 1.2 所示的振动测试系统。系统将一个测试结构放置到由信号发生器确定的振动环境中。例如,如果信号发生器产生随机噪声信号,那么振动台的加速度将完全复制电子噪声信号的波形。在一个由物理上相互独立的部件组成的系统中,我们自然把通过连接线、水压管线或机械固件而装配起来的部件看做是子系统。因此,以信号发生器标注的电子方框、控制器、电子放大器、电子液压阀、液压振动器和测试结构都可以看做是子系统。如果一些子系统在内部结构未知的情况下,与系统其他部分的相互作用能够确定,那么这些子系统也可以被视为元件。电子放大器很明显是由许多元件构成,比如电阻、电容、晶体管以及其他类似元件,但是如果放大器设计合理,那么它

4

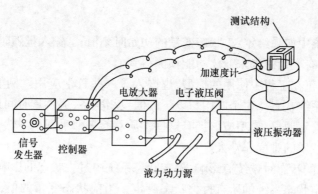

图 1.2　振动测试系统

就不会过载,而且也可以把放大器看做是一个元件,由制造商规定它的输入输出数据。为了研究整个系统,获得整个系统的动态描述,其他子系统可能需要进行系统分析。

　　例如:电子液压阀,图 1.3 所示为典型的伺服阀,此阀门是由一系列的电子、机械、液压部件组成,它们协同工作产生阀门的动态响应。对于这个子系统而言,元件是力矩马达、液压放大器、弹簧、液压通道及滑阀。对子系统进行动态分析,可以发现子系统设计上的缺陷,从而可以考虑用其他子系统来替代或者重新配置整个系统。从整个系统设计的角度出发,在这样的分析中,可以把一个子系统看做是一个简单的元件。一个熟练且经验丰富的系统设计者经常可以凭着直观估计对子系统建模细节做出恰当的判断。本书所介绍的方法的主要目标是阐明一个系统模型是如何通过元件模型集合而成的,当然也可以对子系统模型进行各种程度的实验,用以校验或者反驳最初建模决策。

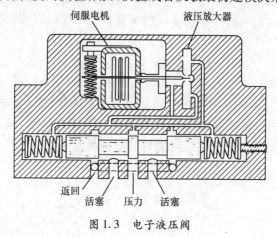

图 1.3　电子液压阀

1.3　确定状态系统

　　本书的主要目的是介绍系统数学模型的建立方法。这类模型通常称做"确定状态系统"。在数学描述中,这类系统模型由一系列的常微分方程和代数方程来表示。常微分方程是根据状态变量给出的,代数方程把其他系统的变量和状态变量相关联。在下面的章节中,将举例说明从物理效应建模开始到建立状态方程的整个过程。尽管很多分析方法和计算机仿真方法并不要求写出状态方程,但是从数学的角度出发所有的系统模型都

5

应是确定状态系统。

确定状态系统中如果给定：①状态变量的初始时刻值；②输入量随时间变化的曲线关系，那么系统中所有变量的未来变化均能预测得到。

事实上，某些仅在工程中使用的模型，也嵌入了一些哲学应用。例如，未来的事件不会影响到当前的系统状态。这个应用与以下的假设相联系，那就是时间只有一个方向，从过去到未来。尽管不明显，模型应该拥有这些性质看起来似乎理所当然，但要证明真实系统总是具有这些性质的难度非常大。

很明显，过去的状态对系统有影响；确定状态系统中过去状态的影响以一种特殊的方式体现出来。确定状态系统的所有过去状态决定了当前状态变量的值，这意味着很多的过去状态会导致状态变量出现相同的当前值以及相同的未来系统行为。它也意味着如果可以将状态变量设定为特定值来设置系统环境，那么将来系统的响应只是由未来的输入所决定，除了将状态变量的过去值设定为特定值外，过去的状态也并不重要了。

如果所研究系统是确定状态的，那么就能进行科学实验。系统从受控条件下启动，受控条件通过控制变量来表示。如果实验可以重复，那么就可以假设状态变量的值由实验操作来进行初始化。如果实验不可以重复，那么就假设某些重要条件并没有得到控制。这种条件可能是由不可观测的或不可完全初始化的状态变量造成的，也可能是未被识别的输入量通过系统周围环境造成的。

经过多年在科学和技术领域中的应用，确定状态系统模型的作用得到了广泛认可。对工程领域中的宏观系统，确定状态系统模型是非常普遍的，而且进一步研究这类模型对社会和经济系统仍然有很多可用之处。本书以明确定义的物理系统为例讲解了对确定状态系统模型的建立和研究，作为教材，这些例子能引起工程师们的兴趣。

1.4　动态模型的应用

图1.4所示为一个普通的动态系统模型示意图。系统变量 S 由一组状态变量 X 表示，它受输入变量 U 的影响，U 表示系统周围环境对系统的影响。Y 是一组输出变量，它表示系统对外界环境的反馈结果。这一类型的动态模型有以下3种不同的使用方法：

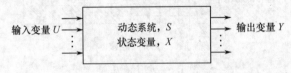

输入变量 U → 动态系统，S　状态变量，X → 输出变量 Y

图1.4　通用动态系统模型

（1）分析。已知输入变量 U 的未来值，X 的当前值，系统模型 S，需要预测输出 Y 的未来值。在系统模型是对真实系统的精确表示的假设前提下，分析技术能支持预测系统行为。

（2）辨识。给定 U 和 Y 关系的历史记录，通常根据对真实系统的试验，找到一组系统模型 S 和状态变量 X，使其与 U 和 Y 的时变关系相一致。这其实是科学实验的本质所在。显然，一个"好的"模型应该能够与很多组不同的 U 和 Y 组合的关系相一致。

（3）综合。给定 U 和某个预期的 Y，找到 S，使得通过 U 对 S 的作用来得到 Y。绝大

多数工程问题都涉及综合,但只有很有限的一些情况可以使用直接综合法。通常系统综合的完成是通过反复试验,对一系列备选系统进行重复分析。在这种意义下,动态模型显得尤为重要,因为如果对每一个备选系统都"从本质上"建立其模型以发现其特性的话,则该过程会进行得很缓慢。

本书采用分析或计算技术重点讲解如何建立系统模型以及预测系统行为。因此,重点是分析,但是必须要牢记分析对辨识问题也是很重要的,组建一个让人满意的系统对工程师来说仍然是一个重大挑战。对于分析,这里对其重要性不再赘述,但是除了作为综合的重要支持外,仅分析方法本身,也是值得每一个工程人员学习和掌握的。

1.5　线性系统与非线性系统

对于一个由子系统及其元件构成的整个系统模型而言,必须根据其建模目的确定建模决策,即什么动态效应必须包含在模型中。这些建模决策的结果恰是一个典型的系统示意图,它反映重要的动态效应。图 1.1 和图 1.2 是系统示意图,这些图中就包含建模决策。图 1.1(d)中,在元件层面通过标记惯性、柔性、阻性来表示重要的动态效应。图 1.2 中,建模决策在子系统层面显示出来,但是每一个子系统的建模细节并未显示。建模过程中组成子系统的元件是线性还是非线性是非常重要的。随着章节的深入,关于线性与非线性意味着什么会逐渐清晰。目前简单地说线性系统可以由一系列的线性一阶微分方程表示,非线性系统依然是状态确定系统,由一系列的非线性一阶微分方程组描述。

如果可以假设整个系统为线性的,那么就有大量的分析工具可供使用,来获得线性方程组的精确解析解,并可解析出极其详细的系统响应。后面的章节涵盖了一些关于分析的知识,其中包括特征值、传递函数和频率响应。如果一个系统含有大量的状态变量,那么将很难用解析方法求解,必须求助于计算方法来获取系统的线性特性。

如果一个系统模型中的某个元件是非线性的,那么系统就是非线性的,线性分析工具在此时不适用。滑动摩擦就是非线性元件的一个例子,此时特征值的解析解、传递函数或者是频率响应都不存在。为了获得非线性系统的响应信息,借助于时间步长仿真。幸运的是,有很多商业软件可用于仿真非线性系统。

事实上没有一个物理系统是线性的。但是,当一个系统中包含有相互作用的机电、机械、液压和热元件时,为了介绍构建整个系统模型的概念,从线性系统起步很容易入手,接着再逐步扩展到非线性系统。在下面的 5 章中,重点是线性系统模型,但是读者随时都有可能被提示真实的物理系统都是非线性的,而且为了获得系统响应必须使用仿真工具。

1.6　自动化仿真

自从出现了微分方程以后,动态物理系统的数学模型都是由其表示的。但是直到计算机功能强大以前,对这类模型的分析仍然有很多局限性。实际上,动态行为的预测只是应用在低阶的线性模型上,而低阶线性模型并不是真实系统的准确表示。

为了获得对系统动力学的一个正确评价,针对低阶线性模型的研究很有必要,本书前 6 章的重点是此类系统模型。但是,如今甚至在系统模型很庞大或包含有非线性元件时,可以通过计算机仿真获取系统动力学经验。第13章讨论了一些复杂真实系统中的具体问题。

接下来的章节中,第2章,第3章和第4章,采用抽象的键合图形式表示机械系统、电系统和流体系统(以及复合系统)中的元件,键合图法替代了常被用在振动系统、电路系统或者液压系统中的示意图法。从某些角度来讲,这些东西对真实的物理系统似乎并不是必要的步骤,但是它确有很明显的效果。

首先,键合图法是一种精确表示数学模型的方法,而示意图法对系统中某些效果是否被包括或是被忽视并不是很明确。其次,对于很多包含有两个或者是多个能域的系统,如机械、电子和液压系统,没有标准的示意图能清晰地指示出在建模过程中做过何种假设。最后,键合图法要比示意图更加容易在计算机上实现。

键合图仅使用很少的标准符号,然而针对相同的系统不同的人绘制出的示意图却大不相同。就好像计算机读条形码要比手写数据容易得多,键合图要比示意图更加容易解释。

为了分析或仿真,人们已经开发了识别键合图的计算机程序,它是以与人工相同的方式对求解微分方程进行处理。在此过程中,在没有提供任何数值参数或规则之前,就能发现模型的数学特性。而且,当系统元件参数和作用函数被定义时,程序会仿真系统响应。在此过程中,仅需最小的人为介入。

对于一名系统工程师而言,了解整个系统的建模与仿真过程十分重要,而键合图以及键合图仿真程序允许初学者在没有完全掌握所有键合图建模技术之前就可以使用计算机仿真来进行开发,这在教学过程中非常有用。从一开始,学生就可以通过给定的键合图模型以及仿真程序,了解到系统是如何根据不同的输入作用函数和系统参数的变化做出反映。学生可以学习动态系统的简单建模,他们并不需要完全掌握建模,提出方程以及使用方程解算工具。这可以鼓励学生积极学习键合图的动态系统建模技术和数字仿真技术。

事实上仿真程序无论对线性、非线性模型,以及大、小模型都很有用,初学者对于这一点不一定很赞同。但是随着时间的推移,这一点会越来越明显。

文献[2-4]中提到了不少知名的商业键合图处理软件,其中的一些与仿真程序配合使用能求解微分方程。在网上搜索一下,你会发现有很多的键合图处理软件。

另一类程序是以存储好的预测键合图子模型库为基础,但是在实际应用中,常使用图标代替键合图子模型。如文献[5]中所示,这类程序很适合研究对大的工程建模,但是它不适合键合图建模的学习。

习 题

1-1 假设你是一名供热工程师,把一座房子看做是一个动态系统。没有暖气的情况下,屋内的温度会以24h为周期变化。针对这个简单动态模型你认为什么是输入变量、输出变量以及状态变量? 你是如何扩展你的模型来预测不同房间内的温度? 给你的模型安装一个热感应控制暖气能带来哪些变化?

1-2 一辆在平坦道路上匀速行驶的汽车,节流阀的位置和行驶速度之间有一定的关系,把它们之间的关系曲线画出来。如果把一辆车在普通道路上正常行驶数千米过程中的瞬时速度和节流阀位置都记录下来,你认为瞬时速度和节流阀位置的关系与稳定状态时的曲线能吻合吗? 在预测模型速度的动态变化中,哪些输入、输出、状态变量起重要作用?

1-3 一辆车开上一个曲面两次,一次开得非常慢,一次开得非常快,要求你找出车第二次开上曲面时的胎压,那么哪些条件是第二次需要知道而第一次不需要知道的?

1-4 在稳定状态下一个好的风向标会指出风向,但风向不断地变化时,风向标的指示就不准确了。定义输入、输出和风向标系统参数可以反映风的变化。如果风向突然变化10°那么风向标的变化如何及时反映出来?

1-5 蓄水池内的水位随着时间变化而浮动。如果你想建立一个动态系统模型来辅助水资源计划人员预测水位变化,你会把什么作为你的系统输入变量? 你需要多少状态变量来建立模型?

1-6 一个质量块 M 和弹簧 k,在重力场中静止,如果被一个从距离高度为 h 落下的质量块 m 撞击。质量块 m 与 M 组成一体,一起下移。x 用来记录下移的位移。画出在撞击后 x 的大体变化情况。你认为要描述这个系统需要多少方程? 当弹簧静止后,弹簧的形变量是多少?

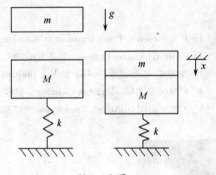

题1-6图

1-7 此系统是一个电路系统,它包括输入电压 $e(t)$、电容 C、电阻 R 和感应器 L。在后面的章节会讲到,当给一个电容加上电压时,将首先产生电流,随后电容开始充电。感应器正好相反,当刚开始加电压时很难产生电流,而后随着时间的推移渐渐产生电流。如果电压从零突然增加到某一个稳定值,画出电容中的电流 i_C 以及感应器中的电流 i_L 随时间变化的函数关系。感应器和电容中的稳定电流是多少?

1-8 一个液压系统由供给压力 P_s 和一根充满液体的管子组成,管子上有一个分支蓄液器 C_a,蓄液器内由横隔膜将气体与液体分开。长管有惯性 I_f 和抗阻性 R_f。在这一点上尽管很难相信,但这个液压系统也存在习题1-7中同样的问题。根据这些信息,画出蓄液器内液体流速 Q_a 和管子内液体流速 Q_1 随时间变化的函数关系。同时为本液压系统建立一个文字键合图。

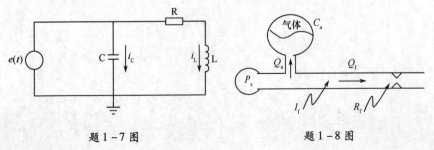

题1-7图　　　　　　　　　　　　题1-8图

1-9 将题1-8中的液压系统连接到一个汽缸活塞 A_p 上。活塞与一个质量块 m 相连,质量块与弹簧 k 和气节阀 b 相连。这个系统由液压和机械系统组成。你认为需要多

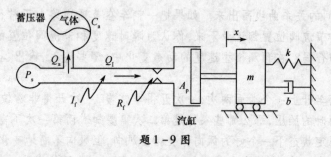

題 1-9 图

少变量才能描述这个系统的运动？当供给压突然升高时，你认为蓄液器中液体流动速度会如何变化，请画出草图。同时画出质量块的运动 x。最后为系统创建一个文字键合图。

参 考 文 献

[1] J. W. Forrester, Urban Dynamics, Cambridge, MA：MIT Press,1969.

[2] CAMP-G, Cadsim Engineer, P. O. Box 4083, Davis, CA95616.

[3] 20-SIM, Controllab Products B. V. , Drienerlolaan 5,EL-CE,7255 NB Enschede, Netherlands.

[4] SYMBOLS 2000, Hightech Consultant, STEP IIT Ktragpur-721302, WB,India.

[5] AMESim,IMAGINE SA,5 rue Brison, F42300 ROANNE, France.

在动态系统中,势变量、流变量以及功率随着时间不断变化。在描述动态系统时另外还有两类变量非常重要。这些变量有些时候称为"能量变量",该名称的由来会在后面讲解,它们是 广义动量 $p(t)$ 和 广义位移 $q(t)$,且都用统一符号表示。

广义动量定义为势变量的时间积分,如式(2.2)所示。

$$p(t) \equiv \int^{t} e(t)\,\mathrm{d}t = p_0 + \int_{t_0}^{t} e(t)\,\mathrm{d}t \tag{2.2}$$

其中既可以使用时间的不定积分,也可以定义 p_0 为时刻 t_0 时的初始动量,积分范围从 t_0 到 t_1。同理,广义位移变量定义为流变量的时间积分,即

$$q(t) \equiv \int^{t} f(t)\,\mathrm{d}(t) = q_0 + \int_{t_0}^{t} f(t)\,\mathrm{d}t \tag{2.3}$$

同样,式(2.3)第二个积分方程中 q_0 表示 t_0 时刻的广义位移。

式(2.2)和式(2.3)还可以采用其他的方式表示,采用微分形式而不用积分形式:

$$\frac{\mathrm{d}p(t)}{\mathrm{d}t} = e(t),\ \mathrm{d}p = e\mathrm{d}t \tag{2.2a}$$

$$\frac{\mathrm{d}q(t)}{\mathrm{d}t} = f(t),\ \mathrm{d}q = f\mathrm{d}t \tag{2.3a}$$

能量 $E(t)$ 表示为输入或输出一个通口的功率 $P(t)$ 随时间的积分,即

$$E(t) \equiv \int^{t} P(t)\,\mathrm{d}t = \int^{t} e(t)\,f(t)\,\mathrm{d}t \tag{2.4}$$

式(2.4)中,p,q 有时称为能量变量,通过式(2.2a)或式(2.3a)将 $e\mathrm{d}t$ 替换为 $\mathrm{d}p$ 或将 $f\mathrm{d}t$ 替换为 $\mathrm{d}q$。E 的替换表达式为

$$E(t) = \int^{t} e(t)\,\mathrm{d}q(t) = \int^{t} f(t)\,\mathrm{d}p(t) \tag{2.5}$$

在下一章中,将要遇到情况为势变量是广义位移的函数或流变量是广义动量的函数。那么能量不仅可以表示为时间的函数,也可以表示成能量变量的函数,因此

$$E(q) = \int^{q} e(q)\,\mathrm{d}q \tag{2.5a}$$

$$E(p) = \int^{p} f(p)\,\mathrm{d}p \tag{2.5b}$$

这里把能量变量定义为 p,q 是为了区别功率变量 e,f。

图2.2用于帮助记忆,它是一个"状态四面体"。四种变量类型 e,f,p,q 分别代表四面体的4个顶点,两条边反映出 $e-p$,$f-q$ 之间的关系。第3章中此图被放大,显示了与基本多通口元件相关的变量。

有趣的是当为物理系统建模时,需要用到的变量类型只有功率和能量变量 e,f,p,q。下面进一步学习其他能域里的变量来帮助理解。

表2.2展现了平动机械系统中通口处的功率和能量变量,由于力和速度为功率变量中的基本变量,其余变量的单位根据对基本功率变量单位的换算得到。单位的不统一导致许多系统分析失败,系统动力学的研究很有必要考虑采用公制或国际单位体系,它比过

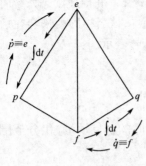

图2.2　状态四面体

表2.2　平动机械系统中的功率和能量变量

广义变量	机械平动	国际单位
势变量,e	力,F	N
流变量,f	速度,V	m/s
广义动量,p	动量,P	N·s
广义位移,q	位移,X	m
功率,P	$F(t)V(t)$	N·m/s
能量,E	$\int^{x}F\mathrm{d}x\int^{p}V\mathrm{d}P$	N·m

去使用的其他单位体系更好。在国际单位体系中,不管是在哪一类物理系统中功率一直是以牛米/秒(N·m/s)或同等单位瓦(W)来衡量。类似地,电子、机械、液压或者其他物理系统中的能量也是以牛米或者用焦来衡的。如果e,f,p,q变量采用国际单位,那么也就避免了功率和能量的单位换算。

如果想用传统单位来描述一个复杂的系统。例如:磅、斯勒格、英尺、伏特、每平方英尺重量、每小时加仑,要保证这些单位之间能恰当转换确实很困难。事实上,很多的计算机程序将键合图处理为微分方程组,以此来做后续的分析和仿真,这些程序不能与转换因子相兼容,因此要使用国际单位体系。在本文中,我们简单假设采用国际单位体系,当分析或仿真完成以后,将结果转化为传统单位体系就很容易了。例如:电动汽车的功率单位要求是千瓦,为了消费者更加容易接受,可以将其转换为马力,但是要知道在建立数学模型时,在模型内部涉及单位转换是错误的。

表2.3中给出了机械转动系统中通口的功率和能量变量,包括电动机轴、泵、传动装置以及表示此通口的其他有用设备。

弧度和其他角度单位都是无量纲的,但是在弧度、圈数、角度之间有比例因子,这将导致有些错误不会被量纲分析发现。本书所有公式中角度的单位全部采用弧度制。

表2.4中列出的液压系统的功率变量,也参考了固体力学里所用的变量,但同时定义了一些特殊量。根据式(2.2),广义动量定义为势变量的积分,或者在本例中为压力的积分。压力动量不仅在常规的流体力学中很少遇到,而且这个量也没有明显的符号。符号p_p表示广义动量,是$P(t)$的积分,类似于表2.3中的广义动量p_τ是$\tau(t)$对时间的积分。

表2.3　机械转动通口的功率和能量变量

广义变量	机械转动	国际单位
势变量,e	转矩,τ	N·m
流变量,f	角速度,ω	rad/s
广义动量,p	角动量,P_τ	N·m·s
广义位移,q	角度,θ	rad
功率,P	$\tau(t)\omega(t)$	N·m/s
能量,E	$\int^{\theta}\tau\mathrm{d}\theta\int^{P_\tau}\omega\mathrm{d}P_\tau$	N·m

表2.4　液压通口的功率和能量变量

广义变量	液压变量	国际单位
势变量,e	压力,P	N/m²
流变量,f	流量,Q	m³/s
广义动量,p	压力动量,p_p	N·s/m²
广义位移,q	体积,V	m³
功率,P	$P(t)Q(T)$	N·m/s
能量,E	$\int^{V}P\mathrm{d}V,\int^{p_p}Q\mathrm{d}p_p$	N·m

幸运的是,某些变量缺少通用的符号并不是什么大的障碍。当某些工具在系统建模中被开发后,如果有需要的话,广义变量 e, f, p, q 可以在所有能域里使用。

在后续表中,为了清楚起见,当包括压强时,其单位用 N/m^2 表示,而不采用等价的单位 Pa。

最后,表 2.5 给出了电通口处的功率和能量变量。唯一需要新定义的变量是电荷电量单位:C。经常使用"V 和 A"来表示电压和电流,而不采用相等的 C 和国际单位体系。除了动量和磁通密度变量 λ 外,表 2.5 内的大部分变量都很类似。在第 3 章学习感应器时这些变量会很有用。

表 2.5　电通口的功率和能量变量

通用变量	电子变量	单位	通用变量	电子变量	单位
势变量,e	电压,e	V	广义位移,q	电荷,q	$C = A \cdot s$
流变量,f	电流,i	A	功率,P	$e(t)i(t)$	W
广义动量,p	磁通链,λ	Wb	能量,E	$\int^q e\,dq, \int^\lambda i\,d\lambda$	J

表中的变量充分证明了多种物理系统中的变量符合图 2.2 中的示意图。随着系统建模的进一步深入,这个观点重要性越来越明显。在下一节中会看到,子系统的相互作用可以使用 e, f, p, q 分类用图的形式表示出来。

2.2　通口、键和功率

图 2.1 中描述的设备都可以认为是多通口元件,这些元件与其他的多通口元件相连组成系统。而且当两个多通口元件相连时,功率可以在通口之间流动,功率可以表示为势变量和流变量的乘积,如表 2.2～表 2.5 所列。我们以表中变量分类为基础,开发了一种通用的方法来表示多通口和相互连接的多通口系统。

图 2.3 为直流电动机。事实上,这类电动机有 3 个通口,图 2.3(a)中两个电通口是电枢通口和激励通口,驱动轴是转动机械通口。图 2.3(b)是常规示意图,该图中机械传

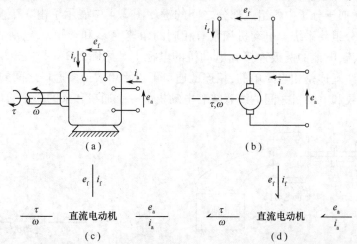

图 2.3　自激励直流电动机

(a)电动机草图;(b)常规示意图;(c)多通口表示;(d)符合符号规则的功率多通口表示法。

15

动轴以虚线表示，激励线圈的符号用类似于电路中感应线圈的符号来表示，电枢以换向器和电刷来表示。我们注意到子系统或元件内部结构的详细模型并没有在示意图中表示出来。为了写出描述电动机的方程，分析人员必须决定模型的细节程度。

图2.3（c）中进一步简化了多通口工程系统的表示形式。直流电动机代表一种设备，从表示设备的文字上引出的单线用来表示各通口。为了方便，把势变量和流变量写在表示通口的单线两边。无论通口线是垂直还是水平，都要保持使用如下规则：

（1）势变量写在通口线的左方或者上方。

（2）流变量写在通口线的右方或者下方。

（3）当出现对角线时，需要确定势变量和流变量的位置。

注意图2.3（a），（b），（c）都含有相同的信息，直流电动机三通口的功率变量有τ,ω，e_f,i_f,e_a,i_a。在图2.3（d）中，加入如下符号规则：当流变量和势变量都为正时，通口线上的半箭头表示任意时刻的功率流方向。

例如，如果图2.3（a）中ω的方向是正方向，τ是电动机驱动轴上的转矩且其方向为正，那么当两个变量的方向都为正时（或者都为负），$\tau\omega$的乘积也为正，它表示功率从电动机流向其他与电动机驱动轴相连的多通口。因此，图2.3（d）中的半箭头从电动机出发指向外部。类似地，当e_f,i_f,e_a,i_a为正时，无论激励通口和电枢通口连接到哪个多通口上，其功率都流向电动机。因此，激励通口和电枢通口的半箭头都指向电动机。

任何时候想明确表明一个多通口的详细特性，例如采用方程或表格数据的形式，都必须有符号规则。符号规则的建立对于电路或类似电路部件的多通口，如图2.3（a）和图2.3（b）所示，是相当简单的。然而，如果你曾经对"自由体受力图"中定义互连刚体的力和力矩有过研究，就会明白在机械系统中建立符号规则不是那么容易的。问题是在大多数表示法中作用力和反作用力都显示出相反的方向。那么，在图2.3（a）中，必须确定τ表示的转矩是作用在电动机轴上的，还是从电动机轴作用到其他多通口的。在图2.3（b）中，机械符号完全没有标注出来，而是由分析人员决定在方程中插入加号或减号，这样系统示意图对系统分析的帮助很小。

当两个多通口连接在一起后，通口的势变量及流变量就变得相同，称此两个通口有一个共同的键，类似于分子中各组成部分之间的键。图2.4中展示了由3个多通口设备绑定在一起的部分组装系统。电动机和泵有相同的角速度ω和转矩τ，电池和电动机有相同的电压和电流，电池的两极连接到电动机的电枢上。用图2.3（c）或图2.3（d）的形式展示这类子系统互连是相当简单的，相连的通口可以用单线或多通口之间的键来表示，如图2.5所示。泵和电动机之间的线意味着电动机的一个通口和泵的一个通口已经相连，

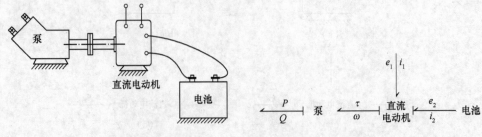

图2.4　部分组装系统　　　　图2.5　图2.4所示系统的文字键合图

因此泵和电动机的转矩及角速度相同。键上的半箭头意味着当转矩和角速度的乘积为正时，功率从电动机流向泵。因此与单个通口相连的线表示通口或潜在的键。对于互连的多通口，连接线表示两通口之间的连接，即为键。

2.3　键 合 图

本书中研究动态系统的工具是键合图，键合图是由许多表示功率键的线将子系统连接在一起组合而成，如图2.5所示。当主要的子系统以文字形式描述时，此类型的图称为键合图的描述模型。键合图的描述模型建立了多通口子系统，子系统连接方式，子系统通口中的势变量和流变量，以及功率交互中的符号规则。

由于键合图的描述模型有助于对动态系统表示方法的初期决策，因此在详细展示动态系统之前考虑某些示例系统是很有意义的。图2.6所示为雷达天线定位系统的一部分。键合图的描述模型显示了主要的子系统，带有势变量和流变量的键引入了一些变量，这些变量在后期的分析过程中有助于描述子系统的特性。因此，应该把键合图上所有的势变量和流变量与物理系统建模时的物理量联系在一起。

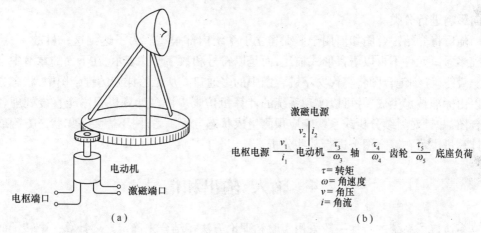

图 2.6　雷达天线底座驱动系统
(a)示意图；(b)文字键合图。

图2.7所示为另一个示例系统。尝试去理解文字键合图中与键相关的势变量和流变量是很有启发性的。例如，与三通口差动器相对应的3个势变量和3个流变量是什么？你知道轮子是将转矩及角速度与力和速度联系在一起的二通口吗？如果在此阶段动态系统的文字键合图结构并不是很明显，不要惊讶。随着系统建模的进一步细化，识别通口、键及多通口子系统会很容易。

图2.7中通过带有全箭头的键将节流阀位置、离合器分离装置位置以及变速箱的位置对系统的影响表示出来。在下一节中会详细讨论这些符号，它们表示在零功率流时环境对系统的影响。就本例而言，汽车驾驶员是汽车环境的一部分，驾驶员可通过油门、离合踏板以及挡位来控制汽车，使用的功率与动力传动系统相比极低。一个带有全箭头的键是一个信号键，它表示一个低功率下的信号流。在本例中，假设驾驶员可以随意操控汽车，动态模型不涉及操控所需的力。文字键合图有助于对真正的功率交互和信号键的

17

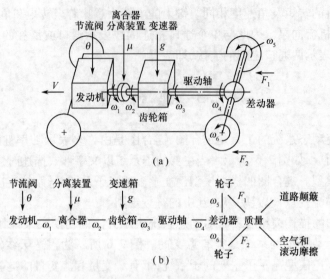

图 2.7　汽车传动系统示例

(a)示意图；(b)文字键合图。

单向影响进行分类。

随后将介绍键合图如何用于详细建立子系统内部模型。为了达到这一目的，一系列基础多通口元件不再以语言形式描述，而是以符号和数字形式表示，在下面的章节中会介绍。最终，详细键合图将替代文字键合图中的多通口。从足够详细的键合图中，状态方程可以由标准技术生成，并可以实现系统的计算机仿真。许多计算机程序能直接处理各类键合图，并针对后续分析或系统响应预测生成状态方程。另外，不需要写出状态方程或使用计算机也可在键合图上进行某些分析。

2.4　输入、输出和信号

多通口子系统的特性一般采用实验和理论方法相结合来确定。要计算一个转子的转动惯量，通过转子材料密度和部件图很容易就可得到，但是通过理论方法来详细地预测风扇通口特性要比实验测试的方法困难得多。在子系统行为实验中，出现"输入"和"输出"符号，或等价的"激励"和"响应"符号 。当子系统的"数学"模型组合到系统模型时，同样的概念被延用。

在多通口的行为实验中，必须明确各个通口要做什么。每一通口中都存在势变量和流变量，只能控制一个变量而不能同时控制两个。例如，图2.3～图2.5中考虑哪些因素决定直流电动机的稳态特性问题。

图2.8(a)所示为电动机实验中所使用的装备草图。假设不考虑电动机所提供的转矩，功率计都可以设置电动机的速度，此速度 ω 是电机的输入变量。电动机所提供的转矩通过转矩测量仪来测量，它是电机的输出变量。一般而言，功率计的转矩和速度是不可能同时调节的。实验的本意是发现在某一给定速度下的电动机转矩。

类似地，如果给两个电通口施加电压，那么电压就是输入变量，可测量电流就是电动机的输出变量。图2.8(b)使用线和箭头来表示了哪些是输入量，哪些为输出量，该图是

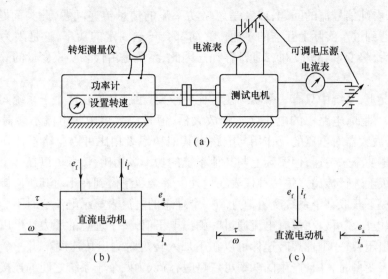

（a）

（b）　　　　　　　（c）

图 2.8　直流电动机实验测试

（a）测试设备草图；（b）输入输出信号方框图；（c）加入因果关系的多通口表示。

结构图的一个简单范例,图中线和箭头表示信号流的方向。多通口的每一个通口或键上都有势变量和流变量,当这两类变量以成对信号形式出现时,必定是一个信号为输入而另一个信号为输出。

　　为了弄清楚通口处势信号和流信号哪个是多通口的输入,在图2.3(c)、图2.3(d)、图2.5(d)中仅需提供一条必要信息,这是因为如果势变量或流变量是输入变量,那么另外一个就是输出变量。在键合图中输入变量和输出变量是通过因果线指定的。因果线是用画在键的一端并且与键垂直的短线表示,该短划线称为因果划,它直接指示了势信号的方向。在图2.8(c)中因果划已经被添加到了图2.3(d)中的多通口系统。通过对比图2.8(a)、(b)、(c),所有图中都包含相同的输入变量和输出变量信息,此时就可以领会因果划的含意了。将键合图和方框图概括到图2.9中,这里需注意功率流的半箭头符号规则和因果划是完全独立的。在图2.9中,使用 A 和 B 来表示子系统,下列所有的符号规则与因果划的组合都是可能的,$A \vdash B, A \dashv B, A \rightarrowtail B, A \leftarrowtail B$：在后续章节中将详细研究输入输出的因果关系,它是键合图一个非常有用的特性。

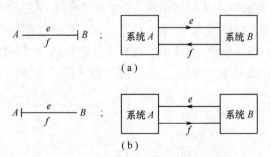

图 2.9　因果划的含意

（a）势变量是系统 A 的输出,系统 B 的输入;流变量是系统 B 的输出,系统 A 的输入;

（b）势变量是系统 B 的输出,系统 A 的输入;流变量是系统 A 的输出,系统 B 的输入。

19

最后,来看纯信号流的问题,或者是忽略功率流的信息传递问题,此类问题在图2.7示例中已经遇到过。实际上互连的多通口之间都会传送一定的功率,这是因为当多通口连接到一起后,势变量和流变量二者都存在。因此,系统是由代表功率变量的一对匹配信号连接而成。

许多情况下,系统中只有一个功率变量比较重要,也就是说在两个子系统间只传递一个单一信号。例如,电路中的电压会影响放大器,但是放大器中的电流不会对电路有影响。实质上,放大器对电压的反作用与电路中其他功率级相比可以忽略不计。任何信息都不可能以零功率来传递,但实际上与其他系统的功率级相比,信息可以在一个几乎可以忽略的功率级上进行传递。每一种仪表在设计上都会尽量做到在不对其所连接的系统产生干扰的前提下获取某个系统变量信息。一个理想的电流表显示电流值时不会引入电压降,一个理想电压表可以在没有电流通过时测出电压值,一个理想的压力计可以在没有流体通过时测出压力,一个理想转速计可以在不加入转矩时测出角速度。当一个仪表在读取势变量或流变量时,并且产生的功率可忽略时,就认为两个子系统之间的连接是没有功率交互的信号连接。

控制工程中的方框图或信号流图首先被用在电系统中显示信号耦合。如图2.8(b)所示,当考虑多通口时,功率交互需要一对末端带有方向箭头的信号表示。在键合图中,每个键都意味着含有一个势信号和一个流信号,以此方法来描述多通口要比方框图或信号流图高效得多。当系统中存在仪表、隔离放大器等,且系统受其信号交互支配时,那么势或流信号在很多的互连点上都将被抑制。在此类情况下,一个键可以退化成单信号而且可以用主动信号键来显示。主动信号键符号与方框图中的信号符号相同;例如,$A \xrightarrow{e} B$表示势变量e由子系统A确定,同时是子系统B的输入量。通常这类情况可以表示为$A \underset{f}{\dashv} B$,其中流变量由B确定,同时也是A的输入量。当e表示为信号(以键上的全箭头表示)或换句话说,是信号键,其含义是流变量f对A几乎不起作用。

当一个物理系统中加入了自动控制系统时,控制系统通过近乎理想的仪器接收信号,然后通过理想的放大器来影响系统。针对此情况使用信号键可以简化系统分析。注意在使用键合图时,通常假设多通口既有前向效应又有逆向效应,除非在建模决策时把逆向效应忽略。

在下面的章节中,将研究一系列基本的、理想的多通口,通过这些多通口的组合可完成对子系统中相关物理效应的建模,从而完成子系统的详细建模。在此详细建模水平上,使用基本多通口来组合子系统模型,必须对物理参数进行估计,同时找出并遵守理想多通口间因果关系的规则。随着本书的深入,你会对本章中简单介绍的符号和概念有进一步熟悉和了解。

习 题

2-1 创建一个类似于图2.2中的状态四面体,此四面体针对下面4个物理领域:机械移动,机械转动,液压系统,电系统。用相应的物理变量分别来代替e, f, p, q并列出每一变量的维数。

2-2 给图 2.1 中每一个多通口构建类似于图 2.3 的文字键合图。通过把几个多通口组合起来构建几个系统。

2-3 假设泵在不同的运转速度下被测试，测试泵在各种出口压力下的体积流量和转矩。为泵测试实验画出类似于图 2.8 中电动机测试实验的示意图、方框图以及键合图。

2-4 如果图 2.5 中的系统有因果关系，那么用类似于图 2.8(b) 中的方框图画出信号是如何流动的。也可参考图 2.9。

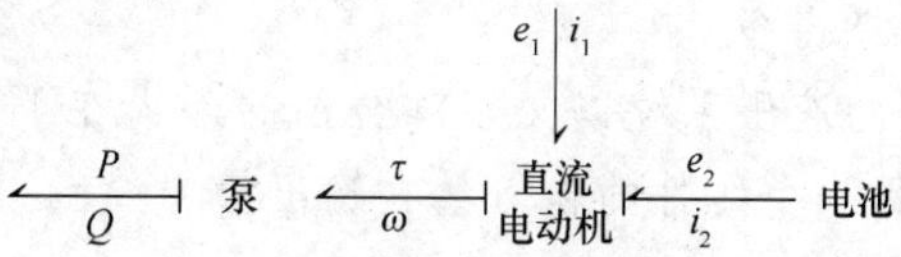

图 2.5

2-5 将因果划以任意形式应用到图 2.6 中的每一个键，并为系统构建一个等价的方框图，类似于图 2.8(b)，每一个多通口用一个方框表示。根据因果关系标记，在方框图中采用类似图 2.9 的方式指明信号流动方向。

2-6 针对图 2.7 中的系统重做题 2-5(注意：主动信号键类似于方框图中的单向信号流，但正规键具有 e 和 f 两个信号流)。

2-7 考虑习题 2-4 的系统，通过已知的因果划，确定系统环境对于系统的输入变量，并指出哪些变量是系统的输出变量(也就是环境的输入量)？

2-8 一个 100W 的灯泡需要点亮多长时间才能使其所消耗的能量与在重力环境下把 10kg 的质量块抬离地面 30m 所需要的能量相同？

2-9 把一个电钻表示为多通口，其开关位置的影响用信号键表示。将因果划应用到你的键合图上，假设电钻接到 100V 电压上，转矩由被钻的材质所决定。根据你在通口处所选择的因果关系，画出电钻的系统方框图。

2-10 如果一个容积式液压泵的工作效率为 100%(瞬时机械功率和瞬时液压功率相同)，并且 5N·m 的转矩产生 7.0MPa 的压力，那么容积流和角速度之间的关系是什么？$(7.0MPa = 7.0 \times 10^6 N/m^2)$

2-11 滑块曲柄装置几乎是所有内燃机系统中的基本运动装置，此装置把曲轴的旋转运动和活塞往复运动联系在一起。其最理想的状态是，滑块曲柄无质量，无摩擦，且由刚体组成。在此假设下，设备能量守恒，即 $\tau\omega = Fv$，τ 是机轴上的转矩，F 是连杆一端的力，ω 是曲柄的角速度，v 是连杆末端的速度。如果能够知道它们是怎样相关的，那么就能自动获得 F 和 τ 之间的关系。

作为文字键合图，滑块曲柄的表示如图中所示。我们很快会了解到这个设备是可调变换器。

为了求得 v 和 ω 之间的关系，这里有一些提示。

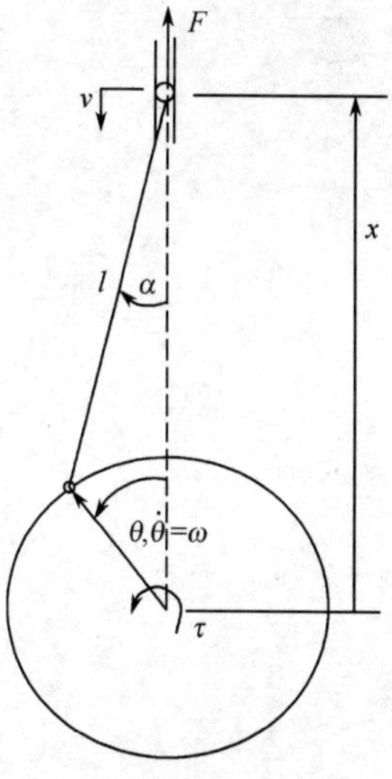

题 2-11 图

(a)滑块曲柄装置

$\dfrac{\tau}{\omega}$ 滑动曲柄装置 $\dfrac{F}{v}$；

(b)文字键合图。

$$x = R\cos\theta + l\sin\theta$$

$$l\sin\alpha = R\sin\theta$$

解第二个方程求出 $\sin\alpha$,用 $\cos\alpha = \sqrt{1 - \sin^2\alpha}$将其代入第一个方程,然后对所得解求微分,并与$\dot{x} = -v$ 和$\dot{\theta} = \omega$ 联合。如果完成这些步骤,将推出以下的关系式:$v = m(\theta)\omega$,$m(\theta)$是曲柄的角度函数。因为此设备满足功率守恒,马上就可以得出 $\tau = m(\theta)F$。

现在尝试通过力和力矩平衡条件来推导τ和F之间的关系。你会发现这要比推导速度和角速度之间关系复杂得多。

2 – 12 习题 1 – 9 中的液压系统以文字键合图的形式在下面的图中给出,且在键上已标出因果关系,试给出每一个元件的输入量和输出量。

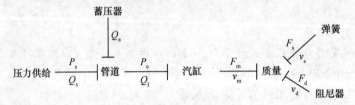

题 2 – 12 图

第3章 基本元件模型

第 2 章从功率交换和外部通口变量角度出发,将真实设备看做子系统。本章中将定义一系列基本多通口元件,并用其建立子系统的详细模型。在许多情况下,这些多通口元件被用于表示子系统和系统模型的元件,是一些真实元件的理想数学模型,例如电阻、电容、质量块、弹簧、管道等。但是在其他情况下,基本多通口元件被用于模拟一个设备的物理效应,不能与设备的物理元件建立一对一的对应关系。例如:可以用一系列基本元件,如电阻、电容和惯性元件,建立一个电路或液体传输线路模型,尽管在真实设备中被模拟的物理效应是沿着传输线路分布,而不是像模型那样用集中参数表示。

使用上一章介绍的键合图以及对功率和能量变量的分类,仅需要很少几种基本元件就能统一表示多能域系统的模型。与状态方程表示法和其他一些针对单能域或只有信号流而没有功率流的图形化表示法相比,键合图往往更容易实现系统的可视化。针对复杂系统键合图模型的研究可以不断加深对系统物理特性的理解。

3.1 基本一通口元件

一通口元件是指只有一个单独的功率通口,且其通口处只存在一组势变量和流变量。通常,一通口元件可以是一个非常复杂的子系统。在系统分析中,一个墙上的普通电源输出口就可以表示为一通口元件。实际上这个通口连接着一个非常复杂的发电和传输设备网络,但是从系统模型的角度来看,墙上电源输出端背后的特性被相对简化成一个一通口元件。

这里介绍最基本的一通口元件,并按照消耗功率、存储能量、输出功率元件的顺序 4 进行介绍。

一通口阻性元件是指在单一通口处的势变量和流变量存在某种静态关系。图 3.1 中展示了阻性元件的键合图表示符号,e 和 f 之间的基本关系曲线图,以及不同能域中阻性元件的示意图。电阻是一个阻性元件,这是由其电压—电流的线性关系确定的,即

$$e = Ri$$

因为 e 是势变量,i 是流变量,它们之间的基本关系恰好符合线性一通口阻性元件的定义。类似于电阻,机械阻尼器也是一个一通口阻性元件。理想的阻尼器通过力和速度的线性关系来描述,

$$F = bV$$

b 是阻尼常量。因为 F 是势变量,V 是流变量,因此其基本关系符合一通口阻性元件的定义。液压设备的特性是由压力 – 体积流量关系确定的,尽管在很多情况下此关系为非线性,但也看做是一通口阻性元件,这种情况在第 12 章中会有详细论述。此处指定湍流通

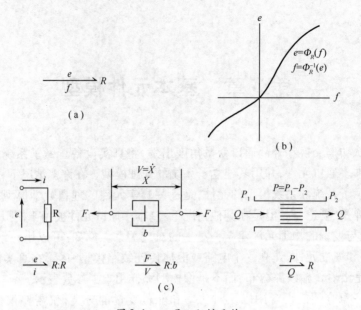

图 3.1　一通口阻性元件

(a)键合图符号；(b)定义关系；(c)不同物理领域里的表示。

过约束区,则压力 – 流之间的关系如下：

$$P_1 - P_2 = \frac{\rho Q |Q|}{2A^2}$$

或

$$Q = A\sqrt{\frac{2}{\rho}|P_1 - P_2|}\,\mathrm{sgn}(P_1 - P_2)$$

A 是流的横截面积。这些关系是非线性的势 – 流关系,它符合对一通口阻性元件的定义。

在表 3.1 的顶行给出一通口阻性元件的通用形式,液压系统的阻性特性在表中较下面的行中列出。

表 3.1　一通口阻性元件, $\overset{e}{\underset{f}{\rightarrow}}R$

	通 用 关 系	线 性 关 系	国际单位制的 线性阻性参数
通用变量	$e = \phi_R(f)$ $f = \phi_R^{-1}(e)$	$e = Rf$ $f = Ge = e/R$	$R = e/f$
机械平动	$F = \phi_R(V)$ $V = \phi_R^{-1}(F)$	$F = bV$	$b = \mathrm{N \cdot s/m}$
机械转动	$\tau = \phi_R(\omega)$ $\omega = \phi_R^{-1}(\tau)$	$\tau = c\omega$	$c = \mathrm{N \cdot m \cdot s}$
液压系统	$P = \phi_R(Q)$ $Q = \phi_R^{-1}(P)$	$P = RQ$	$R = \mathrm{N \cdot s/m^5}$
电系统	$e = \phi_R(i)$ $i = \phi_R^{-1}(e)$	$e = Ri$ $i = Ge$	$R = V/A = \Omega$

24

阻性元件一般消耗能量,这适用于简单的电阻、机械缓冲器或阻尼器、流体管道中的多孔塞,以及其他类似的无源元件。根据符号规则,当图 3.1(a)中 e 和 f 的乘积为正时,功率流向通口。如果所定义的 e 和 f 之间的基本关系处于第 I 象限和第 III 象限,如图 3.1(b)中 $e - f$ 曲线所示,此时它们的乘积 ef 为正,那么就可以推断出是在消耗功率。

如图 3.1(b)所示,如果一通口阻性元件 e 和 f 之间的关系表示为曲线,则此时该阻性元件为非线性元件。如果 e 和 f 之间的关系为直线,则为线性阻性元件。对线性阻性元件的特殊情况,可能会定义阻性系数以及导数。当假定一个阻性元件为线性时,通常在键合图中 $-R$ 旁边附加冒号(:),并写出该阻性参数的物理符号。图 3.1 中的电阻和机械阻尼器就是如此。对于液压阻性元件来说,由于它是非线性元件,其阻性参数无法确定,因此没有参数标注。

表 3.1 中第一行将阻性关系进行概括。注意针对消耗功率的阻性元件,按照图 3.1 和表 3.1 中的符号规则,其阻性系数 R 和导性系数 G 均为正。

为了简便,建立如下假定但是很有用的规则:对于无源阻性元件,其功率方向通过半箭头指向阻性元件的方法来表示,此时线性阻性系数为正,且非线性关系曲线处于 $e - f$ 平面的第 I 和第 III 象限内。

在某些领域里线性模型很有用(例如振动和电路中),表 3.1 中显示了各能域的线性阻性关系,采用了与第 2 章中相同的符号。线性阻性系数的单位简单地采用势变量单位比流变量单位得到。表 3.1 中的单位值得引起我们注意。

接下来考虑势变量和广义位移之间存在某种静态关系的一通口设备。该类设备在储能和释能过程中没有能量损失。键合图术语中,将势变量 e 和广义位移 q 之间存在一定联系的元件称之为一通口容性或柔性元件。物理学术语中,容性元件被看做是理性化的弹簧、扭力杆、电容器、重力供油箱及蓄能器。在图 3.2 中展示了其键合图符号,定义的基本关系,以及一些物理示例。

像一通口阻性元件一样,既有理想的线性容性元件也有非线性容性元件。图 3.2(b)展示了 e,q 间的一般非线性关系。如果假定容性元件为线性的,那么其 e,q 的关系曲线将为直线,且容度参数可定义为 $e = q/C$。注意习惯上使用 e,q 关系曲线斜率的倒数来定义线性容度参数。在下一章中,随着更多的物理元件出现,我们就会明白这样做的原因。对于线性容性元件,习惯在键合图上标注容度参数,如图 3.2 所示。

电容为 CF 的电容器就是一个容性元件,因为它的理想化特性描述为

$$e = \frac{q}{C}$$

其中 $q = \int i\mathrm{d}t$ 是电容器上的电荷,这恰好符合对线性一通口容性元件的定义。形变系数为 k 的弹簧也是一通口容性元件,因为它的特性为

$$F = kx$$

其中 $x = \int V\mathrm{d}t$ 是弹簧的相对位移变量,该特性符合表 3.2 中一通口容性元件的通用定义以及线性一通口 C-元件的特别定义。在这种情况下,如键合图所示,容度参数为 $C = 1/k$。下一章将要讨论的储水池是一个理想的线性容性元件。扭转弹簧与线性弹簧一样,也是线

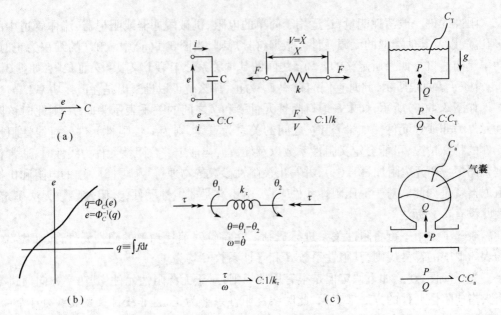

图 3.2 一通口容性元件

(a)键合图符号;(b)定义关系;(c)各物理领域里的表示。

性一通口容性元件,其扭转刚度为 k_τ,单位为 N·m/rad。如图 3.2 中的键合图所示,扭转弹簧的容度参数为 $1/k_\tau$。下一章将讨论气囊,在某些环境中它可能是线性的,但压缩空气一般是一个非线性过程。如果这个过程是等熵的,那么气囊的特性就可以由

$$P = \frac{P_0 V_0^\gamma}{V^\gamma}$$

确定,其中 $V = \int Q\mathrm{d}t$,P_0,V_0 是初始时刻的压力和气囊体积,γ 是空气的比热容。尽管气囊特性是非线性的,但是它仍然符合表 3.2 中一通口容性元件的通用定义。因此,在这种情况下,气囊是一个容性元件,但它不是线性的,既不需要确定容度参数也不需要在键合图上标注。

表 3.2 一通口容性元件,$\overset{e}{\underset{f=\dot{q}}{\longrightarrow}} C$

	通用关系	线性关系	国际单位制表示的线性容度参数
通用	$q = \Phi_C(e)$ $e = \Phi_C^{-1}(q)$	$q = Ce$ $e = q/C$	$C = q/e$ $1/C = e/q$
机械平动	$X = \Phi_C(F)$ $F = \Phi_C^{-1}(X)$	$X = CF$ $F = kX$	$C = \mathrm{m/N}$ $k = \mathrm{N/m}$
机械转动	$\theta = \Phi_C(\tau)$ $\tau = \Phi_C^{-1}(\theta)$	$\theta = C\tau$ $\tau = k\theta$	$C = \mathrm{rad/(N \cdot m)}$ $k = \mathrm{N \cdot m/rad}$
液压系统	$V = \Phi_C(P)$ $P = \Phi_C^{-1}(V)$	$V = CP$ $P = V/C$	$C = \mathrm{m^5/N}$
电系统	$q = \Phi_C(e)$ $e = \Phi_C^{-1}(q)$	$q = Ce$ $e = q/C$	$C = \mathrm{A \cdot s/V} = \mathrm{farad}(F)$

26

注意类似于阻性元件的符号规则,符号—C 用来表示容性元件,那么 ef 就表示流向容性元件的功率,即

$$E(t) = \int_0^t e(t) f(t) \, \mathrm{d}t + E_0 \tag{3.1}$$

式(3.1)表示在任意时刻 t,存储在容性元件内的能量。初始时刻 $t = 0$ 时,能量为 E_0。

由于式(2.2b)定义了广义位移 q,因此 $f \mathrm{d}t \equiv \mathrm{d}q$,根据容性元件的基本关系可知 e 为 q 的函数,即 $e = e(q)$,那么式(3.1)可以改写为

$$E(q) = \int_{q0}^q e(q) \, \mathrm{d}q + E_0 \tag{3.2}$$

其中 E_0 是 $q = q_0$ 时刻存储的能量。通常,当势为零时把存储的能量定义为零。如果 q_0 是 q 在 $e = 0$ 且 $E_0 = 0$ 时的值,那么,式(3.2)可以改写为

$$E(q) = \int_{q0}^q e(q) \, \mathrm{d}q \tag{3.2a}$$

式(3.2a)中的特性可以通过图3.3进行图形化显示。随着 q 的改变,曲线 e 下所围面积随着 q 的改变也在变化,且这个面积的大小等于 E,很明显 C 元件为能量守恒键合图元。图3.3(a)中如果 q 从 q_0 变化到 q,则进行储能;如果 q 变回到 q_0,则阴影区消失且所存储能量被释放。功率流向该通口,将导致能量的存储;相反,则功率将流出通口。在此过程中无能量损失。

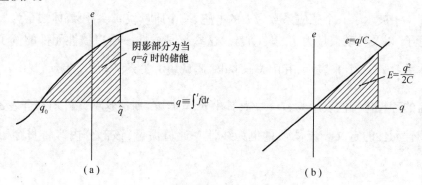

图 3.3　一通口容性元件储能面积表示法
(a)非线性情况；(b)线性情况。

表3.2概括了容性元件的特性关系,分别给定线性容度参数的单位。注意只有电系统有自身的容度单位 F。对于线性机械系统来说,更多的是使用弹性系数 k,而不是使用容度 $C \equiv 1/k$,它类似于电路中的电容量 C,且参数 C 为通用变量。机电混合系统中,必须特别注意在键合图中的数值参数对应于 C 还是 C 的倒数。再次强调读者需要学习表3.2中的单位,因为有些单位并不熟悉。

如果广义动量 p 与流变量 f 之间存在某种静态关系,就将引入第二个储能一通口。在键合图术语中,这类元件称为惯性元件。图3.4展示了惯性元件的键合图符号、基本关系曲线,以及一些物理示例。在电系统中,惯性元件用于建立感应效应模型;在机械或流体系统中,惯性元件用于建立质量或惯性效应模型。

在图3.4(b)中,一通口惯性元件的特性由 f 和 p 的关系来描述。如果它们的关系是

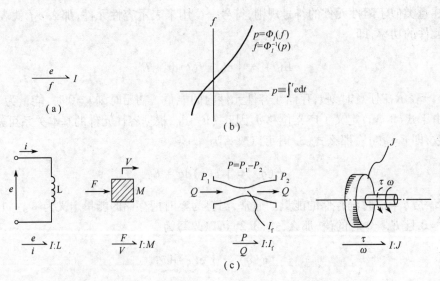

图 3.4　一通口惯性元件

(a)键合图符号；(b)定义关系；(c)一些物理领域的表示法。

线性的,那么其关系曲线呈直线,且基本关系表示为 $f = p/I$ 的形式,其中 I 是惯性参数,广义动量 $p = \int edt$。注意,与线性容性元件类似,习惯把惯量参数定义为线性关系斜率的倒数。图 3.4 中展示了一个感应系数为 L 的电感、一个质量块 m、一段流体惯量为 I_f 的充满液体的管子,以及转动惯量为 J 的转动盘。这些都是线性一通口惯性元件的例子。电感通过基本关系 $i = \lambda/L$ 来表示,其中 $\lambda = \int edt$；质量块由关系 $V = p/m$ 表示,其中 $p = \int Fdt$；而旋转盘的理想化特性表示为 $\omega = p_\tau/J$,其中 $p_\tau = \int \tau dt$。所有这些元件均符合表 3.3 中对一通口惯性元件的定义。流体惯量也为线性一通口惯量,该部分内容将贯穿于整个第 4 章。

表 3.3　一通口惯性元件, $\overset{e=\dot{p}}{\underset{f}{\rightarrow}} I$

	通 用 关 系	线 性 关 系	国际单位制下的线性惯量参数
通用变量	$p = \Phi_I(f)$ $f = \Phi_I^{-1}(p)$	$p = If$ $f = p/I$	$I = p/f$ $1/I = f/p$
机械移动	$p = \Phi_I(V)$ $V = \Phi_I^{-1}(p)$	$p = mV$ $V = p/m$	$m = \mathrm{N} \cdot \mathrm{s}^2/\mathrm{m} = \mathrm{kg}$
机械转动	$p_\tau = \Phi_I(\omega)$ $\omega = \Phi_I^{-1}(p_\tau)$	$p_\tau = J\omega$ $\omega = p_\tau/J$	$J = \mathrm{N} \cdot \mathrm{m} \cdot \mathrm{s}^2 = \mathrm{kg} \cdot \mathrm{m}^2$
液压系统	$p_p = \Phi_I(Q)$ $Q = \Phi_I^{-1}(p_p)$	$p_p = IQ$ $Q = p_p/I$	$I = \mathrm{N} \cdot \mathrm{s}^2/\mathrm{m}^5$
电系统	$\lambda = \Phi_I(i)$ $i = \Phi_I^{-1}(\lambda)$	$\lambda = Li$ $i = \lambda/L$	$L = \mathrm{V} \cdot \mathrm{s}/\mathrm{A} = \mathrm{henrys}(H)$

28

使用符号规则→I，流向惯性元件的功率通过式（3.1）给出。在当前的示例中，根据式（2.2a），得到 $edt \equiv dp$，同时如果 $f = f(p)$，那么式（3.1）可以写为

$$E_p = \int_{p_0}^{p} f(p)\,dp + E_0 \tag{3.3}$$

如果定义 f 为零时，能量为零，并且如果 p_0 对应于 f 与 p 关系曲线上 $f = 0$ 时 p 的值，那么

$$E(p) = \int_{p_0}^{p} f(p)\,dp \tag{3.3a}$$

应该注意到式（3.2）和式（3.3）之间是有相似之处的。通常把容性元件中的能量称做势能，而惯性元件的能量称做动能，这些称谓主要应用于机械系统中。而在电系统中，相应的两种形式储能常被称做电能和磁能。

同容性元件一样，如果将惯性元件的特性关系用图表示，那么能量的存储就可以通过区域的面积来表示。在图3.5中，同样通过图解，能够证明任何存储在惯性元件 $-I$ 上的能量都可以无损地释放。

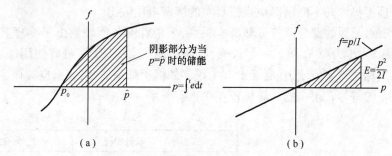

图 3.5　一通口惯性元件储能面积表示法
(a)非线性情况；(b)线性情况。

表3.3中给出了惯性元件的基本关系以及线性情况下惯量参数的单位。由于大多数工程实践中不考虑相对论，而只使用牛顿定律就能成功实现，因此速度和动量之间的关系是线性的，且质量或转动惯量为惯量参数。虽然通常根据式（3.4）将质量看做力与加速度 a 的比值，即

$$F = ma, \quad a \equiv \dot{V} \tag{3.4}$$

但表中通过式（3.5）给出了质量的基本定义，即

$$p \equiv mV \tag{3.5}$$

其中

$$\dot{p} \equiv F \tag{3.6}$$

很明显，对式（3.5）求对时间的微分，并使用式（3.6），就可以求解式（3.4）。另一方面，如果式（3.5）被非线性关系替代，即

$$p = \Phi_I(V) = \frac{mV}{(1 - V^2/c^2)^{1/2}} \tag{3.7}$$

其中 m 为静止质量，c 为光速，则式（3.5）和式（3.6）支持狭义相对论，详见文献[1, p_{19}]。尽管工程中大多注重线性情况，但对于机械系统还是可以给出一些具有通用特性关系的

例证。在电系统中,电感中的磁通变量(电压随时间的积分)和电流之间的关系是非线性的。线性参数 L 的使用是建模决策的结果。根据 $\dot{\lambda} = e$ 把 $\lambda = Li$ 归入 $\lambda = \Phi_l(i)$,比把 $e = Ldi/dt$ 归入非线性情况更让人满意。

可以使用图 2.2 中介绍的空间四面体来辅助记忆 3 个一通口的关系。如图 3.6 所示,我们现在了解四面体 6 条边中 5 条的含义。第六条边为顶点 p 和 q 之间的连线,在图 3.6 中被隐藏,没有元件将 p 和 q 相联 *。

最后,两个简单且有用的一通口元件必须被定义——势源和流源。一通口源可以是理想的电压源、压力源、振动混合器、恒流系统等。在每种情况下,势变量或流变量要么独立于功率的供给或吸收,都保持为恒值,要么受限于某些特定的时间函数。例如作用在质量块上的重力可看做一个恒值势源,在接近地球表面的地方,这个力从本质上独立于质量块的速度。对于随时间变化的源,取墙壁电源作为示例,墙壁电源可以通过电源线将正弦电压施加到大多数小电器上。在一个合理的电流变化范围内,电压不受电流波动的影响,当然电压实际上是受大电流影响的,当电路中电流过大时可以采用保险丝来保护电路,但是这意味着理想势源并不能精确地模拟真实的墙壁电压输出。

表 3.4 展示了源的键合图符号和基本关系,表中针对各能域给出了物理名称。有速度源 S_V,力源 S_F,压力源 S_P 等。一般说来,针对势源 S_e 或流源 S_f 最好使用通用名称,在通用名称一边标注特定能域,在后面章节中很多的例子都是如此,我们也应该注意到势源 SE 和流源 SF 的符号在很多的计算机程序中也有使用。

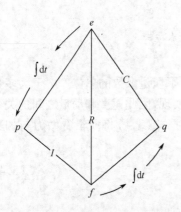

图 3.6　根据相互关系置于四面体
顶点上的 3 个一通口元件

表 3.4　一通口源元件

	键合图符号	定义关系
通用变量	$S_e \rightarrow$	$e(t)$ 给定,$f(t)$ 任意
	$S_f \rightarrow$	$f(t)$ 给定,$e(t)$ 任意
平动	$S_F \rightarrow$	$F(t)$ 给定,$V(t)$ 任意
	$S_V \rightarrow$	$V(t)$ 给定,$F(t)$ 任意
转动	$S_\tau \rightarrow$	$\tau(t)$ 给定,$\omega(t)$ 任意
	$S_\omega \rightarrow$	$\omega(t)$ 给定,$\tau(t)$ 任意
液压系统	$S_P \rightarrow$	$P(t)$ 给定,$Q(t)$ 任意
	$S_Q \rightarrow$	$Q(t)$ 给定,$P(t)$ 任意
电系统	$S_e \rightarrow$	$e(t)$ 给定,$i(t)$ 任意
	$S_i \rightarrow$	$i(t)$ 给定,$e(t)$ 任意

一般来说,源元件是为系统提供功率的。符号规则中的半箭头表示当 $e(t) f(t)$ 为正时,功率从源流向与源相连的系统。由于无论另一个功率变量有多大,源都能保持功率变量中的一个为恒值或为特定的时间函数,因此一个源几乎可以提供无限大的能量。但这

---

　* 事实上,可以把隐藏的边定义为一个元件,"记忆电阻"可以由后面介绍的其他元件来表示,因此并不把 memristor 当做基本元件。见 G. F. Oster and D. M. Auslander," The Menristor: A New Bond Graph Element," Trans. ASME, J. Danymics Systems, Measurement, and Control, 94, Ser. G, no. 3 pp. 249 –252(Sept. 1972)

是一个不真实的假设,真实的设备不是真正的源,尽管它们由源来模拟。例如:预测从12V汽车电瓶流向可变电阻器电流的问题。图 3.7 所示为电路图、键合图以及电压与电流的关系图,这是一个工作在电阻特性和源特性交叉点上的静态系统。对于小电流(或电阻 R 的值很大),电池是一个电压稳定的源。当电阻值降低到接近零时,预测电流会接近无限大。事实上,当电流变大时,电池内部的电阻作用将使电压降低到 12V 以下。如果电阻值接近于零,当短路棒接到电池的两级后,电池电流接近极限值,图 3.7(c)中以"短路电流"标注。当更多的基本多通口被定义后,可以用理想源和电阻器来建立电池的模型,通过这种方法可以用模型把图 3.7 中的真实特性再现出来。目前,只需知道理想源在真实设备建模时仍有重要作用,但是不能期望理想源就是整个功率范围内的实际模型,除非有其他多通口进行补充。

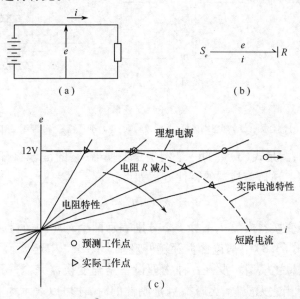

图 3.7　对连接具有可变电阻电池的分析

(a)电路示意图;(b)键合图;(c)源,真实电池,阻抗特性曲线。

任何仅由一通口元件组成的事物都很简单,因为此时的键合图不可能比图 3.7(b)更复杂。这也说明一通口并不就是全部,接下来按照逻辑考虑二通口。

3.2　基本二通口元件

我们可能认为需要定义的基本二通口元件比一通口元件更多,但事实上只需两类二通口元件。当然,二通口子系统的数目难以计数,但是这里讨论的是不能用前一节介绍的基本一通口模拟的元件和后面将被介绍的元件。

这里讨论的二通口元件是特定意义下功率守恒的理想情况。如果任何二通口元件 $-PT-$,都有如下符号规则:

$$\underset{f_1}{\overset{e_1}{\longrightarrow}} TP \underset{f_2}{\overset{e_2}{\longrightarrow}}$$

那么功率守恒就意味着在每一个时刻都有

31

$$e_1(t) f_1(t) = e_2(t) f_2(t) \tag{3.8}$$

隐含在式(3.8),并显示在上面键合图中的功率符号规则是一个贯穿功率符号,也就是功率流经二通口元件。式(3.8)表示功率从二通口元件的一端流入多少,同时从另一端流出多少。

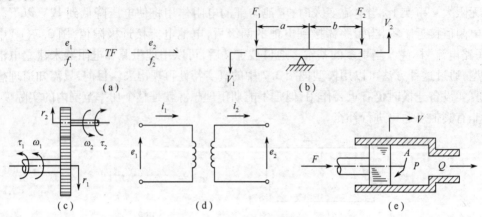

图 3.8 变换器
(a)键合图;(b)理想刚体杆;(c)齿轮副;(d)变压器;(e)液压油缸。

二通口元件中,满足式(3.8)的一个例子是变换器,它的键合图符号是→TF→,如图3.8(a)所示。理想二通口变换器的特性方程如下:

$$e_1 = me_2, \quad mf_1 = f_2 \tag{3.9}$$

式中:参数 m 称为 变换器模数[①],下标1,2分别表示两个对应的通口,如图3.8(a)所示。注意在式(3.9)和式(3.8)中都包含贯穿符号规则。图3.8中还展示了一些设备使用二通口元件建立的理想化模型。没有一种物理设备是与变换器完全一致的。例如,图3.8(b)中的杠杆,只有当它无质量、无摩擦且是刚性的时,才可以表示为变换器→TF→。用二通口模拟其他物理设备,必须加入类似的约束条件,才能保证模型的正确性。如果当前研究的设备包含重要的非理想效应,那么设备的真实模型可以采用理想的变换器和其他多通口共同表示,其中多通口用来表示非理想效应。

对杠杆来说,由于运动学原理$(b/a)V_1 = V_2$,且力矩平衡要求 $F_1 = (b/a)F_2$,因此是一个理想的变换器,这恰好满足式(3.9)给出的理想变换器的定义。如果首先推导出了速度关系,那么就没有必要再推导力的关系,因为根据变换器功率守恒的特性很轻松就可得到。类似地,齿轮副也是一个理想的变换器,因为运动学原理$(r_1/r_2)\omega_1 = \omega_2$,力矩平衡要求 $\tau_1 = (r_1/r_2)\tau_2$,这也满足式(3.9)中的定义。如果先推导出角速度的关系,那么就没有必要推导转矩的关系了,因为根据变换器功率守恒的特性即可得到。从键合图的角度来看,图3.8(d)中的变压器也是一个变换器,这是因为当变压器缠绕线圈的圈数比发生变化时,随着电流的增大或减小,电压值将随之对应减小或增大。在前3个例子中,变换器两端所涉及的功率变量是类似的。变换器一个非常重要的作用就是从一个能域转换到另一个能

---

① 这里有些模糊的地方,因为也可以把式(3.9)写成是 $me_1 = e_2$,$f_1 = mf_2$,系数可被定义为式(3.9)系数的倒数。

域。液压油缸就是这类变换器的第一个例子。

图 3.8(e)为液压油缸,液压能量被转换为机械能。此设备的理想特性方程为

$$F = AP, AV = Q \tag{3.10}$$

式中:活塞的截面积 A 对应于式(3.9)中的模数 m。

式(3.10)中的两个方程可以分别从物理描述中推导,如果推导出其中一个,根据能量守恒也能求出另一个。仅有一个模量存在这一特点可以用于对特性方程式(3.10)的验证。

满足式(3.8)中功率守恒的另一种方式称为回转器,其符号是: $\rightarrow GY \rightarrow$ 。回转器的特性方程如下:

$$e_1 = r f_2, r f_1 = e_2 \tag{3.11}$$

式中: r 为回转器模数并通过图 3.9(a)中的符号规则来表示。这个系数称为 r 是因为式(3.11)使我们想起了表 3.1 中的阻性特性。

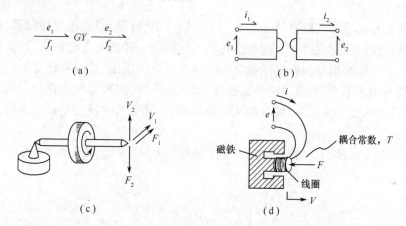

图 3.9 回转器

(a)键合图;(b)电回转器符号;(c)机械回转器;(d)声圈换能器。

在式(3.11)中,势和流在两个不同的通口是静态关联的。一通口阻性元件消耗能量,而二通口回转器的能量守恒,这可通过将式(3.11)中的两个方程相乘后得出。

图 3.9 中给出了某些物理设备,它们在很大程度上近似于回转器。在电网络图中电路符号被用来表示回转器。电回转器可以使用霍尔效应得到,回转器需要对微波频率上的效应进行模拟,但是在此情况下不能将其定义为一个单独的物理设备。任何玩过陀螺的人都观察过回转器,如果图 3.9(c)中的转子快速旋转,从 F_1 的方向上给一个很小的力将产生出一个成比例的速度 V_2。类似地,力 F_2 也会产生 V_1。式(3.11)预测了陀螺的反直观行为。例如,如果重力在方向 F_2 上,那么设备是在水平路径上进动。如果陀螺转速低,或者有大的外界干扰,那么陀螺必须以多维刚体建模。此键合图要比简单的 $\rightarrow GY \rightarrow$ 复杂得多,但是它确实包括回转器。严格规定转速和力的范围之后,陀螺近似于回转器,并使用陀螺来定义回转器的名称。

图 3.9(d)展示了一个可以近似简化为回转器的物理设备。该设备作为声圈广泛应用于电动扬声器、振动混合器、地震质量加速器以及其他设备中。声圈和其他类似的机电

33

转换装置覆盖了整个第 4 章。这里通过回转器的例子简单说明其特性。

该设备的特性方程是

$$e = TV, \quad Ti = F \tag{3.12}$$

式中：T 相当于式 (3.11) 中的 τ，它是设备的耦合常数。T 的单位可能在一个方程中是 $V/$ (ft/s)[①]，而在另一个方程中是 lb/A[②]，人们试图在两个独立的试验中测量 T 的这两个不同单位。实际上，回转器中只有一个 T。不同单位的引入是因为在设备一端的功率是以瓦特来衡量的，而另一端是以英尺磅每秒来衡量的。因此，可以使用式 (3.12) 来衡量 T，在 W 和 $ft \cdot lb/s$ 之间使用转换因子来保证功率守恒，并且在其他方程中推导 T。仅仅因为单位的选择就会导致这两个 T 在数值上的不同。如果认识到这些设备保持功率守恒并且可被表示为回转器，就可以帮助我们避免在式 (3.12) 中两个 T 的数值使用错误，该错误使得模型产生无用的功率。国际单位体系的一个很大优点是：式 (3.12) 的两部分中 T 的数值是相同的。为了避免出现任何单位的不一致，推荐使用国际单位体系，特别在多能域建模时尤为重要。

回转器看起来要比变换器神秘得多。在人们认识到回转器的重要性以前，针对机电系统或电液系统仅使用变换器来做电路网络示意图。一般情况下这并不可行，但是在某些特殊情况下可能在电学与机械或电学与流体力学之间应用，此时回转器被当做是变换器。例如键合图术语中，如果声圈是变换器，那么称电流为势，电压为流。如果仅意识到如图 3.9(b) 和图 3.9(c) 中的设备确实需要回转器，那么势 – 流变量的定义转换是完全没有必要的。

实际上，与变换器相比，回转器是一个更基础的元件。两个回转器的串联相当于一个变换器：

$$\xrightarrow[f_1]{e_1} GY_1 \xrightarrow[f_2]{e_2} GY_2 \xrightarrow[f_3]{e_3} = \xrightarrow[f_1]{e_1} TF_3 \xrightarrow[f_3]{e_3}$$

$$e_1 = r_1 f_2, r_2 f_2 = e_3 \rightarrow e_1 = (r_1/r_2) e_3,$$

$$r_1 f_1 = e_2, e_2 = r_2 f_3 \rightarrow (r_1/r_2) f_1 = f_3$$

相反，串联的变换器仅相当于另外一个变换器：

$$\xrightarrow[f_1]{e_1} TF_1 \xrightarrow[f_2]{e_2} TF_2 \xrightarrow[f_3]{e_3} = \xrightarrow[f_1]{e_1} TF_3 \xrightarrow[f_3]{e_3}$$

$$e_1 = m_1 e_2, e_2 = m_2 e_3 \rightarrow e_1 = m_1 m_2 e_3,$$

$$m_1 f_1 = f_2, m_2 f_2 = f_3 \rightarrow m_1 m_2 f_1 = f_3$$

因此，原则上把每一个变换器看做是由两个回转器串联组合而成，同时就可以省去基本二通口 $\rightarrow TF \rightarrow$ 的使用。尽管如此，将 $\rightarrow TF \rightarrow$ 保留为基本键合图元件会更方便。

回转器的实质就是交换势变量和流变量，认识到这一点很重要。将式 (3.11) 中的 r 统一进行替换就能看出这一点。那么 $\rightarrow GY \rightarrow$ 一个通口的势变量就是另一通口的流变量，反之亦然。因此组合 $\rightarrow GY \rightarrow I$ 与 $\rightarrow C$ 等价。鉴于此，将 f 与 e 或 q 的积分相关联。加入回

---

① 1 ft/s = 0.3048m/s；

② 1lb/A = 0.4536kg/A。

转器后 e 和 f 的角色就互换了,在外部通口处将 f 或 q 的积分与相关的 e 组合。元件关联 e 和 q 后得 $\rightarrow C$。类似地, $\rightarrow GY \rightarrow C$ 等价于 $\rightarrow I$。因此,原则上只要可以使用 $\rightarrow GY \rightarrow$,就可以省去 $\rightarrow C$ 或 $\rightarrow I$ 这两个基本一通口。同样为方便起见,仍然保留 $\rightarrow C$, $\rightarrow I$ 作为基本一通口。

作为一个完全基于键合图为基础的系统推导案例,来考虑 $I_1 \rightarrow GY \rightarrow I_2 = I_1 \rightarrow C$ 的等价关系,其中 $\rightarrow GY \rightarrow I_2$ 被 $\rightarrow C$ 替代。 $\rightarrow I$ 与 $\rightarrow C$ 键合后就是一个振荡器。在物理名词中,它可以是一个质量—弹簧或是电感—电容系统。因此, $I_1 \rightarrow GY \rightarrow I_2$ (或如另一种情况, $C_1 \rightarrow GY \rightarrow C_2$)恰好类似于惯性—电容系统。

在式(3.9)和式(3.11)中,即使参数 m 和 r 不为常量时两个通口仍保持功率守恒,基于该事实,最终也可以将上面讨论过的变换器和回转器进行概括。这就引出了可调变换器和可调回转器问题,在键合图中用以下的符号表示:

$$\begin{array}{c} e_1 \downarrow m\ e_2 \\ \rightarrow MTF \rightarrow \\ f_1 \qquad f_2 \end{array} \quad \text{和} \quad \begin{array}{c} e_1 \downarrow r\ e_2 \\ \rightarrow MGY \rightarrow \\ f_1 \qquad f_2 \end{array}$$

注意 m 和 r 以信号形式标示在活动键上的。这意味着功率并不随 m 和 r 的变化而变化,而且 $e_1 f_1$ 与 $e_2 f_2$ 一直相等,类似于常系数中的 $\rightarrow TF \rightarrow$ 和 $\rightarrow GY \rightarrow$ 。

许多的物理设备是以可调二通口元件来建模的。例如,电动变换器包括机械式接触电刷,当它移动时改变主从线圈的换向比,从而改变变换器比例。这一改变并不占用能量(如果假设机械摩擦可以忽略),而且在任何的接触电刷位置上设备在本质上都能存储能量。

在不改变两个通口保持功率守恒的前提下,图3.9(c)和图3.9(d)中的两个回转器的模是可以改变的。对于陀螺来说,电动机可以改变转子的转度,就是改变 r 。类似地,对于声音线圈,如果用电磁体代替永久性磁体,那么式(3.12)中的变频系数 T 会有变化。在每一时刻,两个通口处的功率都守恒,但是设备的特性改变了。

机械学中, MTF 特别重要而且被用来表示几何转换或运动学连接。作为一个简单例子,考虑图3.10中的旋转臂。在扭矩 τ 和力 F 的作用下旋转臂处于平衡态,而且它提供 θ 和 y ,或者 $\dot{\theta} \equiv \omega$ 和 $\dot{y} = V_y$ 之间的关系。首先写出位移关系,即

$$y = l\sin\theta \tag{3.13}$$

为了导出速度之间的特性关系,可以进行微分,即

$$\dot{y} = (l\cos\theta)\dot{\theta}$$

或

$$V_y = (l\cos\theta)\omega \tag{3.14}$$

τ 和 F 之间的平衡关系为

$$(l\cos\theta)F = \tau \tag{3.15}$$

如果认识到设备必须保持功率守恒,那么就会理解式(3.14)和式(3.15)中 $l\cos\theta$ 的一致性并非偶然。式(3.14)和式(3.15)嵌入到图3.10(b)的键合图中。因为系数 m 是位移变量 θ 的函数,所以 MTF 称做以位移为模数的变换器。此类变换器允许针对非常复杂的三维刚体运动以及动态系统创建键合图。

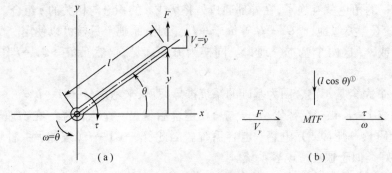

图 3.10　位移调制变换器

(a)刚体,无质量臂草图;(b)键合图[1]。

　　尽管已经定义了一些有用的二通口元件,但由一通口或二通口元件仍然只能组成非常简单的键合图。只有在链装模型的末端才会使用一通口和二通口元件。为了创建工程中使用的复杂模型,此时就需要引入三通口元件,但仅需要两个基本的三通口就可以建立一系列复杂系统模型。

3.3　三通口结元件

　　想象一下你手上有很多的电子元器件,比如电阻、电容、电感、电机等,有机械元器件如弹簧、减振器、飞轮等,还有液压元器件如管道、三通管、加速器等。进一步想象你可以任意连接这些元件。你可能会有成百上千种的连接方案。但事实上,所有的元器件只有两种连接方案,这将引出三通口元件,它允许将所有能域都组合到整个系统模型中。

　　现在介绍两个三通口元件,它们类似于前面章节中的二通口元件且保持功率守恒。这些三通口元件称做结,因为它们可以将其他的多通口元件连入子系统或系统模型中。这些三通口元件表示了键合图形式下的一种最基本的思想。这一思想以多通口表示有两种形式,在电子学术语里,称为串联和并联。尽管传统的方法并没有把结看做是多通口元件,但是这两类连接在所有的系统中都存在。

　　首先,考虑流结,又称做0-结或共势结。这些结的符号是以一个数字0带有3个键的形式表示的,并且这3个键从0发散出去(很明显,很容易将三通口扩展到四、五或更多通口结的定义)。

$$\underset{}{\overset{}{\rule{0pt}{0pt}}}\quad 0\quad , \quad \underset{1}{\overset{|2}{0}}_{3}, \quad \overset{2\downarrow}{\underset{1\rightarrow}{0}}_{\leftarrow 3}$$

　　这些元件在能量方面是理想的,既不损耗能量也不储存能量。最后一种形式的结使用了向内的功率符号规则,这意味着

$$e_1 f_1 + e_2 f_2 + e_3 f_3 = 0 \tag{3.16}$$

　　0-结定义所有势都相等,因此,

$$e_1(t) = e_2(t) = e_3(t) \tag{3.17}$$

---

　　[1]　如果想遵守图3.8和式(3.9)中的规则,可能希望把模表示为 $l\cos\theta$ 的反函数,式(3.14)和式(3.15)明确地表示了模 $l\cos\theta$ 是如何使用的。

把式(3.16)和式(3.17)组合后推出

$$f_1(t) + f_2(t) + f_3(t) = 0 \tag{3.18}$$

0-结上所有键的势都相等,流的代数和等于零。换言之,如果功率流入3个通口中的2个,那么它必然从第三个通口流出。

图3.11(a)为0-结的使用。0-结最明显的例子是相连的导电体,它提供3个终端耦,以及T形三通管,它是一种理想的硬件存储多样性的形式。机械例子看起来可能不是很明显,而且有些做作之感。机械结与电子结或液压结一样是必须的,但是在小器件中它们并不明显。图3.11(a)的机械例子中,假设两部手推车为刚体并且无质量。注意 $V_3 = -V_1 - V_2$,与式(3.18)一致。如果 F 是穿过间隙 X_3 的力,那么 F 就是通口 V_1, V_2, V_3 的势,并且与式(3.17)相一致。

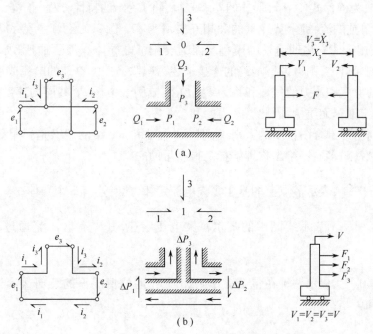

图3.11　各物理领域里的基本三通口
(a)0-结；(b)1-结。

事实上,如果这两个车之间用无质量弹簧相连,那么力 F 就存在。弹簧连接后的系统键合图如下[①]:

$$\begin{array}{c} C \\ {}^{F_3}\!\uparrow\!{}^{V_3} \\ \dfrac{F_1}{V_1} \quad 0 \quad \dfrac{F_2}{V_2} \end{array}$$

在考虑运用0-结的案例之前,先考虑0-结的双重性,在一个多通口中势和流的角色是可以相互交换的。这样的元件就是势结,又称为1-结或共流结。该多通口符号是一个1带3个键:

---

① 为了指出指向 C 的半箭头,我们重新定义 $V_3 = V_1 + V_2$。

$$-1-, \qquad -1 \overset{\displaystyle |2}{\underset{\displaystyle 1}{|}}3, \qquad \overset{\displaystyle e_2 \downarrow f_2}{\underset{\displaystyle f_1}{e_1}} 1 \overset{\displaystyle e_3}{\underset{\displaystyle f_3}{}}$$

根据式(3.16),该元件是功率守恒的;尽管如此,此处该元件被定义为每一个键都有相同的流,因此,

$$f_1(t) = f_2(t) = f_3(t) \tag{3.19}$$

当它与理想化功率守恒相结合后,那么就要求:

$$e_1(t) + e_2(t) + e_3(t) = 0 \tag{3.20}$$

与0-结相似,为确保式(3.16)形式的功率守恒,将1-结的特性方程相组合。

1-结有单独的流,键上势变量的和相互抵消为零。图3.11(b)中显示了一些例子,其中1-结被用于建立物理情景的模型。因为安排了电导体和液压通道,所以如果一通口元件连接到通口上,则可以把最终的连接描述为串联连接。单独的电流或液流会循环,而且通口上的电压和压力的代数和将为零。在机械例子中,一个共同的速度伴随有3个力,由于手假定推车无质量,因此这些力的和必为零。

对于任何学习键合图技术的人来说,理解0-结和1-结的意义是很重要的,而且在某些物理领域针对多通口给出物理解释是很有帮助的。

电路:—0—,表示节点上的基尔霍夫电流定律,此时连有3个导体;

   —1—,表示线圈中的基尔霍夫电压定律,其中有电流流通过程伴有3次压降。

机械系统:—0—,表示一种在包括1个力、3个速度的情况下的几何兼容性,而且这3个速度代数和为零;

   —1—,表示单一速度下的动态力平衡,当包括惯性元件时,该结将针对质量元件服从牛顿定律。

液压系统:—0—,表示在3个管道交汇处的流量和守恒;

   —1—,表示只有一种流体的通路中的所有压降的代数和必须为零。

复杂系统中的0-和1-结并不是很明显,但是在后续的章节中将展示使用基本元件来建模系统的形式化技术。

为了弄清楚结的作用,图3.12中展示了4个基本系统作为例子。注意其中只有两个键合图。在结的串行和并行方面,电子系统比机械系统要明显得多。读者应该学习这些例子来了解符号规则是如何从物理草图到键合图的。注意在本章开始处的表中已经展示了一通口的符号规则,但是结符号并不是一直都向内指的。符号规则箭头从向内-指向规则改变为:式(3.18)和式(3.20)中介绍的,针对每一个带有向外-指向符号的通口,三通口必须通过附加一个减号加以修改。尽管如此,式(3.17)和式(3.19)保持不变。一个

38

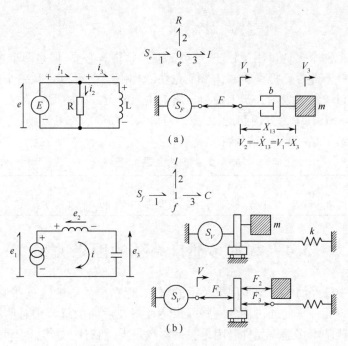

图 3.12 例子系统包括基本三通口

(a)系统使用 0-结;(b)系统使用 1-结。

0-结只有单一的势,1-结只有单一流,并且它们独立于符号规则。例如:

$$\xrightarrow[f_1]{\substack{e_1}} 1 \xrightarrow[f_3]{\substack{e_3}}$$

考虑方程

$$f_1 = f_2 = f_3, e_1 - e_2 - e_3 = 0 \tag{3.21}$$

读者应该可以通过写类似于式(3.21)的方程来核实系统和键合图的一致性。

从三通口结到四通口结或 n-通口结的简单通用化值得重视。键合图符号中,两个类似的三通口可以组合为一个四通口:

$$-0-0- = -0-$$

$$-1-1- = -1-$$

一个 n-通口 0-结,或 1-结在所有键上都有共同的势或流,整个键上互补功率变量的代数和为零。偶尔会遇到二通口结,在某些案例中,它们正好与单键等价。下列键合图的恒等式一直是成立的:

$$\rightarrow 0 \rightarrow \; = \; \rightarrow, \quad \rightarrow 1 \rightarrow \; = \; \rightarrow$$

尽管如此,某些符号模式,二通口 0-,1-结颠倒了势或流符号的定义。例如

$$\xrightarrow[f_1]{\substack{e_1}} 0 \xleftarrow[f_2]{\substack{e_2}} \text{意味着} \; e_1 = e_2, f_1 = -f_2$$

$$\xrightarrow[f_1]{e_1} 1 \xleftarrow[f_2]{e_2} \text{意味着} f_1 = f_2, e_1 = -e_2$$

有时如果想要把两个多通口用键相连,这类二通口就很有必要,但是两个多通口定义使用的符号与单键并不兼容。把弹簧 $-C$,和质量块 $-I$ 相连接,可以定义一个通用的速度,而不是使用二通口单结来表示弹簧上的力与质量块上的力方向相反的情况。那么最后的键合图就是 $C\leftarrow 1\rightarrow I$,其中为方便起见,无源一通口采用向内的符号规则。

表3.5 总结了 0 – 和 1 – 结的特性关系。

表3.5 基础三通口汇总

流结 或 0 – 结	$\xrightarrow[f_1]{e_1} 0 \xleftarrow[f_3]{e_3}$ $\,\uparrow\! f_2\,e_2$	$e_1 = e_2 = e_3$ $f_1 + f_2 + f_3 = 0$	势结 或 1 – 结	$\xrightarrow[f_1]{e_1} 1 \xleftarrow[f_3]{e_3}$ $\,\uparrow\! f_2\,e_2$	$f_1 = f_2 = f_3$ $e_1 + e_2 + e_3 = 0$

3.4 基本多通口系统的因果关系

在2.4节中已经简单介绍了因果关系的概念,现在更关心的是这些概念如何具体应用于基本多通口元件。此处讨论的一些因果特性将在后面的章节中有所应用。现在,能直观认识到一些基本多通口元件受因果关系影响较大,而有些受其影响较小,并且对于不同的因果关系,一些基本多通口元件会以不同的形式表现其特性规则。

3.4.1 基本一通口元件的因果关系

势源和流源从因果的角度最容易讨论,因为根据定义,无论与源连接的是何种系统,都会有一个明确的势或流的时间曲线。因此,如果使用符号 S_e – 和 S_f – 来表示抽象的势源或流源,那么这些元件只有唯一的因果关系为

$$S_e \dashv \text{和} S_f \vdash$$

其中因果划表示势信号的导向方向。表3.6 的前两行总结了势源和流源的因果关系及标注形式。

表3.6 基本一通口的因果关系标注

元 件	非因果形式	因果形式	因 果 关 系	元 件	非因果形式	因果形式	因 果 关 系
势源	$S_e\rightarrow$	$S_e\dashv$	$e(t) = E(t)$	容性元件	$C\leftarrow$	$C\dashv\leftarrow$	$e = \Phi_C^{-1}\left(\int^t f\mathrm{d}t\right)$
流源	$S_f\rightarrow$	$S_f\vdash$	$f(t) = F(t)$			$C\vdash\leftarrow$	$f = \dfrac{\mathrm{d}}{\mathrm{d}t}\Phi_C(e)$
阻性元件	$R\leftarrow$	$R\dashv\leftarrow$	$e = \Phi_R(f)$	惯性元件	$I\leftarrow$	$I\vdash\leftarrow$	$f = \Phi_I^{-1}\left(\int^t e\mathrm{d}t\right)$
		$R\vdash\leftarrow$	$f = \Phi_R^{-1}(e)$			$I\dashv\leftarrow$	$e = \dfrac{\mathrm{d}}{\mathrm{d}t}\Phi_I(f)$

与源相比,一通口阻性元件通常与加在其上的因果关系无关。其有两种可能的因果关系,以方程形式表示如下:

$$e = \Phi_R(f), \quad f = \Phi_R^{-1}(e)$$

采用如下使用惯例:等号左侧的变量表示阻性元件的输出变量(因变量),出现在函数右端的是元件的输入变量(自变量)。在书写方程和计算机程序时,这一规则被普遍使用,但也并非全都如此。

40

表 3.6 第三行展示了 R – 元件键上的因果划和描述方程之间的对应关系。只要两个函数 Φ_R 和 Φ_R^{-1} 都存在并已知,那就没有任何理由偏重其中某一个。但是图 3.1 所示 e 和 f 之间的静态关系,在一个或另一个方向上可能是多值的;也即 Φ_R 或 Φ_R^{-1} 可能是多值的。在此情况下,当然单值因果关系更优。在线性情况下,e – f 的特性曲线的斜率不大,一通口阻性元件的因果关系并无影响,尽管阻性规则将以如下两种形式写出:

$$e = Rf \quad 或 \quad f = (1/R)e$$

C – 和 I – 元件之间的特性规则可以分别表示为 e 和 $q = \int^t f\mathrm{d}t$ 之间,以及 f 和 $p = \int^t e\mathrm{d}t$ 之间的静态关系。在表示 e 和 f 之间的因果关系时,将会发现因果关系的选择有很重要的作用。以容性元件为例,可以改写表 3.2 里的关系如下:

$$e = \Phi_C^{-1}\left(\int^t f\mathrm{d}t\right), \quad f = \frac{\mathrm{d}}{\mathrm{d}t}\Phi_C(e) \tag{3.22}$$

其中的因果关系以方程形式给出。注意当 f 是 C – 的输入时,e 是以 f 随时间积分的静态函数给出的,但是当 e 为输入时,f 是静态函数 e 对时间的导数。表 3.6 的第四行表示了容性元件的因果方程和因果划符号之间的对应关系。对于涉及的两种因果关系,分别称为积分因果关系和微分因果关系,在后面的章节中将会分别讨论。
*对偶元件除了势和流的角色互换外,拥有相同的属性和规则。

因为容性元件和惯性元件是对偶的[①],两者逻辑关系的选择有着类似的效果。改写表 3.3 中的惯性元件关系,得到

$$f = \Phi_I^{-1}\left(\int^t e\mathrm{d}t\right), \quad e = \frac{\mathrm{d}}{\mathrm{d}t}\Phi_I(f) \tag{3.23}$$

在这种情况下,当 e 是惯性元件的输入时存在积分因果关系,当 f 是输出时存在微分因果关系。表 3.6 第五行对该情况进行了总结。式(3.22)和式(3.23)以符合非线性 C – 和 I – 元件的形式给出,但对某些线性元件的特殊情况来说,积分因果关系和微分因果关系是有区别的。

3.4.2　基本二通口和三通口元件的因果关系

现在讨论基本二通口元件的因果关系,人们一开始可能认为:对变换器来说,其因果关系总共有 4 种可能的形式,即每个通口可以有两种因果关系,且两个通口能够随意组合。但是,对应于式(3.9)和式(3.11)定义的两种关系,仅有两种可能的因果关系。只要 e 或 f 中的一个被指派为 – TF – 的输入,则另一个 e 或 f 就被式(3.9)约束为其输出。因此,事实上,变换器的因果关系仅有 $\vdash TF\vdash$ 和 $\dashv TF\dashv$ 两种可能。表 3.7 中的第一行列出了可能的因果关系。表 3.7 中通过给键进行编号,从而简化了势和流的命名。后续章节中会进一步讲解这一技术。针对表 3.7 中的所有元件,因果关系方程等同于因果划符号。

对于回转器,式(3.11)中只要一个键上的逻辑关系确定,另一个也随之确定。对

---

① 除了势和流的角色互换之外,对偶元件拥有基本相同的特性方程。

$-GY-$来说逻辑关系只能为$\dashv GY\vdash$和$\vdash GY\dashv$。表3.7中的第二行对回转器的逻辑关系进行了总结。

表3.7　基础二通口和三通口的因果形式

元件	非因果图	因果图	因果关系	元件	非因果图	因果图	因果关系
变换器	$\overset{1}{\rightarrow}TF\overset{2}{\rightarrow}$	$\overset{1}{\vdash}TF\overset{2}{\vdash}$ $\overset{1}{\rightarrow}TF\overset{2}{\dashv}$	$e_1 = me_2$ $f_2 = mf_1$ $f_1 = f_2/m$ $e_2 = e_1/m$	0-结	$\overset{1}{\rightarrow}0\overset{2}{\leftarrow}$ $\underset{3}{\uparrow}$	$\overset{1}{\rightarrow}0\overset{2}{\dashv}$ $\underset{3}{\dashv}$	$e_2 = e_1$ $e_3 = e_1$ $f_1 = -(f_2+f_3)$
回转器	$\overset{1}{\rightarrow}GY\overset{2}{\rightarrow}$	$\overset{1}{\vdash}GY\overset{2}{\vdash}$ $\overset{1}{\rightarrow}GY\overset{2}{\vdash}$	$e_1 = rf_2$ $e_2 = rf_1$ $f_1 = e_2/r$ $f_2 = e_1/r$	1-结	$\overset{1}{\rightarrow}1\overset{2}{\leftarrow}$ $\underset{3}{\uparrow}$	$\overset{1}{\dashv}1\overset{2}{\dashv}$ $\underset{3}{\dashv}$	$f_2 = f_1$ $f_3 = f_1$ $e_1 = -(e_2+e_3)$

　　三通口0-结和1-结的特性有些类似于基本二通口元件。尽管三通口元件的每个键都是单独考虑的，即每个键都有两种因果关系可供选择，但是根据元件的特性关系并不是所有键的因果关系组合都是被允许的。例如，表3.5中0-结的特性关系要求所有键上的势都相等而且流的总和为零。因此，如果任何键上的势都是0-结的输入，那么其他的势也就确定了，并且其他键必定是0-结的输出。相反地，如果所有键上的流中有一个是0-结的输入，其他键上的流也相应确定，而且其必定是该结的输出。表3.7中第三行展示了0-结的一个典型因果关系。此时因果划在键1的末端，且最接近0，这表示e_1是该结的输入，所有其他键的因果划必须从0的其他端输出。解释示意图的另一种方法，即键2和3上的流是0结的输入。以上结论在表3.7中以因果方程的形式表示。针对三通口0-结，3个键只有3种不同的因果关系组合，类似于表中示例分配到键1上。对于n-通口0-结这些因果关系的约束描述是合理的，而且恰好会有n种不同的因果关系组合。

　　对1-结来说，与0-结相比除了势和流的角色互换外，考虑的方式基本类似。如表3.5所列所有键上的流都相等，势的和为零。因此，如果其上任何一个键上的流为1-结的输入，那么其他键上的流也即确定，且必为该结的输出。当所有键上的势中只有一个不是1-结的输入时，那么其余键上的势就确定且为该结的输出。表3.7中第四行展示了一种典型的可允许的逻辑关系。在该例子中，键1的特殊作用为决定该结上的公共流，并且其他键提供势输入使其能决定键1上的势。很明显，对于三通口1-结有3种可能的因果关系，针对n通口1-结则有n种不同因果关系。

　　尽管对目前所有已定义的基本多通口元件（表3.6和表3.7进行了总结）都进行了因果关系的研究，但还是很难把这些因果关系的含意明确地表示出来。因果关系的研究非常重要，而键合图正适合此类研究。尽管如此，只有在组合真实系统模型时，因果关系信息的重要性才能体现出来。后面的章节中，将开始讨论采用基本多通口元件来建立系统模型。采用因果关系规则后，甚至可以在多通口元件的特性确定之前就预测这些系统的特性。例如，在没有写出任何方程或确定模型为线性或非线性之前，就可以预测系统模型的阶数。另外，因果关系研究将证明写出状态方程或建立计算方块图是没有意义的。

3.5 因果关系与方块图

方块图表示每一个模块的输入和输出量,因此本身就含有因果关系。当因果划加入到键合图时,可以通过方块图来表示信息。例如,表 3.6 中 R,I,C 带因果关系标注形式的方块图在图 3.13 给出。类似地,表 3.7 中二通口和三通口方块图的对应入口在图 3.14 和图 3.15 中也有表示。应该可以据此将方块图中的信号流路径、表中的方程,以及键合图表示关联起来。注意当对空间按照规定进行安排时,即将势放在键的左侧和上侧,流放在右侧和下侧时,方块图就有固定的模式。

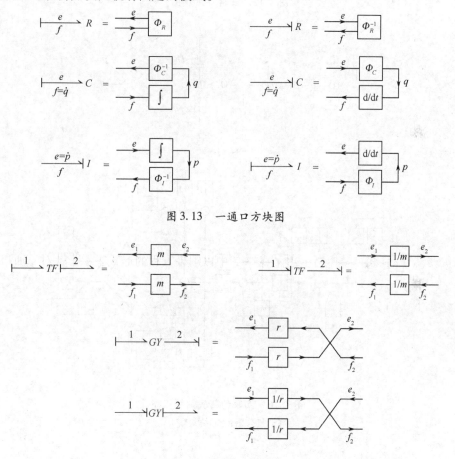

图 3.13　一通口方块图

图 3.14　二通口方块图

从图形上来看方块图要比键合图复杂得多,因为单键就可以表示方块图上的双信号流。最初,因为方块图包含很多冗余信息,因此显得比键合图更容易理解。但是对于某些复杂系统来说,方块图会变得非常复杂,而键合图的优势就体现出来了。例如,图 3.16 (a)中的方块图与图 2.7 中汽车驾驶训练系统的键合图等效。注意半箭头的符号规则也应用在键合图上,且相应的 + 和 − 符号并没有出现方块图中表示信号总和的圆圈附近。

后面的章节将介绍构建键合图模型并把因果划添加进来,完成这些过程之后,还可以选择从键合图构建方块图。

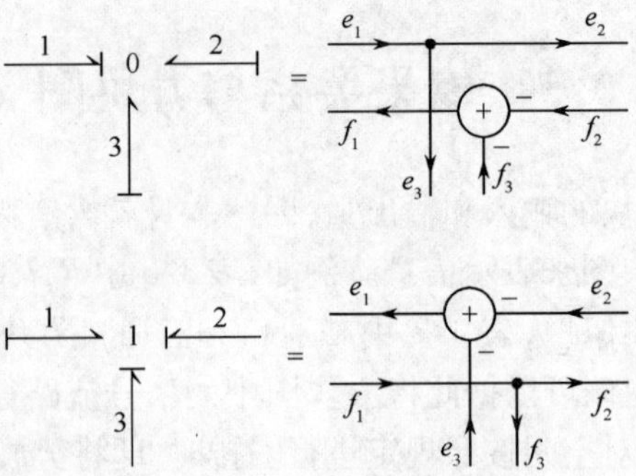

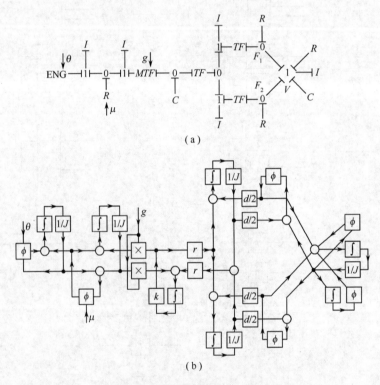

图 3.15　三通口方块图

（a）

（b）

图 3.16　互联的驾驶训练模型

（a）键合图；（b）方块图。

3.6　伪键合图与热系统

在这些介绍性的章节中，我们特意限制了物理领域的范围。之后，当讨论了更加复杂的模型概念后，所涉及的物理系统范围将会大为拓展。鉴于热系统的重要性，因此我们简单介绍一些表示热元件的键合图。传统上，热系统的表示与电路类似，通常其温度类似电压，热流类似电流。根据此相似性，就有了热敏电阻、热敏电容、并行和串行连接（即 0 -结和 1 -结），以及类似于电流源和电压源的一些源。但是没有热惯性。

由于上述相似性被证明非常有用，我们将温度相当于势，热流相当于流的关系表示出来。但是仍有一个很大的区别,即温度和热流的乘积并不等于功率。热流自身就有功率的属性。将 e 和 f 不是功率变量的键合图称为伪键合图。这类键合图不能与使用功率变量的标准键合图相连接,除非通过某些特别元件,而这些元件并不符合标准键合图元规则。只要伪键合图中的基本元件能够正确关联 e,f,p,q 变量,那么键合图技术运用到任何一个伪键合图中都很有用。稍后,如果温度和熵流被当做是势和流变量,那么就会得到真实的键合图,但是,对于仅需要建立热系统伪键合图即可时,热力学的变量相比要复杂得多。

图 3.17 为研究热系统中遇到的两种常见问题。在这两种情况中,假设温度梯度和热流仅存在于 x 方向上。图 3.17(a) 为一种纯阻抗作用。如果 T_1 和 T_3 是板层材料 A 区域两端的温度(以任何方便的单位制),假设穿过板层的热流为 $\dot{Q}_2$,由此得到函数表达式为 $T_2 = T_1 - T_3$。在线性情况下,

$$R\,\dot{Q}_2 = T_1 - T_3 = T_2 \qquad\qquad (3.24)$$

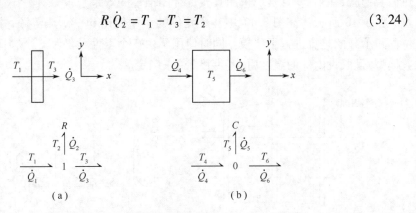

图 3.17　热转换传导系统模型的基本元件
(a)热电阻和 1 - 结;(b)热电容和 0 - 结。

式中:$\dot{Q}_2$ 以 Btu/s,cal/s[①] 或任何其他功率单位来衡量。(对于伪键合图,只要所有量的参数以统一方式来定义,那么单位的选择就不重要)。对于一个热传导率为 k,厚度为 l,面积为 A 的材料来说,它的热敏电阻为

$$R = \frac{l}{kA}$$

注意热敏电阻蕴含着 T_2 和 $\dot{Q}_2$ 之间的关系,而且 1 - 结隐含 $\dot{Q}_1 = \dot{Q}_2 = \dot{Q}_3$ 和 $T_1 - T_2 - T_3 = 0$。我们已经简单演示了如何把一通口 R 和 1 - 结结合使用,以此来限制公共流成为不同的两个势之间的函数。

图 3.17(b) 将一个改变温度的材料块表示为一个净热能存储的函数 T_5,函数如下:

$$Q_5 = \int^t \dot{Q}_5 \mathrm{d}t = \int^t (\dot{Q}_4 - \dot{Q}_6)\,\mathrm{d}t$$

由于 T_5 是势,流的积分 Q_5 为广义位移,因此该元件是一个容性元件。键合图 3.17(b)中用 0 - 结结合 C - 来表示 $T_4 = T_5 = T_6$ 和 $\dot{Q}_5 = \dot{Q}_4 - \dot{Q}_6$。在线性情况下,热敏电容 C

---

① 　1Btu/s = 1055.056J/s;1cal/s = 4.18J/s。

可以如下描述：

$$T_5 = T_{50} + \frac{1}{C}\int_{t_0}^{t} \dot{Q}_5 \mathrm{d}t \qquad (3.25)$$

式中：T_{50}为时刻 $t = t_0$ 的温度；容度参数 C 可通过扩展和抽象假设该元件的作用可忽略来获得，因此内部能量改变只能是$\dot{Q}_5$作用的结果。那么如果 c 是"特别热能"，

$$c = \frac{\partial u}{\partial T} \qquad (3.26)$$

其中：u 为每单位质量的内能。

$$C = mc$$

式中：m 为物质的质量。严格来讲，c 是"恒定容积"的特别热能。但是对于大部分固体和液体来说膨胀作用并不明显，与 Q_5 相比尽管允许材料膨胀，但是 c 的差异不大。（气体受热后会膨胀，在第 12 章发现采用真实键合图描述的效果会很好）

图 3.18 所示为在图 3.17 中一个元件的典型使用和一个热势源，并对一个管道壁单位面积承载的热流进行了建模。同时使用了由 3 个阻性元件和 2 个容性元件组成的块参数模型，且假设内外的温度由势（温度）源来确定。

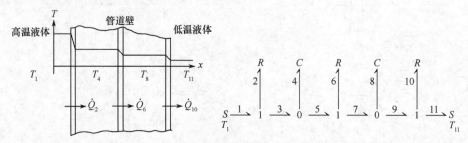

图 3.18　管道壁的热传递

如果 T_1 随着流经管道液体温度的变化而变化，那么键合图就可以预测管道壁内温度的动态变化。如果管道是由统一的材料制成，那么温度随着管道长度 x 的增加会逐步扩散，且为时间和 x 的连续函数，它非常接近真实的温度扩散。把管道分解为大量的阻性元件层和容性元件层会得到更好的近似，但是此时模型的使用会更加复杂。

习　题

3-1　非线性减振器的特性关系是"绝对值平方规则"

$$F = AV|V|$$

F 和 V 是穿过减振器的力和速度，A 是常数。根据这个关系绘制一个草图，给出 $A > 0$ 时键合图的符号规则，并给出方程的因果关系。尝试调整特性关系以使速度为力的函数。

3-2　质量密度为 ρ 的液体被抽入到面积为 A 的无盖蓄液池中。如果池底部的压力为 P，容积速率为 Q，那么 $-C$ 表示液体存量的缓慢变化。在这种情况下，$-C$ 是线性元件吗？如果是，那么容积是多少？（提示：可以计算液体的高度 h 作为液体容积的函数，以此作为中间步骤）

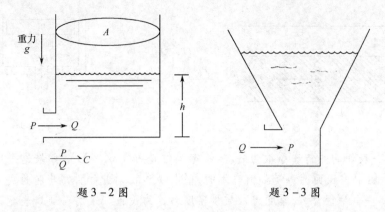

题 3 - 2 图   题 3 - 3 图

3 - 3　重新考虑题 3 - 2,让蓄液池以斜墙的形式表示。那么这一变化对设备的特性关系有什么影响?

3 - 4　一个长度为 L 的悬梁,弹性模数为 E,惯性面积矩为 I。如果力作用于悬梁的外端,那么悬梁会倾斜。如假设悬梁是无质量的,请确定它属于哪类一通口并计算其特性关系。

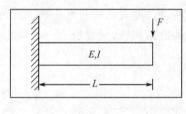

题 3 - 4 图

3 - 5　把一定质量的水看做是热量容器。根据不同范围的温度画出这一元件的特性关系,温度范围包括凝固点。简单说明凝固点或融化的潜在热量作用。

3 - 6　线性电子感应器的特性可以通过把电压 e 和电流的变化速度

$$L \frac{di}{dt} = e$$

关联起来表示。把这一规则转化为流 i 和惯性 λ 之间的规则,这种情况下它是时间 e 的积分而且称为磁通匝数。画出流 - 惯性的线性特性关系,曲线上的感应系数用 L 表示。现在画出非线性流 - 惯性规则。如果可能将非线性规则转换回 e 和 di/dt 之间的关系。

3 - 7　一个长度为 L 的刚性管中充满了质量密度为 ρ 的不可压缩液体,管子的横截面积为 A。如果 P_1 和 P_2 是管道两端的压力,容积流率是 Q_2,确信键合图能正确表示内部无摩擦的管道。

$$P_{P_2} = \int^t P_2 dt = \left(\rho \frac{L}{A} \right) Q_2$$

针对管内液体用牛顿定律来正确表示压力惯量和容积流量之间的特性关系(当使用 P,Q 变量时,小横截面的管子会有很大的惯性)。

3 - 8　一个压缩空气筒由汽缸及其中的重活塞组成。如果压力是由活塞的重量决定,画出此一通口设备的特性关系图。

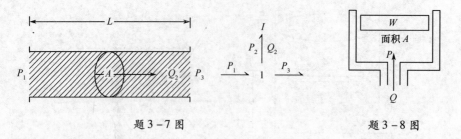

题 3 - 7 图　　　　　　　　　　　　　　题 3 - 8 图

3－9　一表面的热传递系数为 α，其给定单位是 $W/(m^2 \cdot ℃)$。如果这个区域的面积为 A，在键合图中该表面的势是如何表示的，根据 A 和 α 对此元件写出特性关系。

3－10　一个半径为 R，厚度为 t，质量密度为 ρ 的飞轮。采用一通口表示法写出其特性关系，以流－惯量的形式表示飞轮。估算一个厚度为 1 英寸直径为 10 英寸（1 英寸 = 2.54cm）的钢制飞轮的惯性参数。

3－11　假设图 3.8(e)中液压油缸任意需要的维数，并写出这个二通口的特性关系。

3－12　针对图 3.8(b)，(c)重复题 3－11 的问题。

3－13　在图 3.9(c)中转子的转动惯量为 J，且以角速度 Ω 旋转。如果转轴的长度为 L，相关联的变量是 F_1, V_1, F_2, V_2，那么证明此设备确实是 $-GY-$。

3－14　为下面的键合图画出结构图，假设所有一通口为线性。

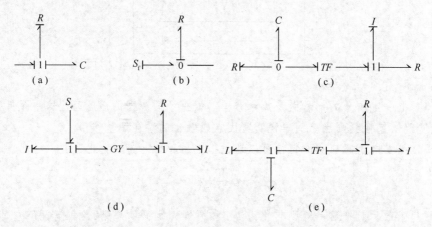

题 3 - 14 图

3－15　根据如图所示的键合图，画出振荡器的结构图。

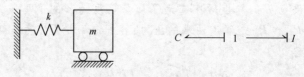

题 3 - 15 图

3－16　一个总热容量为 C 的材料块用隔热材料覆盖，其热敏电阻为 R 并且周围的空气温度为 T_0。键合图用于辅助估计如果从某一温度 $T_i(t_0) < T_0$ 起材料块多少时间能被加热。根据键合图画出结构图。

3－17　在无摩擦的情况下考虑一个理想的架子和齿轮。如果齿轮的半径为 r，扭矩

48

和速度分别为 r 和 ω,如果架子有速度 V 和力 F,那么采用哪一类元件来表示这个设备?写出适合的特性关系。

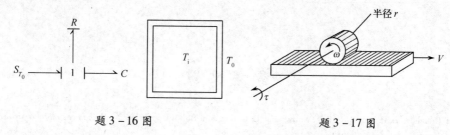

题 3 - 16 图　　　　　　　　　　　题 3 - 17 图

3 - 18　电子动态扬声器通过式(3.18)中的声圈换能器来驱动。如果仅考虑扬声器纸盆的质量,那么电子终端设备就类似于电容器。直接使用元件构成方程来验证键合图恒等式

$$\underset{i}{\overset{e}{\longrightarrow}} \overset{T}{G} \ \underset{V}{\overset{F}{Y}} \ \overset{F}{\longrightarrow} I = \underset{i}{\overset{e}{\longrightarrow}} C$$

3 - 19　把一个气垫理想化为一个无泄漏汽缸内的活塞并且汽缸壁不传递热量。假设气体经历的过程为等熵的,即

$$PV^{\gamma} = P_0 V_0^{\gamma}$$

　　其中:V 是瞬间容积。

$$V = V_0 - A_p x$$

式中:V_0 为 $x = 0$ 时的容量;P_0 为气压;γ 为比热容;P 为汽缸的绝对压力。

　　针对 $F = F(x)$ 推导非线性特性关系。

3 - 20　3 个弹簧平行使用。从 $F - v$ 通口处画出构成行为。要求压缩和拉紧状态都表示出。

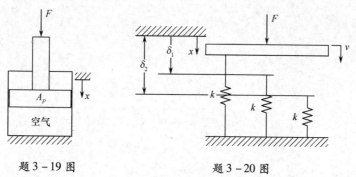

题 3 - 19 图　　　　　　　　　　题 3 - 20 图

3 - 21　摩擦经常是消耗性的,因此在键合图中是阻力,从一个理想角度画出它的构成行为。

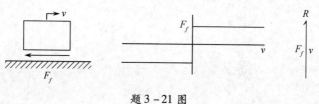

题 3 - 21 图

（1）讨论这一元件唯一的因果关系；

（2）讨论当 $v=0$ 时使用设备的情况。假设构成行为的改变将保持基本特性，但是要避免出现 $v=0$ 的问题。

参 考 文 献

[1] S. H. Crandall, D. C. Karnopp, E. F. Kurtz, and D. C. Pridmore-Brown, *Dynamics of Mechanical and Electromechanical Systems*, New York：McGraw-Hill, 1968.

第4章 系统模型

现在,你已经掌握了基本的多通口元件,那就准备好开始建模吧。所有剩余工作就是动手——以你所掌握的键合图工具 $C,I,R,S_e,S_f,0,1,TF$ 和 GY 为武装——准备好使用键合图表示你所遇见的任何物理系统。本章的目的就是帮助你完成这些工作。但是,并不是你遇到的所有系统都可简化为一个简单的键合图。对某些类型的机械系统、电路、液压回路,以及某些变换系统,你可以完全成功。额外的研究和实践将支持你扩展研究的范围,但最终总有些问题,是你凭借仔细研究还无法解决的。但是要坚信,随着你不断地努力,你所能解决问题的领域范围会很快地扩大。

本章介绍如何用直接、简单的建模过程将任意电路表示为键合图。然后使用类似的方法解决机械平动问题。通过对上述过程的简单扩展,接下来要解决的问题将包括定轴转动。然后同时考虑平动和转动,并引入平面运动动力学。通过对方法进行简单的一般化扩展,就能实现对液压回路和声学回路的有效建模,因为这些系统在很多方面与已研究过的系统类似。

上述系统有个共同特点,就是在一个独立系统中仅包含一类能量,因此称这些系统为单能域系统。有许多有用的设备包含两类(有时更多)能量,并且它们含有换能器元件(例如,发动机和泵),这些成分耦合了不同的能量域。我们引入一些简单的变换系统模型,作为另外一个研究内容。理想情况下,键合图适用于研究多能域系统,因此换能器是值得研究的重要设备。本章最后一节介绍对多能域系统构建键合图,将对电路、液压回路和机械设备进行综合,以生成真实的整体物理系统,以用于分析和仿真。

在下一章,你将学习如何从一个键合图模型推导出微分方程,如何分析特定类型的方程,以及如何在计算机上处理复杂的非线性系统。但是,在本章想要强调的是,键合图本身就是系统的一种精确的数学模型,能够被计算机程序自动地操作,并且在许多情况下,几乎能够自动生成所关心变量随时间变化的历史数据,仅需要指定参数、初始条件和激励函数。现在有很多可用的计算机程序能够处理键合图,并且把隐含的方程变换为适当的形式,以使用仿真程序计算求解。通过对结果的图形化演示,可很容易地理解系统模型的动态响应,并实现对系统的优化。

学习完下一章以后,你就能理解自动化仿真程序如何工作,以及某些建模求解中出现的数学难题。现在,我们所希望的仅是强调在一个键合图建立后,在绝大多数情况下可以容易且方便地对模型开展计算机实验,并在预期系统的行为不满足要求的情况下,确定各元件的大小或改变系统的构型。

4.1 电系统

首先观察任意能够使用元件集合为 $\{0, 1, C, I, R, S_e, S_f\}$ 的键合图来建模的电路。

注意其中不包含元件 TF 和 GY,其原因是这些成分适用于表示电路网络,比回路系统更具一般性。首先对回路建模;然后就可扩展方法,以包含网络成分,逐步实现完整求解。

4.1.1 电路

在第 3 章中,电阻、电感和电容在键合图中分别用成分 R、I 和 C 表示。需要解决的问题是如何使用结元件(0 – 结和 1 – 结)来构建电路系统的整个键合图。有时,对简单电路,很容易看出某些成分具有相同的电流(流变量),某些具有相同的电压(势变量)。对这些回路,可通过观察法实现键合图的构建。例如,图 4.1(a)给出一个简单电路,压降为正,并标出定义的电流方向和节点电压。为方便起见,某些节点电压重复,以强调其伴随

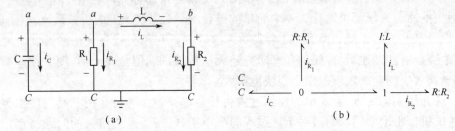

图 4.1 例 1,一个简单的电路

特定的成分。此电路底部,标为 c 的点接地,即,$v_c = 0$。

为建立图(b)部分的键合图,进行如下分析:元件 C 和 R_1 具有相同的电压($v_a - v_c = v_a - 0 = v_a$),因此连接到同一个 0 – 结(共势结);元件 L 和 R_2 具有相同的电流($i_L = i_{R_2}$),因此它们连接到同一个 1 – 结(共流结)。键合图中,将 0 – 结和 1 – 结连起来,目的是强调通过电感的电流是通过电容和电阻 R_1 的电流之和(事实上,按图 4.1(a)给出的符号约定,有 $i_L = -i_C - i_{R_1}$)。注意到所有的一通口,R、C 和 I 元件都有表示功率流向的半箭头,如果通过这些元件的压降按图 4.1(a)定义的正方向,同时电流流向按定义的正方向,则功率流入该元件。一般按真实情况定义 R,C 和 I 功率的正方向。

绝大多数情况下,由于电路很复杂而无法使用观察法来建模。可能会有部分电路能直接看出是串联还是并联关系(电流相同或电压相同),但如果建模过程设计得好的话,可以不考虑电路的复杂性就能保证容易地构建整个键合图模型。这里介绍一种简单的电路构建过程,并给出如图 4.2 所示的例子。这是一个电压源电路,在底部接地,电路在右侧开环,输出一个电压值,大小为 e_{out}。

电路构建过程

(1)为电路示意图指定功率流方向。

无论应用何种建模过程,这一步必须完成。如果建模的最终目标是推导电路的动态方程或对响应进行仿真,那么必须进行功率流方向指定。对电路来说,可通过给出正向电压降和电流方向实现。对 I,R,C 元件,正向电压降(从 + 到 –)可被证明与正向电流方向相同。这就保证了功率流向对应的键合图元。对源元件(S_f 对应电流源,S_e 对应电压源),如何选择正的电压降和电流方向并不重要。如果所定义的电流正方向表示电流"向上",与电压降正向相反,如图 4.2(a)所示,则功率正向从源元件流往电路的其他部分。如果对电压和电流都选择相反方向为正,则表示功率正向指向源元件。这两种定义都是

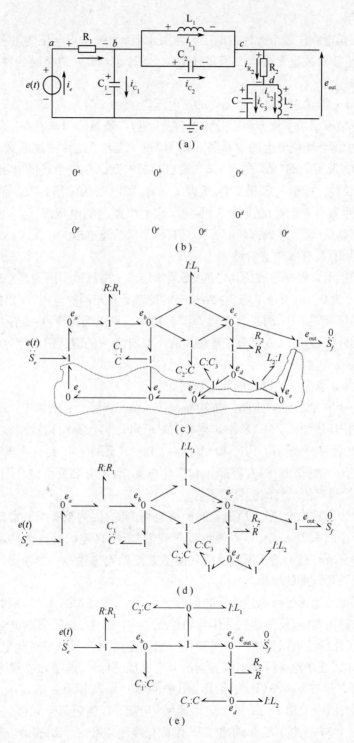

图 4.2 例 2，一个稍复杂的电路

完全正确的，因为实际上两种情况都存在，有时源会从其所附着的系统吸收能量，有时会释放能量。

（2）在电路表示中为每个节点的电压设置标签，并使用 0 - 结表示每个节点电压，如

图 4.2(b)所示。

节点电压是电路中每个元件的电压。在图 4.2(a)中,节点电压使用字母表示。为方便起见,接地电压 e 被重复多次。值得注意的是,每个与 0-结接触的键都有相同的电压值。

(3)使用 1-结建立通过每个元件的正电压降。

注意,1-结根据功率流方向提升势值(电压值)。通过适当确定 1-结上的半箭头方向,可确定每个键合图成分上的电压降。图 4.2(c)给出了这种构建形式。例如,$-R$ 元件表示电阻 R_1,此键上的"势"为 e_a-e_b,按此电路约定,这是一个正的电压降。注意到正的能量从电压源元件流出,源键的电压为 e_a-e_c,如电路约定所定义。同时,输出电压 e_{out},可使用一个具有零电流的流源 S_f 得到。这个流源上的电压降 $e_{out}=e_c-e_e=e_c-0$。读者可以检查其他成分,并确保所有元件具有所定义的正电压。

(4)删除所有具有零功率的键。

在键合图用于方程推导或仿真之前,必须给定参考电压值。因为是接地电压,参考电压值是 e_e,大小为 0。由于每个与 0-结相连的键都具有相同的电压,所以图 4.2(c)中曲线所包围的键都有零电压,而且每个键都没有功率。可以为每个 0-结附加一个具有零电压的势源元件以表示 e_e,或者简单地将所有不具有功率的键从图中删除,结果如图 4.2(d)所示。

(5)使用第 3 章定义的键合图元进行简化。

这不是一个完全必要的步骤。按功率流方向,可删除 0-结和 1-结,从而得到一个更为整洁的图,如图 4.2(e)所示。同时,从 e_b 到 e_c 的回路结构被删除。一旦建立电压降 e_b-e_c,然后将分别对应于 L_1 和 C_2 的 $-I$ 和 $-C$ 元件连接到一个具有此压降值的 0-结。对如第 5 章所介绍的方程推导和自动仿真,则没有必要将键合图简化为其最简形式,但这样做确实使最终的键合图更好。

注意到为表示输出电压 e_{out} 所引入的流源也可删除,因为没有与此源键相关的功率。这一部分被置于图 4.2(e)中,以方便地提醒我们,所感兴趣的是这个特定的输出电压。后面我们能看到所有键上的任何势或流都能够被简单地构建为一个输出,而且不需要构建人为手段来得到预期的输出。

作为使用上述步骤进行电路建模的最后一个例子,考虑如图 4.3(a)所示的惠斯通桥接电路。此电路很典型,使用应变计作为阻性元件 R_1 到 R_4,而且负载电阻 R_L 上的电压是输出,指示了此桥接电阻系统的任何变化。通过使用键合图电路对此电路建模。在图 4.3(a)中,给出了正的电压降和电流方向沿节点电压的标示,这是此过程的第 1 步。

过程的第 2 步在图 4.3(b)中给出,图中的节点电压用 0-结表示。第 3 步在图 4.3(c)中给出,图中使用 1-结用于适当地增加电压,以确定每个元件上合适的正电压降。同时在图 4.3(c)中用曲线画出了所有具有接地电压 $e_d=0$ 的键。第 4、5 步在图 4.3(d)中给出。零功率的键被删除,而且对键合图做进一步简化,所有具有两个键和一个"通过"功率的 1-结被简化为一个键。

最终得到的键合图具有美丽的结构对称性,与被称为苯环的烃分子结构非常类似。正是这种与化学键合图的相似性导致我们以"键合图"作为这种建模方法的名字。

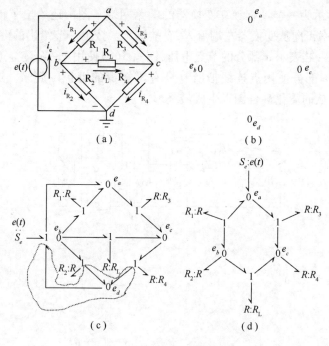

图 4.3 一个惠斯通桥接电路,例 3

4.1.2 电路网络

电路网络是对电路的扩展,包含变换器和回转器(见文献[3])。电学变换器是一种一般的电磁设备,用于成倍放大或缩小电压值,同时对电流进行相反变换。电学变换器在霍尔势效应器中有所介绍(见文献[1]),即电压通过一个半导体材料时,伴随着一个沿垂直于电压降方向的电流通过该材料。而构建键合图的基本规则没有变化。

图 4.4(a)给出了变换器的电学符号,其中 N 表示穿过设备的线圈比率。通过选择正的电压降和电流方向,使得功率正向从左侧输入设备,从右侧输出设备。由于变换器和回转器都是储能元件,因此总是需要定义其逻辑,使功率从一侧流入,另一侧流出。在图 4.4 中,使用 1 - 结确定通过变换器输入端和输出端的正向电压降。注意到在输入端电压降为 $e_a - e_b$,输出端为 $e_c - e_d$。这些电压都是按图 4.4(a)的图例定义的。在绝大多数电路中,变压器的每一端都按相同的接地电压。如果 $e_b = e_d = 0$,则其相关的键可删除,还可进行某些简化,变换器典型的键合图表示为图 4.4(c)。

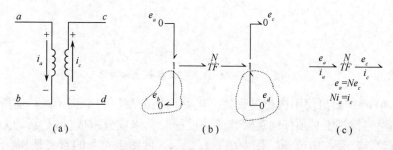

图 4.4 理想变换器及其键合图

55

图 4.5(a)所示为一个具有独立变换器的电路网络。图中还给出了正向电压降和电流方向。注意功率正向从变换器左端流入,右端输出。按上一节给出的键合图构建过程,图 4.5(b)使用 0 - 结表示 a 部分的节点电压,图 4.5(c)使用 1 - 结建立通过所有元件的电压降。同时在 c 部分使用点连线把所有具有零能量的键包围起来。这些键在图 4.5(d)中都被删除,从而简化键合图以生成最终形式。

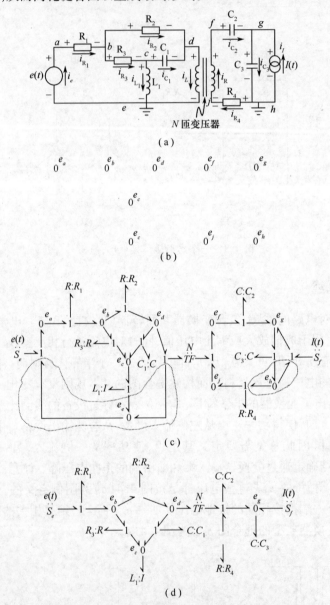

图 4.5　具有一个独立变换器的电路网络

在图 4.6(a)中给出使用构建过程建立电路网络的最后一个例子。目前所研究的绝大多数电路网络都是由必须仔细观察其流动过程的电路成分组成,但是新的元件是电压控制的电流源,或"受控电流源",图中用 $I(t)$ 表示。此图示符号的意义是,电压 e 从电路的左侧,在近似无功率的情况下,调整位于电路右侧的电流源。在图中给出了电压和电流

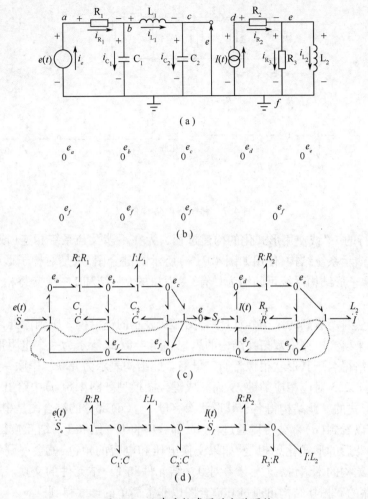

图 4.6　具有受控资源的电路网络

的正方向。图 4.6(b)使用 0 - 结表示节点电压,图 4.6(c)使用 1 - 结建立通过各元件的电压降。值得关注的是,对调整电压 e 的构建,以及使用流源 S_f 作为电流源生成 $I(t)$。除了这几种元件外,此电路的构建与前面其他例子一样。

使用一个信号键表示对流源的理想调整,这意味着控制电压 $e(t)$ 实际上不需要功率来自系统的情况下调整输出电流。接地电压用封闭曲线标出,零功率键被删除,简化后的键合图如图 4.6(d)所示。

这里给出的网络构建方法将支持你对绝大多数复杂电路网络的建模,你只需学会基本步骤的技巧,包括节点表示、元件插入、功率定义、接地定义,以及图的简化。通过实践你将开始观察特定重现的模式,同时你的观测能力会提升。当你研究包含如梯子形、Ⅱ形、T 形管等结构的系统时,会有许多有趣的发现等着你。

谈到梯子形结构,让我们使用所学的键合图连接结构对电路的拓扑结构建模,以检验一个梯子形网络的键合图形式。图 4.7(a)所示为一个梯子形电阻电路的例子。我们并不真正关心一通口元件(电源和电阻)的属性,而是关注它们相互连接的模式(或电路的拓扑结构)。(b)部分的键合图可通过观察法建立,使用参数如"…R_2 是并行的,R_3 是串

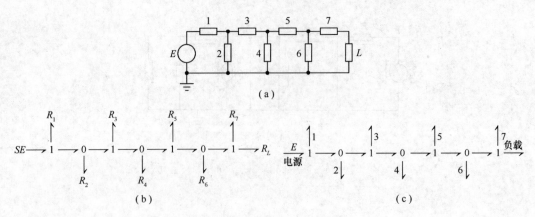

图 4.7　梯子形网络举例

行的，R_4 是并行的…"或使用形式化的构建过程。为在不涉及与系统相连（或可能相连）部分的情况下演示系统结构,使用如图 4.7(c)所示的键合图,这是对梯子形结构的直接表示。因此,梯子形结构系统可归纳为具有 3 - 通口的 0 - 结和 1 - 结交替相连所组成的链状结构。

　　如果你仍然对所看到的结构,或以键合图形式表示的连接模式感到惊讶,我们可以使用这种键合图来研究电路中双拓扑结构的思想。图 4.8(a)所示为一个电阻形式的 Ⅱ 形网络。这类网络得名于其形状很像希腊字母 Ⅱ。此结构表示为并联 - 串联 - 并联的键合图形式。电阻 1,2,3 对应相应的键,从而完成键合图模型。图 4.8(c)中给出一个 T 形网络,也是电阻形式的。此结构得名于其形状像字母 T。(d)部分的键合图是串联 - 并联 - 串联形式。可以看到(d)部分可以通过在(b)部分中将 0 - 结和 1 - 结互换得到,反之亦可。这种交换背后的形式化思想是,如果交换电压和电流的角色,就会得到一个双重网络。用键合图结构的术语说,这意味着对 0 - 结元件和 1 - 结元件的交换。通过这种方法,对复杂电路的双拓扑结构可通过其键合图以非常简单的形式得到。

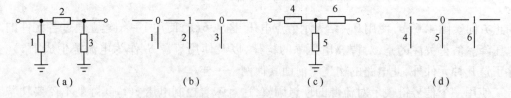

图 4.8　对梯子形结构的截断——Ⅱ 形和 T 形结构

　　Ⅱ 形结构和 T 形结构是对图 4.7 中梯子形结构的简化模式。将在下文中看到,传输线,既包括电的也包括液体的,都具有可被表示为梯子形结构的动态行为。Ⅱ 形结构和 T 形结构是对梯子形结构的截断,以支持对传输线动力学可能包含的结构进行建模,而不必使整个系统变得过大。

4.2　机 械 系 统

　　机械系统是指由质量块、弹簧、阻尼器、杠杆、飞轮、齿轮、轴等成分组成的系统。当把含有这些成分的系统放在一起进行研究时,必须将这些转动和平动的惯性元件与轴向和转向的弹簧和阻尼器相连,而且必须近似地说明系统结构对运动学的影响。键合图很适合这类工作。在下一节专门研究机械平动的特性,即专门研究在直线上运动的机械系统。在4.2.2节中,仅研究转动系统,如与扭转活动轴相连的飞轮,或一个传动装置中的齿轮组。最重要的是平面运动动力学,因为我们意识到其中惯性元件既有质量也有转动惯量,这二者在真实系统中通常都必须予以考虑。平面运动将在4.2.3节介绍。

4.2.1　机械平动

在前面几节对电路系统的研究中,所使用的构建方法是首先识别重要的节点电压,并将其表示为拥有相同势的0-结。然后使用1-结构建通过元件的合理电压降。最后,检验并消去参考电压,生成最终模型。

对机械系统,势变量是力,流变量是绝对速度(以惯性空间为参考的速度)。经过多年的实践,发现机械系统的键合图构建可通过遵循一定的过程而大大简化,该过程的步骤是电路系统所用的二倍。对机械系统,首先使用1-结(流变量相同,并添加势变量)表示系统中的速度,然后使用0-结(势变量相同,并添加流变量)生成弹簧和阻尼器上近似的相对速度。这一步骤可使用图4.9中的简单例子作为演示。此系统包含一个质量块,质量为m,通过一个弹性系数为k弹簧和一个阻尼系数为b的阻尼器悬挂于重力场中,与惯性框架相连。

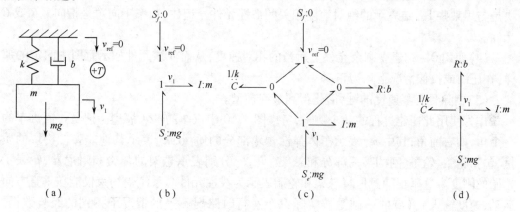

图4.9　机械平动,例1

与电路系统类似,必须确定功率流方向。无论使用哪种建模方法,这一步骤都是必要的。图4.9(a)给出了质量块速度的正方向,以及弹簧和阻尼器的正向运动趋势。注意,惯性参考系的速度假定为零,这是参考速度,最终将被消去,这与电路系统的参考电压类似。

在图4.9(b)中,给出一个1-结,任意与其相连的键的速度都为v_1,另有一个1-结,任意与其相连的键的速度都是为零的参考速度。质量块是一个一通口惯量元件,具有绝对速度v_1,因此这个-I元件与1-结相联结。键合图中,重力mg被建模为势源(键合图中,任何作为系统已知输入的力,不论是时变还是定常,都被建模为势源)。由于这个力以速度v_1运动,因此将该势源联结到1-结上来表示此速度。势源的功率流输出方向遵循如下事实:如果速度沿向下的正向方向,并且重力向下起作用,则正的功率从源进入到系统中。与参考的1-结相联结的流源等于零,以强调其速度为零。

59

通常弹簧和阻尼器与其上的速度发生反作用。如何选择在这些成分的两端适当地增加速度元件是给许多学生造成挫折的题目，将在下面及时处理。对这第一个例子，简单地认为这些元件受拉为正，并以正的速度方向为参考，在弹簧和阻尼器上的相对速度为 $v_1 - v_{\mathrm{ref}}$。这是通过使用符合图 4.9(c) 中给出的功率流方向的 0 - 结实现的。读者可以看出在 C - 元件和 R 元件的键上的速度是相对速度。最后，在图 4.9(d) 中，删除了具有零功率的键，通过使用键合图简化方法得到最终的键合图。值得注意的是，由于所有元件具有相同的速度，因此它们都终止于相同的 1 - 结。通过实践获得的经验，我们能够对许多机械系统建模。

对机械平动系统的键合图构建过程格式化为如下步骤：

(1) 在物理系统的示意图中，使用箭头和符号表示具有"独自"绝对速度元件的正方向。这些元件中包括每一个质量块元件，所有描述的输入速度，以及所有其他物理位置的速度，这些元件被证明对构建相对速度是有用的。并设定力生成元件，弹簧和阻尼器，在压缩或拉伸情况下是否为正。

(2) 使用 1 - 结表示步骤 1 中每个不同的速度。根据示意图给 1 - 结添加速度标签。这能提醒你哪个连接是与速度成分是相关的。你可以使用一个 1 - 结表示绝对零速度参考。这会在后面删除，但它对建立相对速度是有帮助的。

(3) 将与绝对速度相关的元件同表示绝对速度的 1 - 结相联结。一般地，独立的质量块是与用某些 1 - 结表示的绝对速度相关的惯性元件。记住，功率正向总是指向 I、R 或 C 元件。

(4) 使用 0 - 结建立剩余元件上适当的相对速度，从而使该元件如示意图中假定的那样，在压缩或拉伸情况下均为正。

(5) 删除具有零速度的键，简化得到最终模型。

作为使用此构建过程的一个例子，考虑图 4.10 中汽车的 1/4 模型。这是一辆汽车的一个角，如右前角，其中 m_{s} 表示车体弹性物块部分的质量，m_{us} 表示其他非弹性物块的质量，包括轮胎、轮子、闸的某一部分和悬架。k_{s}，b_{s} 分别表示悬架的弹簧和阻尼器，k_{t} 表示轮胎的刚度。这里很随意地将悬架和轮胎表示为线性元件。系统受约束仅能在垂直方向运动，速度输入 $v_{\mathrm{in}}(t)$ 的基础是按实际汽车运行时路况不平的情况下得到的经验数据。汽车同时还受到垂直向下的重力的作用。

在图 4.10(a) 的示意图中使用了构建规则 1。确定的速度使用箭头指示其正方向，同时，如图中所示，弹簧和阻尼器都是假定压缩时为正。在图 4.10(b) 中实现了步骤 (2)，其中，使用 1 - 结表示每个确定的速度，同时给这些结加上标签，以指示其所表示的速度。

第 3 步在图 4.10(c) 中完成，其中采用向内功率流方向的惯性元件 I，与适当的 1 - 结相连，并标出其所表示的质量。注意到速度输入使用一个流源 S_f 表示，并与表示 v_{in} 的 1 - 结相连。功率箭头方向从该流源向外，这是因为如果轮胎弹簧处于压缩态（按假设为正），同时输入速度向上（按假设为正），则功率从此流源流向系统。每个物块元件的重量为 $m_{\mathrm{s}}g$ 和 $m_{\mathrm{us}}g$，均被建模为势源，与表示与该物块相关速度的 1 - 结相连。功率箭头方向从 1 - 结向外进入势源，因为如果相应的物块向上运动（按假设为正），并且重力方向向下（这样总是成立的），则功率从系统流向表示重力的源。

60

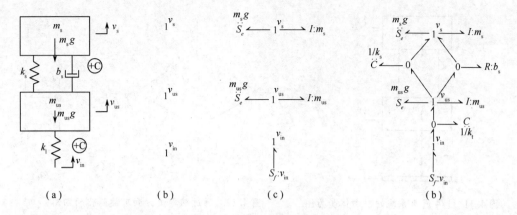

图 4.10　汽车 1/4 模型,例 2

对第 4 步,如图 4.10(d)所示,使用 0 - 结建立剩余元件上的相对速度。按所定义的速度正方向,以及所定义的压缩为力的正方向,则在轮胎弹簧上适当的相对速度为 v_{in} - v_{us},悬挂的弹簧和阻尼器的合适相对速度为 v_{us} - v_s。这些都是合适的相对速度,因为如果它们为正,则相应的元件实际是被压缩。注意悬挂的弹簧和悬挂的阻尼器上的相对速度是独立构建的,如构建过程所规定的,这恰好正确并总能实现。但是,在下面将给出一种更简便的实现。这是一种可用于此模型的简化。图 4.10(d)底部的 1 - 结可删除,从而流源可直接与 0 - 结相连。

值得注意的是,在此构建过程中仅把注意力放在如何构建合适的速度成分上,而没有关心力成分。键合图中功率守恒特性的优点就在于仅需要研究速度约束,而力会自动地被平衡。对于机械系统,在建立合适速度的同时也保证了力的正确性。考虑如图 4.11 所示的 1/4 汽车例子的自由体受力图。物块是独立的,所受到的力来自弹簧、阻尼器,同时考虑重力。箭头所标出的是力假定的正方向,在本例中压缩为正,同时假设速度的正方向向上,如前面例子中所假设的。注意,必须体现出所有的力大小相等,作用方向相反,如牛顿定律所规定的。如果对作用在运动物块上的力求和,按向上为正,则所得到的合力 F_s 的大小为

$$F_s = F_{k_s} + F_{b_s} - m_s g \tag{4.1}$$

对非运动物块,其合力 F_{us} 为

$$F_{us} = F_{k_1} - F_{k_s} - F_{b_s} - m_{us} g \tag{4.2}$$

在图 4.10(d)的键合图中,分别作用于不同物块元件的力是伴随 I 元件的势,从标示为 v_s 和 v_{us} 的 1 - 结发出。1 - 结除了表示相同的流和速度外,还根据功率流方向,添加势或力。通过在 I 元件键上增加力,你可以惊奇地看到力的增量就如式(4.1)和式(4.2)所规定的那样精确。通过增强速度约束,力的来源可自由选择。而且无须表示大小相等、方向相反的反作用力。

用于悬挂弹簧和阻尼器的构建方法要求使用 0 - 结建立每个元件上的相对速度,以适当地添加速度成分。这种对构建规则的附加要求总能产生正确结果。所得到的键合图结构,被称为"具有一个通过功率流方向的回路"或"可删减回路",在许多键合图建模中都存在。这种回路在图 4.12(a)中单独给出,其中为了实现通用化,将力和速度换成了势和流。弹簧和阻尼器上的相对速度是相等的,等于 f_1 - f_2。在图 4.12(b)中,使用一个单

61

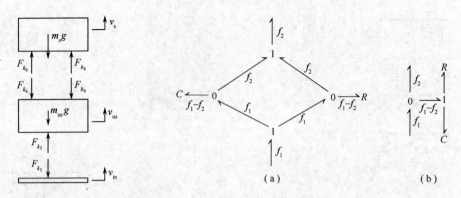

图 4.11 1/4 汽车系统的自由体受力图　　图 4.12 通过功率流方向可被简化的回路

独的 0 – 结建立相对速度,然后使用一个 1 – 结,并保证与之相连的所有键的相对速度大小都为 $f_1 - f_2$。由于 C 和 R 元件都具有此相对速度,它们都与此 1 – 结相连,如图 4.12(b)所示。读者可以检验一下,在此简化表示中,力的和仍然是正确的。在多个元件具有相同的相对速度或相对流时,所得到的键合图的结果要稍微简单些。此回路的简化并非必须,但是在本文中将逐渐实现此简化,以使该图看起来更加明晰。

除了朝向一个方向平移运动的机械系统外,还要求对所建立的过程做适度的扩展,以能处理更为复杂的平动系统,其中包含杠杆、滑轮,及其他简单的运动 – 力转化设备。考虑如图 4.13(a)所示的系统。在弹簧 k_1 的末端有一个水平方向的速度输入,此弹簧的另一端使用一个定滑轮,从而使无质量杠杆产生垂直方向运动。杠杆的另一端连着一根弹

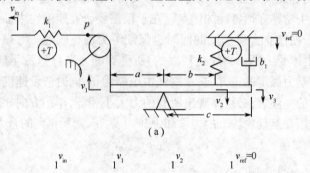

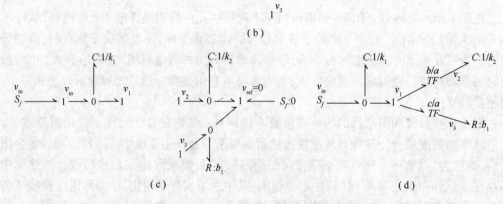

图 4.13 一个滑轮 – 杠杆机械系统

62

簧 k_1 和一个阻尼器 b_1，二者的另一端与惯性地面相连。杠杆支点距左端的力臂长为 a，右侧弹簧和阻尼器的力臂分别为 b 和 c。图 4.13(a) 额外给出了速度的正方向，并指出对弹簧和阻尼器都假定拉伸为正。注意到，虽然 v_1 仅被标在杠杆末端，但它也是点 p 的水平方向速度。

按构建过程，首先使用 1－结表示确定速度。需要考虑的是为什么选择这些特定的速度作为确定速度，并值得使用 1－结表示。如在构建过程的第 1 步所述，总是把速度分配给确定的物块，同时可证明其他的物理位置可用于建立元件上的相对速度。你不能过多指定速度，因为如果发现某些 1－结是没用的，则没有任何键最终会与之相连，且这些 1－结可在模型开发最后时删除。仔细观察图 4.13(a)，可看到 v_1（为点 p 的速度）可用于建立水平弹簧上的相对速度，速度 v_2 和 v_3 可分别用于建立垂直的弹簧和阻尼器上的相对速度。图 4.13(b) 给出了具有重要速度标示的 1－结。唯一具有这些特定绝对速度的元件是源元件，用于建立输入速度 $v_{in}(t)$ 和参考速度 $v_{ref} = 0$。这些元件在图 4.13(c) 中给出，其中元件上的相对速度通过使用 0－结建立。为方便起见，所有箭头都表示拉伸为正的方向。例如，按所定义的速度正方向，弹簧 k_1 将受相对速度 $v_{in} - v_1$ 的作用而拉伸，同时这也是相应的 0－结的流增加的原因。其他元件可类似进行分析。遵循构建规则，此模型显然不完整。因为在 v_1、v_2 和 v_3 对应的 1－结之间没有相连。

由第 3 章可知，根据如下关系，无质量的杠杆可作为关联其上相对速度和力的转化器。

$$\frac{b}{a}v_1 = v_2 \quad \text{和} \quad \frac{c}{a}v_1 = v_3 \tag{4.3}$$

图 4.13(d) 给出了包含此转化器的最终模型，其中删除了参考速度，并做了一些简化。

键合图建模方法的众多有用属性中很重要的一点是相对方便的模型修改能力。例如，在图 4.13(a) 中一个原本忽略的物块被证明对系统很重要。则修改后建立如图 4.14(a) 所示的图示。并不需要增加表示其他的速度，因为 v_1 仅在上一形式的模型中是需要的。观察图 4.13(c) 中 v_1 被标出的地方，可发现新的物块元件 m_1 可简单表示为一个与 v_1 对应 1－结相连的 I 元件。其他部分没有变化，最终结果如图 4.14(b) 所示。

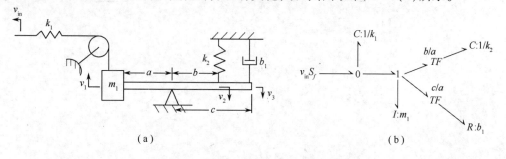

图 4.14　修改的滑轮－杠杆机械系统

对转化系统的直接扩展之一是定轴转动系统，将在下面介绍。

4.2.2　定轴转动

定轴转动发生在具有旋转机械的机械系统中，如电动机和热机。诸如齿轮箱、传动装置、变速箱、差速器和传动轴都是具有部分定轴转动成分系统的例子。仅需要对机械转化系统建模的过程做简单的修改，就能适用于定轴转动系统。因为所做的工作就是对前面所做的直接扩展，本节首先开始介绍定轴转动系统键合图构建的过程。

定轴转动系统的构建过程

（1）在物理系统的图示中，使用箭头和符号指示"确定的"绝对角速度元件的正方向。其中可能包含所有独立的旋转惯性元件，所有描述的输入角速度，以及其他任意被证明可能对建立相对角速度有用的物理位置的角速度。声明当顺时针或逆时针旋转时，扭矩生成元件、转动弹簧和阻尼器的正方向。

（2）使用 1 - 结表示从第 1 步中得到的确定角速度。为图中每个 1 - 结添加角速度标签，这能帮助提醒你哪个结对应哪个角速度成分。你可以使用一个 1 - 结表示作为参考的零角速度，这在后面将被删除，但它对建立相对角速度是有帮助的。

（3）将每个 1 - 结与具有其角速度的元件相连。通常，确定的转动惯量是伴随由某个 1 - 结表示的确定角速度的 I 元件。需要注意的是，正的能量总是进入 I、R 或 C 元件中的。

（4）使用 0 - 结建立剩余元件上的合适的相对角速度，从而使这些元件按一种形式或另一种形式旋转时为正，如在图中所规定的。

（5）删除具有零角速度的键，简化为最终模型。

如第一个例子，考虑一个旋转挠性轴末端的摩擦飞轮，如图 4.15（a）所示。假设由一台电动机提供一个输入角速度 $\omega_{in}(t)$，从轴的左端输入。轴是容性的，由其抗扭刚度 k_{τ} 定义，单位是 N·m/rad。轴的另一端是一个转盘，转动惯量为 J，单位 kg·m^2。在转盘和地面之间还有一个转动阻尼器 b_{τ}，单位 N·m/(rad/s)。图 4.15（b）是对此物理系统的一个示意图，标出了角速度并给出其正方向。轴扭转的正方向规定为从轴首端向末端看去的顺时针方向，旋转阻尼器的正方向为向其底部看去的顺时针方向。图 4.15（c）中给出

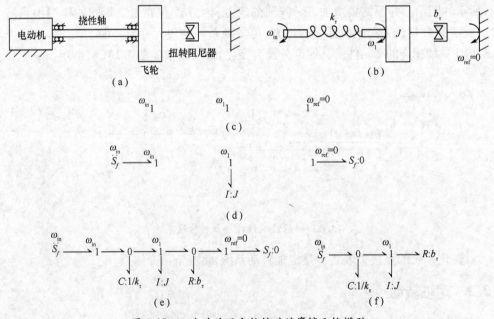

图 4.15 一个为演示定轴转动的摩擦飞轮模型

64

了表示确定角速度成分的 1 - 结,其中包括参考的零角速度。图 4.15(d) 中,表示 $\omega_{in}(t)$ 的流源与合适的 1 - 结相连,同时转动惯量也与其合适的 1 - 结相连。在图 4.15(e) 中,使用 0 - 结建立扭转弹簧和扭转阻尼器上的相对角速度。在图 4.15(f) 中,删除了惯性参考,并进行了某些简化,以得到最终模型。

图 4.16 为一个更复杂的定轴转动系统示例。转动惯量分别为 J_1 和 J_2 的两个转盘分别刚性连接于一个轴的两端,轴的抗扭刚度为 k_{r1}。转盘 2 连在一个扭转弹簧 k_{r2} 的一端,该弹簧的另一端与第三个转盘 J_3 相连,此弹簧可在轴上无摩擦转动。第三个转盘的半径为 R_3,与半径为 R_4 的第四个转盘 J_4 组成齿轮组。最后,第四个转盘通过一个扭转弹簧 k_{r3}

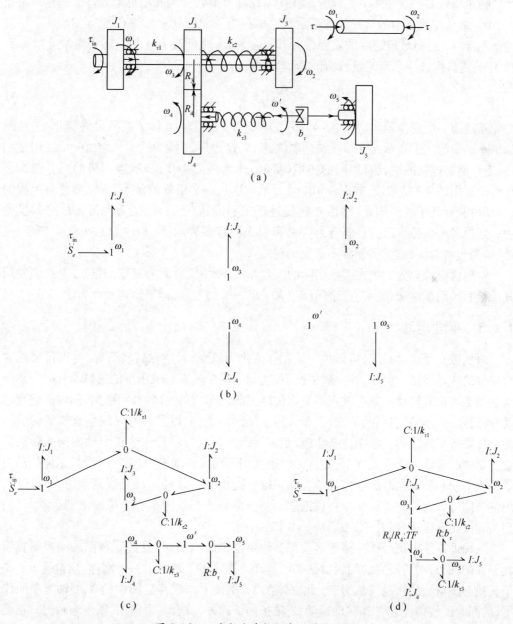

图 4.16 一个轴和齿轮组成的系统,例 2

65

和一个扭转阻尼器 b_τ 与第五个转盘 J_5 相连。注意到在扭转弹簧和阻尼器之间给出一个连接角速度 ω'。这样做是为了便于建立这两个元件上的相对角速度，最终将能预测此系统对于特定的输入扭矩 $\tau_{in}(t)$ 所表现出的运动－时间行为。必须耐心等待去弄清一旦建立一个键合图这些工作是如何水到渠成的。目前必须满足于能构建这样一个模型。在物理示意图中，角速度的正向使用箭头和标签给出，同时弹簧扭矩的正方向使用具有全箭头的线表示，遵守右手定则。示意图旁边单独的轴给出了这种符号约定。

在图 4.16(b)中，使用 1－结表示示意图中所有的确定角速度。而且，具有这些特定角速度的键合图元件直接与这些 1－结相连。这些成分包括转动惯量和以角速度 ω_1 转动的扭矩输入源。在图 4.16(c)中，使用 0－结建立旋转弹簧和阻尼器元件上的相对角速度。0－结功率流方向的选择考虑了示意图中扭矩正向的建立。注意与 ω' 对应 1－结对建立 $k_{\tau 3}$ 和 b_τ 上相对角速度的重要性，同时 ω_3 和 ω_4 之间没有连接。转动惯量分别为 J_3 和 J_4 的转盘构成一个齿轮组，具有如下运动关系：

$$\frac{R_3}{R_4}\omega_3 = \omega_4 \tag{4.4}$$

此关系使用一个变换器实现，如图 4.16(d)所示。在此图中，做了某些最终简化，包括删除了不必要的用于表示 ω' 的 1－结。删除此 1－结以后，剩余两个 0－结由一个通用键相连，表示所有连接的键具有相同的扭矩（势）。作为最后一步，具有通用势的所有键都可与一个通用的 0－结相连，如图 4.16(d)所示。这是一个很好的例子，可以解释表示流的 1－结可能有利于模型构建，然后在建模过程中明确这些 1－结是否保留在最终的模型中。建模者可根据自己的意愿自由定义和引入任意多表示流的 1－结（或表示势的 0－结）。通过键合图简化，会删除不必要的键。

对包含机械成分的绝大多数实际的工程系统，物块元件具有有限的维数，且必须使用其质量和转动惯量来表示。这个问题包含了下一节的主题，即平面运动动力学。

4.2.3 平面运动

对机械直线运动研究，可以将物块元件简化为质点；对定轴转动研究，可以仅考虑物块成分的转动惯量。但是，在一般情况下，实际应用中具有有限质量的机械部分的运动既有直线运动也有转动。如行驶在不平坦公路上的汽车，车体分别沿前向、侧向和垂直运动，同时还有左侧和右侧间的滚转，车头和车尾间的俯仰，以及转弯时绕垂直轴的偏航转动。如果将车体作为一个刚体来建模，则需要确定其质量和沿 3 个正交轴方向的转动惯量。车体的运动可能会很复杂，显然无法单独用平动或转动来描述。相反地，车体的动力学是由平动和转动同时综合体现的。在三维空间中描述这种运动是很复杂的，而通过使用键合图可大大简化。第 9 章将讨论这一复杂问题。当仅考虑一个平面上的运动时，模型构建就会变得很容易。平面运动是本节的主题。

当物理系统中每个惯性体的运动都被约束在二维空间中，且其旋转都是围绕垂直于此平面的轴时，则所研究的问题就是平面运动。图 4.17(a)给出一个刚体，质量为 m_c，关于其质心或重心的转动惯量为 J。此刚体在 XY 平面上以惯性空间中的 X，Y 轴为参照作平动，同时围绕惯性轴 Z 作转动运动，Z 轴指向纸面外，符合右手定则，图中未画出。在图中未给出来自外界的力。重心有一个平面内的绝对速度，该速度矢量被分解为 v_X 和 v_Y

两个正交的部分,如图所示。这两部分沿惯性坐标轴 X,Y 方向。刚体的动能由质心的速度和其旋转角速度确定,对图 4.17(a)所示的刚体,其动能 T 为

$$T = \frac{1}{2}mv_X^2 + \frac{1}{2}mv_Y^2 + \frac{1}{2}J\omega^2 \tag{4.5}$$

式中:m 为质量;J 为重心的转动惯量。

　　由于键合图记录的是能量,所以为了研究刚体在平面内运动所具有的所有能量,必须在两个正交的方向上分别表示刚体的平动,同时还须表示刚体的转动。通过图 4.17(b)中键合图各部分对其实现。为了分析能量,使用 1 - 结表示每个质心的速度成分和角速度。与表示速度的 1 - 结相连的是一个 I 元件,该元件具有与质量块 m 相同的惯性参数,同时与表示角速度的 1 - 结相连的是一个转动惯量 J 作为惯性参数的 I 元件。这部分图示定义了平面运动中刚体的所有能量。与刚体相连的其他任何设备,如弹簧或阻尼器,在集成到一个键合图模型中后,最终将与图 4.17(b)中这些 1 - 结实现交互。

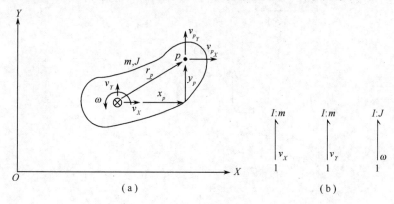

图 4.17　刚体的一般平面运动

　　通常,与刚体相接触的对象可能位于刚体上不同的点。例如,图 4.17(a)中的 P 点可能就是这样一个点。我们将需要这些接触点的速度成分,如图中的 v_{P_X} 和 v_{P_Y}。接触点相对质心的位置可用位置矢量 r_P 表示,并可分解为 x_P 和 y_P。下述运动关系式(见文献[2])可用于确定刚体上任一点相对于质心(或刚体上其他的点)的速度:

$$\boldsymbol{v}_P = \boldsymbol{v}_{\mathrm{cg}} + \boldsymbol{\omega} \times \boldsymbol{r}_P \tag{4.6}$$

其中:叉乘项表示由于刚体本身造成的接触点速度与质心速度不同。式(4.6)是一个矢量方程,其中的 $\boldsymbol{\omega}$ 表示矢量角速度,其方向与运动平面垂直,指向纸内或纸外,并符合右手定则。当对平面运动的刚体建模时,此关系式将被多次重复使用。对平面运动,由于角速度矢量总是垂直于位置矢量,所以对式(4.6)的使用特别简单。下面将用一个例子作为演示。对图 4.17(a)中的几何结构,应用式(4.6),得

$$v_{P_X} = v_X - y_P\omega$$
$$v_{P_Y} = v_Y + x_P\omega \tag{4.7}$$

需要注意的是,当刚体作大角度运动时,x_P 和 y_P 将随刚体的运动而改变。

　　作为第一个例子,考虑如图 4.18(a)所示的倾斜汽车模型。这是对前面图 4.10 中 1/4 汽车模型的扩展。此模型有时也被称为半汽车模型。从汽车的一侧看去,车头在右,

车尾在左。车头尾的悬挂系统包括：轮胎弹簧 k_{t_f} 和 k_{t_r}，非弹性物块 m_{us_f} 和 m_{us_r}，悬挂弹簧 k_{s_f} 和 k_{s_r}，悬挂阻尼器 b_{s_f} 和 b_{s_r}。系统的输入是车头和车尾的输入速度 $v_{i_f}(t)$ 和 $v_{i_r}(t)$。车体建模为一个刚体，从质心到车前悬挂连接的距离为 a，到车尾悬挂连接的距离为 b。车体具有的质量为 m，质心转动惯量为 J，重力的作用垂直向下。

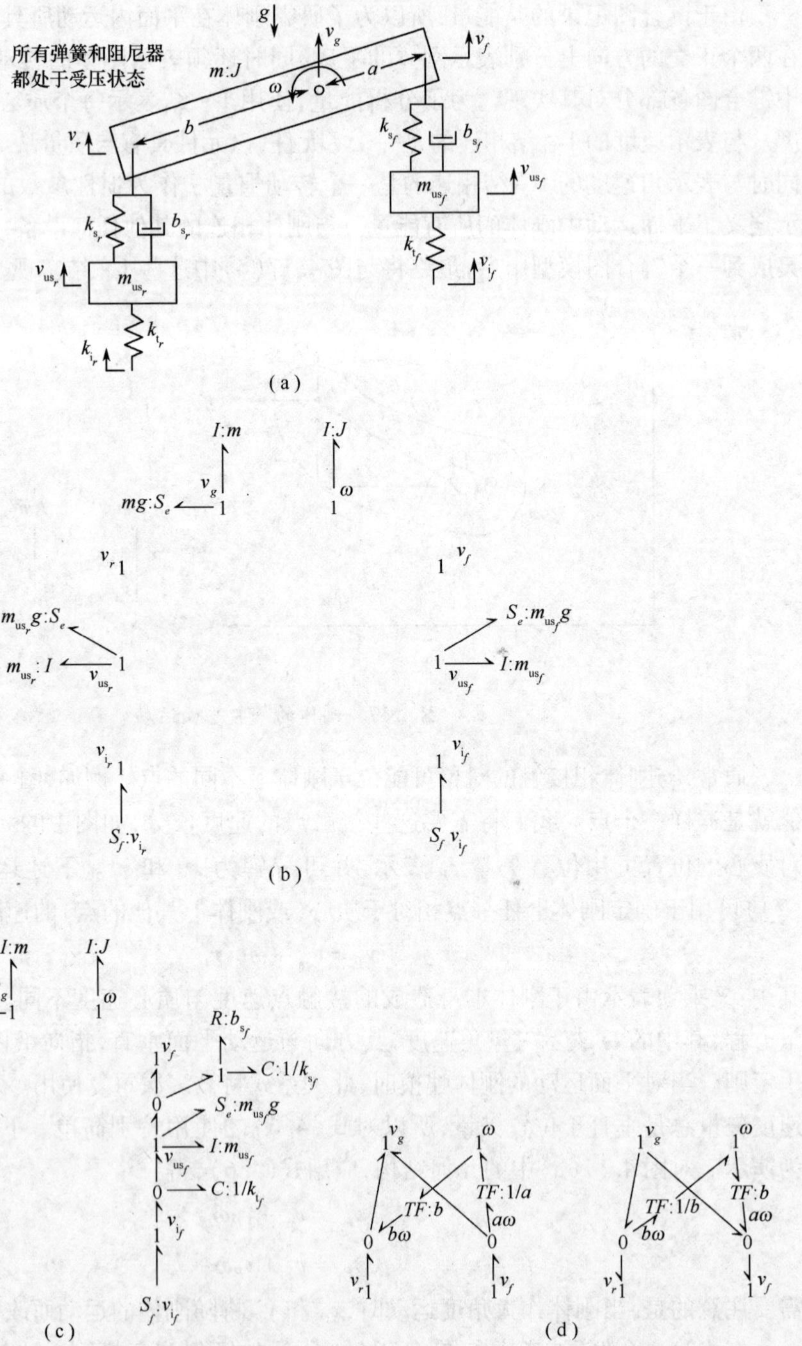

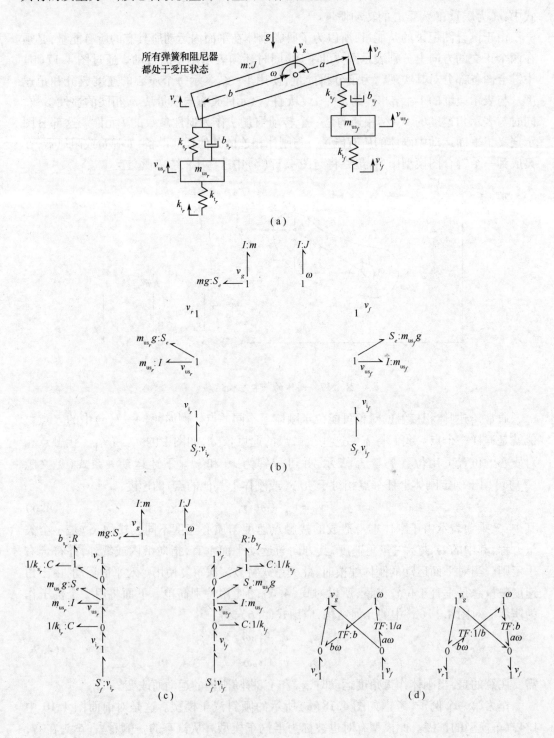

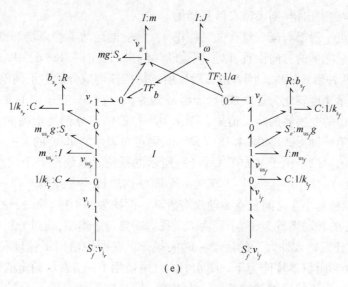

（e）

图 4.18　倾斜汽车模型。平面运动的例 1

对此模型,车并不是向前运动,而是受到约束作垂直方向运动和转动或倾斜。因此,此刚体的运动可用其质心的垂直方向速度 v_g 和倾斜角速度 ω 描述。其他重要的速度也在图中标明了方向和大小,包括刚体前后的垂直方向速度成分 v_f 和 v_r。这些成分的引入有助于建立车前后悬挂单元上的相对角速度。如图 4.18 所示,对所有的弹簧和阻尼器,都假设压缩为正。

构建一个包含刚体平面运动系统键合图模型的过程不同于机械平移和定轴转动,因为其中增加了对运动学问题的处理,如式(4.6)所示。图 4.18(b)中,使用 1 – 结表示系统中所有确定的速度和角速度。将这些 1 – 结与具有这些特定速度和角速度成分的键合图元件相连。车前和车后的悬挂惯量和输入速度可能看起来相似,因为它们都与前面的 1/4 汽车的例子相似。刚体使用物块的质心速度和角速度描述,因此表示质量 m 和转动惯量 J 的 I 元件都与合适的 1 – 结相连。刚体的重量是一个势源,与质心的垂直速度相连。能量正向为流入此源的方向,根据此例所预先规定的速度正方向(向上为正)。对于表示车前后非弹性物块的势源,也有类似的情况。在图 4.18(c)中,使用 0 – 结建立弹簧和阻尼器上的相对速度。如前面对此系统所规定的,能量的方向设置满足压缩为正。同时进行了一些简化。要注意如何使用表示 v_f 和 v_r 的 1 – 结帮助构建车头尾悬挂部分的相对速度。同时注意对悬挂元件,其相对速度仅构建一次,然后使用 1 – 结强调弹簧和阻尼器分别具有相同的相对速度。从图 4.18(c)中可很明显地看出模型不完整,还有元件没有集成进去。这部分中运动学占主要地位。

对小角度运动,使用式(4.6)和右手定则,可推导出如下方程:

$$v_f = v_g + a\omega \quad 和 \quad v_r = v_g - b\omega \tag{4.8}$$

上式称为运动学约束,在建立正确的模型后必须满足这些约束。直到目前,所推荐的做法都是在图示中给出正方向,然后转化到键合图模型中。即使不这样做,模型可能也是对的。而在对系统响应的研究中,可能事先不知道速度的正方向是向上还是向下,或者力的正方向是压缩还是拉伸。这些信息非常重要,因此总是需要考虑对能量方向的约定。但是,如果运动学约束出错,则模型必然是错的。

　　运动学约束一般都与流变量有关。使用 0 - 结根据运动学约束增加流。在增加流的时候仅需要注意能量的方向设置,以强调运动学约束。在图 4.18(d)中,式(4.8)的约束使用 0 - 结按两种形式体现。读者可以验证所增加的速度成分能够正确地得到式(4.8)。使用变换器将角速度转化为速度成分,即将 ω 变为 $a\omega$ 或 $b\omega$。在图中的变换器中,模数根据第 3 章中给出的变换器的定义追加。图 4.18(d)的两部分都是正确的,都可被用于本例。如果使用第一种形式,如图 4.18(e)所示,则可对表示 v_f 和 v_r 的 1 - 结进行简化。

　　平面运动的第二个例子是如图 4.19(a)所示的系统。系统是一个质量为 m 的小车,在输入外力 $F(t)$ 的作用下运动。小车上一个圆柱体通过一个弹簧 k 和一个阻尼器 b 与小车相连,在圆柱与小车之间只有滚动没有滑动。圆柱为一刚体,质量 m_c,质心位于其轴心,相对于质心的转动惯量为 J_c,半径为 R。我们需要一个模型,通过分析求解或仿真,来预测此系统在任意输入外力下的运动 - 时间规律。在图中给出了速度和角速度的正方向,并假设弹簧和阻尼器拉伸为正。图 4.19(b)中使用 1 - 结表示确定的速度和角速度,并使具有这些确定流的元件与这些 1 - 结相连。圆柱被看做平面运动的刚体,质心速度 v_c,角速度 ω,因此具有表示其质量和转动惯量的 I 元件与之相连。图 4.19(c)中建立了弹簧和阻尼器上的相对速度。通过仔细研究可以发现,尽管考虑到了所有的能量,但此模型仍不完整。

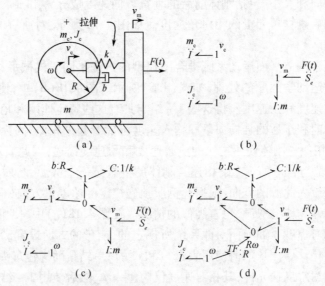

图 4.19　载有滚动圆柱体的推车,平面运动的例 2

　　再次地,在完成此模型之前必须推导运动学关系。对圆柱底部接触点的速度 v_p 应用式(4.6),设向右为正,得

$$v_p = v_c - R\omega \tag{4.9}$$

由于圆柱是无滑动滚动,则圆柱底部的接触点的速度与小车上接触点的速度相等。因此,运动学约束为

$$v_m = v_c - R\omega \tag{4.10}$$

在图4.19(d)中使用0–结强调了此约束,从而模型是完整的。

作为系统平面运动动力学的最后一个例子,考虑图4.20(a)中的系统。在弹簧 k_1 末端给出一个输入速度 $v_{in}(t)$,弹簧的另一端通过一根不可拉伸的绳子跨越一个动滑轮,质量 m_1,半径 R_1,转动惯量 J_1,和一个定滑轮,半径 R_2,转动惯量 J_2,与一个质量为 m_2 的物块相连,该物块通过一个弹簧 k_2 和一个阻尼器 b 与地面相连。研究的问题是建立系统的一个形式化模型,通过仿真,预测系统在预先设定的输入速度下的运动–时间关系。速度和角速度的正方向在图中给出,并假设所有的弹簧和阻尼器都是拉伸为正。

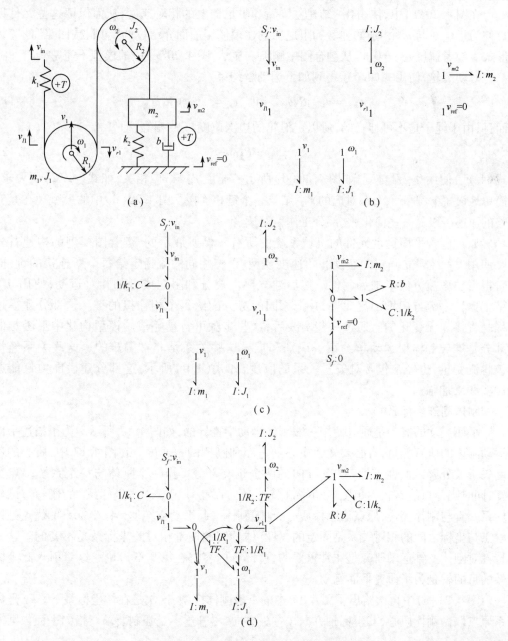

图4.20 含有动滑轮的系统,平面运动的例3

在图 4.20(b)中,使用 1 - 结表示确定的速度和角速度。动滑轮要求一个 1 - 结表示其质心速度,一个 1 - 结表示其角速度。注意到定义了动滑轮左右两侧的速度。左侧的速度 v_{l_1} 的引入是为了有助于建立弹簧 k_1 上的相对速度。右侧速度 v_{r_1} 的引入有助于研究定滑轮的角速度 ω_2。同时也可以看到,由于绳子不可伸长,则 v_{r_1} 等于物块速度 v_{m_2}。与这些 1 - 结相连的是具有这些确定流的键合图成分。流源 S_f 的能量箭头是从源发出进入系统的,因为如果弹簧 k_1 按正向定义处于拉伸状态,同时弹簧顶端按正向定义向上运动,则能量将由源提供,并流入系统。

在图 4.20(c)中,使用 0 - 结建立弹簧和阻尼器上的相对速度,从而保证这些元件以拉伸为正。对与 m_2 相连的弹簧和阻尼器的建模使用前面介绍过的"可删减回路"的简化形式。参考速度 $v_{\mathrm{ref}} = 0$,可从键合图中删除。显然,图 4.20(c)中的模型不完整。

对动滑轮,使用式(4.6),得到如下运动学约束

$$v_{l_1} = v_1 + R_1\omega_1 \quad \text{和} \quad v_{r_1} = -v_1 + R_1\omega_1 \tag{4.11}$$

而且,由于绳子是不可伸长的,所以定滑轮的边缘速度与 v_{r_1} 相等,即

$$v_{r_1} = R_2\omega_2 \tag{4.12}$$

式(4.11)使用 0 - 结体现,如图 4.20(d)所示。速度 v_{r_1} 与 ω_2 相关,如式(4.12)所要求。简单地设置 v_{r_1} 等于 v_{m_2},使对应的 1 - 结与一个键相连接。图 4.20(d)中的模型现在是完整的。还可以做一些简化,这部分工作留给读者。

如对包含平面运动元件的机械系统的所有示例所展示的,键合图模型的构建首先要使用 1 - 结建立确定的速度和角速度模型,以将相同的流指定给每个所连接的键,同时根据功率流方向增加势元件。然后建立顺向成分和阻向成分的相对运动,使用 0 - 结根据功率流方向增加流元件,并把相同的势分配给每个相连接的键。这部分建模过程是直接和无变化的。通过一些实践后,这些步骤可自动完成。模型构建中最困难的部分是推导和体现运动学约束。识别和推导这些关系是非常困难的。这些关系经常包含流变量,也经常包含对矢量关系的应用,如式(4.6)所示,这部分建模能力仅能通过实践来加强。

刚体固连坐标系[①]

平面运动的概念是通过使用一般刚体运动学推导的,如图 4.17 所示。为了描述平面运动刚体的所有能量,有必要知道质心的速度和刚体的角速度。在图 4.17 中,质心的速度矢量被分解为惯性坐标系 XY 方向的两个正交部分。当一个刚体与一个系统多点交互,同时刚体可能有较大角度运动时,比较方便的做法是引入"体坐标系"的概念。该坐标系一直与刚体固连,原点为刚体质心,且随刚体一起平动或转动。该坐标系的优点是接触点与坐标之间的相对关系是固定的,且刚体的转动惯量相对此坐标系是不变的。这些特性对刚体三维运动研究是非常重要的,这部分内容将在第 9 章讨论。这里引入此坐标系的目的就是为了研究平面运动。

图 4.21(a)中再次给出了图 4.17 中的一般刚体模型,这次是在体坐标系下。xy 坐标系原点取做刚体质心,其坐标轴方向按主矢方向,尽管这不是强制要求。指向平面内某方

---

① 在不失一般性的情况下可忽略。

向的瞬时速度矢量被分解为体坐标系下两坐标轴上相互正交的两部分。这两部分，v_x 和 v_y 不同于图 4.17 中的惯性成分，因为它们会随着刚体的旋转而改变方向。而且这种速度矢量成分方向上的改变会导致实际的加速度成分，这是必须考虑的。同时在图 4.21（a）中还给出了接触点 p，它在 xy 坐标系中具有固定的相对位置 x_p, y_p。

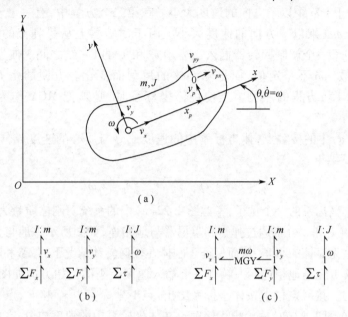

图 4.21　具有体坐标的一般平面运动

在文献[2]中证明，对以旋转坐标系为参考的任意矢量，如速度矢量 $\boldsymbol{v}$，其随绝对时间的变化，即加速度，为

$$\frac{\mathrm{d}}{\mathrm{d}t}\boldsymbol{v} = \frac{\partial}{\partial t}\boldsymbol{v}\mid_{\mathrm{rel}} + \boldsymbol{\omega}x\boldsymbol{v} \tag{4.13}$$

其中方程右侧的第一项是相对移动坐标系的测量值，第二项为坐标系的转动。对图 4.21（a）中的刚体使用此关系式，得到质心的绝对加速度 a_x 和 a_y 为

$$a_x = \dot{v}_x - \omega v_y$$
$$a_y = \dot{v}_y + \omega v_x \tag{4.14}$$

其中，由于旋转所产生的成分是通过使用右手定则叉乘得到。例如，ω 矢量指向纸面外，其与 x 轴方向的速度成分 v_x 叉乘，得到 y 的方向矢量，大小为 ωv_x。

对此质心的绝对加速度使用牛顿定律，得到

$$\sum F_x + m\omega v_y = m\dot{v}_x$$
$$\sum F_y - m\omega v_x = m\dot{v}_y \tag{4.15}$$

式中：x 和 y 轴方向上的力都来自任意与刚体相连的系统，坐标系旋转产生的加速度分量在与刚体质量 m 相乘后加到方程中表示力的一侧。

现在回到图 4.21（b），图中尝试使用体坐标系成分 v_x, v_y，而非图 4.17 中的惯性成分

v_X, v_Y。其中考虑了刚体的动能,但没有考虑绝对加速度。换句话说,如果在图 4.21(b)中使用 1 - 结添加来自外部元件的力,则所得到的运动方程是不正确的。需要使用式(4.15)解决这个问题。

式(4.15)中的叉乘项具有非常好的对称性。在第一个方程中,有一个 x 轴方向的力成分,大小等于 $m\omega$ 乘以 y 方向的速度大小。在第二个方程中,有一个 y 轴方向的力成分,大小等于 $m\omega$ 乘以 x 方向的速度大小。由于回转器上从势到流的关系,考虑图4.21(c)中使用了一个调制回转器插入在表示 v_x 和 v_y 的 1 - 结之间。使用调制回转器的原因是其系数 $m\omega$ 不是定值,而是随刚体的运动而变化。方便的是 I 元件上的力正好等于式(4.15)方程的左侧。当使用体坐标系时,必须把 MGY 作为键合图的一部分。

对图 4.21(a)中的接触点,体坐标系中的速度成分与质心的速度成分相关,使用式(4.6),得到如下结果

$$v_{p_x} = v_x - y_p\omega \quad 和 \quad v_{p_y} = v_y + x_p\omega \tag{4.16}$$

作为应用体坐标系的一个例子,考虑图 4.22(a)中的系统。刚体质量为 m,质心转动惯量 J,刚体在点 1 和 2 分别通过弹簧和阻尼器与地相连,如图所示。地与弹簧和阻尼器相连的部分通过无摩擦的小车,从而保证了刚体在任何转动情况下,弹簧和阻尼器都保持水平。水平弹簧 1 在与地相连的一端有一个输入速度。刚体初始方向如图所示,体坐标系原点取其质心。接触点位置按体坐标系给出,点 1 坐标值为 x_1 和 y_1,点 2 为 x_2 和 y_2,其中 x_2 为负。在图 4.22(b)中给出了接触点在体坐标系中的速度成分,在图 4.22(c)中使用 1 - 结表示所有的确定速度。与这些 1 - 结相连的是具有这些绝对速度的成分。注意使用体坐标系对刚体的表示方法。接触点的体坐标系速度成分使用 1 - 结表示。这样定义是为了方便最终确定接触点的水平速度,并使用作为水平弹簧 - 阻尼器成分的输入。如在图 4.22(b)中标出的,接触点的体坐标系速度为

$$v_{x_1} = v_x - y_1\omega$$

$$v_{y_1} = v_y + x_1\omega$$

$$v_{x_2} = v_x - y_2\omega \tag{4.17}$$

$$v_{y_2} = v_y + x_2\omega$$

接触点的水平速度为

$$v_{h_1} = v_{x_1}\cos\theta - v_{y_1}\sin\theta$$

$$v_{h_2} = v_{x_2}\cos\theta - v_{y_2}\sin\theta \tag{4.18}$$

这些运动关系使用 0 - 结实现,如图 4.22(d)所示。使用变换器体现来自式(4.18)的约束,是调制的变换器,MTF,因为这些成分的系数都随刚体运动而变化。图 4.22(d)最终给出的是本例最终的键合图。此键合图看起来有些复杂,但其中包含了大量信息。在第 9 章中,引入了一些简化符号来表示复杂的系统,以使所构建的键合图中包含较少的键。

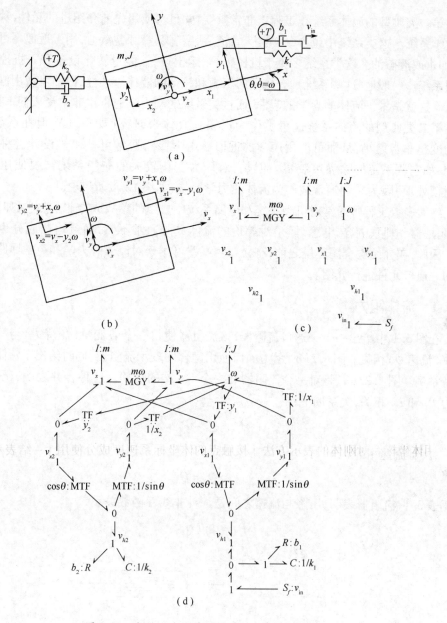

图 4.22　与处于大幅度运动的框架相连的刚体

4.3　液力与声学回路

本节将对流体系统这一类特殊且重要的系统,使用键合图建模。所用的模型体现出本章前面研究过的机械系统和电路系统具有一种非常接近的相似性。这里所用的变量已经在第 2 章(表 2.4)讨论过,基本的流体系统元件在第 3 章讨论过。表 3.1 ~ 表 3.4 和图 3.1,图 3.2,图 3.4 给出了本节所用的一通口流体元件。图 3.8 给出一个具有一个流体通口的二通口变换器,图 3.11 给出了流体元件的 0 - 结和 1 - 结。尽管讨论具有一般性,但是这里还是以研究对流体系统的建模为主。

第一类典型的流体系统在工程上非常重要,并且可使用先前介绍过的元件,称为流体静力学系统。这类系统中包含泵、马达、管道、活塞、阀、筛和蓄液池,用于近似不可压的液体,如水或液态油。这类系统多见于机械工具、运土设备、能量转化设备和飞机控制界面伺服系统。一般地,这些系统具有较高的压力和较低的液体流动性,因此可使用静压表示动压。这就是术语流体静力学的起源,而这类系统的动力学通常也非常受人们重视。

第二类典型的流体系统这里被作为可压缩气体来研究(如空气),但在系统中,压力的变化非常之小,从而可使用声学的近似。声学回路通常可被用于设计各种消声器系统,如空调系统的除噪声装置。但是,对压力变化较大的充气系统需要使用更复杂的建模处理,因为它们通常被作为流体热力学系统,如第12章所讨论。

绝大多数工程师通常对机械系统和电路系统中成组的参数成分非常熟悉,如刚体、弹簧、阻尼器、电阻、电容、电感,但是对等价的流体成分通常不熟,而且这些成分也不很直观。因此,在介绍键合图建模之前,有必要对某些可用于对流体静力学和声学回路系统建模的一通口元件进行介绍。

4.3.1 流体阻力

在图3.1中给出一个一通口流阻器,该流阻器使得一个势变量(压降 P)与一个容积流率(流速 Q)相关。图4.23所示为如何使用键合图表示流阻器,同时给出了流阻器各类设备举例。图4.23(a)是对一个流阻器和一个1-结的合并。这种合并表明,压降 P_3 与压力 P_1 和 P_2 相关,关系如下:

$$P_3 = P_1 - P_2 \tag{4.19}$$

同时,所有流速相等,

$$\dot{Q}_1 = Q_2 = Q_3 \tag{4.20}$$

根据表3.1,流阻器表明,压降与流速之间是一种非线性函数关系,

$$P_3 = \Phi_R(Q_3) \tag{4.21}$$

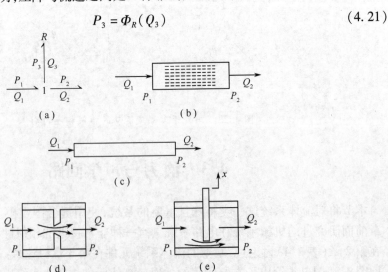

图4.23 流体阻尼器

(a)键合图;(b)多孔筛;(c)长管道;(d)孔;(e)通过面积 $A(x)$ 可变的阀。

76

或者,根据线性化假设,二者间有个流阻系数 R_3,

$$P_3 = R_3 Q_3 \tag{4.22}$$

但现实情况下,对许多液力系统或声学系统,在其构建之前,很难预测其流阻函数,且系统部分的流阻系数也难以预测。但是,在稳态条件下,却不难测量压降和流速,并确定流阻的影响。这意味着至少还有可供参考的工程研究指导,以建立流阻规则假设。

图 4.23(b) 给出的是一个管道中多孔筛的模型,这里假设筛对流体的黏滞阻力为主要因素。这样逻辑上使用式(4.22)是没问题的。在缺少与筛相关实验数据的情况下,可以在研究系统模型时使用一个参数为 R_3 的阀的模型。

另一种可视为线性阻力假设的例子在图 4.23(c) 给出,这种情况下是不可压液体以层流形式在一条长而细的管道中流动。这里可以给出阻力的理论值(见文献[4],7.4节):

$$R_3 = 128\mu l / \pi d^4 \tag{4.23}$$

式中:$\mu[\mathrm{Pa \cdot s}]$ 为黏滞参数($\mathrm{Pa \cdot s}$);l 为管道长度(m);d 为管道内直径(m)。

(注意附录中给出的典型参数列表,如一些材料的黏滞参数,这对本节中对一通口元件参数和典型系统函数的估计特别有用)

对长管道中的不可压流,通常需要计算雷诺数,定义为

$$Re = 4\rho Q / \pi d\mu \tag{4.24}$$

式中:ρ 为流体密度($\mathrm{kg/m^3}$)。

如果雷诺数的值比较小,如 200 或更小,则黏滞阻力是主要因素,可使用式(4.22)和式(4.23)。如果雷诺数较大,则有扰流现象发生,此时稳态流情况下的压力 – 流速关系是非线性的。扰流情况取决于管道的稽核参数 l 和 d、管道表面的粗糙程度,以及流体本身的属性。

在雷诺数大于 5000 的情况下,流体近似为一种扰流,与式(4.21)的非线性关系的一般表达式为

$$P_3 = a_t Q_3 |Q_3|^{3/4} \tag{4.25}$$

在此公式中,必须使用绝对值计算以保证在 Q_3 为负的情况下 P_3 为负。常数 a_t 一般通过实验获得(见文献[5])。尽管已知式(4.25)对稳流是正确的,但其对瞬时条件的研究并不能提供足够的有效性。对震荡流或其他情况,对扰流的研究还不完善,因此,在这些情况下,式(4.25)仅能作为一种近似。

图 4.23(d) 和(e) 部分给出在短管上具有压降的两种情况。假设孔的面积 A_0 固定,而阀的面积 $A(x)$ 可变,其中 x 是一个位置参数。尽管图中只给出了闸式阀的形式,但基本的压降方程适用于各种结构的阀。在流体机构中标准的研究形式是通过使用能量、动量和连续性推导关于孔的定律。主要的研究结果是,压降与流速的平方成正比。此定律的一种形式为(见文献[6],3.8节)

$$P_3 = (\rho Q_3 |Q_3|) / 2C_d^2 A_0^2 \tag{4.26}$$

这里再次使用绝对值函数,以使压降 P_3 的符号与 Q_3 保持一致,C_d 是一个释放参数。对圆形、锋利边缘的孔,可预测 C_d 的值为 0.62,但是对其他形状的孔,C_d 的值会有所改变。

对阀而言,其面积取决于位置参数,且释放参数的值也可能变化,因此与相对应的方程可写为

$$P_3 = (\rho Q_3 |Q_3|)/2C_{\mathrm{d}}^2(x)A^2(x) \tag{4.27}$$

在对系统进行因果分析的情况下,最终要求流体根据压降的变化而变为可压的,因此方程(式(4.26)和式(4.27))中的关系必须作修改。例如式(4.26)修改后的形式为

$$Q_3 = C_{\mathrm{d}}A_0(2|P_3|/\rho)^{1/2}\operatorname{sgn}P_3 \tag{4.28}$$

这种形式与先前给定的相比要稍微复杂些,以支持压降和流速具有相同的正负符号(符号函数"sgn"在 P_3 为正的情况下取值为 $+1$,在 P_3 为负的情况下取值为 -1)。在存在震荡流的动态系统中,必须保证对变量正负号的计算是正确的。

式(4.28)是由式(4.21)给出的非线性关系的相反形式。当如式(4.22)所示的线性关系假设成立时,相反形式为

$$Q_3 = P_3/R_3 \tag{4.29}$$

第5章将介绍要求使用流阻定律的因果形式来建立状态方程,以支持分析或仿真的各种方法。

4.3.2　流体容量

如表3.2所列,流容表示的是压力(势变量)与流速积分(位置变量)之间的关系。这个积分变量一般指流体的容量。图4.24 为一般形式,其中流容由共势结(0-结)合并而成。流容的非线性形式构成了键合图的关系,如图4.24(a)所示,为

$$P_3 = \Phi_C^{-1}(V_3) \tag{4.30}$$

其中

$$V_3 = \int_0^t Q_3 \mathrm{d}t \tag{4.31}$$

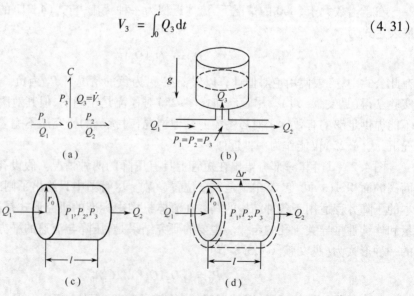

图 4.24　流容
(a)键合图;(b)水箱;(c)刚性管段;(d)弹性管段。

如果可对流容作线性假设,则可定义容量参数 C_3,且式(4.30)中的流容规则可简化为

$$P_3 = V_3/C_3 \tag{4.32}$$

0 – 结的规则为

$$P_1 = P_2 = P_3 \quad 和 \quad Q_3 = Q_1 - Q_2 \tag{4.33}$$

因此,V_3 是对流速 Q_1 和 Q_2 之差的积分。

第一个例子如图 4.24(b)所示,是一个重力场中的直接通过型水箱。在这种情况下,V_3 是存储在水箱中水的体积。如果使用 h 表示水面相对水平连接管道的高度,则水箱底部的压力就是静压力(严格地说,这是净压力,假设大气压力为零。也假设水箱的底部实际上就是在与管道相连的 TEE 连接。假设与水箱的连接段管道非常短)。

若水箱面积为 A_3,水箱中水的容积 V_3 等于 A_3h,因此水箱底部的压力为

$$P_3 = \rho g V_3/A_3 \tag{4.34}$$

将式(4.34)和式(4.32)比较,可以看到水箱的容量为

$$C_3 = A_3/\rho g \tag{4.35}$$

具有直边的重力水箱可表示为一个线性流容。

图 4.24(c)所示的例子是一段刚体管,其物理容积为

$$V_0 = \pi r^2 l \tag{4.36}$$

对实际的不可压缩流体,流入管道的流速 Q_1 和流出管道的流速 Q_2 应该相等,因此根据式(4.33),流 Q_3 的值应该为零。另一方面,如果 Q_1 和 Q_2 并不精确为零,Q_3 表示对管道中流体的压缩率。更重要的是,根据式(4.31),V_3 将表示管道中流体容量的减少。

对水或液态油这类液体,其可压性较小,因此由下式定义容量系数 B(见文献[6])

$$dP = -B(dV|V) \tag{4.37}$$

式(4.37)中取负号的原因是:流体容积增加的速度的增量为 dV,则压力下降的量为 dP。对流容模型,将扩展式(4.37)中的关系到有穷小的变化,同时注意到 ΔV_3 表示管道中液体容积的微小下降,因此式(4.37)中的符号消失,管道的流容法则变为

$$\Delta P_3 = (B/V_0)\Delta V_3 \tag{4.38}$$

其中 V_0 来自式(4.36),同时 Δ 可被删除,因为在图 4.24(a)的键合图中,P_3 和 V_3 表示这种情况下对稳态的偏离。

比较式(4.32)和式(4.38),可以看到刚体管道的流容为

$$C_3 = V_0/B \tag{4.39}$$

附录中给出某些常见流体的容积系数的值。

如果所研究的是气体,并且压力和容积的变化足够小,则所谓的声学近似有效,可以给出压力变化与容积变化之间的另一种关系(见文献[7]):

$$\Delta P_3 = \rho_0 c^2 V_3/V_0 \tag{4.40}$$

式中:ρ_0 为在参考压力下气体的密度;c 为声速。

这意味着这种情况下的流容为

$$C_3 = V_0 / \rho_0 c^2 \tag{4.41}$$

附录中给出了常见气体的密度和声速。

图 4.24(d)所示为一种特殊情况,流容的变化是因为装有流体的容器自身的弹性变化,而非流体本身的可压缩性。管道具有薄壁,且是由弹性材料制成(例如,可能是一种非金属液压刹车线)可做这样的近似分析,令 ΔV_3 表示在流体不可压缩的假设条件下流体压力的增量。纵向的压力和应变效果忽略不计,仅计算由于管道环绕压力所产生的容积变化。

通过初步分析得到管道的环压为

$$\sigma = r_0 P / t_w \tag{4.42}$$

式中:r_0 为管道的标称半径;t_w 为管壁厚度(小量)。

则圆周应变为

$$\varepsilon = \sigma / E = r_0 P / t_w E = \Delta(2\pi r) / 2\pi r_0 = \Delta r / r_0 \tag{4.43}$$

式中:E 为弹性系数(见附录)。

容积改变为

$$\Delta V = \Delta(\pi r^2 l) = \pi l 2 r_0 \Delta r \tag{4.44}$$

合并式(4.43)和式(4.44),结果为

$$\Delta V = (2\pi l r_0^3 / t_w E)\Delta P - (2 r_0 V_0 / t_w E)\Delta P \tag{4.45}$$

按着与图 4.24(a)中键合图相关的形式,结果为

$$\Delta P_3 = (t_w E / 2 r_0 V_0)\Delta V_3$$

这意味着由于管道的弹性所产生的流容为

$$C_3 = 2 r_0 V_0 / t_w E \tag{4.46}$$

合并流容

有时由于流体的可压缩性和管道的弹性的共同作用产生复合影响。一种可能的解决方法是如图 4.24(a)那样使用两个独立的键合图,然后根据图 4.24(c)和(d)两种情况分别采用参量进行串联,而另一种可能的方法是构建一个等价的容度。图 4.25 所示为对这两种源容器的另一种形式。第一个键合图中的键 3 具有一个 C -元件,以处理来自式(4.39)的具有可压缩性的流容,键 4 具有一个对管壁弹性进行处理的容器,并使用来自式(4.46)的流容。四通口的 0 -结表明所有的键具有特定的压力,而且流的总和为零(考虑半箭头的符号)。键合图表明 Q_1 和 Q_2 的差是 Q_3 和 Q_4 的和,也就是说,输入和输出流之间的差部分来源于流体的压缩,部分来源于管道的扩展。积分后,容积变量的关系

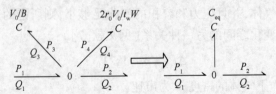

图 4.25 流体压缩率和管道弹性的一个等价流容模型

如下：

$$\Delta V_3 + \Delta V_4 = \int_0^t (Q_1 - Q_2) \, dt \tag{4.47}$$

使用来自式(4.39)和式(4.46)式的流容,并调用一般压力 ΔP,式(4.47)变为

$$(V_0/B + 2r_0 V_0/t_w E) \Delta P = \int_0^t (Q_1 - Q_2) \, dt \tag{4.48}$$

这意味着流容增加一个 0 – 结。在图4.25中给出的等价独立流容为

$$C_3 = V_0 (1/B + 2r_0/t_w E) \tag{4.49}$$

注意到此公式能够支持确定流体压缩系数和管壁的弹性哪个因素更重要,或二者都需要考虑。所有势变量都必须与管道段的容量相关,但是其中也包含了其他的物理参数和维数。

非线性流容

尽管许多对流体系统的动态建模方法可使用线性元件规则有效地完成,但有的情况中非线性模型更为重要。这种情况对某些流阻设备和流容设备非常普遍。例如,考虑如图4.26所示的受压气体累加器。该系统包括一个压力容器,其中有一个含有压缩气体的弹性球胆。这种设备通常被用于流体系统中对外界压力和流体起伏的平滑,或在瞬态条件下提供能量的突然爆发。

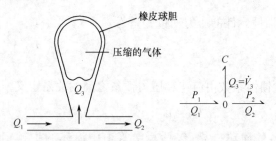

图4.26 受压气体累加器

不可压液体流 Q_3 压缩球胆中的气体,同时压缩气体的容积确定了累加器和 0 – 结中的压力。在动态条件下,气体通常没有足够的时间与其环境交换更多的热。如果这种假设成立,则压力 – 容积的等熵定律

$$PV^\gamma = P_0 V_0^\gamma = 常数 \tag{4.50}$$

是一种很好的近似。在此方程中,γ 是在固定的压力和容积条件下特定热度的比值(见附录),P 和 V 是气体的瞬时压力和容积,P_0 和 V_0 是在某初始时刻的值。

图4.26中的键合图表明,气体容积为

$$V = V_0 - V_3 = V_0 - \int_0^t Q_3 \, dt = \int_0^t (Q_1 - Q_2) \, dt \tag{4.51}$$

这意味着 P_3 和 V_3 之间的非线性流容关系为

$$P_3 = P_0 V_0^\gamma / (V_0 - V_3)^\gamma \tag{4.52}$$

上式通过使用式(4.50)得到。

4.3.3 流体惯量

流体回路中还需要讨论的最终为正的一通口元件,该元件与管道段中流体的惯量相关。表 3.3 给出,流体系统与机械和电路系统的惯性影响具有相似性,但对绝大多数人而言,对所包含的变量,流速和压力惯量,并不像在机械和电路系统中相应变量那么熟悉。同时,如我们将看到的,一个流体回路元件的惯性系数受管道段参数影响,且是直觉的。

图 4.27 所示为最简单的直管情况,横截面积为 A,长度为 l,充满液体的密度为 ρ。键合图给出了一般情况,其中一通口显示与 1 - 结相连。这种情况下,管道两端流体的速度是相等的,作用于惯性元件上的压力差为

$$P_3 = P_1 - P_2 \tag{4.53}$$

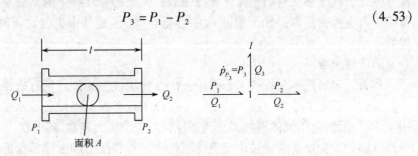

图 4.27　管道段的流体惯量

如表 2.4 所示,惯性元件的压力动量变量为

$$p_{P_3} \equiv \int^t P_3 \mathrm{d}t - \int^t (P_1 - P_2) \mathrm{d}t \tag{4.54}$$

此 I 元件的一个线性惯性系数由流速和压力惯量之间的关系定义

$$I_3 Q_3 = p_{P_3} \quad \text{或} \quad Q_3 = p_{P_3}/I_3 \tag{4.55}$$

对这种情况惯量系数的简单推导,包括写出管道中流体的牛顿定律(更完整的分析在12.3.1 节中给出)。把管道中流体小块看做刚体的运动,其速度为 Q_3/A,加速度为 $\dot{Q}_3/A$,质量为 ρAl。为液体小块提供加速度的净力包括两端的压力乘以面积,$P_1 A - P_2 A$。然后牛顿定律变为

$$(\rho Al)\dot{Q}_3/A = (P_1 - P_2)A \tag{4.56}$$

使用式(4.53)~式(4.55),结果为

$$(\rho l/A)\dot{Q}_3 = P_3 \tag{4.57}$$

或

$$(\rho l/A)Q_3 = p_{P_3} \tag{4.58}$$

这意味着惯量系数为

$$I_3 = \rho l/A \tag{4.59}$$

这个管道段中流体惯量的参数类似于平动系统中的质量或电路中的感应系数。

显然此惯量系数与流体小块的质量密度和长度成正比,但其与面积成反比却与直觉相左。其原因是使用的是压力和流速作为势变量和流变量,而非力和速度。许多工程人

员假定细的管道会体现较少的惯量效果,因为其包含较少的流体质量,但实际上,管道越细,流体在回路中使用时的惯量越大。奇怪的是,对长而横截面积小的管道,流体物块越小,其效果与机械系统中质量越大的效果相当。

如在 12.3.1 节中讨论的,当管道的横截面积 $A(s)$ 随沿管道的距离 s 变化时,惯量系数给定为

$$I_3 = \int_0^l \rho \, \mathrm{d}s / A(s) \tag{4.60}$$

这表明管道中横截面积最小的部分对惯量系数的贡献最大。

值得注意的是,尽管式(4.59)中给出的惯量公式适用于流体系统和声学系统,但是对开环的声学回路的惯量系数确有一定的差别。如果该管道没有法兰,则由式(4.59)中长度应该加上两端物理长度半径的 0.6 倍,以此进行修正。这是考虑到了与外界大气相连而产生的辐射阻抗(见文献[7],9.2 节)。

4.3.4 流体回路构建

流体回路和声学回路在很多方面与电路一致。前文中知道,很容易为电路中能够定义"绝对"电压的任一位置建立一个 0 - 结。对于正的一通口元件,通过使用 1 - 结建立作用在这些元件上电压差,来将其插入到适当的 0 - 结之间。最后,选择一个 0 - 结作为参考电压,并将其及所有从其发散出去的键删除。对流体回路,压力的作用类似电压,流速的作用类似电流,因此,对流体回路构建过程的一个简短形式如下:

(1)对每个"确定的"压力,建立一个 0 - 结。如果必要,为大气压引入一个 0 - 结。

(2)在合适的 0 - 结之间使用 1 - 结插入 $R -$,$C -$ 和 $I -$ 元件。

(3)使用一个"通过"图示来指定功率流方向符号半箭头,从而使这些元件与压力差相互作用。

(4)与每个压力或流源相连。

(5)如果要使用"规格"压力,则可将表示大气压力的 0 - 结删除。

(6)如果有带"通过"符号约定半箭头的二通口 0 - 结或 1 - 结,则可对键合图进行简化。

图 4.28(a)所示为一个具有压力 - 缓解 - 阀通过流体的泵 - 马达单元。假设泵是一个流源,缓解阀和马达都具有阻尼,蓄水池的水压为大气压。到目前为止,不应该处理泵和马达对流体和机械能量的转化,也应该忽略过滤器。在图 4.28(b)中,给出了两个明确的压力。在(c)部分,加入了泵、阀和马达。这是一个正确的键合图模型。接下来定义 B 点的压力,参考大气压并删除 P_A 结。通过简化得到如图 4.28(d)所示的系统键合图。现在处理"规格"压力。

一般对流体元件的表示一定不会像前例中那样,对其压力点的区分特别明确。考虑一个将泵和负载相连的长的柔性管。如果管道很长,并且压力变化很快,范围很宽,或者要求预测具有很高的精度,可能有必要包含管道中流体惯量、管壁柔性和管内对流体阻力的影响。事实上,这些影响分布于管道各处。幸运的是,通常可以通过一些简单的简化得到良好的预测模型。同时,柔性管在图 4.29(a)中给出。在图 4.29(b)部分,给出一个表示惯量、阻尼和容度的简单动态模型,注意过程中定义的压力点。作为压力差 $(P_1 - P_2)$

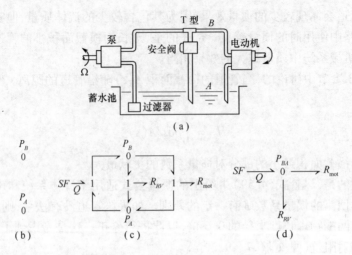

图 4.28　一个流体的泵–马达单元

的动态相应,惯量生成一个流变量(Q_{12})。阻尼也生成一个流变量(Q_{23})作为压力差($P_2 - P_3$)的动态相应。管壁的一致性生成一个压力(P_3)(相对于大气压),作为净流的动态响应。这些压力在图 4.29(c)中给出。如图(d)所示加入了各种元件。惯性和阻性效应被直接加入;容性效应位于局部压力和大气之间。最后,将泵作为压力源加入,负载作为一个阻尼,同时对图作了简化。所有压力的测量均以大气压为参照。

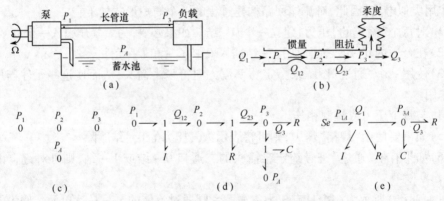

图 4.29　具有长的柔性管线的流体系统

对图 4.29(e),通过考虑管线本身的模型,可以看到一个连接有 I,R 和 C 元件的简单 1–0 结构是二通口管道的基本表示。通过将管线进行分割,对每个分割单元建立此类模型,然后将这些模型按串联形式连接起来,就可构建一个具有较高精度的模型(尽管系统更为复杂)。此方法同样适用于许多其他类型的设备,如杆、轴、盘和电路。这些将在第 10 章再次讨论。

4.3.5　一个声学回路的例子

图 4.30 所示为一个反作用消声器,主要通过惯性和容性效应工作(这就是为什么称为反作用消声器的原因)。图(a)为直穿式设计的一个交叉部件,包括被一块内部板分为两个空腔的框架,容积分别为 V_c 和 V_b,具有两个管道以供稳态流通过。稳态和脉动元件

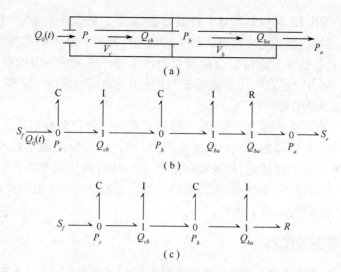

图 4.30 低频外壳和管道反作用消声模型

都包含的一股受压流,被从左侧压入,从右侧流出进入大气。如果消声器起作用,那么与对所关心的的某个范围的频率相比,出口处气流的脉动成分会降低。

对这个例子,假定所关心的频率足够低,因此管道可表示为一个单独的 I 元件,空腔可表示为 C – 元件。对更高的频率,可能要求更复杂的模型,这与图 4.29 中的长管道模型类似(同时需要注意的是,此模型更适用于空调的排气管消声器,声学近似对其有效,但不适用于汽车的消声器,因为其具有来自发动机排气口的更大的压力波动)。

通过上面给出的构建过程可建立图 4.30(b)所示的键合图。首先,为 3 个压力 P_a,P_b 和 P_c 建立 3 个 0 – 结。通过使用 1 – 结,将表示管道的 I 元件插入到合适的 0 – 结之间,如图 4.27 所示。在出口处情况稍微复杂些,由于流体进入无限的大气中,因此用 R 元件表示流体的部分辐射阻抗。这是声学研究的一个标准练习,以推导此阻抗的表达形式,并证明对较低的频率,阻抗可表示为一个流阻和一个增加的惯量,如上述讨论中最后的修正所表示的(这些影响更完整的讨论,见文献[7]的 8.12 节和 9.3 节)。

通过辐射阻抗 R 元件的流与通过最后一个管道的相同,因此又使用了一个 1 – 结。等价地,一个单独的四通口 1 – 结可用于 I – 元件和 R – 元件。

大气压强可通过一个势源设置,内部压力可由流容设置,如图 4.24 所示。输入流由一个流源确定。流容参数通过使用式(4.41)估计,惯量参数使用式(4.59)。

如果定义的所有压力都是从大气压推导得到,则可进一步简化。这意味着 $P_a \equiv 0$,并允许将所有存在大气压的键删除。通过此简化,并将规定通过方向与 R – 元件相连的一个二通口 1 – 结删除,得到如图 4.30(c)所示的键合图。

尽管这些对流体和声学回路系统建模的方法和限制在细节上非常复杂,但显然流体模型和电路模型之间的相似性是很有用的。

4.4　换能器与多能域模型

换能器是一类将具有不同能量域的分系统相耦合的设备。例如,可以是机电设备,如

85

电动机、发电机、继电器,可以是流体－机械设备、如泵、马达,动力油缸,甚至可以是包含电能、机械能和流体能量的电－液阀。第 8 章将专门针对各种不同类型的换能器作详细讨论,因此这里仅就基于二通口的变换器和回转器的一些相对简单的换能器进行讨论。这些设备中的一部分已经在图 3.8 和图 3.9 中给出其物理示意图。这些一般的换能器支持对多能域使用键合图建模。

研究键合图的主要原因之一是:当所建模的系统中包含多种形式的能量,键合图能够提供一种统一的和精确的形式表示系统模型,键合图的使用激励建模者考虑能量是如何在理想的换能器上存储的,以及如何增加 R 元件对由于效率所产生的耗散效应的建模,而非建立真实设备 100% 准确的模型。最后,通过在键合图中直接增加 I － 元件和 C － 元件对换能器的动力学建模。

4.4.1 变换器型换能器

某些换能器很容易理解。例如,考虑在图 3.8(e)中出现过,在图 4.31 中再次给出的液压活塞型换能器。

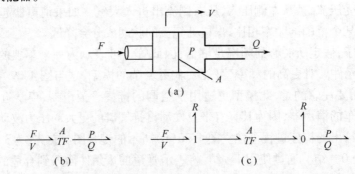

图 4.31 液压活塞型换能器
(a)物理示意图;(b)理想的换能器模型;(c)增加了摩擦和渗漏阻性器。

根据图 4.31(a)给出的物理示意图,显然液体流作用在活塞面 A 上的压强产生压力。同时可注意到活塞的速度乘以此面积等于流速 Q。因此,理想的换能器表示为(b)部分中的键合图,其表示为前面在第 3 章中给出的式(3.10):

$$F = AP, \ AV = Q, \ FV = PQ \tag{4.61}$$

注意符号约定半箭头与示意图中是一致的。如果在某瞬时,力和速度按所标的方向都为正,则机械能供应给设备,流体能输出给其他设备。这种"通过"功率流方向保证了变换器在公式中出现两次的面积 A 都具有相同的符号(若表示符号的半箭头不是流过变换器,则 A 必须在公式中出现一次,且机械能与流体能的符号相反)。

事实上,理想的变换器仅适用于对活塞表面的影响。所有真实设备的情况与机械能可被无损地转化为流体能的理想假设相矛盾。如在第 8 章指出的,对真实的换能器建模还应包括对理想的换能器模型增加一些元件,以抵消能量损失,或者可能的话,还应考虑惯量和容量的动态效应。图 4.31(c)中,给出了如何将能量损失的影响添加到简单的理想模型中。

从机械的方面,通过增加 1 - 结并使用阻性元件以引入机械摩擦的影响。典型的活塞具有活塞环或外包装从而引入作用其上的摩擦力。这意味着作用在活塞柄上的净力不但有 AP,还有所引入的摩擦力。使用 1 - 结增加这些力,并体现活塞柄,摩擦力元件和活塞具有相同的速度 V。由于表示活塞环的 R 元件仅能吸收能量,因此流体能现在要小于活塞柄上提供的机械能。从流体方面,合并 0 - 结,并使用流阻表示通过活塞的可能泄漏。活塞表面上和活塞边缘泄漏位置的流体输出的压力,被认为是相等的。使用 0 - 结保证流出活塞设备的流体速度的大小为 AV 乘以通过泄漏阻力器泄漏的流速。此流体阻力器也降低了换能器的效率。

正向运动的流体泵和马达包含一定数量的活塞,以及一套机制以使这些活塞往复运动,以驱动一个轴角度的运动。当活塞的数目较多时,如 7 个或 9 个,轴的角速度 ω 与流速 Q 的关系系数 T 近似恒定(此系数实际上随着轴稳定的旋转有微小变化)。考虑到流体活塞系统可被表示为一个变换器,则不奇怪正向位移的机械也可被表示为变换器了,如图 4.32 所示。

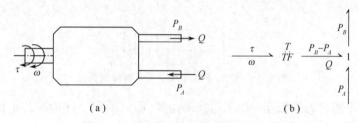

图 4.32 使用变换器建模的流体泵或马达

在图 4.32(a)部分,物理示意图中给出了轴的扭矩和角速度,以及位于输入通口和输出通口的压强 P_A 和 P_B。在忽略泄漏的情况下,输入和输出设备的流 Q 是相同的。流体能与流 Q 和压强差 $P_B - P_A$ 有关。

图 4.32(b)中给出了泵或马达的理想模型。如果关于角速度和流速之间关系的转换系数由下面的关系定义:

$$TQ = \omega \qquad (4.62)$$

则可得到转矩 - 压强之间的关系为

$$P_B - P_A = T\tau \qquad (4.63)$$

因为此理想情况下能量关系为

$$(P_B - P_A)Q = \tau\omega \qquad (4.64)$$

通过对此变换器符号的选择表明此模型表示一个泵,但是即便使用这种符号约定,机械能和流体能可能都为负值,则说明此设备模型表示一个流体马达。

尽管以其表示形式的键合图是没有损失和动态行为的理想情况,但显然此模型需要进行修整,通过添加阻性件对损失进行建模,如图 4.31 所示,同时可以在机械的一端对 1 - 结添加一个 I 元件,以表示旋转部分的转动惯量。第 8 章以理想模型开始作为基础,然后适当地增加表示负载和动态元件,以此来讨论建模过程。

4.4.2 回转器型换能器

尽管许多可被表示为变换器型的换能器类型很容易理解,但那些表示为回转器的类型却难以理解。机电换能器具有很重要的地位,例如旋转的和线性的电动机,或者电动扬声器中的音圈,可通过一个简短讨论证明回转器可被用于描述一些有用的设备。

图 4.33 所示为基本的回转器模型。带有电流的导体进入一个磁场,在磁场的作用下受到一个外加力的作用,这个力的大小与磁力相等但方向相反。由于导体的运动,在导体中产生电压。

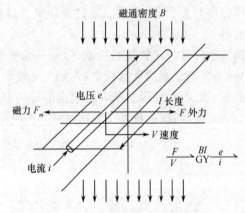

图 4.33　带电导体进入磁场的回转器模型

由于所有不同的矢量相互间处于适当的角度,因此适用于此情况的定律形式非常简单。根据法拉第电磁感应定律,所引入的电压与速度之间的关系为

$$e = BlV \tag{4.65}$$

所施加的外力与电流之间关系的洛仑兹力定律为

$$Bli = F \tag{4.66}$$

注意到电能和机械能保持恒等

$$ei = FV \tag{4.67}$$

同时在式(4.65)和式(4.66)式中,势变量与流变量之间相关。因此,图 4.33 中的储能二通口换能器能够适当地表示一个回转器。

就像前面简单扩展的例子那样,流体活塞系统可导出对流体泵和马达作为变换器的表示,磁场中的导体可导出对电动机和发电机的表示。图 4.34 给出几种直流电动机或发电机的表示。从内部看,绝大多数电动机中对在磁场中运动的带电线圈转子具有复杂的装配形式。在所给出的例子中,假定磁场由永磁体产生,并且通过转接器或其他设备使线圈转子产生的电压输出与转子的角速度成正比。此外,产生的扭矩与连接终端设备的电流成正比(通过此电动机更详细的模型可以预测实际的直流电动机的扭矩,以及直流发电机中小的电压波动)。

使用符号 T 表示转换系数,图 4.34(b)中理想模型的方程为

$$e = T\omega, Ti = \tau, ei = \tau\omega \tag{4.68}$$

此回转器正确地表示了转换过程的实际情况,但在许多情况下需要对无法使用理想简化的真实设备建模的支持。图 4.34(c)中的物理示意图给出电动机的绕组具有电感和电阻,并且转子具有转动惯量 J。(d)部分的图中给出了考虑了这些影响的扩展的键合图。电路一端的 1 − 结表明来自终端的相同电流通过电感和电阻,并参与到换能作用中。

88

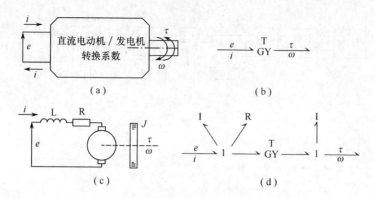

图 4.34　直流电动机/发电机模型

(a)设备的物理示意图；(b)理想模型的键合图；(c)扩展模型的示意图；(d)扩展模型的键合图。

在机械方面,1-结表示在输出轴,转动惯量和转换过程中仅有一个相同的角速度。在此模型中,电能并不瞬时等于机械能,如典型的回转器模型。不仅有损失元件 R ,而且有 I 元件在瞬时过程中存储和释放能量。在第 8 章中将给出从理想的换能器开始,到增加实际的影响的研究过程。

4.4.3　多能域模型

图 4.35(a)所示为一个用于机床平板床定位的系统。其中包含一个连接到能量源的直流电动机,用以驱动液压泵。能量源被建模为一个电压源。电动机和泵可以连续运行,因为合并阀(具有控制位置变量 x)能够使一些流体返回到流体池中,并使一些流体驱动液压马达。然后液压马达驱动架子和小齿轮,从而驱动平板床。

此系统中有很多换能器。直流电动机将电能转化为机械能,流体泵和马达实现机械能和流体能之间的交换。甚至可以考虑驱动架子和小齿轮也是一个换能器,实现转动和机械能转换(一个变换器可表示齿条和小齿轮,因为小齿轮的接触半径与其角速度相关,并驱动床面的线速度,同时作用在床面上的力和小齿轮的扭矩间也有类似关系),使用此系统演示键合图能够以一种统一的精确形式表示多能域系统。

图 4.35(a)给出此系统的物理示意图,图中给出一些重要的系统变量,如压力和角速度,但其中不明确的是如何对不同的设备建模。构建此系统键合图模型的第一步在图 4.35(b)中给出,首先要明确对不同设备模型中所作的假设。

图 4.35(b)部分中左侧的键合图表示电压源和直流电动机。这里使用了图 4.34 中的电动机模型,并做了一些修改。首先 I -元件和 R -元件显然表示电枢绕组的电感和电阻,但是下一个与 1-结相连的 $I-R$ 组合,具有表示通用流的 ω ,要求进行一些扩展。 I 元件不仅表示电动机的转动惯量,如图 4.34 所示,而且表示泵的惯量,因为这些设备都是按相同的角速度 ω 旋转。 R 元件表示伴随电动机和泵产生的摩擦损耗。

表示流体泵和马达的变换器与图 4.32 中的相同。流体压力 P_0,P_1,P_2,P_3 表示为已经存在的 0-结,与 4.3.4 节中介绍的流体回路构建方法相同。通过分析标志符号的半箭头方向,可以发现作用于泵的压力差为 P_1-P_0 ,作用于马达的压力差为 P_3-P_0 。

在泵的输出和合并阀之间的管线可被建模为一个 $I-R$ 组合,且包含流体惯量,与图 4.27 所示的类似,而对流阻,则与图 4.23 中的类似。很显然,没有流体或管道的容积影响包

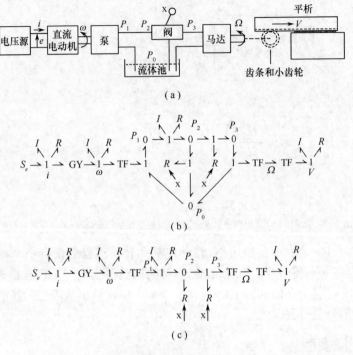

图 4.35 电 - 液 - 机械系统

(a)物理示意图；(b)包含大气压的键合图；(c)使用规范化压力的键合图。

含在模型中。这是建模的一种选择，在特定情况下可以验证也可不验证。在任何情况下，键合图都能明显展示包含了哪些效应以及没有包含哪些。

合并阀引入了一个作用于压力差 $P_2 - P_0$ 的可变流阻和一个作用于压力差 $P_2 - P_3$ 的可变流阻，引入的这两个流阻都随控制位置 x 而改变。带有变量 x 的双箭头活动键表明了这种情况。因此假设移动控制手柄并不能改变对系统的任何重要能量，尽管控制的位置确实能够改变压力和流速之间的流阻规律。

最后齿条—齿轮变换器连接了流体马达和床台模型，该模型中，用 I 元件表示床台质量，用 R 元件表示床台的摩擦。

建立图 4.35(c)中键合图的最后一步是考虑大气压为零，这支持删除 3 个键，并删除多个具有"通过"半箭头标识的二通口的 0 - 结和 1 - 结。此过程与对电路的过程类似，但是在这种情况下其结果是表示压力的势变量需被考虑成"规格"压力。

通过此模型可以明确，建立数学模型的过程是一门艺术，也是一门科学。理想模型的科学基础是能量守恒，这些基础优雅地集成到键合图元件中。但是，还有一些影响需要添加到理想的元件中，以描述发生在真实系统中的效应。这些额外的负载和动态元件必须和约束一起添加，因为不适当的模型不易理解，经常和过度简化的系统一样不好。在每种情况下，都需要对模型进行调整，来为要解决的特定问题提供指导。最好的模型通常是能够展示系统预期行为的最简模型。

好的建模者总能通过简化、删除元件，或添加元件来增加新的效应等形式对初步模型进行修改。通常这些改变是基于对模型进行分析或仿真的结果，特别是缺乏模型预测和实验结果一致性确认的情况。

习 题

4-1 为下述每个电路建立其键合图模型,并尽量使用观察法。如果电路中的电压和电流具有方向,则在其键合图模型中对相应的功率也给出其流向。

(注意:图(j)中的静电计可建模为一个开环电流耦,被测者可被建模为电阻,大小为 R_A。)

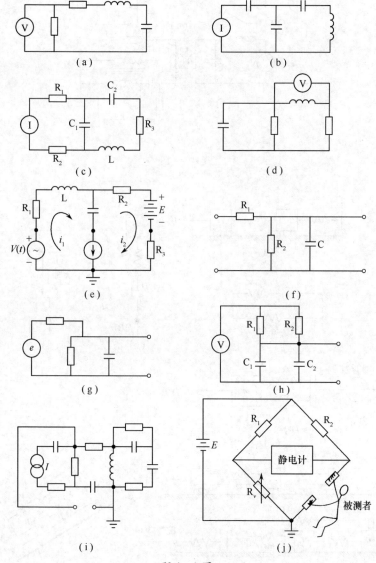

题 4-1 图

4-2 为如下每个电流网络建立其键合图模型。

4-3 为如下每个平动机械系统建立其键合图模型。

4-4 为如下每个机械网络建立其键合图模型。

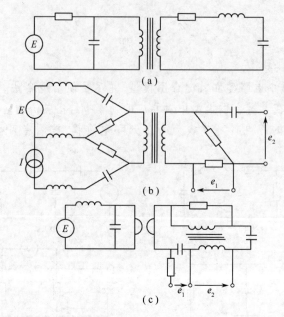

（a）

（b）

（c）

题 4 – 2 图

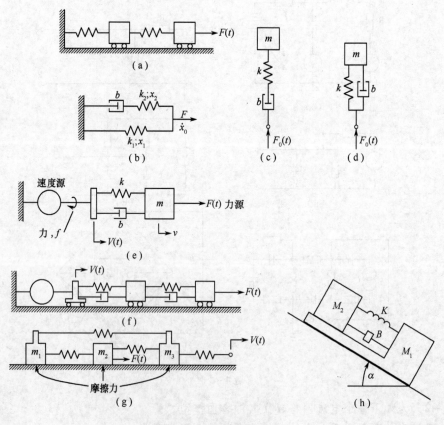

题 4 – 3 图

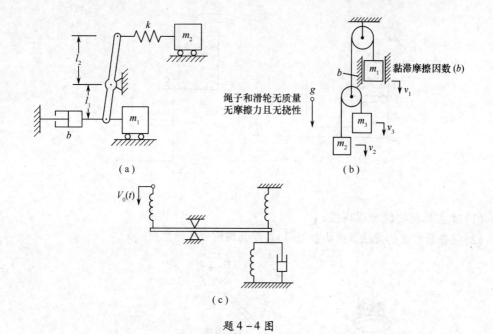

（a）

（b）

（c）

题 4-4 图

4-5 对下述每个包含定轴转动的机械系统建立键合图模型。在所示齿轮齿条系统中，为了简化，忽略导引和轴承的摩擦。

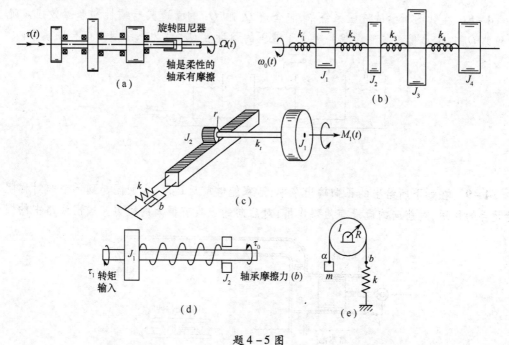

题 4-5 图

4-6 图中给出了两个非常相似但不完全一样的液压系统。为每个系统建立其键合图模型。

4-7 图中给出一个储水系统的简化模型。假设 3 个水箱都具有（非线性的）容性。并假设 3 根管道仅具有阻性，试

93

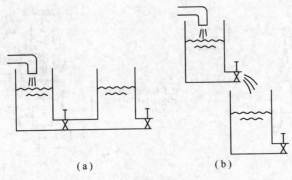

(a)   (b)

题4-6图

(1)建立系统的键合图模型；
(2)将每段管道的惯性影响添加到(1)所建立的键合图模型中。

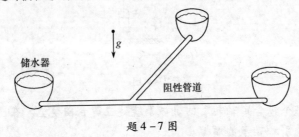

题4-7图

4-8 在如图所示的液压系统中,包含流 Q_4 和 Q_5 的管道具有惯性和摩擦效应。流出线路 Q_6 仅有摩擦。控制泵保持独立于液压的预设值 Q_C,试为系统建立键合图模型。

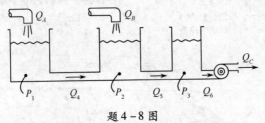

题4-8图

4-9 在如下所给出的正向输出泵中,活塞能够前后运动,止回阀起到一个非对称阻性元件的作用,对前向的流没有阻碍作用,对后向的流具有很大的阻力。输出线路中的惯

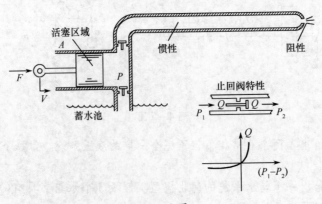

题4-9图

性影响很大,喷嘴起阻性作用。

(1)建立键合图模型,以描述机械通口变量(F,V)和流体通口变量(P,Q)之间的关系;

(2)注意到电子二极管与流体检查阀门相类似,使用(1)中的键合图为其建立一个等价的电路网络。

4-10 考虑一个通常用于自行车灯的永磁体发电机:

(1)假设该发电机在其换能器活动情况下可看成一个理想的回转器,建立其键合图模型;

(2)假设车灯短路。那么(1)中建立的模型是否仍然有效? 如果无效,对其进行修改以使其能够适应该情况。

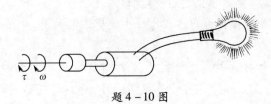

题 4-10 图

4-11 两种相关的液压系统如下:一个是液压千斤顶,一个是液压机。

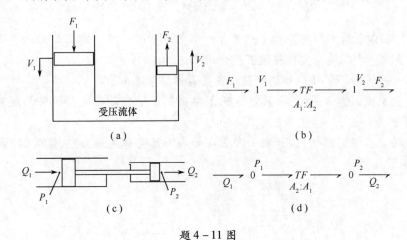

题 4-11 图

(1)如果滑块的惯性和密封处的摩擦不可忽略,对图中的模型进行修改,以使其包含这些影响;

(2)如果千斤顶的容度和液压机的轴不可忽略,修改(1)中的模型,以使其包含这些影响。

4-12 一台直流电动机的示意图如下。主要的电效应是转子的电阻和电感以及场的电阻和电感。转子和轴之间的耦合由磁场强度 i_f 调节,对耦合的简化假设为

$$\tau = T(i_f)i_a = (Ki_f)i_a$$

和

$$e_a = T(i_f)\omega = (Ki_f)\omega$$

其中,$T(i_f)$ 是调节值,假定与 i_f 成线性关系。

(1)使用耦合回转器(MGY)作为该耦合系统的核心组件,建立此直流电动机的键合图模型;

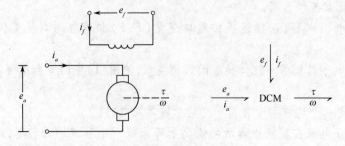

题 4 – 12 图

(2) 在(1)所建立的模型中加入机械转动惯量和耗散效应;

(3) 将(2)中的模型以发电模式运行,哪些改动是必须的?

(4) 在将此基础直流机械作为马达和作为生成器的情况下,计算其运转的电效率。

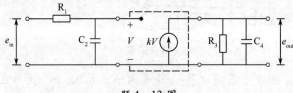

题 4 – 13 图

4 – 13　在如下所示的电路网络中包含一个电压可控的电流源。建立此网络的键合图模型,并使用一个二端口元件描述其耦合组件。

4 – 14　一个质量为 M 的物块突然从高度 L 落到活塞 1 上。

(1) 建立系统的键合图模型,假定活塞 2 由销钉锁定在某位置。同时假定物块落下后与活塞 1 连在一起;

(2) 如果对活塞 2 解锁,但活塞 1 和 2 在物块下落前达到平衡态,修改(1)所建立的模型。

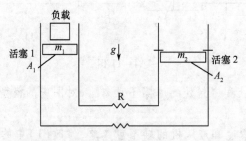

题 4 – 14 图

4 – 15　对下面的弹簧—载荷加速计建模,需要引入惯性和耗散效应。

4 – 16　一块厚钢板被浸在冷却池中淬火。假定冷却温度保持恒定值 T_b。可以忽略钢板末端与池边缘的热传导。

(1) 建立该冷却系统的键合图模型;

(2) 假设该水池是一个容积为 V_b 的容器,其温度不恒定,根据此情况修改上面的模型。

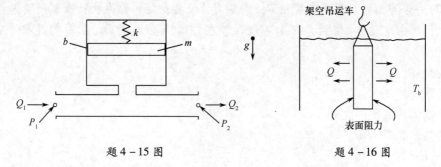

题 4-15 图   题 4-16 图

4-17 在使用集总参数的伪键合图模型描述的热传递系统和电路中,二者有一定相似性。重新解释图 3.18 中的键合图,将其考虑成一个电路,并指出热效应和电效应,以及流变量。

4-18 对如下所示的系统构建其键合图模型。对图中所示的正方向,指定其功率流方向。

4-19 图中的机械液压耦合系统用于将质量块 m 与地面的运动 $v_i(t)$ 隔开。构建系统的键合图模型,并标出对 e 和 f 所假定的正方向,同时分配合适的功率流方向。

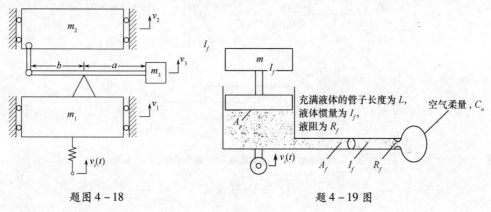

题图 4-18   题 4-19 图

4-20 图中给出了 1/4 汽车模型,以及能够生成任意控制力 F_C 的理想执行器。

(1)构建键合图模型,指定正方向,并指定其功率流方向。

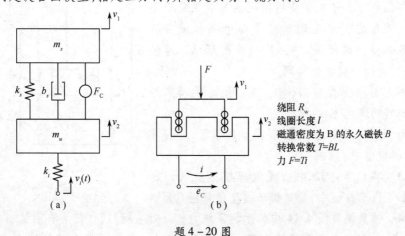

题 4-20 图

(2) 一个声圈执行器具有绕阻 R_w，准备用该设备安装作为力执行器取代理想控制力，且该执行器由电压 e_C 控制。在 1/4 汽车模型中加入力执行器，重新构建整个键合图模型。

绕阻，R_w

线圈长度，l

永磁体的磁通密度 B

转换常数 $T = BL$

力，$F = Ti$

4-21 液压活塞汽缸设备是许多运动控制系统的基本组件。液压能够在很大位移范围内生成很大的力，这对需生成很大的力的许多大型运动平台非常重要，例如飞行仿真器。该设备的理想形式在图中给出，是一个变换器，如键合图模型中所示。而实际上，该设备具有惯性、摩擦、透过活塞的泄露，以及在活塞两侧油的容积所表现出的液容。对这些所给出的实际影响，构建一个键合图模型，并指定其功率流方向。

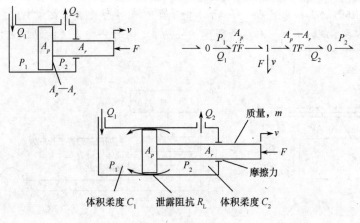

题 4-21 图

4-22 汽车的减振器是一个非常复杂的设备。其活塞头具有多级止回阀，能够产生一种力—速度特性，而这与简单地在开口处使用增压油的效果完全不同。同时，为了在振动压缩情况下为活塞杆提供容积，绝大多数减振器使用双缸结构，如图所示。连接内缸和外缸的阀门被称为脚阀。

(1) 构建键合图模型，以包含图中所示的动态组件，并指定其功率流方向。

(2) 针对实际的动态影响，提出你的假设，并将其加入到你的模型中。

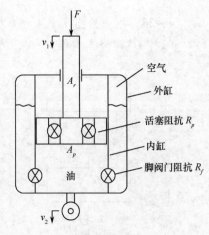

题 4-22 图

4-23 将题 4-22 中的减振器模型加入到题 4-20 的 1/4 汽车模型中，使用振动模型代替阻尼器。

4-24 该系统与图 4.14 中的示例系统类似。对本问题，杠杆具有质量 m，质心转动惯量 J_1。此外，轴点具有预设的垂直方向速度 $v_{i2}(t)$。左侧弹簧在其顶端有一预设垂直

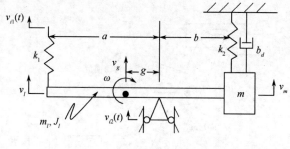

题 4-24 图

方向速度,同时,在右侧有一个用弹簧和阻尼器悬挂,连接在杠杆末端的物块。杠杆在平面内运动,因为其同时既作平动也做转动。

(1)推导系统的运动学,即 v_1,v_{i2} 和 v_m 与质心速度 v_g 和角速度 ω 之间的关系;

(2)假设弹簧和阻尼器在压缩情况下为正,或拉伸情况为正,构建此系统的键合图模型。

4-25 物块 m_1 和 m_2 仅作水平方向运动。物块 m_1 有预先设置的输入力,m_2 与一弹簧 k 相连。两个物块通过一个转动质量体 m_c 相连,其质心转动惯量为 J_c,半径为 R。转动物体与两个物块之间的接触点无滑动。

(1)推导物块速度 v_1 和 v_2 与转动物体的速度和角速度之间的运动学约束关系;

(2)为此系统构建键合图模型,并指定适当的功率流方向。

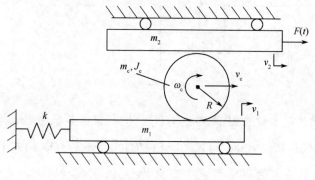

题 4-25 图

4-26 架式机器人是一种大型制造机械,包含刚度很高的台式结构,在其上面安装有一个平台,可以受驱动在 XY 平面内运动。在平台下方悬挂有一个机械臂,在机械臂末端有某种切割工具。机械臂可竖直运动,切割工具可沿多个方向运动。这样产生的效果是切割工具可沿多个轴运动,以生成大型三维形状。尽管架式机器人具有足够的刚性和硬度,但有时切割工具的末端可能会限制机器的速度和精度。

图中给出了架式机器人的简化模型。使用一个输入力 $F(t)$ 代替实际的驱动电动机,而且限制机械臂的顶端只能水平运动。机械臂为刚体,质量为 m_a,质心转动惯量为 J_a,长度为 L,质心位于机械臂中心。框架的容性使用扭转弹簧 k_r 表示,被切割的载荷表示为连接在机械臂末端的弹簧 k,质量 m,阻尼 b。需要建立一个模型支持系统在小角度偏移时对运动时程的预测。也许能够逐步获得某种控制策略,以驱动电动机来限制机械臂末端

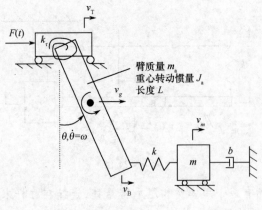

题 4-26 图

的竖直运动。现在问题是:

(1)推导 v_T 和 v_B 与机械臂运动 v_g 和 ω 的运动学约束;

(2)建立此系统的键合图模型,并指定适当的功率流方向。

4-27 考虑一个被称为 Helmholtz 振荡器的简化模型,该系统将一个直径为 d、长度为 l 的圆管与一个较大的直径为 D、长度为 L 的圆管相连接,并将大圆管末端密封构成一个声学系统。

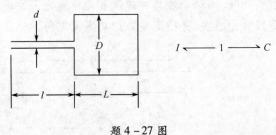

题 4-27 图

使用图中所示的基本键合图,忽略所有阻性效应,该振荡器的固有频率由下式给出:

$$\omega_n = (1/IC)^{1/2}(\text{rad/s}) \text{ 或 } f_n = (1/IC)^{1/2}/2\pi\left[(\text{cycle/s}) \text{ 或 Hz}\right]$$

(1)使用上面所给出的声学惯量和容量的公式,根据设备尺寸给出 ω_n 和 f_n 的表达式。

(2)如果取 $d=0.01\text{m}$, $D=l=L=0.1\text{m}$,则在标准条件下系统固有频率是多少?你认为像吹一个瓶口那样,沿该管道末端吹气能听到该频率的声音吗?

4-28 考虑使用一根长的水力制动用软管操作具有高速执行器上的撞锤。需要注意的是系统的容性可能会降低系统的响应能力。因此考虑由于液体的可压缩性造成的容性或管壁的柔性是很重要的。使用如下特征参数:软管的平均直径 15mm,壁厚 5mm。假定软管的弹性模量约与硬橡胶相同,液压用油的容积模量的取值在附录中给出。

4-29 考虑将图 4.28 和图 4.29 相组合的系统。即,将液压泵与一个液压马达相连,采用一条管线将液压泵与安全阀相连,另一条管线将安全阀与液压马达相连。在此新系统中,所有的管线都是很长的,表示为惯性元件、阻性元件和容性元件的组合,如图 4.29 所示。除此之外,所有的泵和液压马达都是正向位移的机械,如在图 4.32 中所示。

液压马达由一个直流电动机驱动,该电动机表示为图4.34中给出的回转器。

由液压马达所驱动的载荷可以表示为机械转动惯性元件和转动阻性元件的综合。设置大气压为零的条件下给出该系统的完整键合图模型(使用标准大气压)。

4-30 图中给出一个与图4.26中类似的加速度计。在此情况下,在流体压力 P_3 和橡胶囊中气体的压力之间还有一定区别。液体系统被压缩后,当 P_3 为零时,气体的压力为 P_0,气体的体积为 V_0。橡胶囊在其基底上具有一刚性装置,阻止其膨胀进入输入管道。当液体压力超过 P_0 时,没有液体进入加速度计,$Q_3 = 0$。但是,当有流体进入加速度计后,气体受压,气体压力和流体压力实际上是相同的。

考虑进入加速度计的液体的体积,$V_3 = \int_0^t Q_3 \mathrm{d}t$,在 $t = 0$ 时为零,此   题4-30图

时系统没有被压缩。使用本文讨论的等熵假设,建立 P_3 和 V_3 之间的非线性容性关系。注意到当 $V_0 = 0$ 时,P_3 可以到达 P_0,而当 $V_3 \rightarrow V_0$ 时,$P_3 \rightarrow \infty$。

4-31 图中给出一个面积为 a 长度为 l 的管道,管道中有流体,与一个面积为 A 的液压活塞相连。该混合型将被逐渐用于对液压系统的建模,同时关心管道的液体惯性 $\rho l/a$,与活塞的质量 m 相比是否影响很大,该活塞质量与载荷质量相连。

图中右侧的键合图分别给出了两个惯性元件,左侧的键合图给出了将两个惯性元件合并成一个等价的惯性元件,该元件具有活塞的速度 V。计算等价惯量的方法是将动能 $T = mV^2/2 + IQ^2/2$(其中 $I = \rho l/a$)以质量速度的形式表示,通过识别质量速度和与变换器相关的流,应用变换法则 $Q = AV$ 得到。

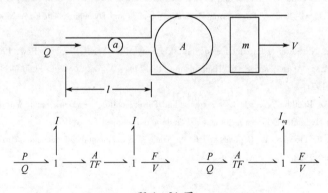

题4-31图

(1)给定将活塞和管道合并的等价惯量(或等价质量)的表达式;

(2)通过采样计算,找到管道半径的取值,以使得管道的流体惯量对系统有效质量的影响与活塞和载荷质量的影响相同。使用如下参数:

$\rho = 900 \mathrm{kg/m}^3$, $l = 0.5\mathrm{m}$, $m = 40\mathrm{kg}$,

$$A = \pi R^2, R = 50\mathrm{mm}, a = \pi r^2$$

答案:

(1) $I_{\mathrm{eq}} = (m + \rho l A^2/a)$,

(2) $a = \rho l A^2/m$, $r = 15\mathrm{mm}$。

4-32 图中给出载荷定位系统的物理部分,不包含传感器和控制器的电子元件,以控制电压源。需要建立系统的键合图,包含如下内容:

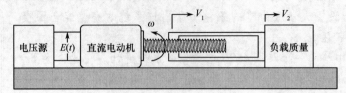

题 4-32 图

(1)电压是一个受控的源。使用符号或具有与效应源通过双箭头相连的主动键进行表示;

(2)直流电动机在其转子线圈中具有电感和电阻。

(3)包含电动机转子和螺母驱动的旋转惯量;

(4)使用阻性元件对马达和螺母驱动的摩擦运动建模;

(5)螺母与螺栓之间角速度的相关系数为 $S:V_1 = S\omega$。

(6)与螺栓相连的管道具有载荷质量弹性,系数为 k。

(7)负载质量与地面的摩擦不可忽略。

参 考 文 献

[1] D. K. Schroder, Semiconductor Material and Device Characterization, New York:John Wiley & Son, Inc. , 1998.

[2] J. L. Merriam and L. G. Kraige, Engineering Mechanics:Statics and Dynamics, 4th Ed. , New York:John Wiley & Son, Inc. , 1997.

[3] A. G. Bose and K. N. Stevens, Introduction to Network Theory, New York:Harper & Row, 1965.

[4] R. H. Sabersky, A. J. Acosta, and E. G. Hauptmann, Fluid Flow:A First Course in Fluid Mechanics, 2nd Ed. , New York:Macmillan, 1971.

[5] J. F. Blackburn, G. Reethho f, and J. L. Shearer, Fluid Power Control, New York:John Wiley & Sons, Inc. , 1960.

[6] J. Thoma, Modern Hydraulic Engineering, London:Trade and Technical Press,1970.

[7] L. E. Kinsler, A. R. Frey, A. B. Coppens and J. V. Sanders, Fundamentals o f Acoustics, 3rd Ed. , New York:John Wiley & Sons, Inc. , 1982.

第 5 章 状态空间方程与自动化仿真

上一章中,开发了许多物理工程系统的键合图模型。首先单独研究各能量域,但我们的目标最终是通过对整个系统使用相同的符号和结构将不同的能量域连接成一个整体的系统模型。这些工作在上一章的 4.4 节开展了一些,并在本章将继续。键合图的 9 个基本元件能够支持表示大型且涉及交叉能域的工程系统。

构建键合图模型的原因在本章将变得非常明确。我们将能看到如何直接推导系统方程,并得到这些方程的计算机仿真结果。在一些情况下,能通过使用计算机程序从键合图模型直接得到仿真模型,而不必手工推导运动方程。在其他情况下能推导运动方程,并使用这些方程获取关于系统行为的解析信息。从这一点考虑,键合图建模的实际优点就会变得非常明显,从键合图的观点来看,所有的系统看起来都是一样的。因此,对所需建模的任意系统,仅需要一种公式化和求解过程。

为了增强对任何键合图都适用的公式化过程的优势,考虑如图 5.1(a) 给出的物理系统示意图,这是一个电动转向系统的一部分。一个直流电动机,其绕阻为 R_w,转动惯量 J_m,转动阻尼 b_τ,驱动一个柔性输出轴,具有转动刚度 k_τ。这个轴连接到一套架子和小齿轮上,其中齿轮的半径为 R,架子的质量为 m。架子与弹簧 k 和阻尼器 b 相连。我们想要预测当电动机在一定电压输入下的运动。

如果没有推导运动公式的过程,可能就要从画出整个系统的自由体图开始,这在图 5.1(b) 中给出。电路的电压,e_{mf},是电动机的反电动势。电扭矩 τ_e 是由于机电与电动机耦合产生的作用在转子上的扭矩。图中输出轴上的扭矩作用在转子和齿轮上,内力 F 作用在齿轮和架子上。通过使用键合图,总能定义势变量和流变量,而不必考虑所包含的能域,这在系统示意图中给出。更常规的建模方法通常是从位移变量开始,这些变量也在示意图中给出。

下一步是使用基尔霍夫定律,得到结果为

$$e_i - R_w i - e_{mf} = 0 \tag{5.1}$$

然后对平动和转动使用牛顿定律,得

$$\tau_e - b_\tau \dot{\theta}_m - k_\tau (\theta_m - \theta_p) = J_m \ddot{\theta}_m \tag{5.2}$$

$$F - kx - b\dot{x} = m\ddot{x} \tag{5.3}$$

必须考虑小齿轮和架子之间的运动学无滑动约束,即

$$\dot{x} = R\dot{\theta}_p \tag{5.4}$$

以及无惯量小齿轮的力矩平衡

$$k_\tau (\theta_m - \theta_p) = FR \tag{5.5}$$

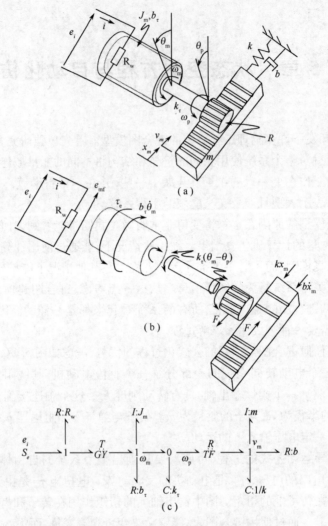

图 5.1　一个电动转向系统的一部分

在这一点上可能有必要考虑未知量,并分析下一步要做的工作。未知量是 $i, e_{\mathrm{mf}}, \tau_{\mathrm{e}}$, $\theta_{\mathrm{m}}, \theta_{\mathrm{p}}, x$ 和 F,因此有 7 个未知量和 5 个方程。我们还没有完成建模。缺少的信息是电动扭矩和电流之间以及反向电动势和电动机速度之间的机电物理关系。这些关系式为

$$\tau_{\mathrm{e}} = Ti$$

$$e_{\mathrm{mf}} = T \dot{\theta}_{\mathrm{m}}$$

(5.6)

式中: T 为电动机的耦合常数。

现在的未知量个数与方程数相等,因此理论上可以进行求解。

如果进一步研究这个例子,则下一步需要做变量替换,以删除不需要的变量,并保留需要的变量。由于对变量替换没有确定的步骤,就只能根据直觉开始替换。如果在一开始就能成功地得到一组可计算的方程,那么所做的工作对下次遇到一个全新的物理系统是没有太多帮助的。

104

通过键合图,有助于选择合适的变量。可通过一定的过程推得一组可计算的方程。对不同的系统,所采用的过程是一样的。第一次可能会觉得困难,但第二次就会容易些,而且以后会驾轻就熟。图 5.1(c)给出的是示例系统的一个键合图。示意图中所有动力学关系都包含在此键合图中。习题 5~16 重新研究了这个系统。你可能会觉得惊讶的是,与前面所给出的传统方法相比,控制方程的推导是多么容易。接下来将给出其形式化过程。

5.1　系统方程的标准形式

键合图最重要的特性之一是可以在列写出任何方程之前,就对方程的形式进行研究。为了理解如何开展研究,首先考虑某些特定形式的方程,用于表示一个系统,同时选择一种形式——状态空间的类型——作为目标。

简单地说,可以声明系统微分方程的两种限制形式,在这些限制中添加范围更广的可能变量。一个 n 阶系统有以下 3 种不同的表示方式:

(1)以一个未知变量表示的一个的 n 阶方程。

(2)以 n 个未知变量表示的 n 个相互耦合的一阶方程组。

(3)以多个未知变量表示的不同阶微分方程的组合(未知变量和方程数目不一定相等)。

许多重要的数学问题、解题方法和结论都以第一种形式加以研究。最初几乎所有工程数学都表示为此形式。第二种形式具有特定的优点,因此常被推荐用于数学上的理论推导,它被作为一种传统形式用于工程系统分析、控制工程,以及数字或模拟计算机研究[①]。对第三种形式,一个有趣的例子就是系统分析中使用拉格朗日方法生成的二阶方程组。

为展示每一种形式的特点,并体现它们之间的差异,下面考虑一个机械双振荡器的例子,如图 5.2 所示。未知变量有多种选择。若选择位移 x_2 作为系统行为的唯一未知量,则以此形式表示的系统方程为

$$\overset{\cdots}{x}_2 + \left[\frac{k_2}{m_2} + k_1\left(\frac{1}{m_1} + \frac{1}{m_2}\right)\right]\ddot{x}_2 + \frac{k_1 k_2}{m_1 m_2} = k_1\left(\frac{1}{m_1} + \frac{1}{m_2}\right)g \qquad (5.7)$$

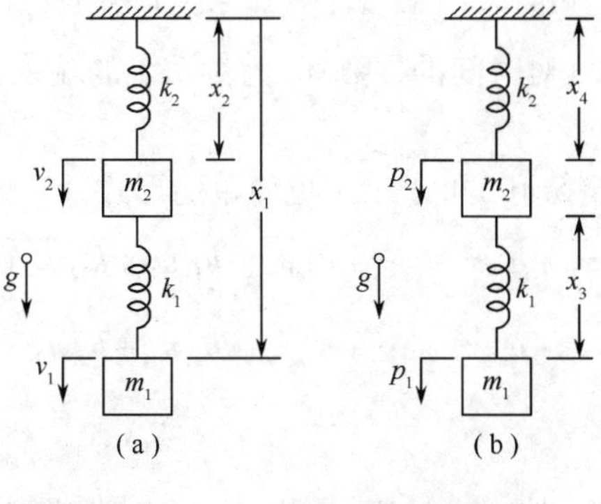

图 5.2　一个二阶机械震荡的例子

①　例如,参见:G. D. Birkho f f,*Dynamical Systems*, *Providence*:Amer. Math. Soc. , 1966.

若采用拉格朗日方法,并使用图5.2(b)中的 x_3 和 x_4(弹簧的拉伸量)作为生成参数,则可得到下面由两个二阶方程组成的方程组

$$\ddot{x}_3 + k_1\left(\frac{1}{m_1} + \frac{1}{m_2}\right)x_3 - \frac{k_2}{m_2}x_4 = 0$$

$$\ddot{x}_4 - \frac{k_1}{m_2}x_3 + \frac{k_2}{m_2}x_4 = g \tag{5.8}$$

最后,如果主要研究系统中的能量,并选择与每个不同能量元件相关的一个动量或位移,则可建立由 p_1,p_2,x_3,x_4 为状态变量,表示为由 4 个一阶方程耦合的方程组,如式(5.9)所示。显然,通过将式中的动量变量用与之对应的速度变量替换,则可将其转化为一种几何变量的形式:

$$\dot{p}_1 = -k_1 x_3 + m_1 g, \quad \dot{p}_2 = k_1 x_3 - k_2 x_4 + m_2 g$$

$$\dot{x}_3 = \frac{p_1}{m_1} - \frac{p_2}{m_2}, \quad \dot{x}_4 = \frac{p_2}{m_2} \tag{5.9}$$

理论上,不论系统是线性还是非线性,都可实现从给定形式到其他形式间的转化。但是,对非线性系统,要获得预期的转化形式可能非常困难。而且,例如要从式(5.7)的形式开始转化,则附加未知量的选择具有很大的偶然性,除非已经对所研究的系统有深入的认识。如果具有特定物理意义的未知量可供选择(如式(5.9)的情况),则对无关未知量的删除也需要作深入研究。

在使用键合图的研究中,可以理想地从一开始就使用具有特定物理意义的未知量建立方程,同时根据键合图生成一阶方程。这就是将遵循的方法。当所研究的系统是非线性时,则所要建立的方程给定为

$$\dot{x}_1(t) = \phi_1(x_1, x_2, \cdots, x_n; u_1, u_2, \cdots, u_r)$$

$$\dot{x}_2(t) = \phi_2(x_1, x_2, \cdots, x_n; u_1, u_2, \cdots, u_r)$$

$$\vdots$$

$$\dot{x}_n(t) = \phi_n(x_1, x_2, \cdots, x_n; u_1, u_2, \cdots, u_r) \tag{5.10}$$

式中: x_i 为状态变量; $\dot{x}_i$ 为 x_i 对时间的导数; u_i 为对系统的输入; ϕ_i 为一组静态(或代数)函数[①]。

若系统为线性的,则式(5.10)可表示为更简单的形式,即

$$\dot{x}_1(t) = a_{11}x_1 + a_{12}x_2 + \cdots + a_{1n}x_n + b_{11}u_1 + b_{12}u_2 + \cdots + b_{1r}u_r$$

$$\dot{x}_2(t) = a_{21}x_1 + a_{22}x_2 + \cdots + a_{2n}x_n + b_{21}u_1 + b_{22}u_2 + \cdots + b_{2r}u_r$$

$$\vdots$$

$$\dot{x}_n(t) = a_{n1}x_1 + a_{n2}x_2 + \cdots + a_{nn}x_n + b_{n1}u_1 + b_{n2}u_2 + \cdots + b_{nr}u_r \tag{5.11}$$

其中 a_{ij} 和 b_{ij} 在绝大多数情况下为常量。对线性时变系统, a_{ij} 和 b_{ij} 可能随时间变化,但其

---

① 这简单地意味着,如果给定式(5.4)右侧参数的值,则可通过代数方法推导得到一组值。

变化取决于 x 变量。

对线性系统,式(5.11)中的方程可表示为标准的矢量形式,即

$$\dot{X} = AX + BU \tag{5.11a}$$

其中,X 为状态变量向量

$$X = \begin{bmatrix} x_1 \\ x_2 \\ \vdots \\ x_n \end{bmatrix}$$

U 是输入向量

$$U = \begin{bmatrix} u_1 \\ u_2 \\ \vdots \\ u_r \end{bmatrix}$$

A 矩阵由系数 a_{ij} 组成

$$A = \begin{bmatrix} a_{11} & a_{12} & \cdots & a_{1n} \\ a_{21} & a_{22} & \cdots & a_{2n} \\ \vdots & \vdots & & \vdots \\ a_{n1} & a_{n2} & \cdots & a_{nn} \end{bmatrix}$$

B 矩阵由系数 b_{ij} 组成

$$B = \begin{bmatrix} b_{11} & b_{12} & \cdots & b_{1r} \\ b_{21} & b_{22} & \cdots & b_{2r} \\ \vdots & \vdots & & \vdots \\ b_{n1} & b_{n2} & \cdots & b_{nr} \end{bmatrix}$$

当所研究的系统可被建模为线性时,就会发现这种形式的益处。

本章的剩余任务,就是学习如何从包含在键合图中众多的势变量和流变量中选择重要的系统变量,并将这些变量组织成如式(5.10)或式(5.11a)中线性方程的矩阵形式。

5.2 键合图的增广

在上一章,已经研究了一个顺序步骤,用于使用键合图表示所有多能域交叉物理系统。在这一点上,假定一个键合图已经构建,并且标注了合理的功率流方向。在写出任意方程之前,需要准备键合图及其附加信息,从而使方程的列写呈现有序的模式。所提供的附加信息包括:

(1)按顺序对所有的键编号;

(2)根据 e 和 f 变量为每个键指定因果关系。

通过对每个键编号,使每个元件和变量都可无歧义地引用。因此,I_4 指键 4 的惯量,

e_6 指键 6 的势，q_{11} 指键 11 的位移，等等。对初学者，建议在对物理系统建模和具有所有物理标注的键合图完成后，画出另一个同样但没有物理标注的键合图。使用此键合图接受标有编号的键，称此键合图为"计算键合图"。由于对所有物理系统的键合图具有很强的相似性，因此也建议把这些键合图放在一起，从而使用户能够明了所包含的物理系统。

键合图增广的第二步是因果关系的指定。在前面(3.4 节)介绍过对不同元件因果关系的基本倾向。现在应该以一种有序方法将这些信息标注于整个系统。

从因果关系的角度看，有两种不同的键合图元件。源元件(S_e 和 S_f)和结元件(0，1，TF 和 GY)必须满足特定的因果关系约束，否则就与其基本定义相悖。作为一个明显的例子，如果一个势源不含因果关系，则无法证明其为所连接的系统定义了一个势，其本身也不再具有意义。我们认识到这一点，并断言每个源元件必然有其适合的因果关系。

对每个二通口结元件，TF 和 GY，有两种可能的因果关系来保持其元件的基本定义。如果对这两种形式都无法指定，则与此元件相关的输入和输出设计都是无效的。因此，我们断言，每个 TF 和 GY 必须有这两种形式之一。对两种因果关系的选择通常取决于所连接的系统，其他需要考虑的将在下文讨论。

依此类推，对于理想的多通口 0 结和 1 结，通常认为每个 0 - 结和 1 - 结都必须指定适当的因果关系，否则该特定元件的基本定义将失去意义。对特定因果关系的选择通常由其他系统考虑所驱动。

如果系统无法满足上述的因果关系约束，键合图所基于的基本物理模型必须重新研究。这表明得到了一种不可能的情况，且不能获得有意义的数学解。在图 5.3 中给出两个这样的例子。在(a)部分，源元件 2 的定义有误。通过对一个电路的分析可知困难的根源；显然，建模过程中把两个不同的电流源顺序相连是错误的。在图 5.3 的(c)部分中，发现一个 TF 具有错误的因果关系。如果此键合图来自一个流体回路，如图的(d)部分所示，则对其的解释是两个独立的压力源被一个理想的压力变换器(TF 元件)连接起来，从而导致一种物理上矛盾的情况。摆在系统建模者面前的问题是，必须按着合适的方法对系统建模。

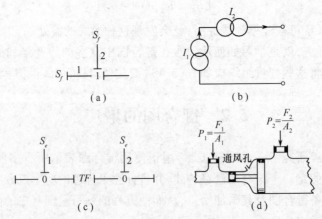

图 5.3　两个无效因果关系和物理解释的例子

继续关于因果关系分配的讨论，现在讨论储能元件 I 和 C。键合图对能量做"簿记"，使用与储能元件相关的能量变量(I - 元件上的 p 变量，C - 元件上的 I 和 q 变量)表示系

108

统的瞬时能量。结结构元件

$$-0-\quad,\quad -1-\quad,\quad -TF-,\quad -GY-,$$

仅控制能量在源元件、储能元件和负载元件之间的往返传输。对所建模的系统,选择能量变量作为状态变量。能量变量的信息表明了系统在每个瞬时的能量状态。正如将看到的,若储能元件能够接受积分因果关系,则此元件是独立的。因此,在因果关系指定时,尽可能给每个储能元件指定积分因果关系。但也不是总能如此,如果储能元件被迫指定微分因果关系,则此元件不是独立的,而且其能量在代数上与系统中其他能量变量相关。具有微分因果关系的储能元件仍然存储能量,但是其对系统能量的贡献可通过代数方法从关于其他能量变量的信息中计算得到,同时,如果该微分元件的能量变量被写入方程,则可在最终的状态方程中消除。因此,对在这里提出的形式化过程,状态变量就是 I 元件上的 p 变量和 C 元件上的 q 变量,二者都具有积分因果关系。

在系统级上,R 元件的因果关系无关紧要,而主要的问题是非线性构建法则并非一对一的情形(例如,库仑摩擦)。然后使用该元件唯一输入－输出关系对应的因果关系。否则,R 元件能接受所指定的任何因果关系。

基本的因果关系标注过程总结如下:

因果关系顺序标注步骤

(1)选择任一源(S_e 和 S_f),指定符合要求的因果关系。同时按元件($0,1,GY,TF$)因果关系的约束条件,在图中尽可能地扩展因果关系。

(2)重复步骤(1),直到所有源都完成因果关系指定。

(3)选择任一的储能元件(C 或 I),并为其指定适当(积分)的因果关系。同时按元件($0,1,GY,TF$)因果关系的约束条件,在图中尽可能地扩展因果关系。

(4)重复步骤(3),直到所有储能元件都指定了因果关系。大多数情况,键合图将在这一步完成因果关系的指定。但某些情况下,对特定的键可能还没有完成指定。那么按如下步骤完成因果关系指定:

(5)选择任一未指定因果关系的 R 元件,指定其因果关系(基本上是任意的)。同时按元件($0,1,GY,TF$)因果关系的约束条件,在图中尽可能地扩展因果关系。

(6)重复步骤(5),直到所有 R 元件都指定了因果关系。

(7)选择剩余的任一未指定的键(连接两个约束元件),为其指定一个任意的因果关系。同时按元件($0,1,GY,TF$)因果关系的约束条件,在图中尽可能地扩展因果关系。

(8)重复步骤(7),直到对所有键完成因果关系指定。

此过程直接且有序,通过对示例的研究,可使用户能容易、快速地实现因果关系指定。重要的是识别表示系统中物理结构的约束元件(例如,基尔霍夫电压和电流定律,牛顿定律和几何一致性),并给其指定因果关系,以表示其以一种特定的输入－输出形式被正确地应用。关于对键合图中因果关系的使用和解释的进一步讨论将在第 7 章给出。

根据上述步骤指定因果关系,有多种情况可能出现:

(1)全部储能元件都具有积分因果关系,而且在进行到第(4)步后就完成全部因果关系指定。这种简单、通用的情况将在 5.3 节给出。

(2)因果关系在利用 R －元件或中间键后才完成指定,如在第(5)~(8)步。这种情况将在5.4节给出。

（3）某些储能元件在第（3）步中被迫指定微分因果关系。这种情况将在5.5节中讨论。

现在来考虑几个使用上述步骤的例子。

在图5.4的例子中，按上述步骤依次指定因果关系。在图5.4(a)部分中给出没有因果关系或功率流方向标注情况下的带编号键合图。当要进行因果关系指定时，可正常地设定功率流方向。但是，为了向读者强调功率流方向和因果关系指定之间的完全无关性，我们研究几个例子，以使读者不受功率流方向符号的影响。

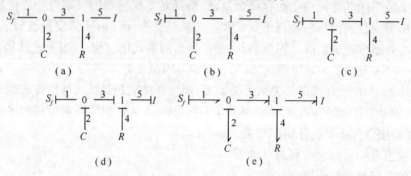

图5.4　键合图的因果关系指定和完整扩展，例1

没有因果关系的图有时也称为无因果的。在图5.4(b)部分中，键1的方向是根据源元件（一个流源）的含义确定的。由于0－结仅有一个流变量是确定的，因此其他的键仍不能确定因果关系。由于没有更多的源，因此前进到第（3）步。在(c)部分中，指定键2的因果关系方向来为给C－元件指定积分因果关系。同时，键3可以确定因果关系方向，因为0结仅能接受势变量输入。但是，键4和5仍不能确定因果关系方向。如图5.4(d)所示，确定键5的方向以对I元件指定积分因果关系。同时，键4可以（而且必须）按图所示给出因果关系方向，因为1结仅能有一个流输入。在(e)部分重要的最终模型中，在图中增加了一组功率流方向，最终完全扩展了键合图。也就是说，为其中的每个键编了号，选择了功率流方向，同时指定了因果关系。这样的键合图可以通过少量工作就转化为其状态方程，该工作将在下节介绍。但是现在，再来考虑另外两个例子，以获得更多的经验。

图5.5中给出的例子是一个流体系统的键合图，系统包括管道和容器。通过3条管道（粗略地用1结表示）在3个压力源（S_{e1}，S_{e2}和S_{e3}）作用下流入一个储箱（0－结和C_{10}）。在(a)部分中，键合图加入了键编号。在(b)部分中，连接源的键1,2,3指定了因果关系。且在每种情况下因果关系不能再进行扩展。另外，对键10根据C_{10}元件特点指定因果关系的方向，同时使用势变量识别条件，通过0－结将因果关系扩展到键11,12,13。在(c)部分，对键4指定因果关系方向；按顺序，根据1结依次指定键7、键5、键8及键6和键9的因果关系。最后，添加功率流方向标注，以完成键合图的完全扩展，如(d)部分所示。在下一节，将介绍如何通过此键合图生成4个一阶方程，具有对系统的3个输入。

作为本节最后一个例子，考虑图5.6(a)中未标注因果关系的键合图。此模型从对一个压控阀的研究得到，既包括机械能也包括流体机械能。元件S_{e1}和S_{e2}分别表示压强和力的源，元件TF实现对两类能量域的耦合。在(b)部分，对键1和2同时指定因果关系。

110

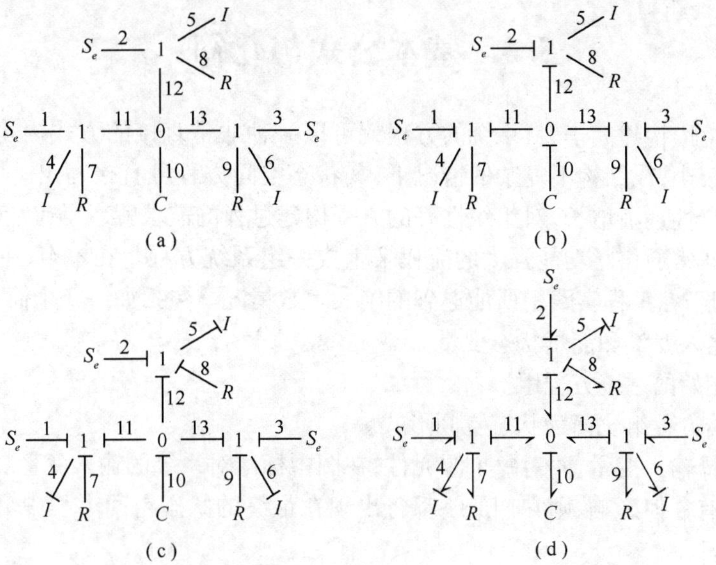

图 5.5　键合图的扩展,例 2

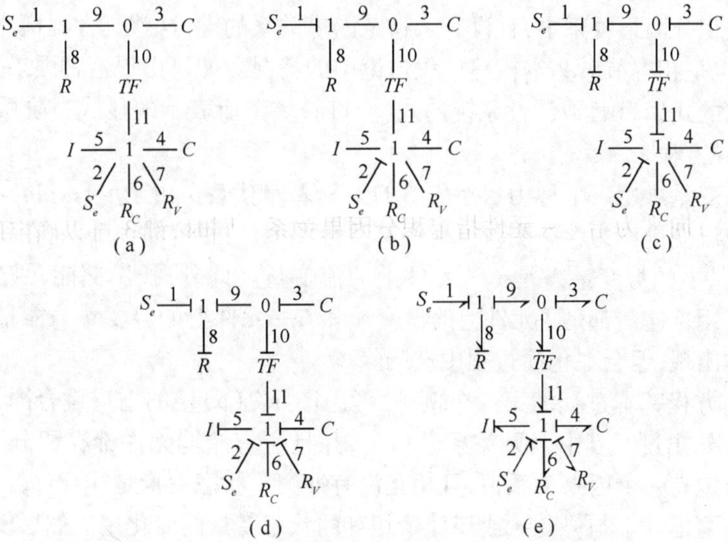

图 5.6　键合图的扩展,例 3

在此时还无法使用约束元件对因果关系进行扩展。接下来实现对键 3 和 4 的指定,对因果关系的扩展如(c)部分所示。键 4 的因果关系并没有对其他键扩展,但是键 3 实现了对键 8 和 9,以及键 10 和 11 的因果关系扩展。通过对图 5.6(d)的分析可以发现,通过对键 5(与元件 I_5 相关)的因果关系指定确定了键 6 和 7 上的因果关系。通过如(e)部分给出的功率流方向,完全实现了对键合图的扩展。

在扩展过程中需要考虑两个问题。第一个是在因果关系指定过程中,得到的结果并不取决于对键选择的顺序,除非是在特殊的情况下。这将在 5.4 节中讨论。第二个是对因果关系的指定和对功率流方向的标注是完全不相关的两组操作。二者中每个都可先执行。一般先进行功率流方向标注,但有时在研究系统方程表示方面,也不必纠缠于此。

111

5.3　基本公式与化简

键合图的增广构建完毕后,系统的方程就可以一种非常直接的方式构建出来。通常如果系统规模较小,或结构不复杂的情况下,其状态空间方程可直接写出。但是,随着系统的规模和复杂性逐渐增长,对组织性好的方程构建过程的需求就变得非常明显。

可以通过非常通用且功能强大的流程来生成一组系统方程。在本节,主要介绍一种基本模式,可用于在工程实践中所能遇到的绝大多数情况。包括如下 3 个简单步骤:

(1)选择输入变量和能量状态变量。

(2)构建初始的系统方程组。

(3)将初始方程组化简为状态空间形式。

可直接选择输入变量,并对每个源元件,在图中标出对系统的输入变量。如果这些变量对系统行为有任何影响,则它们最终都将出现在最终的状态空间方程中。输入变量的列表被称为 U。

如前所述,在积分因果关系中,状态变量是 I – 元件上的 p 变量和 C – 元件上的 q 变量。对许多系统模型,可以发现在使用上一节的规则按顺序指定因果关系后,如果所有的储能元件都在积分因果关系中,且没有未指定因果关系的键,这就是方程构建中最简单的情况,而且这也是在本节对基本构建过程讨论中的情况。如果出现这种因果关系模式,则如非线性系统的式(5.10)或线性系统的式(5.11a)类型所表示的显式一阶微分方程的结果,可直接推导方程。

这些状态变量可用一个称为状态矢量的矢量 X 来代替。由于 $\dot{p} = e$ 和 $\dot{q} = f$,因此总是选择势变量或流变量作为状态变量。在计算键合图中,可很容易地证明,在积分因果关系中,p 是 I – 元件上的势变量,q 是 C – 元件上的流变量。此外,找出储能元件上的能量耦合变量非常有用。这些都是 I 元件上的流变量和 C – 元件上的势变量。能量耦合变量将在初始方程中出现,但会在化简过程中被删除。

作为构建方程基本过程的第一个例子,考虑图 5.7(a)中的增广键合图,该模型在图 5.4(e)中也曾给出过。其中因果关系已指定,并且所有储能元件都在积分因果关系中,所有的键都指定有一个因果关系,并且相互没有冲突。状态变量是 q_2 和 p_5。对公式的列写总是开始于写出一个与势变量或流变量相等的状态变量的变化率。然后使用因果关系跟踪势变量或流变量通过键合图的过程。根据因果关系可提供变量替换,删除不需要的变量,并保留合适的变量,同时该规范化过程提供了一组一阶方程。不论开始时选择哪个状态变量,所得结果都相同。接下来我们将了解到现有的计算机程序,能够按所用的相同规则来推导这些方程。这些程序能够按顺序为每个键添加编号,并从具有最低编号的键的状态变量开始推导方程。虽然不会比计算机操作高明,在这里我们手工完成。这样,首

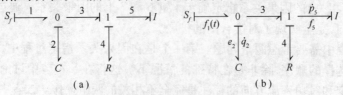

图 5.7　构建方程,例 1

112

先从 q_2 开始列写

$$\dot{q}_2 = f_2 \tag{5.12}$$

同时按模型中因果关系的方向,直接提供状态方程。从图 5.7 中,可以看到 f_2 是 C 元件的一个输入变量,0 – 结的一个输出变量。该因果输出是由输入变量 f_1 和 f_3 导致,同时受功率流方向共同影响。

$$\dot{q}_2 = f_1 - f_3 \tag{5.13}$$

流变量 f_1 是来自流源的输入流,此变量已知,且保留在方程中。流 f_3 不是方程中所预期的变量,因此下一步必须对其研究。

使用 f_3 作为 0 – 结的一个输入变量,但是它也是来自 1 – 结的一个输出。显然 f_3 与 f_4 和 f_5 都相等,但它是由 f_5 产生的(见 1 – 结上的因果关系)。因此,列写出

$$\dot{q}_2 = f_1 - f_5 \tag{5.14}$$

流变量 f_5 是一个共能变量,根据该元件的基本关系,直接与状态变量 p_5 相关。如果 I_5 是一个非线性元件,则有

$$f_5 = \Phi_I^{-1}(p_5) \tag{5.15}$$

同时,如果 I_5 是一个线性元件,如本例子,则有

$$f_5 = \frac{p_5}{I_5} \tag{5.16}$$

通过这种代换,得到第一个状态方程如下:

$$\dot{q}_2 = f_1 - \frac{p_5}{I_5} \tag{5.17}$$

第二个状态方程开始于

$$\dot{p}_5 = e_5 \tag{5.18}$$

并且需要跟踪因果路径以及 e_5。根据图 5.7 我们看到 e_5 是 I 元件的一个输入,1 – 结的一个输出。1 – 结表明 e_5 由 e_3 和 e_4 产生,同时根据功率流方向标注,有

$$e_5 = e_3 - e_4 \tag{5.19}$$

因此,

$$\dot{p}_5 = e_3 - e_4 \tag{5.20}$$

这两个势变量都不希望出现在最终的方程中,因此必须继续使用因果关系,以确定如何进行变量替换。势变量 e_3 是 0 – 结的一个输出,且由 e_2 产生。但 e_2 是一个共能变量,并且通过 C – 元件的特性关系与状态变量 q_2 直接相关。

$$e_2 = \Phi_C^{-1}(q_2) \tag{5.21}$$

或者,对在本例中所用的线性元件

$$e_2 = \frac{q_2}{C_2} \tag{5.22}$$

此变量替换将在式(5.20)中进行,但首先对 e_4 进行跟踪。势变量 e_4 是来自此因果关系中一个阻性元件的输出,即

$$e_4 = \Phi_R(f_4) \tag{5.23}$$

或者,对用于本例中的线性假设

$$e_4 = R_4 f_4 \tag{5.24}$$

在式(5.20)中代入式(5.24)删除 e_4,同时引入了 f_4。这个流变量是来自 1 - 结的因果输出,在此 1 - 结中的因果流输入是共能变量 f_5,它直接与状态变量 p_5 相关,如式(5.16)所示。在式(5.20)中使用式(5.22),式(5.24)和式(5.16)作变量替换,得到第二个状态方程:

$$\dot{p}_5 = \frac{q_2}{C_2} - R_4 \frac{p_5}{I_5} \tag{5.25}$$

式(5.17)和式(5.25)是此系统的两个状态方程。由于本例是线性的,因此最终的步骤是将这些方程转化为如式(5.11)所示的标准矩阵形式

$$\frac{\mathrm{d}}{\mathrm{d}t} \begin{bmatrix} q_2 \\ p_5 \end{bmatrix} = \begin{bmatrix} 0 & -\dfrac{1}{I_5} \\ \dfrac{1}{C_2} & -\dfrac{R_4}{I_5} \end{bmatrix} \begin{bmatrix} q_2 \\ p_5 \end{bmatrix} + \begin{bmatrix} 1 \\ 0 \end{bmatrix} f_1 \tag{5.26}$$

对于线性系统,这是个非常好的起点。仅需根据因果关系,同时使用变量替换删除不需要的变量,而需要保留的状态变量和源变量都是自动完成的。读者可能对此还不太确定,因此给出第二个例子。

图 5.8 所示为一个带标注的键合图,是一个电路系统的模型。完成因果关系指定后,所有的储能元件都在积分因果关系中,并且所有的键都有因果关系指定。这表明对系统方程的构建可直接完成。这个例子中的状态变量是键 2 上的动量变量 p_2,和键 5 上的位移变量 q_5。如果参照物理示意图,就能发现,动量变量是大小为 $L_2\mathrm{H}$ 电感的磁通匝连数,位移变量是大小为 $C_5\mathrm{F}$ 电容上的电量。状态变量的选择根据储能元件给出,与共能变量 f_2 和 e_5 在一起。

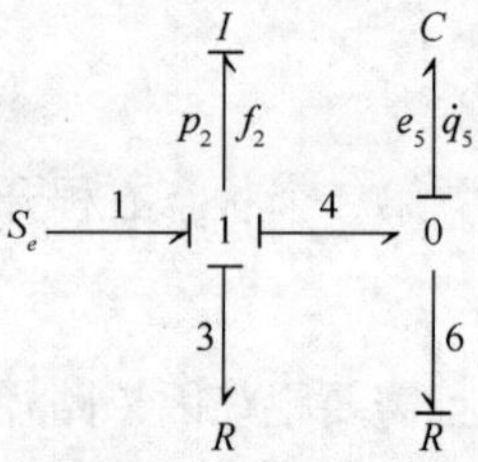

图 5.8 构建方程,例 2

开始列写方程

$$\dot{p}_2 = e_2 \tag{5.27}$$

然后通过使用键合图的因果关系求出 e_2。根据功率流方向标注,势变量 e_2 是来自 1 - 结的输出,由 e_1,e_3 和 e_4 产生,因此

$$\dot{p}_2 = e_1 - e_3 - e_4 \tag{5.28}$$

势变量 e_1 是一个源变量,将被保留在最终的方程中。势变量 e_4 是一个来自 0 结的输出,由因果输入 e_5 产生。但是 e_5 是一个共能变量,直接与状态变量相关

$$e_5 = \frac{q_5}{C_5} \tag{5.29}$$

在带入到式(5.28)以前,注意 e_3 是一个来自一个阻性元件的输出,该元件的因果关系表示为

$$e_3 = R_3 f_3 \tag{5.30}$$

同时 f_3 由同能量变量 f_2 引起, f_2 直接与一个状态变量相关

$$f_2 = \frac{p_2}{I_2} \tag{5.31}$$

在式(5.28)中使用式(5.29),式(5.30)和式(5.31),得到状态方程

$$\dot{p}_2 = e_1 - R_3 \frac{p_2}{I_2} - \frac{q_5}{C_5} \tag{5.32}$$

第二个状态方程开始于

$$\dot{q}_5 = f_5 \tag{5.33}$$

通过使用因果关系对 f_5 路径的跟踪。流变量 f_5 是对 C_5 的输入,从 0 - 结出来的输出。根据功率流方向标注,此输出由因果输入 f_4 和 f_6 产生,因此

$$\dot{q}_5 = f_4 - f_6 \tag{5.34}$$

流变量 f_4 是来自 1 - 结的输出,由共能变量 f_2 产生,其中

$$f_2 = \frac{p_2}{I_2} \tag{5.35}$$

流变量 f_6 是来自一个电阻的因果输出,其中的因果关系表明,对此线性例子,有

$$f_6 = \varPhi_R^{-1}(e_6) = \frac{1}{R_6} e_6 \tag{5.36}$$

但是 e_6 由共能变量 e_5 产生, e_5 按式(5.29)直接与一个状态变量相关。在式(5.34)中使用式(5.35)和式(5.36),得到最终的状态方程为

$$\dot{q}_5 = \frac{p_2}{I_2} - \frac{1}{R_6} \frac{q_5}{C_5} \tag{5.37}$$

对线性系统,其最后一步是按标准矩阵形式写出状态方程式(5.32)和式(5.37),则

$$\frac{\mathrm{d}}{\mathrm{d}t} \begin{bmatrix} p_2 \\ q_5 \end{bmatrix} = \begin{bmatrix} -\dfrac{R_3}{I_2} & -\dfrac{1}{C_5} \\ \dfrac{1}{I_2} & -\dfrac{1}{R_6 C_5} \end{bmatrix} \begin{bmatrix} p_2 \\ q_5 \end{bmatrix} + \begin{bmatrix} 1 \\ 0 \end{bmatrix} e_1 \tag{5.38}$$

也许读者已经开始意识到使用本节给出的因果关系和方程构建过程的作用。用于方程推导的任何方法都要求在保留一些变量的基础上删除另一些,以获得一组可计算的方程。键合图和因果关系进行简单而明显的变量替换,保证了删除合适的变量而保留所需要的,因此可不必专注于如何进行合适的变量替换。再给出一个例子,就足以展示我们的方法对列写状态方程的一致性。

图 5.9 所示为一个加了标注的键合图,该图最初在图 5.6 中给出,被用于研究因果关系。此键合图表示一个物理系统,包括液压部分和机械部分。为了跟踪哪一部分是液压系统,哪一部分是机械系统,确实需要物理键合图。而对方程的列写,则仅需要加标注的

115

键合图,这是因为方程是按着相同的步骤列写的,而不需要考虑所属物理系统。此例子中有一个变换器,以对模型的液压部分和机械部分进行耦合。此变换器的模数实际是一个物理面积 A。在图 5.9 中,参数 m 是通过分析变换器的构建关系作定义。我们将以如图中所给出对变换器的通用定义推导方程,但是在能够实际这些方程应用于预测系统响应之前,必须先确定系数 m 和面积 A 之间的关系(物理变量的键合图能告诉我们 m 是否按定义实际为 A 或 $1/A$)。

这里所有储能元件都被指定了积分因果关系,而且没有未指定因果关系的键。状态变量包括:C_3 上的位移变量 q_3,C_4 上的位移变量 q_4,以及 I_5 上的动量变量 p_5。同时注意键合图中的共量变量。方程的推导开始于

$$q_3 = f_3 \tag{5.39}$$

但是

$$f_3 = f_9 - f_{10}$$

而且

$$f_9 = f_8 = \frac{1}{R_8}e_8 = \frac{1}{R_8}(e_1 - e_9) = \frac{1}{R_8}(e_1 - e_3)$$

$$= \frac{1}{R_8}\left(e_1 - \frac{q_3}{C_3}\right) \tag{5.40}$$

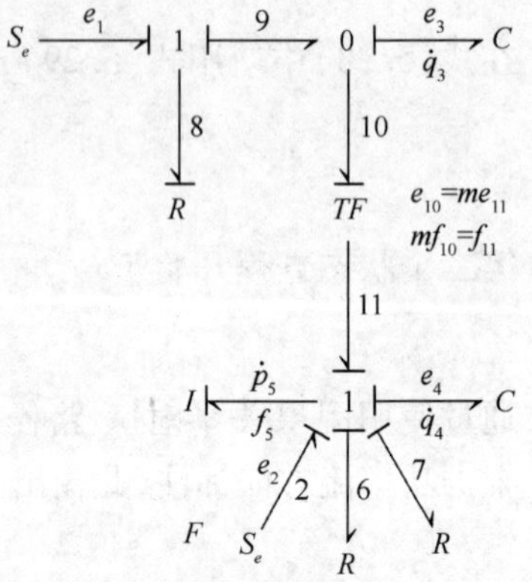

图 5.9 构建方程,例 3

流变量 f_{10} 是变换器的输出,由输入流 f_{11} 产生,根据下式

$$f_{10} = \frac{1}{m}f_{11} = \frac{1}{m}f_5 = \frac{1}{m}\frac{p_5}{I_5} \tag{5.41}$$

将式(5.40)和式(5.41)代入式(5.39),得到第一个状态方程为

$$\dot{q}_3 = \frac{1}{R_8}\left(e_1 - \frac{q_3}{C_3}\right) - \frac{1}{m}\frac{p_5}{I_5} \tag{5.42}$$

第二个状态方程非常简单,为

$$\dot{q}_4 = f_4 = f_5 = \frac{p_5}{I_5} \tag{5.43}$$

最后一个状态方程为

$$\dot{p}_5 = e_5 = e_2 - e_4 - e_6 - e_7 + e_{11} \tag{5.44}$$

变量 e_2 是一个源变量,将保留在最终的方程中。变量 e_4 直接与系统变量相关

$$e_4 = \frac{q_4}{C_4} \tag{5.45}$$

变量 e_6 和 e_7 是阻性元件的输出,其中

$$e_6 = R_6 f_6 = R_6 f_5 = R_6 \frac{p_5}{I_5} \tag{5.46}$$

$$e_7 = R_7 f_7 = R_7 f_5 = R_7 \frac{p_5}{I_5}$$

116

而 e_{11} 是来自变换器的输出变量

$$e_{11} = \frac{1}{m}e_{10} = \frac{1}{m}e_3 = \frac{1}{m}\frac{q_3}{C_3} \tag{5.47}$$

将式(5.45)、式(5.46)和式(5.47)代入到式(5.44)中,得到最终的状态方程为

$$\dot{p}_5 = e_2 - \frac{q_4}{C_4} - (R_6 + R_7)\frac{p_5}{I_5} + \frac{1}{m}\frac{q_3}{C_3} \tag{5.48}$$

式(5.42)、式(5.43)和式(5.48)是一组完整的线性状态方程,并可列写为标准的矩阵形式:

$$\frac{d}{dt}\begin{bmatrix} q_3 \\ q_4 \\ p_5 \end{bmatrix} = \begin{bmatrix} -\frac{1}{R_8 C_3} & 0 & -\frac{1}{mI_5} \\ 0 & 0 & \frac{1}{I_5} \\ \frac{1}{mC_3} & -\frac{1}{C_4} & -\frac{(R_6 + R_7)}{I_5} \end{bmatrix}\begin{bmatrix} q_3 \\ q_4 \\ p_5 \end{bmatrix} + \begin{bmatrix} \frac{1}{R_8} & 0 \\ 0 & 0 \\ 0 & 1 \end{bmatrix}\begin{bmatrix} e_1 \\ e_2 \end{bmatrix} \tag{5.49}$$

现在我们希望读者能够确信通过在积分因果关系中选择 I – 元件上的 p 变量和 C – 元件上的 q 变量作为状态变量,并通过跟踪输入/输出因果路径,可直接推导出状态方程。如果系统是线性的,则得到的方程可转化为标准矩阵形式,这种形式对线性分析是很好的开端,这些分析将在下一章中提到。如果系统是非线性的,仍可容易地通过使用键合图和因果关系推导系统方程,但是没有很好的矩阵表示形式以支持分析。相反地,需要进行仿真分析,这将在本章的后半部分进行讨论,而且在第13章会作更高层次的讨论。

现在的问题是模型并不总能通过自身直接得到系统方程。有时建模假设生成很好的模型,但在方程构建上有困难。其中的某些问题是下两节中主要讨论的问题。

5.4　扩展的形式化方法:代数环

对物理系统的建模总是需要建模假设。任何物理系统的复杂性都是无限复杂的。对工程人员而言,必须使所构建的模型研究起来足够的简单,又要保留足够的动力学特性,以支持回答所研究的问题。以此为据,就能确定元件的质量是否重要,该部分是否具有足够的刚性可实行刚体假设建模,以及元件在其操作范围内是否可按线性假设建模,等等。这些假设的结果有时可能导致数学求解的问题,并且对模型质量的提高没有任何影响,但是为了利用这些模型又必须考虑这些问题。进行求解的问题之一就是由"代数环"引起的。这个问题的进一步讨论将在第13章的13.2节中讨论。这里,介绍基础问题。

考虑图5.10(a)中的物理系统。该系统包括质量块 m,作用的输入力 $F(t)$。质量块与几个阻尼器和一个弹簧相连接,如图所示,弹簧右端具有输入速度 $v_i(t)$。质量的速度表示为 v_m,与阻尼器和弹簧的连接点标为 v'。对阻尼器和弹簧假设拉伸为正,并且这些元件的连接点假设无质量。此模型具有很强的实际意义,但也具有一个特别严重的求解问题,很明显地存在于使用键合图因果关系的求解中。

图5.10(b)给出了使用机械转化的方法对此系统构建的键合图。在此键合图中已经

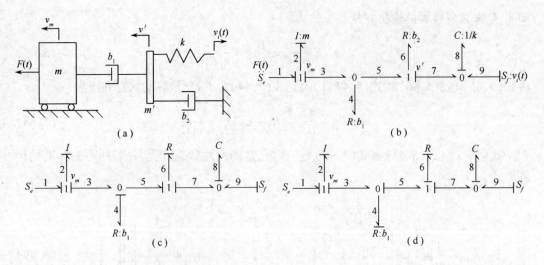

图 5.10　方程扩展——代数环,例 1

考虑了一些物理标注,以及键的编号。一般地,我们都有一个物理键合图和一个独立的计算键合图。同时在图 5.10(b)中,使用了在 5.2 节中给出的顺序指定方法对因果关系进行指定。

　　根据顺序指定的因果关系,惯性元件 I_2 设置了对 1 – 结的流输入,并约束键 3 具有来自 1 – 结的流输出。由于 f_3 是对一个 0 – 结的因果流输入,对指定其他因果关系没有约束。容性元件 C_8 在积分因果关系中,同时 e_8 设置 0 – 结的势。这约束变量 e_7 成为来自 0 – 结的输出,和 1 – 结的输入,对键 5 和 6 未作指定因果关系。在这一点上,没有约束条件进行进一步的因果关系指定。两个储能元件都在积分因果关系中,但是仍然有未指定因果关系的键。

　　根据 5.2 节的方法,因果关系指定完成,并且有未指定因果关系的键,从而系统中存在解析求解问题,无法按这前一节的形式直接推导式(5.10)或式(5.11)形式的系统状态方程。出现这一问题时,意味着这是一个"代数环",其中有某个势变量或流变量除了与其他源变量和状态变量相关外,还与其自身相关。我们将演示如果忽略这一问题会有什么情况发生。

　　处理代数环问题的过程中,首先在未指定因果关系的键上指定任意的因果关系,然后对此因果关系尽可能地扩展。如果一次因果关系指定就能扩展到整个模型,则系统中存在一个代数环。如果还要求做第二次因果关系指定,则系统中有两个代数环,以此类推。系统中代数环越多,最终的方程越难构建。在图 5.10(c)中,因为对源元件和储能元件按过程指定因果关系完成后,R_4 的因果关系仍未指定,因此在 R_4 上作了一个任意指定。变量 e_4 被作为一个来自 R – 元件的输出。这要求 e_5 作为 0 – 结的一个输出,并且把 e_5 和 e_7 作为 1 – 结的输入,并约束对 R_6 的因果关系指定。因此,通过一次任意指定就可完成对键合图的因果关系指定,所以此例中仅有一个代数环。

　　根据图 5.10(c)的显示,可以看到有一个问题。键合图的因果关系指定已经完成,所有的储能元件都在积分因果关系中,而且没有因果关系冲突。让我们观察如果使用前面所给出的过程直接推导状态方程会有什么问题发生。状态变量是 p_2 和 q_8,共能变量是 f_2

118

和 e_8，则

$$\dot{p}_2 = e_1 - e_3 = e_1 - e_4 = e_1 - R_4 f_4 = e_1 - R_4 \left(\frac{p_2}{I_2} - f_6 \right) \tag{5.50}$$

到目前为止，一切看来都没问题，则

$$f_6 = \frac{1}{R_6} e_6 = \frac{1}{R_6} (e_5 - e_7) = \frac{1}{R_6} \left(e_4 - \frac{q_8}{C_8} \right) \tag{5.51}$$

但是

$$e_4 = R_4 f_4 = R_4 (f_3 - f_5) = R_4 \left(\frac{p_2}{I_2} - f_6 \right) = \cdots \tag{5.52}$$

流变量 f_6 来自式(5.51)，这又再次回到 e_4，我们发现自己已经进入到一个无限的变量替换循环中，这个循环的产生不是键合图的问题，这是在研究图 5.10(a)中物理示意图时所作假设的直接结果。但是，通过键合图和因果关系，使得该问题在进行方程推导之前就呈现在面前。

解决代数环问题过程的第一步，首先要识别来自无穷因果链中的问题。然后需要做一次任意的因果关系指定，同时根据顺序因果关系指定规则扩展这一信息。按这样继续，直至完成对所有键的指定。选择不同的键作任意因果关系指定，对最后的结果没有影响，但是推荐在顺序因果关系指定过程的第(5)步开始，而且代数环(即其中含有未指定的键)中如果包含阻性元件，则选择对此阻性元件作任意指定。在图 5.10(c)中，元件 R_4 被选择作任意因果关系指定。

如在前面所提，代数环的成因是包含在其中的某个势变量或流变量与其自身和其他源变量和状态变量在代数上相关。此过程的下一步就是推导此代数关系。当代数环中包含一个阻性元件时，通常对需指定任意因果关系元件的选择条件是该元件是来自 R – 元件的输出，并且是系统中剩余部分的输入。对此例而言，由于对 R_4 作任意指定，选择 e_4 作为与其自身相关的变量。因此把 e_4 写在方程左端，然后使用一般形式的因果关系推导预期的关系，因此

$$e_4 = R_4 f_4 = R_4 (f_3 - f_5) = R_4 \left(\frac{p_2}{I_2} - f_6 \right) = R_4 \left(\frac{p_2}{I_2} - \frac{1}{R_6} e_6 \right)$$

$$= R_4 \left(\frac{p_2}{I_2} - \frac{1}{R_6} \left(e_4 - \frac{q_8}{C_8} \right) \right) \tag{5.53}$$

式(5.53)是一个代数关系式，表示 e_4 与源变量、状态变量和其自身的相关性。

下一步是求解所得到的代数变量的关系式，有

$$e_4 = \frac{1}{1 + \frac{R_4}{R_6}} R_4 \frac{p_2}{I_2} + \frac{1}{1 + \frac{R_4}{R_6}} \frac{R_4 q_8}{R_4 R_6 C_8} \tag{5.54}$$

最后一步是按着标准过程推导状态方程，仅在代数变量进入方程的时候停止推导。对我们的例子

$$\dot{p}_2 = e_1 - e_3 = e_1 - e_4$$

$$\dot{q}_8 = f_9 + f_7 = f_9 + f_6 = f_9 + \frac{1}{R_6}\left(e_4 - \frac{q_8}{C_8}\right) \tag{5.55}$$

现在将式(5.54)代入式(5.55)，并以标准的显式形式终止状态方程推导，有

$$\dot{p}_2 = e_1 - \frac{1}{1 + \dfrac{R_4}{R_6}} R_4 \frac{p_2}{I_2} - \frac{1}{1 + \dfrac{R_4}{R_6}} \frac{R_4 q_8}{R_6 C_8}$$

$$\dot{q}_8 = f_9 - \frac{1}{R_6} \frac{q_8}{C_8} + \frac{1}{R_6}\left[\frac{1}{1 + \dfrac{R_4}{R_6}} R_4 \frac{p_2}{I_2} + \frac{1}{1 + \dfrac{R_4}{R_6}} \frac{R_4 q_8}{R_6 C_8} \right] \tag{5.56}$$

为了完成对此代数环的讨论，在图5.10(d)中给出了对此系统作不同因果关系指定所得到的结果。这里 f_4 被作为来自 R_4 的输出，同时按图示完成因果关系指定。可以看出作不同的因果关系指定对结果并无影响。此系统具有一个代数环导致的问题，通过选择 f_4 作为与其自身相关的变量，可以写出

$$f_4 = \frac{1}{R_4} e_4 = \frac{1}{R_4} e_5 = \frac{1}{R_4}(e_6 + e_7) = \frac{1}{R_4}\left(R_6 f_6 + \frac{q_8}{C_8}\right)$$

$$= \frac{1}{R_4}\left(R_6(f_3 - f_4) + \frac{q_8}{C_8}\right) = \frac{1}{R_4}\left(R_6\left(\frac{p_2}{I_2} - f_4\right) + \frac{q_8}{C_8}\right) \tag{5.57}$$

对 f_4 求解，得到

$$f_4 = \frac{1}{1 + \dfrac{R_4}{R_6}} R_4 \frac{p_2}{I_2} + \frac{1}{1 + \dfrac{R_4}{R_6}} \frac{R_4 q_8}{R_6 C_8} \tag{5.58}$$

对方程的推导遵循标准过程，直到 f_4 进入方程

$$\dot{p}_2 = e_1 - R_4 f_4$$

$$\dot{q}_8 = f_9 + f_5 = f_9 + \frac{p_2}{I_2} - f_4 \tag{5.59}$$

将式(5.58)代入式(5.59)，完成方程构建。证明所得到的状态方程与式(5.56)相同的工作留给读者。

本节到目前为止我们确定某些建模假设可导致代数环问题，通过键合图能表现出此问题，即通过使用顺序因果关系指定过程后出现不完整的因果关系。通过一个线性系统的例子，给出一个过程，以证明如何求解此代数问题，并完成了标准形式的状态方程。对线性系统，此过程可用于解决包含多个代数变量的多个代数环，尽管手工求解会变得困难而缓慢。对非线性系统，可能无法改变某些代数关系。例如，摩擦是机械系统中的一种非常常见的阻性影响，在键合图中表示为 R 元件。对绝大多数一般的摩擦表示(见第8章的8.1节)，速度(或流变量)必须是输入，摩擦力(或势变量)必须是来自该元件的输出。如果摩擦元件包含在代数环中，并要求作反向求解(根据力的信息反求速度)，则可能无法实现。

我们可能首先要研究引发此问题的建模假设。在图5.10(a)中,弹簧和阻尼器的连接点假设为无质量的。但实际上连接点并不是无质量的,这仅是一种假设,并且在建模过程中此假设可能是合理的。考虑在图5.11(a)中,为接触点添加一个小的质量块m'。图5.11(b)给出此系统的含因果关系标注的键合图。这里不要求作任意因果关系指定,并且没有代数环。可直接对此系统进行方程推导。如果这是所构建的第一个模型,则就不会知道存在的潜在问题。在第13章中,将以更规范的形式研究代数环的概念,同时当形式化问题出现后,重新修改建模假设的解决方案将以更详细的形式介绍。文献[1]介绍了一种用于生成状态空间方程的形式化矢量域方法。

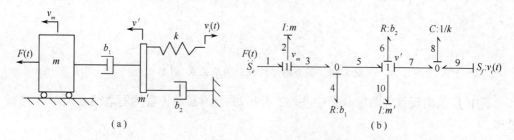

图5.11　通过修改例1中的建模假设以删除代数环

5.4.1　扩展的形式化方法:微分因果关系

在本节所研究的系统中,完成顺序因果关系指定后,会有一个或多个储能元件最终以微分因果形式存在。与代数环一样,微分因果关系的产生是建模假设对模型结构的影响。这类储能元件并不是动态独立的,且不能为系统提供状态变量。状态变量仍然是积分因果中I-元件上的p变量和C-元件上的q变量。这些微分元件确实存储能量,而且这些能量对键合图会产生影响。通过动态影响,它们相关的能量变量p或q,在代数上与系统变量相关。因此,状态变量的信息支持从代数角度确定微分元件上的能量变量,并由此从代数角度计算它们对系统能量的贡献。和微分因果关系元件相关的能量变量与作为系统变量的能量变量相关联的代数关系,必须在其可能具有标准形式的状态表示之前进行推导。这通过一个例子演示。

考虑如图5.12(a)所示的物理系统。该系统包含一个永磁体直流电动机,通过一个抗扭刚度为k_τ的柔性杆驱动一个旋转载荷J。这里还存在一个旋转阻尼器b_τ。在马达的电气端,绕阻为R_w,绕感为L,它们都是重要的动态势变量。对此应用,假设马达的转动惯量可忽略且并未引入。图5.12(b)给出此系统的一个键合图,其中马达被建模为一个转子,具有耦合常数$T(\text{N}\cdot\text{m}/\text{A})$(参见4.5.4节,如何对直流电动机的建模)。

在图中,通过使用顺序指定过程对键作了编号,并作了因果关系指定。感应器I_3被置于积分因果关系中。作为结果,容性元件C_6受约束在微分因果关系中。此系统的状态变量为p_3和p_8,仅需要推导两个方程。能量变量q_6不是状态变量,但是在代数上决定于状态变量。

不能简单地忽略微分元件的存在。如果尝试不考虑微分元件来推导方程,则可写出

$$\dot{p}_3 = e_1 - e_2 - e_4 = e_1 - R_2\frac{p_3}{I_3} - Tf_5 = e_1 - R_2\frac{p_3}{I_3} - T\left(f_6 + \frac{p_8}{I_8}\right) \qquad (5.60)$$

121

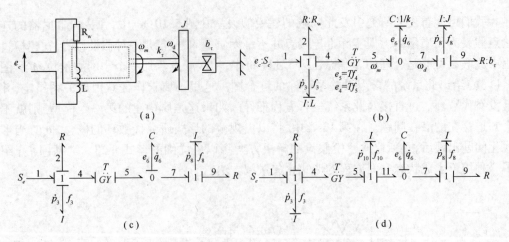

图 5.12 键合图中的微分因果关系, 例 1

其中 f_6 的出现就表明微分元件进入了方程, 并且在最终方程列写之前必须对 f_6 进行处理。

接下来分析

$$f_6 = \dot{q}_6$$

但是没有与 q_6 相关的方程, 因此必须进行下一步工作。

下一步是推导 q_6 与状态变量和源变量之间的代数关系。完成后, 开始列写"逆向"构成法则, 即

$$q_6 = C_6 e_6 \tag{5.61}$$

(对微分因果关系中的一个 I – 元件, 可以写出 $p_i = I_i f_i$。同时, 对非线性元件, 可以从微分因果关系中一致性元件的 $q_6 = \Phi_C(e_6)$ 开始, 以及在微分因果关系中惯量成分的 $p_i = \Phi_I(f_i)$)

从式 (5.61) 开始, 在标准形式下根据因果关系, 发现

$$e_6 = e_5 = T f_4 = T f_3 = T \frac{p_3}{I_3} \tag{5.62}$$

因此

$$q_6 = \frac{C_6 T}{I_3} p_3 \tag{5.63}$$

这种代数关系支持从状态变量 p_3 中通过代数方法求得能量变量 q_6。对式 (5.63) 求导, 得

$$\dot{q}_6 = \frac{C_6 T}{I_3} \dot{p}_3 \tag{5.64}$$

现在可以将式 (5.64) 代入到式 (5.60) 中, 得

$$\dot{p}_3 = e_1 - R_2 \frac{p_3}{I_3} - T \left(\frac{C_6 T}{I_3} \dot{p}_3 + \frac{p_8}{I_8} \right) \tag{5.65}$$

在处理微分因果关系时, 最终将在方程两端得到状态变量的导数。因为 q_6 仅取决于状态变量, 所以将式 (5.65) 化简到标准形式是非常简单的。只需将 $\dot{p}_3$ 从方程右侧移到左

122

侧,结果为

$$\dot{p}_3 = \frac{e_1}{1 + \frac{C_6 T^2}{I_3}} - \frac{R_2 \frac{p_3}{I_3}}{1 + \frac{C_6 T^2}{I_3}} - \frac{T \frac{p_8}{I_8}}{1 + \frac{C_6 T^2}{I_3}} \tag{5.66}$$

第二个和最后一个状态方程开始于

$$\dot{p}_8 = e_7 - R_9 \frac{p_8}{I_8}$$

但是 e_7 并不是由容性元件产生,而是如下所示:

$$e_7 = e_5 = T f_4 = T \frac{p_3}{I_3} \tag{5.67}$$

最终的结果为

$$\dot{p}_8 = T \frac{p_3}{I_3} - R_9 \frac{p_8}{I_8} \tag{5.68}$$

对线性系统,式(5.66)和式(5.68)可化为标准矩阵形式

$$\frac{d}{dt}\begin{bmatrix} p_3 \\ p_8 \end{bmatrix} = \begin{bmatrix} -\dfrac{R_2/I_3}{Q} & -\dfrac{T/I_8}{Q} \\ \dfrac{T}{I_3} & -\dfrac{R_9}{I_8} \end{bmatrix} \begin{bmatrix} p_3 \\ p_8 \end{bmatrix} + \begin{bmatrix} 1/Q \\ 0 \end{bmatrix} e_1 \tag{5.69}$$

其中

$$Q = 1 + \frac{C_6 T^2}{I_3}$$

当给出此例时,图 5.12(b)中键 3 上的 I 元件被置于积分因果关系中,这导致 C_6 元件在微分因果关系中。在图 5.12(c)中,重复了键合图,但是此时 C_6 元件被置于积分因果关系中,其结果是 I_3 元件进入微分因果关系中。在对积分因果关系的元件选择中,有很多灵活的选择,但是,一旦选择后,有些元件受到微分因果关系的约束。微分因果关系产生于最初的建模假设,并且如果不改变这些假设,模型都将有微分因果关系,而不在于对因果关系的选择。

当推导图 5.12(c)的方程时,势变量 $e_3 = \dot{p}_3$ 进入方程。因此,需要写出构建法则"反向代换"反求 I_3 元件,并确定能量变量 p_3 与状态变量之间的代数关系,因此

$$p_3 = I_3 f_3 = I_3 f_4 = I_3 \frac{1}{T} e_5 = I_3 \frac{1}{T} \frac{q_6}{C_6} \tag{5.70}$$

并且

$$e_3 = \dot{p}_3 = \frac{I_3}{T C_6} \dot{q}_6 \tag{5.71}$$

现在可以使用标准过程推导方程,开始于

$$\dot{q}_6 = f_5 - f_7 = \frac{1}{T} e_4 - \frac{p_8}{I_8} = \frac{1}{T}(e_1 - e_2 - e_3) - \frac{p_8}{I_8} \tag{5.72}$$

可以看到 e_3 进入方程,使用式(5.71)将其删除;需要注意的是 $e_2 = R_2 f_2$,并且 f_2 不是由 I_3 产生,但是必须通过因果关系信息对其进行跟踪。

$$\dot{q}_6 = \frac{1}{T}\left(e_1 - R_2 \frac{1}{T}\frac{q_6}{C_6} - \frac{I_3}{TC_6}\dot{q}_6\right) - \frac{p_8}{I_8} \tag{5.73}$$

再次地,可以看到一个状态变量的导数在方程两边都出现,且此方程可简单地化为标准形式,只需将 q_6 从方程右侧移到左侧,得到

$$\dot{q}_6 = \frac{\dfrac{1}{T}}{1 + \dfrac{I_3}{T^2 C_6}} e_1 - \frac{\dfrac{R_2}{T^2}}{1 + \dfrac{I_3}{T^2 C_6}} q_6 - \frac{1}{1 + \dfrac{I_3}{T^2 C_6}} \frac{p_8}{I_8} \tag{5.74}$$

第二个状态方程为

$$\dot{p}_8 = \frac{q_6}{C_6} - R_9 \frac{p_8}{I_8} \tag{5.75}$$

将式(5.66)、式(5.68)与式(5.74)、式(5.75)进行比较,可以看到对相同系统的两种状态表示具有不同的表现,这也不足为奇,因为在两种表示中使用的是不同的状态变量。剩余的假设是如果对方程两边求解,则所预测的系统动力学对两种状态表示来说都是一样的。

需要强调的是,建模假设是方程中代数问题的成因。对本例中的系统,我们展示了假设电动机的转动惯量是可以忽略的,且没有包含在模型中。图5.12(d)所示为当转动惯量 J_m 包含在系统中时的键合图。在(b)和(c)部分的键合图中,马达的角速度 ω_m 位于键5上。在(d)部分中,插入了一个 1 - 结,标出了 ω_m,同时表示马达转动惯量的 I 元件(在图5.12(d)中是键10)与之相连,指定了因果关系,并且没有微分因果关系。新的建模假设消除了所有形式化问题。如果在开始就作这些建模假设,可能永远不会知道有这样一个潜在的形式化问题存在。值得注意的是,在图5.12(d)的模型中有 4 个状态变量和 4 个状态方程,而在(b)部分中仅有两个状态变量和两个状态方程。引入马达转动惯量将状态变量数目增加了两个,其中一个是积分因果关系中的一个新的 I - 元件,另一个来自微分因果关系中,现在在积分因果关系中。如果使用手工推导,则增加的两个状态方程将使复杂度大大增加。如果使用计算机求解,则变化并不明显。对建模假设进行修改以避免形式化问题的方案将在第13章中详细讨论。

另一个包含微分因果的例子可能足以演示形式化和简化的模式。图5.13(a)分别在无质量弹簧的两端标出了质量 m_1 和 m_2。一个力 $F(t)$ 作用在 m_1 上,一个弹簧 k 与 m_2 相连,标出了力和速度的正方向。图(b)给出了此系统的一个键合图,对键加了编号,并根据所示的变换器关系定义了变换器的参数。在(c)部分,指定了因果关系,将 I_2 置于积分因果关系中,导致 I_1 在微分因果关系中。状态变量是 p_2 和 q_3,能量变量 p_1 不是状态变量,但将进入方程中。因此,写出构建法则,反求此元件,并推导 p_1 和其他状态变量之间的关系。因此

$$p_1 = I_1 f_1 = I_1 \frac{a}{b} f_6 = I_1 \frac{a}{b} \frac{p_2}{I_2} \tag{5.76}$$

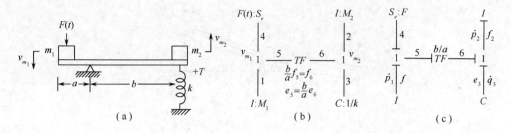

图 5.13　键合图中的微分因果关系,例 2

并且

$$e_1 = \dot{p}_1 = \frac{I_1}{I_2}\frac{a}{b}\dot{p}_2 \tag{5.77}$$

方程推导开始于

$$\dot{p}_2 = e_6 - e_3 = \frac{a}{b}e_5 - \frac{q_3}{C_3} = \frac{a}{b}(e_4 - \dot{p}_1) - \frac{q_3}{C_3} \tag{5.78}$$

通过对式(5.77)的代换,得

$$\dot{p}_2 = \frac{a}{b}\left(e_4 - \frac{I_1}{I_2}\frac{a}{b}\dot{p}_2\right) - \frac{q_3}{C_3} \tag{5.79}$$

这里状态变量的导数出现在方程两端。最终结果为

$$\dot{p}_2 = \frac{\dfrac{a}{b}}{1 + \left(\dfrac{a}{b}\right)^2 \dfrac{I_1}{I_2}} e_4 - \frac{1}{1 + \left(\dfrac{a}{b}\right)^2 \dfrac{I_1}{I_2}}\frac{q_3}{C_3} \tag{5.80}$$

第二个状态方程为

$$\dot{q}_3 = \frac{p_2}{I_2} \tag{5.81}$$

读者必须明白,上述这两个微分因果关系的例子是非常简单的,因为:①仅有一个储能元件位于微分因果关系中;②微分元件、能量变量在代数上仅与一个状态变量相关。对更复杂的系统,用于将一组方程化简为标准方程形式所需的代数知识至少是复杂的,而对非线性系统,最差的情况下可能无法进行。

通常解决问题的策略是重新考虑导致形式化问题的建模假设,并修改这些假设,从而得到一个模型,该模型看起来与最初的相似,但没有形式化的问题。此外,当模型中存在很小的惯量或刚性时,会有一些计算上的问题。但这些小问题与形式化问题相比是微不足道的。如前面所提,这个问题将在第 13 章中详细讨论。

对图 5.13 中的系统,有必要分析如何避免微分因果关系的出现。图 5.14(a)所示为一个物理系统,其中杠杆假设无质量,被一个支点分成右端和左端两部分。这两部分被一条刚度为 k_τ 的扭转弹簧连接起来,以表示此杠杆并不是完全刚性,而是具有一定的柔性。此系统与图 5.13(a)所示系统非常相似。左侧杠杆的角速度为 ω_1,右侧杠杆为 ω_2。扭转弹簧"体现"了这两个角速度的不同,系统的键合图在图 5.14(b)中给出。

图 5.14(c)中给出了化简并指定了因果关系后的键合图。其中没有微分因果关系,

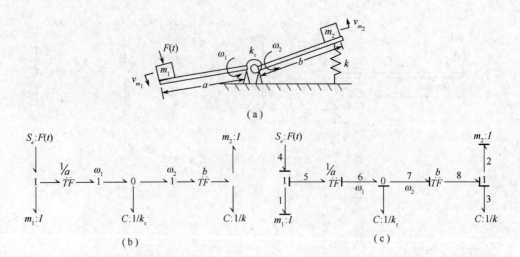

图 5.14　通过改变建模假设避免键合图中的微分因果关系，例 2

可直接构建方程。如果设置扭转弹簧的刚度足够大，则 ω_1 和 ω_2 之间的差异会非常小，这样就会得到对原系统更精确的近似。

5.5　输出变量形式化

我们已经看到，对所有类型的系统，使用能量变量 p 和 q 作为状态变量是非常方便的。但是，通常希望观测和绘制曲线的系统输出并不是 p 变量和 q 变量。你能通过对一个质点的运动或一个线圈的磁通匝连数变化想象并解释机械系统的运动或电路的行为吗？你可能希望看到这些响应，但你同时也希望看到质点的速度和位移，电路的电压和电流，液体压力，等等。可以发现在键合图中任意键上的一个势变量或流变量都可能与状态变量相关。因此，以状态变量的形式求解系统方程，然后推导输出方程，使预期的输出变量与状态变量相关。如果系统的解可计算得到，则可以在过程最后简单地使用输出方程求解，从而使预期输出是可观测的。

考虑图 5.9 中的系统，此系统在前面被用于演示方程的形式化。如果想把键 1 上的流变量作为输出，则我们简单地沿着因果关系路径，并使 f_1 与状态变量和源变量相关，则

$$f_1 = f_8 = \frac{1}{R_8}e_8 = \frac{1}{R_8}(e_1 - e_9) = \frac{1}{R_8}\left(e_1 - \frac{q_3}{C_3}\right) \tag{5.82}$$

沿着因果关系链，我们使预期输出与已知源变量 e_1 以及状态变量 q_3 相关。如果希望得到键 5 上的势变量，则

$$e_5 = e_2 - e_6 - e_7 - e_4 + e_{11} = e_2 - (R_6 + R_7)\frac{p_5}{I_5} - \frac{q_4}{C_4} + \frac{1}{m}\frac{q_3}{C_3} \tag{5.83}$$

这两个输出方程的推导是基于系统的线性假设，这是此系统在推导状态方程时所用的假设。当系统为线性时，输出方程可写为标准的矩阵形式

$$Y = CX + DU \tag{5.84}$$

126

式中:Y 为预期输出向量

$$Y = \begin{bmatrix} y_1 \\ y_2 \\ \vdots \\ y_k \end{bmatrix} \tag{5.85}$$

U 为输入向量

$$U = \begin{bmatrix} u_1 \\ u_2 \\ \vdots \\ u_r \end{bmatrix} \tag{5.86}$$

C 为 $k \times n$ 阶的系数矩阵;D 为 $k \times r$ 阶的系数矩阵,其中的系数由系统参数组成。对输出方程式(5.82)和式(5.83),矩阵形式为

$$\begin{bmatrix} f_1 \\ e_5 \end{bmatrix} = \begin{bmatrix} -\dfrac{1}{R_8 C_3} & 0 & 0 \\ \dfrac{1}{mC_3} & -\dfrac{1}{C_4} & -\dfrac{(R_6 + R_7)}{I_5} \end{bmatrix} \begin{bmatrix} q_3 \\ q_4 \\ p_5 \end{bmatrix} + \begin{bmatrix} \dfrac{1}{R_8} & 0 \\ 0 & 1 \end{bmatrix} \begin{bmatrix} e_1 \\ e_2 \end{bmatrix} \tag{5.87}$$

如果系统是非线性的,则预期输出仍可用状态变量和源变量来表示,但是无法得到如式(5.84)良好的矩阵形式。例如,在图 5.9 中,如果阻性元件 R_8 和容性元件 C_3 是非线性的,则 f_8 是 e_8 的函数

$$f_8 = \Phi_R^{-1}(e_8) \tag{5.88}$$

e_3 是 q_3 的函数

$$e_3 = \Phi_C^{-1}(q_3) \tag{5.89}$$

然后可推导出 f_1

$$f_1 = f_8 = \Phi_R^{-1}(e_8) = \Phi_R^{-1}(e_1 - e_3) = \Phi_R^{-1}(e_1 - \Phi_C^{-1}(q_3)) \tag{5.90}$$

因果关系仍然能为我们显示从所感兴趣的输出到已知变量间的关系,但这些关系不是线性的,从计算角度看并没有任何差别。

如果预期的输出是某个键上的能量,则不论系统是否线性,输出方程都将是非线性的。能量总是由一个势变量和一个流变量耦合产生的。在图 5.9 中,如果希望得到键 1 上的能量 P_1 作为一个输出变量,则

$$P_1 = e_1 f_1 = e_1 \frac{1}{R_8}\left(e_1 - \frac{q_3}{C_3}\right) \tag{5.91}$$

式中:f_1 是来自式(5.82)的线性部分。

由于通常总是研究系统方程的解析解,所以输出方程的复杂性和线性影响不大,只需要在其使用过程中列写和表示正确即可。

5.6 自动化的和非线性系统

构建动态系统物理工程模型的一个主要目的是在实际构建系统之前预测系统的响应。对复杂的系统,一个好的模型能够在构建原型系统过程中避免许多错误。有时对系统行为作线性假设是有效的,因此可支持使用线性惯量元件、线性容性元件和线性阻性元件构建系统模型,并将其约束为不含非线性运动学的小型运动。当证明这样做可行时,就可进行线性分析,有时可作解析求解,但一般情况下是计算求解。工程上一些更重要的线性化概念将在下一章中讨论。

但是,有时在系统开发过程中的一些节点上,必须开发更实际的非线性模型,以真正理解系统,或对在线性假设下所开发的控制策略进行测试,或者为弄清运动撞击坚硬的边缘或功率放大至饱和状态等情况下会发生什么。对非线性系统,只有一种选择能预测系统响应,即系统仿真。此问题将在第13章作完整讨论。这里讨论如何组织系统方程以进行计算机仿真,并演示一个例子。也将讨论自动仿真的概念,这种仿真中,将键合图按图形化输入到计算机中,因果关系和状态方程将自动生成,甚至是对非线性系统。

5.6.1 非线性系统

图5.15(a)是来自图4.10的1/4汽车模型,在前面该模型被用于展示键合图的构建过程。这里,悬簧和阻尼器,以及轮胎弹簧都是非线性元件。同时给出了各元件之间的关系框架。同时在$v_i(t)$旁边给出的是一个汽车即将碰撞的障碍物块,此物块的高度和长度的关系如图所示,就像如在停车场等处设置的停车线障碍。设置此物块的形状恰为1/2正弦波,并将此物块解释为一个等价的速度,作为键合图所需的流输入。对空间分布的输入,有

$$y = h\sin\pi\,\frac{x}{d}\quad\left(0 < \frac{x}{d} \leqslant 1\right)$$

及 $\qquad\qquad\qquad\qquad\qquad\qquad\qquad\qquad\qquad\qquad\qquad$ (5.92)

$$y = 0\quad\left(\frac{x}{d} > 1\right)$$

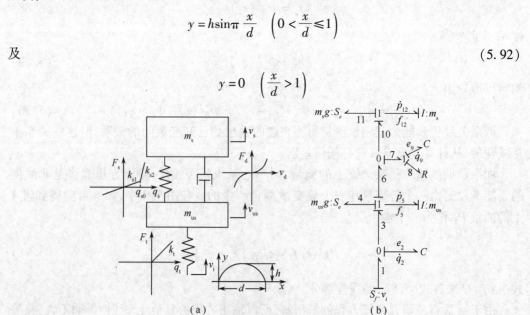

图 5.15　具有非线性元件的1/4汽车模型

128

如果认为汽车以恒定的水平速度 U 向右行驶,则 $x = Ut$,且式(5.92)变为

$$y = h \sin \pi \frac{U}{d} t \quad \left(0 < \frac{U}{d} t \leqslant 1 \right) \tag{5.93}$$

对垂直输入速度的一个合理的模型是前向速度乘以路的坡度 $\mathrm{d}y/\mathrm{d}x$,则有

$$\begin{cases} v_i(t) = \dfrac{h}{d} \pi U \cos \pi \dfrac{U}{d} t \quad \left(0 < \dfrac{U}{d} t \leqslant 1 \right) \\ v_i(t) = 0 \quad \text{(其他)} \end{cases} \tag{5.94}$$

设定悬簧在压缩位移 q_{s0} 之内,具有线性弹性系数 k_{s1},超过了这一位移,弹性系数增大为 k_{s2},有

$$\begin{cases} F_s = k_{s1} q_s \quad (q_s \leqslant q_{s0}) \\ F_s = k_{s1} q_{s0} + k_{s2} (q_s - q_{s0}) \quad (q_s > q_{s0}) \end{cases} \tag{5.95}$$

阻尼器的模型为

$$F_d = B v_d^3 \tag{5.96}$$

最后,对轮胎弹簧建模。压缩时为线性,拉伸时不产生力,即轮胎离开地面时没有力,因此有

$$\begin{cases} F_t = k_t q_t \quad (q_t \geqslant 0) \\ F_t = 0 \quad (q_t < 0) \end{cases} \tag{5.97}$$

此例中系统的键合图在图 5.15(b)中给出。对因果关系做了指定,并对键作了编号。注意到对悬簧和阻尼器及轮胎弹簧没有列出参数。这些元件都是非线性的,这表明键合图中缺乏对此参数的标注。状态变量为 q_2, p_5, q_9 和 p_{12}。

式(5.10)是标准非线性状态空间方程的函数形式。这些方程被称为显式一阶微分方程,并表示为简化形式

$$\dot{x} = f(x, U) \tag{5.98}$$

式中:x 为状态变量向量

$$x = \begin{bmatrix} x_1 \\ x_2 \\ \vdots \\ x_n \end{bmatrix}$$

U 为输入向量

$$U = \begin{bmatrix} u_1 \\ u_2 \\ \vdots \\ u_r \end{bmatrix}$$

f 为状态和输入函数的向量

$$f(\,\cdot\,) = \begin{bmatrix} f_1(x,U) \\ f_2(x,U) \\ \vdots \\ f_n(x,U) \end{bmatrix}$$

我们发现以此简化形式推导的方程很容易实现数值求解(见第13章)。我们知道方程可被转化成这种形式就足够了,但为开展数值仿真则并没必要这样做。实际上,当采用数值仿真时,很少有按式(5.98)的显式形式推导方程的,这仅是在我们的例子中演示。

对图5.15(b)中键合图的方程的构建开始于

$$\dot{q}_2 = f_1 - \frac{p_5}{I_5} \tag{5.99}$$

式中:f_1 为输入速度;$v_i(t)$ 来自于式(5.94)。

此状态方程是线性的,尽管系统是非线性的。第二个方程为

$$\dot{p}_5 = -e_4 + e_2 - e_7 \tag{5.100}$$

势变量 $e_4 = m_{us}g$,势变量 e_2 来源于式(5.97)所确定的非线性轮胎弹簧,并且

$$e_7 = e_8 + e_9 \tag{5.101}$$

势变量 e_8 是来自式(5.96)的阻尼力,并且势变量 e_9 来自式(5.95)的非线性悬挂弹簧。

下一个状态方程为

$$\dot{q}_9 = \frac{p_5}{I_5} - \frac{p_{12}}{I_{12}} \tag{5.102}$$

这是另一个线性状态方程。

最后一个状态方程为

$$\dot{p}_{12} = -e_{11} + e_7 \tag{5.103}$$

其中 $e_{11} = m_s g$,e_7 已经讨论过。

方程构建现在已经完成。键合图中的因果关系向我们展示可以得到显式的方程,但是没有必要将此方程化简为此最终形式。完全可以保留方程的形式,直到所有变量都分析完毕。式(5.94)~式(5.97),式(5.99)~式(5.103)已经完成,是可计算的方程集合,可支持对1/4汽车系统的仿真。仅需指定状态变量的初始条件,然后就可进行仿真。

此外,许多商业方程求解软件具有一个"分类"属性。这意味着用户可以不关心程序中所求解方程的阶数。程序确定了方程必须使用的阶数,并合适地帮助用户对方程"分类"。例如,式(5.100)要求 e_7,但 e_7 在式(5.100)后的式(5.101)中出现。如果这种排序在没有分类功能的程序中出现时,就会导致一个误差,但是在有分类功能的程序中是没有问题的。此例的一些仿真结果将在下面给出,但首先来讨论自动化仿真。

5.6.2　自动化系统

读者可以回忆一下,如何在可能存在形式化问题的情况下,在推导系统方程之前就对键合图指定因果关系。指定完因果关系后,就可自动获知状态变量。计算机可遵循与人一样的规则,并对键合图按顺序指定因果关系,选择状态变量,并推导一阶状态方程。有多种商业软件能够从对一个键合图的图形化描述开始,并自动得到可用于仿真的状态方

程。用户仅需要输入参数,定义一些非线性特性,指定输入,并指定初始条件,然后程序就能支持对系统的仿真,并画出任何预期输出的曲线,包括任何系统变量,任何势变量或流变量,或者由用户定义、作为状态变量和输入变量综合得到的任何输出。这些程序具有强大的功能,只要提供完全参数化的键合图,即使是对键合图建模方法不是很熟悉的用户,也能开展仿真研究。在第1章中给出的一些参考文献介绍了一些比较出名的商业键合图处理器。

对我们例子中的系统,键合图处理器程序能够按着图5.15(b)中给出的因果关系,提供如下非简化模型:

$$
\begin{aligned}
&e_1 = e_2 && e_7 = e_8 + e_9 \\
&e_3 = e_2 && \dot{q}_9 = f_9 \\
&f_2 = f_1 - f_3 && e_8 = R_8 f_8 ?? \\
&\dot{q}_2 = f_2 && f_{10} = f_{12} \\
&f_3 = f_5 && f_{11} = f_{12} \\
&f_4 = f_5 && e_{12} = e_{10} - e_{11} \\
&f_6 = f_5 && \dot{p}_{12} = e_{12} \\
&e_5 = e_3 - e_4 - e_6 && e_2 = \frac{q_2}{C_2} ?? \\
&\dot{p}_5 = e_5 && f_5 = \frac{p_5}{I_5} ?? \\
&e_6 = e_7 && e_9 = \frac{q_9}{C_9} ?? \\
&e_{10} = e_7 && f_{12} = \frac{p_{12}}{I_{12}} ?? \\
&f_7 = f_6 - f_{10} \\
&f_8 = f_7 \\
&f_9 = f_7
\end{aligned}
\tag{5.104}
$$

如果读者按着图5.15(b)中的因果关系,则会发现每一个输入/输出因果关系都在式(5.104)中反映出来。并对感兴趣的方程旁边以问号进行了标注。但自动化程序推导出方程以后,仍然无法确定元件是线性还是非线性,或者如何表示某些非线性特性。但程序确实能够识别出哪些元件是非线性的,并且可以用问号或其他标示符标出这些方程。对本例,阻性元件 R_8 是非线性的,用户可需要将式(5.104)中的线性方程根据前面的式(5.96)修改为

$$
e_8 = B f_8^3
\tag{5.105}
$$

两个惯性元件都是线性的,因此用户仅需为每个元件提供惯量参数。两个容性元件都是非线性的,因此对式(5.104)中的 e_2 的方程需要使用式(5.97)进行修改,对 e_8 的方程需要根据式(5.95)进行修改。最后,输入 f_1 将根据式(5.94)进行定义,而且对 e_4 和 e_{11},必须分别根据其质量按无弹簧的汽车质量和有弹簧的汽车质量进行定义。根据初始条件,使用方程分组求解器后,就可运行仿真了。

对本例中的系统,仿真中所用的参数如表5.1所列。

表5.1　仿真案例所用的参数

$m_s = 320\text{kg}$

$\dfrac{m_{us}}{m_s} = \dfrac{1}{6}$

悬挂频率 $f_s = 1.0\text{Hz}$

$\omega_s = 2\pi f_s\,\text{rad/s}$

对悬簧,$k_{s1} = m_s\omega_s^2\,\text{N/m}$

$k_{s2} = 10k_{s1}\,\text{N/m}$

对轮胎弹簧,$k_t = 10k_{s1}\,\text{N/m}$

弹簧的初始条件,$q_{s-ini} = \dfrac{m_s g}{k_{s1}}\,q_{us-ini} = \dfrac{(m_s + m_{us})g}{k_t}$

悬挂弹簧的中断点,$q_{s0} = 1.3q_{s-ini}$

阻尼器参数 $B = 1500.0\text{N/(m/s)}^3$

对输入物块 $h = 0.25\text{m}$

$d = 1.0\text{m}$

前向速度 $U = 2$ 和 30 英里/h $= 0.9$ 和 13.5m/s

　　使用商用方程求解器,对本系统进行仿真,设置了两组不同的前向速度 U,如表5.1所列。图5.16为来自式(5.94)的速度输入,为较低的2英里/h的车前向速度。图5.17为悬簧和阻尼器的力和轮胎弹簧的力。汽车从静态条件开始启动,质心并没有垂直方向的运动,弹簧压缩为其初始值。随着行驶到障碍物块处,弹簧开始压缩得更多,并且随着悬挂的相对速度的出现,阻尼器上的力也变为非零值。悬挂弹簧的力变化率的突变在1.2s处,这是因为弹簧位移超出压缩范围点 q_{s0},因此弹簧的刚性变大。在仿真中,轮胎的位移一直为正值,因此轮胎的力符合式(5.97)中的线性变化规律。

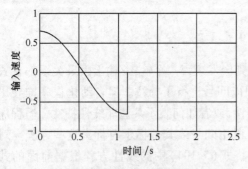
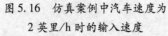

图5.16　仿真案例中汽车速度为
2英里/h时的输入速度

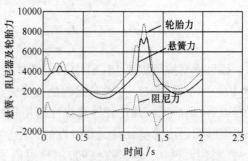

图5.17　汽车速度为2英里/h时悬簧和
阻尼器及轮胎力的变化情况

　　当汽车的前向速度增加到30英里/h时所得到的力的变化规律如图5.18所示,这时轮胎的力在汽车接触到障碍物时变为零。轮胎弹簧先压缩然后释放压缩,直到轮胎的位移变为负值,轮子离开地面,轮胎的力变为零。当轮子回到地面时,轮胎弹簧再次变为压缩态。有必要画出在悬架上阻尼器的力与相对速度之间的变化关系,如图5.19所示。在这个图中,三次曲线构成法则非常明显。图5.20所示为悬簧的力与悬架位移之间的关系,同时可再次看出非线性的行为。最后,图5.21所示为轮胎的力与轮胎位移之间的关系,再次地能看出非线性行为。

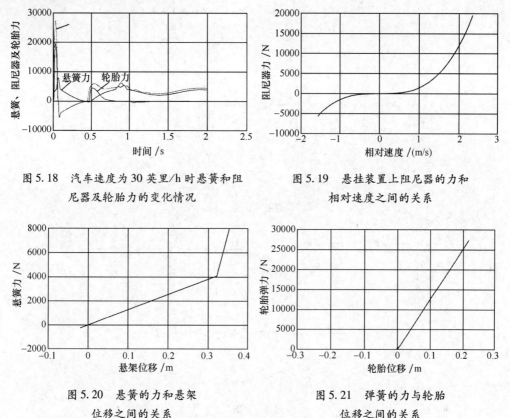

图5.18　汽车速度为30英里/h时悬簧和阻
尼器及轮胎力的变化情况

图5.19　悬挂装置上阻尼器的力和
相对速度之间的关系

图5.20　悬簧的力和悬架
位移之间的关系

图5.21　弹簧的力与轮胎
位移之间的关系

　　希望读者能够认识到一些键合图建模方法对获得非线性系统仿真结果的优势。第13章中给出这个问题更为全面的解释。在前一章,我们感觉到有必要引入使用线性系统建模概念,因为有许多新的概念要学习,包括系统构建法则、能量转化、因果关系、方程推导等。线性系统理论对于理解系统的基本行为有着重要的作用,虽然实际的许多系统都是非线性的,而且有时在开发工程系统时,必须引入其非线性特性。对非线性系统的求解一般只能是仿真求解,无法使用解析方法。

　　在下一章,将介绍一些更为重要的线性分析工具;后续的章节中将构建真实的完整系统模型,而为使模型更真实,其中也包含了非线性物理成分。

习　题

　　5-1　对下面每个键合图,指定其因果关系,预测状态变量的数目,并写出状态方程组。所有组件都假定为线性,并具有常系数。

　　5-2　对下述每个给定的问题,要求找到所给定系统的等价表达式。首先找常值系数成分,然后以第一次的结果作为指导找出非线性属性。

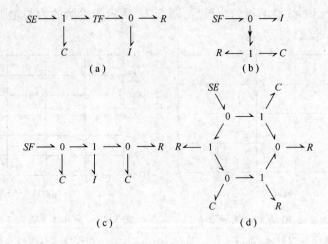

题 5-1 图

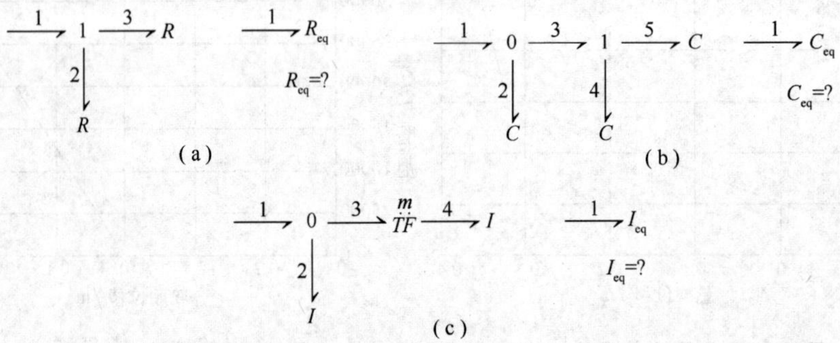

题 5-2 图

5-3 对下面每个问题,在每种情况建立电路、示意图或网络图的键合图模型,然后对图进行分析,写出状态方程。解释方程的物理含义。可以假定元件都是线性的。

(1)习题 4-1(e),电路;

(2)习题 4-3(h),机械平动;

(3)习题 4-5(a),机械转动;

(4)习题 4-6(a)和(b),液压系统;

(5)习题 4-5(c),机械平动;

(6)习题 4-5(e),机械平动。

5-4 对如下所示的电路系统,核对其键合图,写出状态方程,并为负载电阻(R_L)上的电压建立一个输出电压方程,以状态变量和输出变量的形式表示,假定所有的元件都是定常系数。

5-5 下面所示的机械系统具有两个非线性弹簧,具有如图所示的构成法则。注意到 δ 为偏差。摩擦关系也是非线性的,其正负号属性如图所示。建立其键合图模型并写出状态方程。

5-6 为习题 4-4 的(b)部分中滑轮系统建立键合图模型。对图进行分析,并预测状态变量的数目,写出合适的状态方程组。修改键合图,以包含滑轮的惯量和轴的转动摩擦。对所得到的键合图写出状态方程。

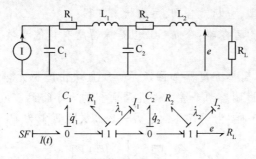

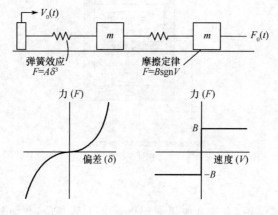

题 5 - 4 图

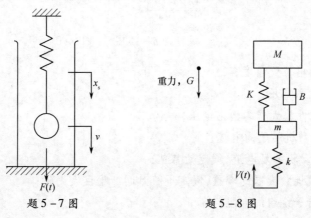

弹簧效应
$F = A\delta^3$

摩擦定律
$F = B\,\mathrm{sgn}\,V$

力 (F)

偏差 (δ)

力 (F)

B

速度 (V)

$-B$

题 5 - 5 图

5 - 7 一个球悬挂在弹簧末端浸在有阻尼的液体里,如下图所示。从自由位置测量的弹簧伸长为 x_s,球的速度为 v,向下为正。弹簧为非线性,其特性关系如下

$$F_s = \phi_s(x_s)$$

液体的阻尼影响正比于速度的平方,并乘以一个校正符号,即

$$F_D = b|v|v$$

(1) 以 x_s 和 p(质量冲量)的形式构建系统的状态方程;

(2) 将状态方程的变量由 x_s 和 p 转化为 x_s 和 v。

5 - 8 考虑如下所示的汽车的简化模型,其中悬吊质量为 M,主悬吊刚性系数为 K,阻尼系数为 B,轮胎质量为 m,轮胎的弹性系数为 k,来自道路的速度输入为 $V(t)$。

$V_0(t)$

x_s

v

$F(t)$

重力,G

M

K B

m

k

$V(t)$

题 5 - 7 图
题 5 - 8 图

（1）建立键合图模型,分析键合图,写出状态方程;

（2）轮胎质量假定为可忽略:令 $m \to 0$,但是保留所有其他参数,试建立键合图模型并推导其状态方程。

5-9 一种商用型气垫分离器如图所示。质量块由虚拟无摩擦形式气体压力支撑（图中未给出）,阻尼通过调整两个腔之间孔洞面积的大小得到。孔洞的阻性法则通常是非线性的,如容性关系一样,由于气体的压力—容积关系近似为 $PVn =$ 常值。

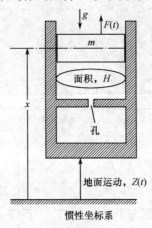

题 5-9 图

（1）建立系统的键合图,支持可使用地面运动 $Z(t)$ 和 $F(t)$ 作为输入;

（2）写出状态方程,使用阻性关系和容性关系的一般函数;

（3）使用键合图,给出所有类似的机械系统。

5-10 对题 4-7 中的储水系统,包含在（2）小问中引入的惯性影响,分析键合图,预测系统状态变量的数目,并写出状态方程（如果遇到公式问题,完全参考以标准形式获得状态方程的步骤）。

5-11 在图中,给出其物理系统变量和确定的参数,

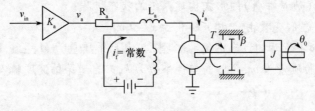

题 5-11 图

其中　θ_0——输出位置角度;

　　　　v_{in}——输入电压;

　　　　v_a——线性放大器的输出电压;

　　　　i_a——电动机转子的电流;

　　　　i_f——电动机的场电流,假定为常值;

　　　　K_a——线性放大器的增益,假定不随时间产生巨大变化;

　　　　R_a——转子绕组的电阻;

L_a——转子绕组的电感；

J——惯性载荷；

b——黏性阻尼常数；

K_T——电动机的力矩常数；

K——电动机的反向电动势常数。

表示系统动力学关系的微分方程为

$$J\ddot{\theta}_0 + \beta\dot{\theta}_0 = K_T i_a, \quad L_a \dot{i}_a + R_a i_a = V_a - K_v \dot{\theta}_0$$

(1)构建系统的键合图；

(2)写出状态空间方程，并证明这些方程等价于上述所列；

(3)对两种系统分析方法进行比较，例如，系统是三阶还是二阶？K_T 和 K_v 是否以某种形式相关？

5-12 考虑下述地震检波器：

输入为地面运动 $V_g(t)$；电子变换器使用永磁体在线圈中运动，以对壳体和地震传感物块 m 的相对运动作出反应。

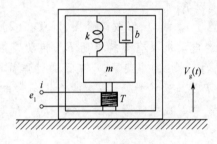

题 5-12 图

(1)构建该设备的键合图模型，留出电通口作为一个自由的键；

(2)假定设备与一个电压放大器相连，因此 $i=0$，找出 $V_g(t)$ 和 e_1 之间的关系；

(3)有时使用电流作为输出比电压更好，出于噪声方面的考虑。假定使用电流放大器，则 $e_1=0$。在忽略线圈的电阻和电感的条件下分析输入电流 i 和 $V_g(t)$ 之间的关系；

(4)在引入线圈电阻的情况下重新考虑(3)的问题。

5-13 下面给出的 3 个系统所表现出的属性对状态空间方程的列写非常有趣。在每种情况下，按步骤指定因果关系，并预测可能的困难。可能的情况下，写出状态空间方程，假设均为线性元件。

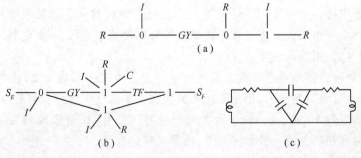

题 5-13 图

5-14 考虑下述机械系统。

物块 m 在系统中扮演不寻常的角色。

(1) 证明:系统状态空间可以不依赖 m_1 而确定。

(2) 证明:绝大多数系统变量静态决定于状态变量 F 和输入 V,但是 m_1 对 f 却不是这样(f 的定义见前面)。

5-15 图中所示的电阻电路能够展示因果关系和辅助变量的应用。

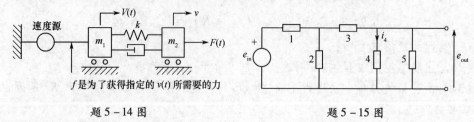

题 5-14 图　　　　　　　　题 5-15 图

(1) 建立该电路的键合图模型,并分配因果关系;

(2) 写出 e_{out} 随 e_{in} 的变化关系;

(3) 写出 i_4 随 e_{in} 的变化关系;

(4) 如果负载电阻 R_L 置于 e_{out} 端口,修改键合图,以及在(2)中获得的解。

5-16 图中所示的直流电动机具有缠绕电阻 R_w,转动惯量 J_m 和输出杆的容度 k_T。通过半径 R 的小齿轮驱动质量为 m 的小架子,小架子通过弹簧 k 和阻尼 b 连接。该系统的键合图在下面给出,其中 T 是马达的常数,马达的力矩 τ 和电流之间的关系为: $\tau = Ti$。推到此系统的状态空间方程,并写成矩阵形式, $\dot{x} = Ax + be$。试写出关于 e_4, f_7 和 e_2 的输出方程。

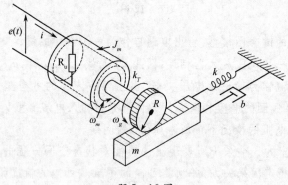

题 5-16 图

5-17 图中给出一个在"屋顶"具有一台直流电动机的一层建筑的模型。电动机可以加速,从而产生一个反作用力。理想情况是控制电动机的电压,从而使获得的力在地震时辅助稳定建筑物,用输入速度 $v_i(t)$ 表示。

此系统的键合图模型中具有微分因果关系。使用本章介绍的方法,推导系统的状态方程。代数关系可能是冗长的,但是可使用方程和文字描述你如何获得最终的状态方程。

5-18 对习题 5-17,提出附加的物理能量存储组件,以消除微分因果关系。重新画出键合图,并介绍附加的元件如何表示,推导其状态方程。

5-19 下述系统中含有代数环。

138

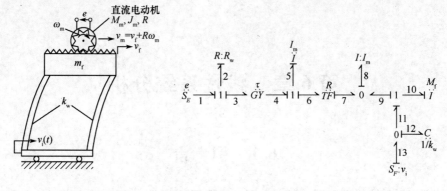

题 5 – 17 图

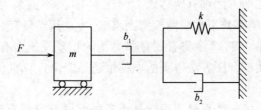

题 5 – 19 图

(1)建立键合图模型,指定因果关系,并指出代数环;

(2)进行任意因果关系指定,并执行必要的代数操作,以支持推导状态方程,推导系统的状态方程;

(3)增加一个物理能量存储组件,以消除代数环,并重新画出键合图,推导系统状态方程。

参 考 文 献

[1] R. C. Rosenberg, "State Space Formulation for Bond Graph Models of Multiport Systems," Trans. ASME J. Dyn. Syst. Meas. Control, 93,Ser. G,No. 1,35 –40(Mar. 1971).

第6章 线性系统分析

6.1 引 言

在过去,对系统线性模型的研究主要出于简便的考虑,其便利性在模型的方程表示以及最终微分方程的解法两方面都有所体现。而在本书中,不遗余力地指出应用键合图方法后,表示一个非线性模型并不比线性模型困难多少,尤其当只有一通口元件具有非线性特性时更是如此。在第7,9,12章将看到有些类型的物理系统会有更为复杂的非线性特性形式,即便如此,应用键合图方法得到的方程组还是能由计算机仿真来处理的,在第13章中将对其进行讨论。

研究线性系统模型的一个重要原因就是由于线性微分方程有完备解析解,这就使人们可以对系统动力学获得直观理解,而一般来说,只要使用计算机求解,就很难形成这种理解。对研究系统动力学的人来说,都应该熟悉特征值、自由响应以及频率响应的相关概念,哪怕它们并非严格适用于实际(非线性)的系统。

另外,在很多工程领域中,如声学、电路设计、结构振动以及各种类型的执行机构设计,线性模型被证明是特别有效的。而且,经典的自动控制理论和实践都是建立在线性系统理论基础上的。既然有这么多的原因,为何不在本章多花点时间来好好温习一下线性系统理论呢!

由于线性常微分方程实际在各种工程和科学类课程上都会涉及,所以在这里就不对其进行数学上严格和完整的表述了。我们的目标是指出线性常微分方程理论中对理解和设计动态系统比较重要的特征。

原则上讲一个系统的模型可以用一个高阶微分方程来描述,这点在第5章也曾提到,但本章将主要关注与其等效的一阶微分方程组,且由键合图模型很自然地得到状态方程的形式,这点对计算机支持下解算来说尤其适用。如果模型是线性的,就可以应用向量矩阵形式作为方程组的一种方便的表示方法。事实上,矩阵常被作为一种方便的符号来描述任意阶的系统模型,且只会用到矩阵知识中很小的一部分。

在系统动力学或自动控制的书中,经常会用到拉普拉斯变换来解决常系数线性微分方程(见文献[1])。这项技术把一个微分方程问题变成了一个代数问题,并使用拉普拉斯变量 s 来代换时间 t。过去一段时间内,使用拉普拉斯变换曾是求线性微分方程解析解方法中一种非常方便的手段,但随着计算机仿真的出现,求线性方程的数值解变得很容易,所以现在拉普拉斯变换方法的实用性变得越来越小了。

现在将应用一种代换的方法,该方法基于一种惯用的假设,即对于变量 s 的特定值,解的形式为 e^{st}。由此得来的解就像是使用了拉普拉斯变换一样,但是这种方法看起来更加基础,且省去了对变换技术细节的讨论。

6.2 常微分方程解法

在讨论线性状态方程的相关特性之前,应该明白使用计算机求解一般状态方程的一个或多个解法原理上并不困难。本书中到现在所举的大部分例子中,其物理系统模型都遵循以下形式的状态方程:

$$\dot{x}_1 = f_1(x_1, x_2, \cdots, x_n; u_1, u_2, \cdots, u_r)$$

$$\dot{x}_2 = f_2(x_1, x_2, \cdots, x_n; u_1, u_2, \cdots, u_r) \qquad (6.1)$$

$$\vdots$$

$$\dot{x}_n = f_n(x_1, x_2, \cdots, x_n; u_1, u_2, \cdots, u_r)$$

这里的 $x_1, \cdots, x_n$ 为状态变量(代表键合图元里的 p 或 q),$u_1, \cdots, u_r$ 为输入变量(代表从源处获得的 e 或 f)。

另外,还可能存在状态变量和输入变量的因变量,即输出变量 $y_1, \cdots, y_s$。

$$\dot{y}_1 = g_1(x_1, x_2, \cdots, x_n; u_1, u_2, \cdots, u_r)$$

$$\dot{y}_2 = g_2(x_1, x_2, \cdots, x_n; u_1, u_2, \cdots, u_r) \qquad (6.2)$$

$$\vdots$$

$$\dot{y}_n = g_n(x_1, x_2, \cdots, x_n; u_1, u_2, \cdots, u_r)$$

一般来说,上述的 f 和 g 函数都是非线性的,但将主要考虑线性函数的情况,式(6.1)和式(6.2)的线性形式如下:

$$\dot{x}_1 = a_{11}x_1 + a_{12}x_2 + \cdots + a_{1n}x_n + b_{11}u_1 + b_{12}u_2 + \cdots + b_{1r}u_r$$

$$\dot{x}_2 = a_{21}x_1 + a_{22}x_2 + \cdots + a_{2n}x_n + b_{21}u_1 + b_{22}u_2 + \cdots + b_{2r}u_r \qquad (6.1a)$$

$$\vdots$$

$$\dot{x}_n = a_{n1}x_1 + a_{n2}x_2 + \cdots + a_{nn}x_n + b_{n1}u_1 + b_{n2}u_2 + \cdots + b_{nr}u_r$$

及

$$\dot{y}_1 = c_{11}x_1 + c_{12}x_2 + \cdots + c_{1n}x_n + d_{11}u_1 + d_{12}u_2 + \cdots + d_{1r}u_r$$

$$\dot{y}_2 = c_{21}x_1 + c_{22}x_2 + \cdots + d_{2n}x_n + d_{21}u_1 + d_{22}u_2 + \cdots + d_{2r}u_r \qquad (6.2a)$$

$$\vdots$$

$$\dot{y}_n = c_{n1}x_1 + c_{n2}x_2 + \cdots + d_{nn}x_n + d_{n1}u_1 + d_{n2}u_2 + \cdots + d_{nr}u_r$$

如式(6.1a)和式(6.2a)表示的线性系统,可以不具体写出方程中所有的 a, b, c, d 这些系数,而用矢量和矩阵的形式来表示该方程,如下所示:

$$[\dot{x}] = [A][x] + [B][u] \qquad (6.1b)$$

$$[y] = [C][x] + [D][u] \qquad (6.2b)$$

对比上述符号描述和式(6.1a)及式(6.2a)的直观描述两种形式,必须弄清楚各个符号的含义:$[x]$ 为系统的状态变量构成的 n 维的列向量,$[\dot{x}]$ 为系统状态变量导数构成的向量,$[u]$ 为输入变量构成的 r 维列向量,$[A]$ 为系数 a_{ij} 构成的 $n \times n$ 矩阵,$[B]$ 为系数 b_{ij}

构成的 $n \times r$ 矩阵，$[C]$ 为系数 c_{ij} 构成的 $s \times r$ 矩阵，$[D]$ 为系数 d_{ij} 构成的 $s \times r$ 矩阵。这里要明白矩阵乘法的规则是行乘以列，且式(6.1b)和式(6.2b)中的列向量与式(6.1a)和式(6.2a)中的直观形式保持一致。

本章中，将只考虑如下特殊情形下的系统方程，它们不仅是线性的，而且还是常系数方程。但有些情形下线性方程的系数是随时间变化的，这类情形用矩阵形式可表示为

$$[\dot{x}] = [A(t)][x] + [B(t)][u] \tag{6.3}$$

时变系数系统的理论非常复杂，但由于这样的方程并不经常出现，所以这里将对其不予考虑。

式(6.1)，式(6.1a)，式(6.1b)，式(6.2)，式(6.2a)及式(6.2b)描述的是确定状态系统。为了完整地描述所要解决的问题，除了上述方程，还需要其他更多的信息。一般说来，输入变量可以表示为时间的函数：

$$
\begin{aligned}
u_1 &= u_1(t) \\
u_2 &= u_2(t) \\
&\vdots \\
u_r &= u_r(t)
\end{aligned}
\tag{6.4}
$$

另外，在这里应该注意到状态空间中的一个特殊轨迹，并做出声明。将主要关注那些初始时刻 t_0 状态已知的初始条件问题：

$$
\begin{aligned}
x_1(t) &= x_{10} \\
x_2(t) &= x_{20} \\
&\vdots \\
x_n(t) &= x_{n0}
\end{aligned}
\tag{6.5}
$$

上式中的 x_{10} 到 x_{n0} 为初始状态。注意如果给出了式(6.4)和式(6.5)，则初始输出变量即确定。例如：

$$y_1(t_0) = g_1[x_{10}, x_{20}, \cdots, x_{n0}; u_1(t_0), u_2(t_0), \cdots, u_r(t_0)]$$

还可以根据式(6.1)来确定 $\dot{x}_1(t_0)$ 至 $\dot{x}_n(t_0)$，如

$$\dot{x}_1(t_0) = f_1[x_{10}, x_{20}, \cdots, x_{n0}; u_1(t_0), u_2(t_0), \cdots, u_r(t_0)]$$

一般说来，直接应用导数的定义，就可以很容易地求出系统在一小段时间间隔 Δt 内的状态变化，如

$$x_1(t_0 + \Delta t) \approx x_1(t_0) + \dot{x}_1(t_0)\Delta t = x_{10} + \dot{x}_1(t_0)\Delta t \tag{6.6}$$

这个方程实际上只是将导数的定义式进行移项后重新整理而成，即

$$\dot{x}_1 \equiv \frac{\mathrm{d}x_1}{\mathrm{d}t} = \lim_{\Delta t \to 0}\left[\frac{x_1(t_0 + \Delta t) - x_1(t_0)}{\Delta t}\right]$$

其中 Δt 为一个无限小的数。由于 $\dot{x}_1(t_0)$ 依赖于初始状态和已知的 t_0 时刻的系统输入 u，就可以根据式(6.6)来求 $t_0 + \Delta t$ 时刻的状态。对积分方程而言，这种方法常被称作欧拉法，且该方法可以应用于 $t = t_0$ 时刻所有的状态方程。由于任何时刻的系统输入 u 为

已知,而根据 t_0 时刻的式(6.6),可以求得 $t_0 + \Delta t$ 时刻的状态,从而可以把欧拉公式应用于 $t = t_0 + \Delta t$ 时刻,这样该方程就可以在任意长的时间内循环使用来逐步求解,上面描述的过程可以很容易地应用于自动仿真计算中,但这里还有一些问题。除非限定 $\Delta t \rightarrow 0$,否则根据式(6.6)不能得到精确的值,Δt 取的值越小时,其精确度一般就会越高,但同时对所取的同一段时间而言,就要增加更多的步骤和更多的计算。选择适当的时间增量 Δt 及类似于式(6.6)的递归公式来优化数值积分的精度,属于数值积分的研究范畴,关于这个课题也有相当多的文献可供参考。这里只需知道对于积分状态方程来说,存在大量的数值求解方法,另外,尽管欧拉公式原理浅显易懂,但与其他方法相比,欧拉方法总是显得效率很低。

状态方程的积分方法比较简单明了,但当方程为线性时,可以不必求解系统在各种初始条件和强制函数作用下的状态方程,就可以得到大量有关系统的潜在特性。正如下面将要证实的,线性函数满足叠加原理,即表明线性状态方程解的任意常数倍之和,仍为该方程的解。上述的叠加特性使我们可以将状态方程的一个特解看做下列解的和,例如初始条件下的响应或自由响应(其所有输入变量均为0),以及输入造成的响应或激励响应。另外,由于系统完全响应中的自由响应部分只与系统方程有关,这个响应就可能作为一种有效的方式被用来表征系统。我们可能会发现固有频率、时间常量及稳定性与一般情况不同,它们与初始条件或者强迫项没有任何关系,而这些特性将帮助理解系统在不同状态下的行为特性。

6.3 特征值与自由响应

现在考虑这种情况:使用式(6.1a)和式(6.2a)或式(6.1b)和式(6.2b)所示的向量矩阵形式来描述线性系统,并且假设所有输入变量均为0。此时得到的解被称做自由响应,该解只与初始条件有关,而非激励输入变量。首先考虑一阶系统,然后再考虑多状态变量的例子。

6.3.1 一阶系统举例

如图6.1所示,一个热的钢块被放入一个装满油的池子里,如果作如下的假设,就可以用简单的集总参数热系统模型来预测钢块温度随时间的变化过程:

(1)假设与冷油和热钢块间的温度变化梯度相比较而言,钢块的温度梯度很小。于是可为钢块定义一个具有单一平均值的温度量 T_s。

(2)假设钢块冷却后,油的温度变化不大,所以油的温度 T_0 接近于一个常量。

(3)假设从钢块到油的热流率与 $T_0 - T_s$ 成比例。

(4)假设 T_s 的变化量与总的热交换量 Q 成比例。

显然,上述假设所做的简化在一些情形下比较合理,但同时也有很多热力学过程的细节被掩盖。当然可以很容易地根据图3.18的样式建立更复杂的模型,以对温度进行更细致的预测,不过现在的目的是构造一个一阶系统。在图6.1(b)和(c)中可以看到两个伪键合图,使用温度作为势变量,热流速率作为流变量,可以得出 R 和 C 满足的基本规律如下:

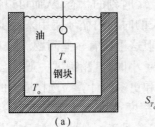

图 6.1　一阶系统示例
(a)示意图;(b)键合图所示的温度(T_o 表示油温,T_s 表示钢块温度);
(c)带图元编号的键合图(为便于写出方程)。

根据假设 3,可以写出

$$\dot{Q} = \frac{1}{R}(T_{\text{S}} - T_{\text{O}}) \tag{6.7}$$

这里阻性元件 R 的单位是 C/W。一般情况下,可以使用热交换系数 h 和钢块总的体表面积 A 来对其估值:

$$\frac{1}{R} = hA \tag{6.8}$$

上式中 h 的单位如下:

$$\frac{\text{W}}{℃ \cdot \text{m}^2}$$

根据假设 4,得

$$T_{\text{S}} - T_{\text{S0}} = \frac{Q}{C} \tag{6.9}$$

这里的 T_{S0} 为发生热交换之前钢块的初始温度。热容 C 的单位是 J/℃,可得

$$C = mc \tag{6.10}$$

这里的单位质量热量 c 的单位是 J/(℃ · kg)。

根据第 5 章介绍的方法,可以很容易地写出图 6.1(c)所示键合图的状态方程,该方程将上述的各种关系结合在一起:

$$\dot{Q}_1 = \dot{Q}_2 = \frac{1}{R}(T_0 - T_1) = \frac{1}{R}\left(T_0 - \frac{Q_1}{C} - T_{10}\right) \tag{6.11}$$

$$\dot{Q}_1 = -\frac{Q_1}{RC} + \frac{1}{R}(T_0 - T_{10})$$

在式(6.9)中 $T_1 = T_{\text{S}}$,$T_{10} = T_{\text{S0}}$。将式(6.9)代入式(6.11),可以得到另一种形式的状态方程:

$$RC\,\dot{T}_{\text{S}} = -T_{\text{S}} + T_0 \tag{6.12}$$

这里使用 T_{S} 代换了 T_1。使用已知量来表示温度常会带来很多便利,从而在定义中引入了一些常量,如下所示,如果定义

$$T = T_S - T_0 \tag{6.13}$$

则式(6.12)变为

$$RC\dot{T} = -T \tag{6.14}$$

同时,如果改写式(6.9),令

$$T = T_S - T_0 = \frac{Q_1}{C} = T_1 - T_0 \tag{6.15}$$

则式(6.11)变为

$$\dot{Q} = \frac{1}{R}(T_0 - T_1) = \frac{1}{R}\left(T_0 - \frac{Q_1}{C} - T_0\right)$$

或写成

$$\dot{Q} = \frac{-1}{RC}Q_1 \tag{6.16}$$

式(6.16)中,如果 $Q_1 = 0$,就可得到 $T_S = T_0$,且 Q_1 的初始值与式(6.15)中 T_S 的初始值相关。

为进一步简化,使用式(6.16)进行讨论,同时在式(6.11)和式(6.12)这些状态方程中出现额外常量也不会造成什么问题,这是因为常量在系统中被用做常值激励函数。而如式(6.16)或式(6.14)这样一阶方程的解法众所周知。首先很明显 $Q_1 = 0$ 为式(6.16)的一个解,这个解被称作无用解,因为它确实用处不大。特别地,如果 Q_1 的初始值 $Q_1(0)$ 为非 0 值,那这个无用解也不符合初始条件。对线性系统来说,指数形式的解通常被证明是有用的,例如

$$Q_1(t) = Ae^{st} \tag{6.17}$$

这里的常量 A 和 s 需要进行调整,如果可能的话,应尽量使 $Q_1(t)$ 符合微分方程及初始条件。

将式(6.17)代入式(6.16)中,得

$$Ase^{st} = \frac{-1}{RC}Ae^{st}$$

或者

$$\left(s + \frac{1}{RC}\right)Ase^{st} = 0 \tag{6.18}$$

现在,任一

$$Ase^{st} = 0$$

这样就得到了那个无用解,或者

$$s = \frac{-1}{RC} \tag{6.19}$$

这种情况下的解为

$$Q_1(t) = Ae^{-t/RC} = Ae^{-1/\tau} \tag{6.20}$$

这里用时间常量 τ 来代换 RC。为得到完整的解,常量 A 可以由 Q_1 的初始值 $Q_1(0)$

得到,即

$$Q_1(0) = Ae^{-0} = A \tag{6.21}$$

这里的 $Q_1(0)$ 可以根据式(6.15)的初始温度得到,从而解变成

$$Q_1(t) = Q_1(0)e^{-1/\tau}, \quad t \geqslant 0 \quad (6.22)$$

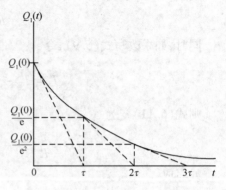

图 6.2　图 6.1 所示系统的自由响应

该解如图 6.2 所示。很容易看出对于这个简单的指数形式解,在曲线的任一点,如果沿着曲线在该点的切线向 Q_1 的稳态值(这里为 0 值)延长,则经过时间 τ 它们将相交。从而,τ 确定了基本的响应时间尺度。如果一个系统的响应可通过实验进行测量,就可以很容易地估计图 6.2 所示的 τ 值,同时,通过在实验曲线上取一些点来计算 τ,就可以看到一个一阶常系数线性系统将其再现得多么好。

6.3.2　二阶系统举例

虽然关于一阶系统响应的知识被证明是非常有效的,但是更复杂系统的响应模式当然要比图 6.2 中指数形式更加复杂。然而,在很多情况下解析模式并不适用于所有高阶系统,实际上,通过对二阶系统的研究,会发现其模式变得显而易见,同时也可以很自然地扩展到高阶系统。

接下来考虑图 6.3 所示简单二阶系统的示例。将式(6.1a)和式(6.2a)所示基本方程应用于该图所示系统,就可以写出标准形式的状态方程:

$$\dot{x} = 0x - \frac{1}{m}p + 1V + 0F$$

$$\dot{p} = kx - \frac{b}{m}p + bV + 1F \tag{6.23}$$

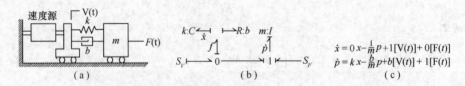

图 6.3　示例系统

(a)示意图;(b)键合图;(c)状态方程。

其中势 f 是几个可能的输出变量之一:

$$f = kx - \frac{b}{m}p + bV + 0F \tag{6.24}$$

该系统有两个状态变量,$x_1 = x$,$x_2 = p$;两个输入变量,$u_1 = V$,$u_2 = F$ 还有一个输出变量,$y_1 = f$。而根据系统参数可以将式(6.1b)和式(6.2b)形式中的矩阵系数表示为

$$[A] = \begin{pmatrix} 0 & -1/m \\ k & -b/m \end{pmatrix}, \quad [B] = \begin{pmatrix} 1 & 0 \\ b & 1 \end{pmatrix}$$

$$[C] = [k \quad -b/m], \quad [D] = [b \quad 0] \tag{6.25}$$

求解这些状态方程之前,注意式(6.3c)中的符号 $V(t)$ 和 $F(t)$ 是用来提醒我们输入量必须是关于时间的函数。

对于自由响应,假设 $V(t) = F(t) = 0$,则有

$$\begin{bmatrix} \dot{x} \\ \dot{p} \end{bmatrix} = \begin{pmatrix} 0 & -1/m \\ m & -b/m \end{pmatrix} \begin{bmatrix} x \\ p \end{bmatrix} \tag{6.26}$$

使用通用表示方式,这个方程就可以写成更简单的形式 $[\dot{x}] = [A][x]$,也即令式(6.1b)中的 $[u] = [0]$。

显然,能得到式(6.26)的一个无用解,如下:

$$x \equiv 0, p \equiv 0 \tag{6.27}$$

该解适用于弹簧没有拉伸且质量块没有动量(或速度)的情况,这个解还是没有什么用处,且对寻找符合初始条件的解也没有什么帮助,假设要求一个满足如下初始条件的解:

$$x(t_0) = x_0, \qquad p(t_0) = p_0 \tag{6.28}$$

式中:x_0 为弹簧的初始拉伸长度;$p_0 = mv_0$ 为质量块的初始动量。

为求出该解,假设两个能量状态变量都可以用振幅和时间的指数函数来表示。在这个例子中,假设:

$$x(t) = Xe^{st}, \qquad p(t) = Pe^{st} \tag{6.29}$$

这里的 X 和 P 均为振幅常量,s 为复数或实数,其大小为反时。如果把式(6.29)代入式(6.26)中,结果就变成:

$$\begin{bmatrix} sX \\ sP \end{bmatrix} e^{st} = \begin{bmatrix} 0 & -1/m \\ k & -b/m \end{bmatrix} \begin{bmatrix} X \\ P \end{bmatrix} \tag{6.30a}$$

式(6.30a)的等号左边也可以写成与右边相似的形式,只需引入 2×2 的单位矩阵:

$$[I] = \begin{bmatrix} 1 & 0 \\ 0 & 1 \end{bmatrix}$$

于是得到:

$$\begin{bmatrix} sX \\ sP \end{bmatrix} e^{st} = \begin{bmatrix} 1 & 0 \\ 0 & 1 \end{bmatrix} \begin{bmatrix} X \\ P \end{bmatrix} se^{st} = \begin{bmatrix} s & 0 \\ 0 & s \end{bmatrix} \begin{bmatrix} X \\ P \end{bmatrix} e^{st}$$

使用这种方法,式(6.30a)的两边就可以进一步结合成只含一个矩阵:

$$\begin{bmatrix} s & 1/m \\ -k & s+b/m \end{bmatrix} \begin{bmatrix} X \\ P \end{bmatrix} e^{st} = \begin{bmatrix} 0 \\ 0 \end{bmatrix} \tag{6.30b}$$

现在可以看出式(6.30b)左侧的那个矩阵恰好就是 $[sI - A]$。该表达式可以应用于分析各阶系统的自由响应,当 $[I]$ 为一般的 $n \times n$ 单位矩阵(即主对角线元件为1,其余全

为 0),[A] 为式(6.1b)中的系统矩阵时。

这里式(6.30b)表明式(6.29)的引入使微分方程问题简化成了一个代数问题(使用拉普拉斯变换也可以达到这种效果)。求解式(6.30b)的一种方法就是令 e^{st} 为 0,但这样做不但对于 s 的任一有穷值不太可能求解,而且也只能得到如式(6.27)中的无用解。排除这种可能,就可以将 e^{st} 这项除去,从而问题变成了求解 X 和 P 以满足下式:

$$
\begin{bmatrix} s & 1/m \\ -k & s+b/m \end{bmatrix}
\begin{bmatrix} X \\ P \end{bmatrix} =
\begin{bmatrix} 0 \\ 0 \end{bmatrix}
\tag{6.30c}
$$

显然 $X=0,P=0$ 为式(6.30c)的解,所以又得到了一个无用解。实际上,根据线性代数的基础理论可知,如果系数矩阵的行列式不为 0,则该线性联立方程组仅有一个解。克莱姆法则给出了这种情况下的一种求解方法,其解使用行列式的分式形式表示,即方程系数矩阵的行列式作为解中每个值的分母,由于之前已经得到一个 0 解,那么除非式(6.30a)的解是不唯一的,否则该解也就没什么用处。

即需满足如下条件:

$$
\begin{vmatrix} s & 1/m \\ -k & s+b/m \end{vmatrix} = 0
\tag{6.31a}
$$

或者满足

$$
s^2 + \frac{b}{m}s + \frac{k}{m} = 0
\tag{6.31b}
$$

注意为使方程存在一个非无用解的自由响应,则其行列式必须为 0,也就是矩阵 $[sI-A]$ 的行列式为 0。

为使该行列式为 0 也即是使一个关于 s 的多项式的值为 0。该式被称做特征多项式,根据该式可得到参数的一系列特征值。式(6.19)就是第一个例子的特征多项式。

求解式(6.31),结果得到

$$
\begin{aligned}
s_1 &= \frac{-b/m + \left[(b/m)^2 - 4k/m \right]^{1/2}}{2} \\
s_2 &= \frac{-b/m - \left[(b/m)^2 - 4k/m \right]^{1/2}}{2}
\end{aligned}
\tag{6.32}
$$

注意如果 b 的值很小,那么 s_1 和 s_2 将会是复数。对于由方程如式(6.31)确定的每个 s 的值中,或许可以找到满足式(6.30c)的解。对于 n 阶系统,一般 s 可能存在 n 个特征值;对于二阶系统,会有两个。对高阶系统而言,如果不借助数值算法,一般很难求出其特征值,但是 n 阶特征方程 n 个解的存在性是有线性代数理论支持的。

更多有用的信息包含在式(6.32)的特征值中,但在讨论通过简单求解特征方程能得到什么之前,首先来列出求满足初始条件的自由响应完全解的程序。对于 s 的每个值 s_1 和 s_2,我们试着来确定式(6.30c)中的 X 和 P 的值。对 s_1,我们试求 X_1 和 P_1:

$$
s_1 X_1 + \frac{1}{m}P_1 = 0, \qquad -kX_1 + \left(s_1 + \frac{b}{m} \right)P_1 = 0
$$

或通过

$$\frac{-b/m + [(b/m)^2 - 4k/m]^{1/2}}{2} X_1 + \frac{1}{m} P_1 = 0 \tag{6.33}$$

$$-kX_1 + \left(\frac{-b/m + [(b/m)^2 - 4k/m]^{1/2}}{2} + \frac{b}{m} \right) P_1 = 0 \tag{6.34}$$

当然,不能期望由式(6.33)求出 X_1 和 P_1 的唯一解,因为 s_1 是被用来满足系数矩阵的行列式为 0 的。实际上,经过一些代数演算后,上述的两个方程等价于如下这个方程:

$$X_1 - \frac{b + (b^2 - 4km)^{1/2}}{2km} P_1 = 0 \tag{6.35}$$

每当使用特征值代换方程如式(6.30c)中的振幅时,我们会发现方程组并不相关,这就意味着式(6.35)中的 X_1 与 P_1 的比例是确定的,但是具体每个的值不确定。我们最有希望解决的是依据一个任意振幅值求出其余 $n-1$ 个幅值与其的比值。

将式(6.32)的 s_2 代入式(6.30c),并求解振幅 X_2 和 P_2,就会发现这两个方程又等价于一个方程:

$$X_2 + \frac{-b + (b^2 - 4km)^{1/2}}{2km} P_2 = 0 \tag{6.36}$$

现在只要 X_1 和 P_1 满足式(6.35),同时也就会满足式(6.30c),而常微分方程式(6.26)也将被下式满足:

$$x(t) = X_1 e^{s_1 t}, \qquad P(t) = P_1 e^{s_1 t}$$

类似地,另一个解为

$$x(t) = X_2 e^{s_2 t}, \qquad P(t) = P_2 e^{s_2 t}$$

只要 X_2 和 P_2 满足式(6.36),很容易就可以通过两解相加得到另一个解:

$$x(t) = X_1 e^{s_1 t} + X_2 e^{s_2 t}, \qquad P(t) = P_1 e^{s_1 t} + P_2 e^{s_2 t} \tag{6.37}$$

这是线性系统叠加原理的一个示例,注意只要各项满足微分方程,各项的和也会满足该方程,把式(6.37)代入式(6.26)就可简单地验证。

虽然 s_1 和 s_2 可由式(6.32)完全确定,但下列 4 个量 X_1, X_2, P_1 和 P_2 目前只满足式(6.35)和式(6.36)这两个方程,为了求出自由响应下的全解还需要另外两个条件,这另外两个式子由式(6.28)的两个初始条件提供:

$$x_0 = x(t_0) = X_1 e^{s_1 t_0} + X_2 e^{s_2 t_0} \tag{6.38}$$

$$P_0 = p(t_0) = P_1 e^{s_1 t_0} + P_2 e^{s_2 t_0} \tag{6.39}$$

从而,这 4 个方程,式(6.35)、式(6.36)、式(6.38)和式(6.39)完全表示了系统的自由响应,并满足给出的初始条件。虽然在这个简单例子中方程组可以完全求解,但该解太过复杂且不易理解,所以下面将讨论一些有用的特殊情况。

6.3.3 举例:无阻尼振荡器

如果将阻尼系数 b 设置为 0,或者将系统中的阻尼器移除,系统的方程就会稍微简化,式(6.23)变为

$$\begin{bmatrix} \dot{x} \\ \dot{p} \end{bmatrix} = \begin{bmatrix} 0 & -1/m \\ k & 0 \end{bmatrix} \begin{bmatrix} x \\ p \end{bmatrix} + \begin{bmatrix} 1 & 0 \\ 0 & 1 \end{bmatrix} \begin{bmatrix} V \\ F \end{bmatrix} \tag{6.40a}$$

方程(6.24)变为

$$f = kx + 0p + 0V + 0F$$

对于自由响应,只需研究方程式(6.26)的一个简化版本:

$$\dot{x} = \frac{-p}{m}, \qquad \dot{p} = kx$$

接下来使用式(6.31),就得到如下特征方程:

$$s^2 + \frac{k}{m} = 0 \tag{6.40b}$$

从而得到特征值:

$$s_1 = + j\left(\frac{k}{m}\right)^{1/2} = j\omega_n, \qquad s_2 = - j\left(\frac{k}{m}\right)^{1/2} = - j\omega_n \tag{6.41}$$

上式中 $j \equiv (-1)^{1/2}$,无阻尼固有频率 ω_n 被定义为 $(k/m)^{1/2}$。与一阶系统例子不同,现在遇到的是纯复数特征值。

为了求解 X_1 和 P_1,我们发现只有关系式(6.35)可用:

$$X_1 - \frac{jP_1}{(km)^{1/2}} = 0 \tag{6.42}$$

在求解 X_2 和 P_2 时,我们遇到式(6.36)的简化版本:

$$X_2 + \frac{jP_2}{(km)^{1/2}} = 0 \tag{6.43}$$

最后,必须满足式(6.38)和式(6.39)中的初始条件。

应用式(6.42)和式(6.43)消去式(6.38)和式(6.39)中的 P_1 和 P_2,结果得到:

$$X_1 e^{s_1 t_0} + X_2 e^{s_2 t_0} = x_0 \tag{6.44}$$

$$- j(km)^{1/2} X_1 e^{s_1 t_0} + j(km)^{1/2} X_2 e^{s_2 t_0} = p_0 \tag{6.45}$$

这些方程可很容易解出,结果为

$$X_1 = \frac{1}{2}\left(x_0 + \frac{jp_0}{(mk)^{1/2}}\right) e^{-j\omega_n t_0} \tag{6.46}$$

$$X_2 = \frac{1}{2}\left(x_0 + \frac{jp_0}{(mk)^{1/2}}\right) e^{+j\omega_n t_0} \tag{6.47}$$

其中用到了式(6.42)。为其完整性,也可以求得 P_1 和 P_2:

$$P_1 = - j(mk)^{1/2} X_1 = \frac{1}{2}[- j(mk)^{1/2} x_0 + p_0] e^{-j\omega_n t_0} \tag{6.48}$$

$$P_2 = - j(mk)^{1/2} X_2 = \frac{1}{2}[- j(mk)^{1/2} x_0 + p_0] e^{+j\omega_n t_0} \tag{6.49}$$

150

现在我们的目标就达到了。式(6.37)给出其自由响应,该式中已知 s_1 和 s_2,还可通过任意初始条件来确定 X_1,X_2,P_1 和 P_2。只剩下对解的解释。

上述确定的解形式如下:

$$x(t) = X_1 \mathrm{e}^{\mathrm{j}\omega_n t} + X_2 \mathrm{e}^{-\mathrm{j}\omega_n t} \tag{6.50}$$

$$p(t) = P_1 \mathrm{e}^{\mathrm{j}\omega_n t} + P_2 \mathrm{e}^{-\mathrm{j}\omega_n t} \tag{6.51}$$

而且对于 $t \geqslant t_0$ 时是正确的。其与时间相关的部分,$\mathrm{e}^{\mathrm{j}\omega_n t}$ 和 $\mathrm{e}^{-\mathrm{j}\omega_n t}$ 可以在复平面表示成旋转向量或者所谓的相位图(参见图6.4)。该向量围绕单位圆作恒角速率的旋转。图6.4提供了一种简便的方法来记录以下关系:

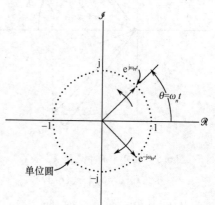

$$\mathrm{e}^{+\mathrm{j}\omega_n t} = \cos\omega_n t + \mathrm{j}\sin\omega_n t \tag{6.52}$$

$$\mathrm{e}^{-\mathrm{j}\omega_n t} = \cos\omega_n t - \mathrm{j}\sin\omega_n t \tag{6.53}$$

由示意图或者从式(6.52)和式(6.53)的代数关系中很容易可以得到如下关系:

$$\cos\omega_n t = \frac{\mathrm{e}^{\mathrm{j}\omega_n t} + \mathrm{e}^{-\mathrm{j}\omega_n t}}{2} \tag{6.54}$$

图 6.4　$\mathrm{e}^{+\mathrm{j}\omega_n t}$ 和 $\mathrm{e}^{-\mathrm{j}\omega_n t}$ 的复平面表示

$$\sin\omega_n t = \frac{\mathrm{e}^{\mathrm{j}\omega_n t} - \mathrm{e}^{-\mathrm{j}\omega_n t}}{2\mathrm{j}} \tag{6.55}$$

从式(6.50)的形式我们看出,如果 X_1 为实数且等于 X_2,则 $x(t)$ 将呈振幅为 $2X_1$ 的余弦波。也就是当式(6.46)和式(6.47)中 $t_0 = p_0 = 0$ 时的情形。而式(6.50)将化简为 $x(t) = x_n\cos\omega_n t$。

一般情况下,X_1 和 X_2 为复数,且在示意图中很容易表示出其复数形式,即

$$\frac{x_0}{2} \pm \mathrm{j}\frac{p_0}{2}(mk)^{1/2}$$

以及复指数式 $\mathrm{e}^{\pm \mathrm{j}\omega_n t}$。参看图6.5并考虑两个复数的乘法,其振幅相乘、角度相加。可以看出 X_1 和 X_2(以及 P_1 和 P_2)为复数共轭,这并不是巧合。根据式(6.50),实值 $x(t)$ 必定是 X_1 和 X_2 分别乘以复数共轭值 $\mathrm{e}^{\mathrm{j}\omega_n t}$ 和 $\mathrm{e}^{-\mathrm{j}\omega_n t}$ 后的和。图6.6展示了复数值之和是如何相加得到实变量 $x(t)$ 的。

表示式(6.50)的另一种方法是使用余弦形式,其相位角为 φ,振幅为 A,即

$$x(t) = A\cos(\omega_n t + \varphi) \tag{6.56}$$

根据图6.6,可以很容易证实如下:

$$A = 2|X_1| = 2|X_2| = 2\left(\frac{x_0^2}{4} + \frac{p_0^2}{4mk}\right)^{1/2} \tag{6.57}$$

以及

$$\varphi = \angle X_1 = \left[\arctan\frac{p_0}{x_0(mk)^{1/2}}\right] + \omega_n t_0 \tag{6.58}$$

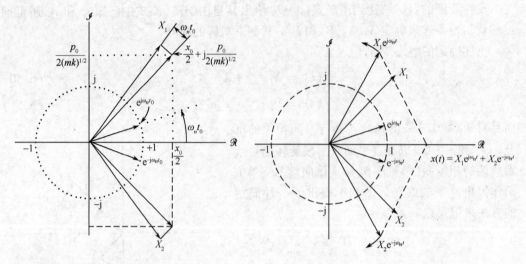

图6.5　在复平面中表示 X_1 和 X_2。　　图6.6　复平面中式(6.50)的示意图
　　参见式(6.46)和式(6.47)

其中：| |代表"××的模"，∠代表"××的角度"。

另一个常用的符号包含表示"××的实部"的符号 Re( )以及表示"××的虚部"的符号 Im( )。很容易使用正弦及余弦函数形式表示如下：

$$\cos\omega_n t = \mathrm{Re}(\mathrm{e}^{\mathrm{j}\omega_n t}) \tag{6.59}$$

$$\sin\omega_n t = \mathrm{Im}(\mathrm{e}^{\mathrm{j}\omega_n t}) \tag{6.60}$$

从而 $x(t)$ 可以用另一种方法表示为

$$x(t) = A\mathrm{Re}(\mathrm{e}^{\mathrm{j}\omega_n t+\varphi}) = \mathrm{Re}(2X_1\mathrm{e}^{\mathrm{j}\omega_n t}) \tag{6.61}$$

式(6.61)有时比其他等价表示法使用起来更简单，因为它只处理 X_1 和 X_2 二者之一，以及 $\mathrm{e}^{\mathrm{j}\omega_n t}$ 和 $\mathrm{e}^{-\mathrm{j}\omega_n t}$ 二者之一。为使 x 为实数，两对参数必须均为复数共轭关系，从而只要每对中一个值的信息就足够了。

最后，应该了解关于式(6.51)中的 $p(t)$ 的讨论与上述 $x(t)$ 的讨论完全类似。可能我们从式(6.48)和式(6.49)中注意到，P_1 和 P_2 以及 X_1 和 X_2 成定常比例，只是由于虚部的影响而相差90°(记住一个复数与 j 的乘积与原复数的模相等，只是角度增加了 π/2 弧度或90°)。实际上，如果要把 $P_1\mathrm{e}^{\mathrm{j}\omega_n t}$ 和 $P_2\mathrm{e}^{-\mathrm{j}\omega_n t}$ 表示成旋转向量，就像图6.6中对 x 所做的那样，P_1 和 P_2 的向量将比 X_1 和 X_2 的向量落后90°。这与下列事实一致，即 $p(t)$ 与 $x(t)$ 的导数的负值或积分成常比例(读者应该证实 $X_1\mathrm{e}^{+\mathrm{j}\omega_n t}$ 对时间的导数在相图中要提前90°，而 $X_1\mathrm{e}^{+\mathrm{j}\omega_n t}$ 的积分在相图中会滞后90°，而对于反向旋转向量 $X_2\mathrm{e}^{-\mathrm{j}\omega_n t}$ 也可得出相似的叙述)。

x 和 p 之间90°的差别意味着如果 x 为一个余弦波，p 就将是一个正弦波。从而在状态矢量空间，x 和 p 的轨线是闭合的椭圆，并在合适比例时可成圆形。运行在圆上的代理点的方向依赖于建立常微分方程使用的符号规定。但是无论哪种情况，代理点沿圆形轨线绕圆心旋转的角速率均为 $\omega_n\mathrm{rad/s}$。

152

6.3.4 举例:有阻尼振荡器

当阻尼器系数 b 为正值且不是很大的情况下,系统的自由响应将会发生振荡但最终会衰减停止。根据根号下式子符号的正负,式(6.32)中特征值的特性会发生明显的改变。

如果

$$\left(\frac{b}{m}\right)^2 < 4\frac{k}{m} \qquad (6.62)$$

这样的系统被称做欠阻尼。

如果:

$$\left(\frac{b}{m}\right)^2 > 4\frac{k}{m} \qquad (6.63)$$

这样的系统被称做过阻尼。

如果:

$$\left(\frac{b}{m}\right)^2 = 4\frac{k}{m} \qquad (6.64)$$

这样的系统被称做临界阻尼。

通常该特征方程式(6.31)被写成如下形式:

$$s^2 + 2\zeta\omega_n s + \omega_n^2 = 0 \qquad (6.65)$$

其中的无阻尼固有频率 ω_n 由式(6.41)定义,其中阻尼率 ζ 被定义为

$$\zeta \equiv \frac{b}{2(mk)^{1/2}} \qquad (6.66)$$

从而系统为欠阻尼,过阻尼或临界阻尼分别对应于 $\zeta < 1$, $\zeta > 1$ 或 $\zeta = 1$。根据上述定义,可以写出式(6.32)欠阻尼情况下的特征值:

$$s_1 = -\zeta\omega_n + j\omega_n(1-\zeta^2)^{1/2}$$
$$s_2 = -\zeta\omega_n - j\omega_n(1-\zeta^2)^{1/2} \qquad (6.67)$$

式(6.35)和式(6.36)就变成:

$$X_1 - \frac{\zeta\omega_n + j\omega_n(1-\zeta^2)^{1/2}}{k}P_1 = 0 \qquad (6.68)$$

以及

$$X_2 + \frac{-\zeta\omega_n + j\omega_n(1-\zeta^2)^{1/2}}{k}P_2 = 0 \qquad (6.69)$$

式(6.37)的自由响应解会比无阻尼情况稍微复杂一些,这是因为现在其特征值为复数而不再是纯虚数。一种典型的情况如下:

$$X_1 e^{s_1 t} = X_1 e^{-\zeta\omega_n t + j\omega_n(1-\zeta^2)^{1/2}t} = X_1 e^{-\zeta\omega_n t}e^{j\omega_n(1-\zeta^2)^{1/2}t} \qquad (6.70)$$

如从前一样, X_1 可能是一个复数,并分别部分决定于式(6.68)和式(6.69),并在必要情况下满足初始条件式(6.38)和式(6.39)。

$e^{-\zeta\omega_n t}$ 项为实数,且其指数随时间减小(在之前的例子中, ζ 等于 0,则该因子始终为

1)。式(6.70)中最后一个因子为复指数形式,表示角频率ω_d的正弦曲线波,即有阻尼固有频率

$$\omega_d \equiv \omega_n(1-\zeta^2)^{1/2} \tag{6.71}$$

或者

$$\left(\frac{\omega_d}{\omega_n}\right)^2 + \zeta^2 = 1$$

在有阻尼的情况下,系统响应的正弦曲线部分的频率与无阻尼固有频率相比,有一些区别,而且如式(6.71)所示,由于ω_d包含ζ,表示其变化的图示就可以用部分圆来表示。当ζ与1相比很小时,$\omega_d \approx \omega_n$,但是当$\zeta \to 1$时,$\omega_d \to 0$(参见图6.7)。

虽然可以根据通用的初始条件x_0和p_0来求解X_1, X_2, P_1, P_2,但结果并不是很有用,因为针对一些特殊初始条件求解该方程比列出通解更容易。理解该解的特性才是更重要的。图6.8与图6.6对于欠阻尼情况下是等价的。两图的主要区别是:图6.8中x响应的两个元件的旋转角速率为ω_d,而不是ω_n,其存在一个衰减因子$e^{-\zeta\omega_n t}$呈指数级递减,所以该复数元件在复平面内围绕原点呈螺旋状。接下来随时间的响应已在图6.9中画出。注意只要正弦曲线越过0值,该响应也会越过0值并与其保持一致,从而0值会周期出现,时间响应的包络线会呈指数级递减振幅,当正弦元件为1时,波形$x(t)$与该指数局部相切,从而导致实际波形的极值并不是完全周期性呈现。

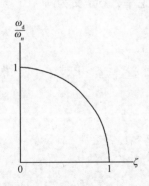

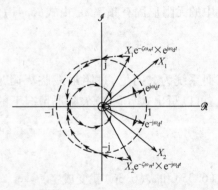

图6.7 含阻尼比率的有阻尼固有频率的变化　　图6.8 欠阻尼系统响应的复平面表示

我们知道,特征方程的根中包含了自由响应的很多通用特性,所以理解阻尼比率,有阻尼和无阻尼固有频率与虚平面中特征值s_1和s_2位置的关系是很有用的,该关系如图6.10所示。注意对任何系统而言,其状态变量均为实数值,任何复数特征值都将以复数共轭对形式出现,而且很容易从中读出固有频率以及每对的阻尼比率。

稳定系统的特征值将落在复平面的左半边;也就是说对于稳定系统,其实数部分e^{st}是一个递减指数。不稳定系统对应的s值落在右半平面,无阻尼振荡器的临界情形对应的s为纯虚数并落在j轴上。

对于过阻尼振荡器,式(6.32)的特征值特性发生了改变,且很容易将式(6.67)重写为

$$s_1 = -\zeta\omega_n + \omega_n(\zeta^2-1)^{1/2}, \qquad s_2 = -\zeta\omega_n - \omega_n(\zeta^2-1)^{1/2} \tag{6.72}$$

154

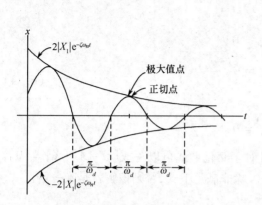

图 6.9 欠阻尼系统的时间响应

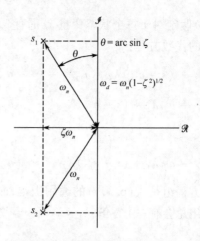

图 6.10 欠阻尼情形下固有频率和阻尼
比率与复平面特征值位置的关系

这些根值都标示在图 6.11 中。注意对于 $1 < \zeta < \infty$，根值 s_1 和 s_2 落在 $-\infty < s_1, s_2 < 0$ 范围内，也即其特征值为负实数。这种情况下，项 e^{st} 可以应用时间常量 τ 写成更简便的形式，正如对一阶系统所做的那样。例如假设令 s_1 等于 $-a$，则有

$$e^{st} = e^{-at} = e^{-t/\tau} \tag{6.73}$$

其中

$$\tau = \frac{1}{a} = \frac{-1}{s_1}$$

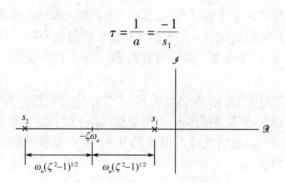

图 6.11 过阻尼情形下的特征值

二阶系统中，解的因子 $e^{-t/\tau}$ 与图 6.2 所示一阶系统有相同的效果。因此在图 6.11 中，负实轴上最新的 s 值符合快速指数衰减。而且，很显然图 6.10 中 s_1 和 s_2 的实数部分 $\zeta\omega_n$ 对应于时间常量 $1/\zeta\omega_n$。落在实正轴上的特征值也具有时间常量，但其代表随时间增大的指数解。值 $s = 0$ 意味着时间响应部分为 $e^{0t} = 1$，或者表示一个常量：无穷大的时间常量。

6.3.5　一般情况

虽然之前只研究了一阶和二阶系统，但其他线性系统的自由响应特性并不会复杂多少。其求解自由响应的步骤总结如下：

（1）忽略所有激励项，在通用方程式（6.1a）或式（6.1b）中，令所有的 $u_1, u_2, \cdots, u_r$ 均为 0。

（2）假定对于每个状态变量 x_i 都有 $X_i e^{st}$ 形式的解。消去 e^{st} 项之后，式（6.1a）就变成了纯粹的代数方程：

$$
\begin{aligned}
(s - a_{11})X_1 - a_{12}X_2 - \cdots - a_{1n}X_n &= 0 \\
-a_{21}X_1 + (s - a_{22})X_2 - \cdots - a_{2n}X_n &= 0 \\
&\vdots \\
-a_{n1}X_1 + (s - a_{n2})X_2 - \cdots - a_{nn}X_n &= 0
\end{aligned}
\tag{6.74}
$$

注意该方程组是式（6.30b）的通用版本，而且对于简化形式可以写成 $[sI - A][X] = [0]$。该方程组总会有一个零解，$X_1 = X_2 = \cdots = X_n = 0$，除非满足下式，否则该解就是唯一解。

$$
\begin{vmatrix}
s - a_{11} & -a_{12} & \cdots & -a_{1n} \\
-a_{21} & s - a_{22} & \cdots & -a_{2n} \\
\vdots & \vdots & & \vdots \\
-a_{n1} & -a_{n2} & \cdots & s - a_{nn}
\end{vmatrix} = 0
\tag{6.75}
$$

这是式（6.31a）所示行列式的通用版本，并且简化形式可以写成 $\det[sI - A] = 0$。

当行列式扩展成 n 次多项式时，就形成了特征方程。

（3）求解特征方程得到 n 个特征值 $s_1, s_2, \cdots, s_n$。该 s 值可能是实数也可能是复数，如果是复数则以共轭复数形式出现。复平面中特征值的位置表明了与该特征值相应的自由响应的成分类型。图6.12表明了根的位置是如何对应于时间响应的。稳定系统的特征值实部为负。

（4）对于每个 s 值对应的特征值，式（6.74）产生一个局部解。当特征值都不同，即 n 个特征值中任意两个值都不等，则使用一个特征值代换 s 时，式（6.74）中的 n 个方程中的 $n-1$ 个都将是不相关的[①]。我们就可以把 X 的 $n-1$ 个值表示成最后一个 X 值的形式，例如自由响应的完备解为：

$$
\begin{aligned}
x_1(t) &= X_{11}e^{s_1 t} + X_{12}e^{s_2 t} + \cdots + X_{1n}e^{s_n t} \\
x_2(t) &= X_{21}e^{s_1 t} + X_{22}e^{s_2 t} + \cdots + X_{2n}e^{s_n t} \\
&\vdots \\
x_n(t) &= X_{n1}e^{s_1 t} + X_{n2}e^{s_2 t} + \cdots + X_{nn}e^{s_n t}
\end{aligned}
\tag{6.76}
$$

其中当 $s = s_1$ 时，式（6.74）中会出现 $X_{11}, X_{21}, X_{31}, \cdots, X_{n1}$；当 $s = s_2$ 时，式（6.74）中会出现 $X_{12}, X_{22}, X_{32}, \cdots, X_{n2}$，并以此类推。但式（6.76）中 X 的 n^2 个值并不能通过将每个特征值代换式（6.74）中的 s 得到完全确定，这是因为这种方法只能得到 $n(n-1)$ 个不相关的方程。剩下的 n 个条件可用 n 个任意初始条件描述：

---

① 在很多关于微分方程的书中都介绍了特征方程有重根这种特殊情况，但在实际中这种情况并不重要，所以这里不做处理。

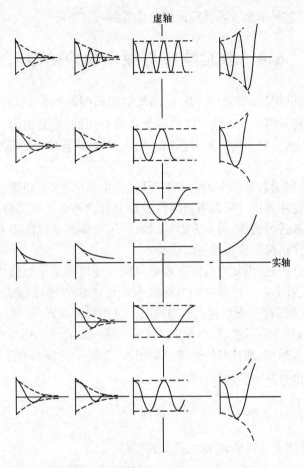

图 6.12　时间响应和复特征值的相关性

$$x_1(t_0) = x_{10} = X_{11}e^{s_1t_0} + X_{12}e^{s_2t_0} + \cdots + X_{1n}e^{s_nt_0}$$
$$x_2(t_0) = x_{20} = X_{21}e^{s_1t_0} + X_{22}e^{s_2t_0} + \cdots + X_{2n}e^{s_nt_0}$$
$$\vdots$$
$$x_n(t_0) = x_{n0} = X_{n1}e^{s_1t_0} + X_{n2}e^{s_2t_0} + \cdots + X_{nn}e^{s_nt_0}$$

$$(6.77)$$

式中：$x_{10}, x_{20}, \cdots, x_{n0}$ 为指定的初始条件。

　　只有对于低阶系统才可能执行式(6.76)和式(6.77)中所示的操作,从而得到自由响应的解析解。然而只要给出矩阵和初始条件,就有很多计算机仿真程序可用来解出非激励方程的数值解。从而只要需要,就可以很容易地得到所有状态及输出变量的自由响应图示。

　　而且只要给定矩阵 A,就有很多程序可以计算特征值,从而使用图6.12下的方法无需计算任何特定的自由响应也能够对系统自由响应的各成分做定性的分析。比如可以很容易地通过寻找一个或多个带正实部的特征值来判定系统是不稳定的。可以通过图6.10轻松地找到阻尼振荡器并得到其频率,还可以通过观察 s 平面中各个特征值的位置来找到最快和最慢响应成分。无论方向如何,s 平面中距离原点最远的特征值代表最快的响应成分,而那些距离原点最近的就代表最慢的响应成分。通常对一个动力系统做设计层面的决定时,只需简单地考虑其特征值的位置即可。

6.4 激励响应与频率响应函数

现在研究求解式(6.1a)和式(6.1b)以满足给定的时间函数 $u_1(t),u_2(t),\cdots,u_r(t)$ 的问题。叠加原理将被再一次证明对线性系统是很有用的,这是因为它让我们可以对每个输入单独地求解,而且对于所有同时作用的输入,只需将各单个解简单地相加就可得到满足该情况的解。

原则上,任何时间函数都可作为输入进行研究,但实际上,正弦激励才至关重要。这一方面是因为可以使用傅里叶级数将周期性激励分解成各个正弦部分,再利用叠加原理将各个元件激励函数进行叠加,另一方面是因为使用频率跨度范围很大的正弦输入就可以很方便地完成很多情况下真实设备的检验。

对于线性系统而言,使用复指数的形式可以很方便地表示正弦曲线波。可以应用式(6.54)和式(6.55)来建立一种直接的方法来表示正弦和余弦,但是应用式(6.59)和式(6.60)中的实部和虚部符号表示起来更为简便。这里将研究式(6.59)的应用。

首先,让我们回到一阶系统,如图6.1所示的热系统。由于很难想象油池的温度以很快的频率成正弦曲线循环,那让我们来考虑如图6.13所示的接到电压振荡电源的 R – C 电路。很容易写出电容器中电荷的方程:

$$\dot{q} = \frac{-1}{RC}q + \frac{E(t)}{R} \tag{6.78}$$

如果假定 $E(t)$ 与可调激励频率 ω_f 成正弦关系,即

$$E(t) = E_0\cos\omega_f t = \mathrm{Re}(E_0 \mathrm{e}^{\mathrm{j}\omega_f t}) \tag{6.79}$$

然后就可以寻找稳态响应 $q(t)$,其中由于自由响应和初始条件引发的瞬态反应造成的影响已经渐弱(由于系统是稳定的,任何为满足初始条件所需的自由响应都将随时间衰减,只剩下稳定状态或激励响应)。

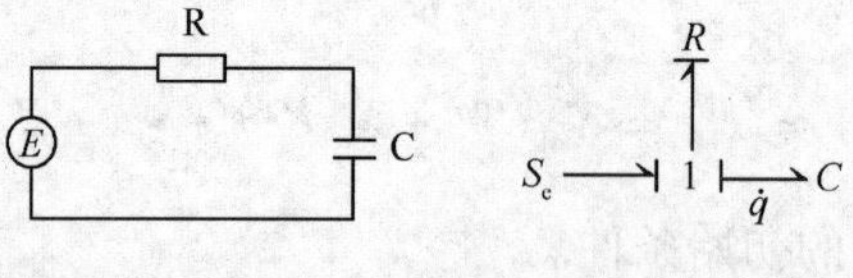

图6.13 与图6.1所示热系统类似的电路

由于线性操作如常量乘法、微分以及求导都是关于时间的,所以无论先进行复函数操作再取得结果的实部,还是先取得实部再完成相应操作,顺序都是不重要的。从而可以在式(6.79)中推迟使用 Re 操作符,直到所有的运算都完成后再取最终结果的实部。为求得系统的激励响应,只需假定所有的系统变量均为正弦函数且频率为 ω_f(这个假设对于非线性系统而言是不合理的)。在这个例子中,假定

$$q(t) = \mathrm{Re}(Q\mathrm{e}^{\mathrm{j}\omega_f t}) \tag{6.80}$$

将式(6.79)和式(6.80)代入式(6.78)中,并暂时不进行 Re 操作,得

$$\mathrm{j}\omega_f Q \mathrm{e}^{\mathrm{j}\omega_f t} = \frac{-Q\mathrm{e}^{\mathrm{j}\omega_f t}}{RC} + \frac{E_0}{R}\mathrm{e}^{\mathrm{j}\omega_f t} \tag{6.81}$$

从而直接可以得出：

$$Q = \frac{E_0/R}{j\omega_f + 1/RC} = \frac{CE_0}{RCj\omega_f + 1} \tag{6.82}$$

虽然在式(6.79)中假定 E_0 为实数正弦振幅，但在式(6.80)中需要 Q 为复数。当激励频率很低时，Q 几乎就是纯实数

$$Q \to CE_0 \qquad (\omega_f \to 0) \tag{6.83}$$

但是当频率很高时，Q 几乎就是纯虚数

$$Q \to \frac{E_0}{Rj\omega_f} = \frac{-jE_0}{R\omega_f} \quad (\omega_f \to \infty) \tag{6.84}$$

我们还注意到对于高激励频率，Q 的模与 $1/\omega_f$ 成比例，并在频率趋向无穷大时趋近于 0。

现在让我们将 $0 < \omega_f < \infty$ 时式(6.82)中的 Q 表示成一个复数。作为中间步骤，考虑 Q 的分母为 $j\omega_f + 1/RC$，如图6.14(a)所示。现在 Q 本身就是这个复数倒数的 E_0/R 倍。

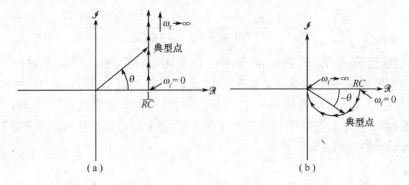

图 6.14　当 ω_f 变化时的图示

(a) $j\omega_f + 1/RC$；(b) $(j\omega_f + 1/RC)^{-1}$。

如果能回想起来的话，就会知道一个复数共轭的模等于该数本身的模，而其角度为该数角度的负值。根据这个事实，就可以很容易地将 $(j\omega_f + 1/RC)^{-1}$ 的行为描述成图6.14(b)中 ω_f 的变化(或许你可以使自己确信图6.14(b)中的曲线是半圆形的)。

因为 Q 恰好是图6.14(b)所示复数的 E_0/R 倍，可以看到 Q 的角度对应于 $\omega_f = 0$ 和 $\omega_f \to \infty$ 在 0 和 90°(或 $-\pi/2$)之间变化。这就意味着，如果把式(6.79)中的 $E(t)$ 看做向量的实部或旋转向量，则式(6.80)中的 $q(t)$ 就可被表示成一个滞后于向量 $E(t)$ 角度 θ(由 ω_f 决定)的旋转向量，且该角度介于 0°和 90°之间。另外，向量的模表示的 q 对应于 ω_f 从 0 到无穷大的变化而在 CE_0 到 0 之间变化。

图6.15 所示为对于一些特定 ω_f 旋转向量的图示。如图所示，由于 Q 的角度大约为 $-45°$，当用 $e^{j\omega_f t}$ 乘以 Q 时，结果会得到一个以角速率 ω_f 旋转的向量，并滞后于 $e^{j\omega_f t}$ 45°，这是因为将两个复数相乘时，必须将模相乘，并将相位角相加。然而代表 $E(t)$ 的向量将旋转 $e^{j\omega_f t}$，这是因为 E_0 只是一个实数(角度为 0)。

直接观察式(6.82)，或考虑图6.14 的图示，写出 Q 的角度表达式为

$$\theta = \angle Q = -\arctan\frac{\omega_f}{1/RC} = -\arctan RC\omega_f \tag{6.85}$$

159

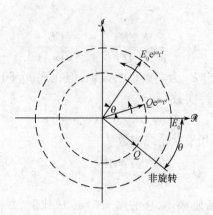

图 6.15 式(6.79)和式(6.80)中表示 $E(t)$ 和 $q(t)$ 的旋转向量

Q 的角度常称为相位角,而且在这个例子中它是负的,或者滞后的。这个符号涉及图 6.15 中的旋转向量。Q 的振幅或模为

$$| Q | = \frac{E_0/R}{[\omega_f^2 + (1/RC)^2]^{1/2}} = \frac{CE_0}{[(RC\omega_f)^2 + 1]^{1/2}} \qquad (6.86)$$

注意,除了实数因子 E_0/R 外,图 6.14(b)中 $\angle Q$ 和 $|Q|$ 对所有的 ω_f 实际都进行了表示。

我们还常用 ω_f 的函数来标示 $\angle Q$ 和 $|Q|$(或 $\angle Q/E_0$ 和 $|Q|/E_0$)。当 $|Q|$ 对 ω_f 标示在 log – log 坐标中以及当 $\angle Q$ 相对 $\log\omega_f$ 进行标志时,这些标志称做波特图(Bode Plots),这些标志如图 6.16 所示。波特图一般比较便利,因为通常使用函数在低频率和高频率时的渐近线就可以很快地将其画出。

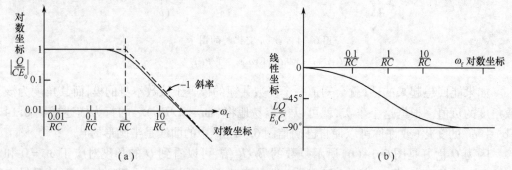

图 6.16 $Q/CE_0 = 1/(RCj\omega_f + 1)$ 的波特图

在这个例子中,从式(6.83)可以看出当 $\omega_f \to 0$ 时,Q/CE_0 逼近于 1,这表示单位振幅以及 0 相位角。式(6.84)表明高频率时:

$$\frac{Q}{E_0 C} \to -j\frac{1}{(RC)\omega_f} \qquad (\omega_f \to \infty)$$

这就意味着

$$\frac{\angle Q}{E_0 C} \to -90°, \qquad \left|\frac{Q}{E_0 C}\right| \to \frac{1}{(RC)}\omega_f^{-1} \qquad (6.87)$$

或者

160

$$\log \left| \frac{Q}{E_0 C} \right| \rightarrow \log \frac{1}{(RC)} - \log \omega_f \tag{6.88}$$

从而当绘制 $\log |Q/E_0 C|$ 相对 $\log \omega_f$ 的变化曲线时,结果将是在高频率时渐近线为一条斜率为 -1 的直线。

低频率渐近线和高频率渐近线将相交于

$$RC\omega_f = 1 \quad \text{或} \quad \tau \omega_f = 1 \tag{6.89}$$

这里使用了式(6.20)中时间常量的定义。其中频率 $\omega_f = 1/\tau$ 称为转折频率(Break Frequency),这是因为在这里低频率渐近线突变成高频率渐近线。处于这个频率时,可以在式(6.86)中看出 $|Q/E_0 C|$ 的实际值为 $1/\sqrt{2}$,且 $\angle Q/E_0 C$ 为 $-45°$。对于一阶系统,时间常数及其倒数;即转折频率,对自由响应的速度以及正弦响应的频率刻度特性都有所体现。

现在来关注二阶系统示例,其有两个状态变量和两个可能的输入变量。假定图6.3中的速度源为一个电磁振荡器,可以激励使式(6.23)中的输入速率 $V(t)$ 成正弦曲线:

$$V(t) = V_0 \cos \omega_f t = \text{Re}(V_0 e^{j\omega_f t}) \tag{6.90}$$

为找出一个激励解,再次假定状态变量也呈正弦曲线,且其频率与输入频率相同:

$$x(t) = \text{Re}(X e^{j\omega_f t}) \tag{6.91}$$

$$p(t) = \text{Re}(P e^{j\omega_f t}) \tag{6.92}$$

将式(6.90)~式(6.92)代入式(6.23)中,并暂时忽略 F,得

$$j\omega_f X e^{j\omega_f t} = \frac{-1}{m} P e^{j\omega_f t} + V_0 e^{j\omega_f t} \tag{6.93}$$

$$j\omega_f P e^{j\omega_f t} = kX e^{j\omega_f t} - \frac{b}{m} P e^{j\omega_f t} + bV_0 e^{j\omega_f t} \tag{6.94}$$

其中 Re 操作符已被延迟使用。

使用与得出式(6.30b)本质上相同的技术,这些方程也可以写成一个单独的方程:

$$\begin{bmatrix} j\omega_f & 1/m \\ -k & j\omega_f + b/m \end{bmatrix} \begin{bmatrix} X \\ P \end{bmatrix} e^{j\omega_f t} = \begin{bmatrix} 1 \\ b \end{bmatrix} V_0 e^{j\omega_f t} \tag{6.94a}$$

现在这个问题就变成了一个确定 X 和 P 的代数问题。如果 $e^{j\omega_f t}$ 为 0 则该方程被满足,但这是不可能的(甚至在特殊的瞬间 $\text{Re}(e^{j\omega_f t})$ 为 0 时),所以尝试消去 $e^{j\omega_f t}$ 项,再来满足该方程:

$$j\omega_f X + \frac{1}{m} P = V_0 \tag{6.95}$$

$$-kX + \left(j\omega_f + \frac{b}{m} \right) P = bV_0 \tag{6.96}$$

使用矩阵形式,该方程组变为

$$\begin{bmatrix} j\omega_f & 1/m \\ -k & j\omega_f + b/m \end{bmatrix} \begin{bmatrix} X \\ P \end{bmatrix} = \begin{bmatrix} 1 \\ b \end{bmatrix} V_0 \tag{6.96a}$$

其中:矩阵的系数可以被整理成 $[j\omega_f I - A]$。应该可以很明显地看出这个矩阵其实就是将式(6.30c)中的矩阵中的 s 代换为 $j\omega_f$。

注意式(6.95)和式(6.96),或者式(6.96a)和式(6.30b)对于自由响应有很多相似性,只是在这个例子中给定了 $j\omega_f$ 且方程右侧为非 0。只要系数的行列式不为 0,这些方程就可以很容易地求解。例如,利用克莱姆法则,得

$$X = \frac{\begin{vmatrix} V_0 & 1/m \\ bV_0 & j\omega_f + b/m \end{vmatrix}}{\begin{vmatrix} j\omega_f & 1/m \\ -k & j\omega_f + b/m \end{vmatrix}} = \frac{(j\omega_f)V_0}{-\omega_f^2 + (b/m)j\omega_f + k/m} \qquad (6.97)$$

$$P = \frac{\begin{vmatrix} j\omega_f & V_0 m \\ -k & bV_0 \end{vmatrix}}{\begin{vmatrix} j\omega_f & 1/m \\ -k & j\omega_f + b/m \end{vmatrix}} = \frac{(bj\omega_f + k)V_0}{-\omega_f^2 + (b/m)j\omega_f + k/m} \qquad (6.98)$$

注意 X 和 P,以及表示状态变量激励响应的复指数的振幅,均为随 ω_f 变化的两个复数的比率,其分母总是相同的,且都使用相同的行列式来构造特征方程式(6.31),只是将 s 替换为 $j\omega_f$。

对于任意给定的 ω_f 来对 X 和 P 进行估值并不困难,但是我们更感兴趣的是 X 和 P 如何随 ω_f 的变化而变化。图 6.17(a)中,当 ω_f 变化时,式(6.97)和式(6.98)的分母表达式被标示为复数值。图 6.17(b)对该复数值的倒数进行了绘制。这些二阶系统曲线与图 6.14 中的一阶系统曲线类似。

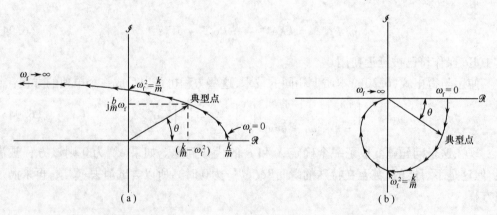

图 6.17 当 ω_f 在 $\omega_f = 0$ 到 $\omega_f \to \infty$ 间变化时,复平面的图示

(a) $k/m - \omega_f^2 + j(b/m)\omega_f$; (b) $[k/m - \omega_f^2 + j(b/m)\omega_f]^{-1}$。

图 6.18 所示为分母因子幅值和相位的波特图。通过对图 6.17(b)的研究可知波特图的基本轮廓,但为了更精确地确定波特图,考虑一些渐近线的情况还是有用的。

从考虑极低频率入手:

$$\lim_{\omega_f \to 0} \frac{1}{k/m - \omega_f^2 + j\omega_f(b/m)} = \frac{1}{k/m} = \frac{m}{k} \qquad (6.99)$$

从而对于极低频,水平渐近线应该画在图 6.18(a)的左侧(注意 $\omega_f = 0$ 的对数标度无

162

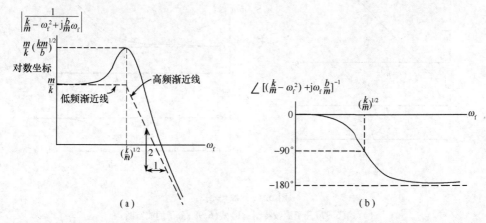

图 6.18 $[k/m - \omega_{\mathrm{f}}^2 + \mathrm{j}(b/m)\omega_{\mathrm{f}}]^{-1}$ 中(a)振幅 和(b)相位的波特图

法在图中展现,但图中左侧极远的位置对应于 ω_{f} 的极小值)。

对于无阻尼固有频率,表达式简化为

$$\frac{1}{\left[(k/m) - \omega_{\mathrm{f}}^2\right] + \mathrm{j}\omega_{\mathrm{f}}(b/m)}\bigg|_{\omega_{\mathrm{f}} = (k/m)^{1/2}} \qquad (6.100)$$

$$= \frac{1}{\mathrm{j}(k/m)^{1/2}(b/m)} = -\mathrm{j}\left(\frac{m}{b}\right)\frac{(mk)^{1/2}}{b} = \frac{m}{k}\frac{(mk)^{1/2}}{b}\frac{\partial^2\Omega}{\partial u\partial v}\angle\frac{-\pi}{2}$$

式(6.100)给出了无阻尼固有频率的振幅,而其相位角恰好为 $-90°$ 或 $-\dfrac{\pi}{2}$ 弧度。最后,对于极高频,得

$$\lim_{\omega_{\mathrm{f}} \to 0}\frac{1}{k/m - \omega_{\mathrm{f}}^2 + \mathrm{j}\omega_{\mathrm{f}}(b/m)} = \frac{1}{-\omega_{\mathrm{f}}^2} = \frac{1}{\omega_{\mathrm{f}}^2}\angle - \pi \qquad (6.101)$$

式(6.101)表明频率较高时,函数的振幅改变为 ω_{f}^2,且其相位为 $-\pi$ 弧度或 $-180°$,这表明该振幅的对数为 ω_{f} 对数的 -2 倍,所以振幅图示中的斜率为 -2。读者应该可以检验,如图 6.18(a)所示,高频和低频渐近线会在趋近于无阻尼固有频率时相交。使用在 $\log - \log$ 图示中呈斜率为 m 的直线图示的渐近线,对应项 ω_{f}^m 中的 m 为正或负整数,证明是非常有用的。

现在图 6.18 中的图示可能被用来标示式(6.97)和式(6.98)中 X 和 P 的频率特性。X 和 P 的分子函数(除了常量因子 V_0 外)已经在图 6.19 中进行了图示,且使用了与图 6.18 中相同的概念。为将 X 和 P 图示为 ω_{f} 的函数,必须将图6.18 和图 6.19 中标示的复数进行相乘运算。为完成这一操作,可以将其相位角相加,振幅相乘,或者等价地将每个 ω_{f} 模的对数相加。这个过程在图 6.20 和图 6.21 中进行了图示。

还可以直接根据 X 和 P 的定义关系式(6.97)和式(6.98)来构造它们的渐近线表达式,但是上述图解的方法表明对于所有的状态变量,统一的分母表达式是如何与不同的分子相结合来得出其频率响应函数的。

最后,再根据式(6.91)和式(6.92)来解释 $|X|$,$|P|$,$\angle X$ 和 $\angle P$ 的重要性。图

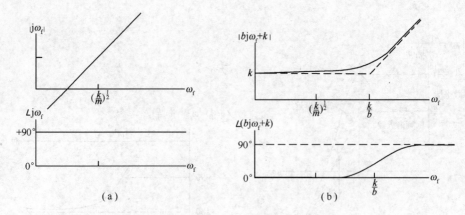

图 6.19　波特图

（a）式（6.97）分子的波特图；（b）式（6.98）分子的波特图。

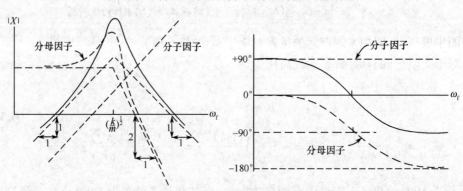

图 6.20　构造 X 的波特图

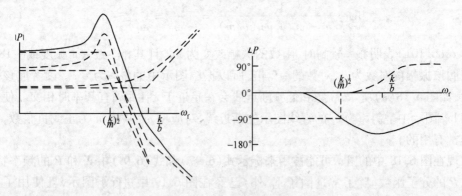

图 6.21　构造 P 的波特图

6.22 所示为代表 $V(t) = V_0 \mathrm{e}^{\mathrm{j}\omega_f t}$ 的一个旋转相量，以及对于任何特定的 ω_f 为常量的复数 X。代表 $x(t) = X\mathrm{e}^{\mathrm{j}\omega_f t}$ 的旋转相量的模为 $|X|$，角度为与 V（所示负值）相关的 $\angle X$。从而在这种情况下，相量 $x(t)$ 与相量 $V(t)$ 相比，要滞后图 6.20 所示的相位角。实际上，$V(t)$ 为旋转向量的实部（该例中为余弦波），$x(t)$ 为 $X\mathrm{e}^{\mathrm{j}\omega_f t}$ 的实部（为一个振幅 $|X|$，滞后相位角为 $\angle X$ 的余弦波）：

164

$$x(t) = | X | \cos(\omega_f t - \angle X) \tag{6.102}$$

当然,也可能会遇到超前相位角。

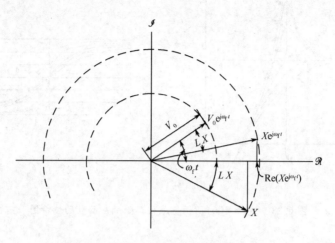

图 6.22 复指数形式表示的 $V(t)$ 和 $x(t)$

6.4.1 响应曲线的正态属性

虽然到现在为止,只使用了物理量 m,b 和 k 来研究频率响应,但有时越是无量纲的表达式就越是方便,并具有启发性。这个过程的第一步,就是要考虑将式(6.97)和式(6.98)中的响应量 X 和 P 重写成式(6.41)和式(6.66)所示阻尼比率和无阻尼固有频率的表达式:

$$\frac{X}{V_0} = \frac{j\omega_f}{\omega_n^2 - \omega_f^2 + j2\zeta\omega_n\omega_f}, \quad \frac{P}{V_0} = \frac{m(j2\zeta\omega_n\omega_f + \omega_n^2)}{\omega_n^2 - \omega_f^2 + j2\zeta\omega_n\omega_f}$$

并定义频率比率

$$\beta \equiv \frac{\omega_f}{\omega_n} \tag{6.103}$$

就得到更简化的形式:

$$\frac{X}{V_0} = \frac{(m/k)^{1/2}j\beta}{(1 - \beta^2) + j2\zeta\beta} \tag{6.104}$$

$$\frac{P}{V_0} = \frac{m(j2\zeta\beta + 1)}{(1 - \beta^2) + j2\zeta\beta} \tag{6.105}$$

由于系统的正弦激励响应的所有方面都包含该函数

$$H(\beta) = [(1 - \beta) + j2\zeta\beta]^{-1} \tag{6.106}$$

因此如图 6.23 那样展示 H 的波特图是很有用的。注意由于 β 的使用,它实际上包含了无量纲频率(或无量纲时间)的定义,H 中只剩下了 ζ 作为参数。但为了计算实际频率响应量,如 X 和 P,通常有必要使用一些如式(6.104)和式(6.105)所示的物理参量。

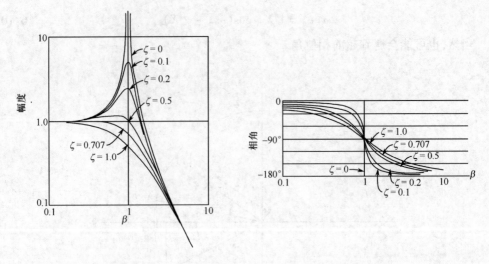

图 6.23　式(6.106)所示标准化二阶响应函数的波特图

6.4.2　一般情况

对于任意如式(6.1a)形式的状态空间方程,计算正弦响应的分解过程与示例中所展示的相同。

(1) 如果是复合输入,则响应可以分别计算再简单地综合来求得总的激励响应。先取一个输入,如 $u_1(t)$,如果其为正弦输入,就将其表示为复指数形式,例如,

$$u_1(t) = \mathrm{Re}(U_1 \mathrm{e}^{\mathrm{j}\omega_\mathrm{f}t})$$

(2) 将每个 x 变量表示成复指数,例如,

$$x_1(t) = \mathrm{Re}(X_1 \mathrm{e}^{\mathrm{j}\omega_\mathrm{f}t})$$

由于将只进行线性操作,可以暂时不执行 Re 操作,而将其应用于最终结果。

(3) 代入式(6.1a),就面对如下代数问题:

$$(\mathrm{j}\omega_\mathrm{f} - a_{11})X_1 + (-a_{12})X_2 + \cdots + (a_{1n})X_n = b_{11}U_1$$

$$(-a_{21})X_1 + (\mathrm{j}\omega_\mathrm{f} - a_{22})X_2 + \cdots + (a_{2n})X_n = b_{21}U_1$$

$$\vdots$$

$$(-a_{n1})X_1 + (-a_{n2})X_2 + \cdots + (\mathrm{j}\omega_\mathrm{f} - a_{nn})X_n = b_{n1}U_1$$

该方程的矩阵形式可写成

$$[\mathrm{j}\omega_\mathrm{f}\boldsymbol{I} - \boldsymbol{A}][X] = \begin{bmatrix} b_{11} \\ b_{21} \\ \vdots \\ b_{n1} \end{bmatrix} U_1$$

(4) 当使用克莱姆法则或其他等价的方法解出该方程时,结果将为 $X_1, X_2, \cdots, X_n$ 的一组复数值。当这些解乘以 $\mathrm{e}^{\mathrm{j}\omega_\mathrm{f}t}$ 并应用取实部操作符后,激励响应计算也即完成。图 6.14 和图 6.17 中所示复平面内的极坐标图,或者图 6.16,图 6.18 和图 6.21 中的波特图,其目标可能是要将激励响应描述为激励频率的函数。

6.5 传 递 函 数

传递函数这个概念主要用于线性系统的连接,且常用于上一节所描述频率概念的对象。

一种定义 x 和 y 两个量之间传递函数 $H_{y/x}$ 的方法如下:

$$H_{y/x} = \left. \frac{y}{x} \right|_{x = e^{st}} = H_{y/x}(s) \tag{6.107}$$

这个符号意味着如果 y 在 $x = e^{st}$ 时的激励响应已计算得到,则 $H_{y/x}$ 即为 y/x,且决定于 s。当 $s = j\omega_f$ 时,$H_{y/x}(j\omega_f)$ 就是确定正弦波形式 x 和 y 之间的相对振幅及相位角。

为了更好地描述传递函数的计算,下面计算前面二阶示例系统的传递函数,令式 (6.24) 中的 f 作为量 y,式 (6.23) 中的 F 作为量 x。对于状态方程,常计算输入 u 和输出 y 之间的传递函数。为达到现在的目的,将假设式 (6.23) 中的 V 为 0,虽然这里关于 f 和 V 的传递函数也可被计算出来。

如果对于激励响应

$$F(t) = e^{st} \tag{6.108}$$

可能会假定所有变量拥有相同的时间依赖,但是还要确定振幅因子:

$$x(t) = X e^{st} \tag{6.109}$$

$$p(t) = P e^{st} \tag{6.110}$$

从而由式 (6.24),得

$$f(t) = kX e^{st} - \frac{b}{m} P e^{st} = \left(kX - \frac{b}{m} P \right) e^{st} \tag{6.111}$$

为求得 X 和 P,再次将假定的形式代入状态方程中,则

$$sX e^{st} = -\frac{1}{m} P e^{st}, \qquad sP e^{st} = kX e^{st} - \frac{b}{m} P e^{st} + e^{st}$$

上式两边除去因子 e^{st},就变为下面的代数方程:

$$sX + \frac{p}{m} = 0 \tag{6.112}$$

$$-kX + \left(s + \frac{b}{m} \right) P = 1 \tag{6.113}$$

这个问题与式 (6.95) 和式 (6.96) 所示的问题非常类似,只是用 s 替换了 $j\omega_f$,且输入变量为 F,而不是 V。

使用克莱姆法则求解 X 和 P,得

$$X = \frac{\begin{vmatrix} 0 & 1/m \\ 1 & s + b/m \end{vmatrix}}{\begin{vmatrix} s & 1/m \\ -k & s + b/m \end{vmatrix}} = \frac{-1/m}{s^2 + (b/m)s + k/m} \tag{6.114}$$

$$P = \frac{\begin{vmatrix} s & 0 \\ -k & 1 \end{vmatrix}}{\begin{vmatrix} s & 1/m \\ -k & s+b/m \end{vmatrix}} = \frac{s}{s^2 + (b/m)s + k/m} \tag{6.115}$$

现在,应用式(6.111),得

$$f(t) = \frac{-(k/m) - (b/m)s}{s^2 + (b/m)s + k/m}e^{st} \tag{6.116}$$

而要求的传递函数 $H_{f/F}(s)$ 为

$$H_{f/F}(s) = \left| \frac{f(t)}{F(t)} \right|_{F(t)=e^{st}} = \frac{-[(b/m)s + (k/m)]}{s^2 + (b/m)s + k/m} = \frac{-(2\zeta\omega_n s + \omega_n^2)}{s^2 + 2\zeta\omega_n s + \omega_n^2} \tag{6.117}$$

显然,如果用 $j\omega_f$ 代换 s,由传递函数就会马上得到一个频率响应函数。例如,如果

$$F(t) = A\cos\omega_f t = \mathrm{Re}(Ae^{j\omega_f t}) \tag{6.118}$$

则有

$$F(t) = \mathrm{Re}(H_{f/F}(j\omega_f)Ae^{j\omega_f t}) \tag{6.119}$$

6.5.1 方块图

方块图常被用来描述传递函数,图 6.24(a)中的方块图表明输出信号 f 为输入信号 F 和传递函数 $H_{f/F}$ 的结果。

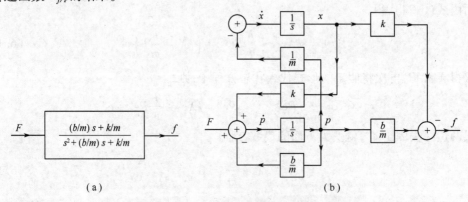

图 6.24 描述 F 和 f 间传递函数的方块图

(a)复合传递函数;(b)状态和输出方程的直接描述。

对于时间依赖为 e^{st} 的信号,其微分为自身乘以 s,积分为自身除以 s。因此该积分器的传递函数为 $1/s$。使用这种形式,图 6.24(b)中的方块图就直接表示了状态方程式(6.23)和式(6.24),且输入为 F,输出为 f。使用基本的图形分析方法,可能会看出图 6.24(b)与图 6.24(a)是等价的。使用的主要工具为图 6.25 所示的连接反馈回路的关系。虽然很多经典控制理论以及线性系统分析都与这些技术相关,但为了满足现在的目标,需要指出由于键合图生成了高度组织化的状态方程,现只需一些简单的代数知识来求解方程组,例如使用式(6.112)和式(6.113)来生成任意输入和任意输出间的传递函数。

168

在很多情形下方块图简化技术提供了方便的方法来实现代数运算,但是对于大型系统来说,使用如文献[2]中的计算机自动化代数方法,在避免人为错误方面会比图示技术更加优越。

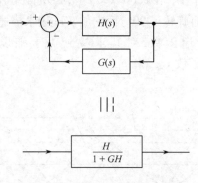

图 6.25　用方块图来化简反馈回路

6.6　完　全　响　应

系统的完全响应由初始条件和给定的输入时间函数决定。对于线性系统,其为自由响应和激励响应的和。虽然实际上对于大多数系统要计算完全响应,使用计算机仿真来研究系统在实践中更加简便,但是应用 6.3 节和 6.4 节中的方法也是可行的,理解从仿真中得来完全响应的意义也是很重要的。

为了理解初始条件和激励性在完全响应中的作用,考虑确定二阶示例系统在突然受到了一个余弦激励输入时的响应问题,令

$$F(t) = F_0 \cos \omega_f t = \mathrm{Re}(F_0 e^{\mathrm{j}\omega_f t}) \quad (t \geq 0) \tag{6.120}$$

且有

$$x(0) = p(0) = 0 \tag{6.121}$$

这个例子将用来表明一个事实,即全为 0 的初始条件,并不意味着当有激励项时自由响应也为 0。

激励响应很容易求得,由于上一节中计算传递函数时,当为 e^{st} 时求得了振幅 X 和 P。为了构造激励解 x_{forced} 和 p_{forced},可对式(6.114)和式(6.115)进行修改,令其乘以振幅因子 F_0,并将 $s = \mathrm{j}\omega_f$ 代入,得

$$x_{\mathrm{forced}} = \mathrm{Fe}\left(\frac{-F_0/m}{-\omega_f^2 + (b/m)\mathrm{j}\omega_f + k/m} e^{\mathrm{j}\omega_f t}\right) \tag{6.122}$$

$$p_{\mathrm{forced}} = \mathrm{Fe}\left(\frac{-\mathrm{j}\omega_f F_0}{-\omega_f^2 + (b/m)\mathrm{j}\omega_f + k/m} e^{\mathrm{j}\omega_f t}\right) \tag{6.123}$$

假定 $\omega_f < \omega_n$,则图 6.18 中所示的相位角应该在 0° 和 90° 之间,且 $\zeta < 1$,则在较低频率时,振幅就会增加相应倍数,则

$$x_{\mathrm{forced}} = -A_x \cos(\omega_f t - \varphi) \tag{6.122a}$$

169

$$p_{\text{forced}} = -A_p\cos(\omega_f t - \varphi) \tag{6.123a}$$

从式(6.122)中很容易可以看出 x_{forced} 为一个负的余弦曲线，这是因为 φ 导致了相位滞后，而分子产生一个负的符号。在式(6.123)中，必须首先假定与 $j\omega_f e^{j\omega_f t}$ 对应的旋转向量。这个向量在向量 $e^{j\omega_f t}$ 之前旋转了 $90°$，而它的实部用来描述一个负的正弦波。了解这些的另一种途径是研究传递函数，对其求微分等于乘以 $j\omega_f$，而 $\cos\omega_f t$ 的导数为 $-\omega_f\sin\omega_f t$。图 6.26 显示了函数 x_{forced} 和 p_{forced}。

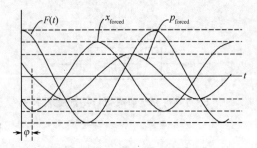

图 6.26　激励响应

注意激励响应在任何时间(甚至 $t<0$)时都满足(或使平衡)激励状态方程，而其唯一的缺点就是在 $t=0$ 时，激励响应不满足式(6.121)所示的初始条件。我们可能会认为如果余弦激励在之前已经作用了很长时间且系统已经达到了一个稳态，则系统响应即为 x_{forced} 和 p_{forced}(这个解释对于那些确实已经稳定的系统来说是有用的)。

即使 x_{forced} 和 p_{forced} 满足任意时间的激励状态方程，自由响应满足没有 F 的状态方程，因此，如果写出

$$x_{\text{total}} = x_{\text{free}} + x_{\text{forced}} \tag{6.124}$$

$$p_{\text{total}} = p_{\text{free}} + p_{\text{forced}} \tag{6.125}$$

且代入状态方程中，就可发现仍然满足这些方程。现在自由响应的振幅需要进行调整，以使完全响应满足初始条件。对于式(6.121)给定的 0 初始条件，这个结果

$$x_{\text{free}}(0) = -x_{\text{forced}}(0) \tag{6.126}$$

$$p_{\text{free}}(0) = -p_{\text{forced}}(0) \tag{6.127}$$

从式(6.122)和式(6.123)中得到 $t=0$ 时的激励响应后，式(6.126)和式(6.127)现在就可能应用在式(6.38)和式(6.39)中。然后应用式(6.38)和式(6.39)，就找到了足够的条件来完全确定自由响应。

虽然对一个特定的例子可以很直接地具体确定其自由响应，甚至对一个简单的二阶系统来说，这个过程也是相当繁重的。该解不难用图表示出来，如图 6.27 所示。注意该自由响应在 $t=0$ 的初始值正好是这时该激励响应的负值，接着以系统阻尼固有频率和系统阻尼比率进行阻尼振动而衰减。

自由响应和激励响应相加的结果如图 6.28 所示。注意在开始的时候，该解看起来很混乱，这是系统频率的自由响应与激励频率的激励响应相互影响的结果。然而一段时间之后，由于因子 $e^{-\zeta\omega_n t}$，自由响应对于该稳定系统会变得很小，激励响应开始变为主导。当

170

然如果系统是不稳定的,自由响应随着时间的增加会变大,而激励响应会变为次要因素。

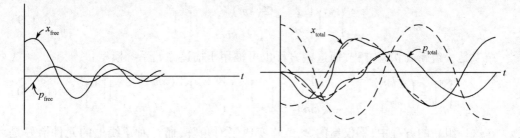

图 6.27　自由响应　　　　　　　　　　图 6.28　完全响应

关于线性系统完全响应,需要记住如下所列的主要特性:

（1）所有状态变量(同时包括输出变量)的自由响应成分,总有一个决定于系统特征值的时间特性,也即振动响应成分将会与每对复数特征值相联系,而固有频率和阻尼比率可能与每对都有联系。指数响应成分将会与每个实数特征值相联系,而时间常量可能与每个这样的特征值相联系。初始条件的改变也改变了完全响应中自由响应成分的振幅。

（2）所有状态变量的激励响应成分都有一个由给定输入确定的时间关联。如果输入呈正弦,所有的状态变量都会包含与该输入有相同频率的激励成分。响应的激励成分与输入的振幅是直接成比例的,且不受初始条件的影响。

当使用仿真求解系统响应时,只会得到完全响应,而要将其分离为自由响应部分和激励响应部分将非常困难。如果输入是短暂的(与正弦波或逐步不同,后者一直都存在),那么虽然将完全响应分离为自由部分和激励部分的概念是可行的,但却不一定很有用。

还有一点需要记住,即与线性系统相比,非线性系统的反应将表示为更加复杂的方式。受正弦输入激发的非线性系统与线性系统相比,其反应可以是拥有不同于激发频率的周期性解,且对于给定的激励函数,初始条件可以对非线性系统响应的实质产生激烈的影响。

6.7　可选状态变量

虽然本书之前只使用过在物理上有意义的能量状态变量(动量和位移),但考虑其他等效状态变量是可行的,而且有时也是有用的。尤其对于线性系统来说,可以定义很多理论上可供替换的状态变量组。可替换状态变量的状态方程常展示出系统动力学的某些特性,而这些特性在其他状态变量的方程中并不明显。例如,前面给出的无阻尼振动的状态方程:

$$\begin{bmatrix} \dot{x} \\ \dot{p} \end{bmatrix} = \begin{bmatrix} 0 & -1/m \\ k & 0 \end{bmatrix} \begin{bmatrix} x \\ p \end{bmatrix} + \begin{bmatrix} 1 & 0 \\ 0 & 1 \end{bmatrix} \begin{bmatrix} V \\ F \end{bmatrix} \tag{6.40a}$$

通过线性变换可以将其转换成一组关于变量 x_1 和 x_2 的新的状态方程:

$$\begin{bmatrix} x \\ p \end{bmatrix} = \begin{bmatrix} 1 & -1 \\ -j(km)^{1/2} & -j(km)^{1/2} \end{bmatrix} \begin{bmatrix} x_1 \\ x_2 \end{bmatrix} \tag{6.128}$$

且相应的逆变换为

$$\begin{bmatrix} x_1 \\ x_2 \end{bmatrix} = \begin{bmatrix} 1/2 & \mathrm{j}/2(km)^{1/2} \\ 1/2 & -\mathrm{j}/2(km)^{1/2} \end{bmatrix} \begin{bmatrix} x \\ p \end{bmatrix} \tag{6.129}$$

结果是一组新的状态方程,而这些方程也可被用于描述原始系统模型:

$$\begin{bmatrix} \dot{x} \\ \dot{p} \end{bmatrix} = \begin{bmatrix} \mathrm{j}(km)^{1/2} & 0 \\ 0 & -\mathrm{j}(km)^{1/2} \end{bmatrix} \begin{bmatrix} x_1 \\ x_2 \end{bmatrix} + \begin{bmatrix} 1/2 & \mathrm{j}/2(km)^{1/2} \\ 1/2 & -\mathrm{j}/2(km)^{1/2} \end{bmatrix} \begin{bmatrix} V \\ F \end{bmatrix} \tag{6.130}$$

在这一组新的方程中,不仅新的 A 矩阵变成了对角阵,而且对角线上的元件恰好是系统的特征值。这些都表示在式(6.41)中,且它们包含无阻尼固有频率 $\omega_n = (k/m)^{1/2}$。这个变换使用了所谓的模态矩阵,将原始状态方程变换为规范状态方程形式,是相似变换的一个具体的例子。许多关于自动控制的教材中讨论了该变换以及其他一些变换。例如,可以参见文献[3]。

虽然式(6.130)在理论性的讨论中有用,但是除了式(6.128)和式(6.129)所示形式上的变换外,状态变量 x_1 和 x_2 在物理上很难解释。显然 x_1 和 x_2 是无物理意义的复数变量,然而原始状态变量 x 和 p 为实数,且涉及的是力和时间这些可度量的量。如果要使用如式(6.130)这样的状态方程来设计一个控制系统,通常有必要使用如式(6.128)这样的变换将其转换为原始状态变量,来寻找可度量的物理变量以实现该控制设计。

另一类变换是对于 n 个一阶状态空间方程进行的,这些方程是键合图技术的基本输出,且与 n 阶微分方程是等价的。构造微分方程的一种方法是将传递函数中的变量 s 解释为 d/dt 操作符。如果给定了如图6.24(a)或式(6.117)中的传递函数,例如,可以写出

$$\left(s^2 + \frac{b}{m}s + \frac{k}{m} \right)f = \left(\frac{b}{m}s + \frac{k}{m} \right)F(t) \tag{6.131}$$

从而微分方程变为

$$\ddot{f} + \frac{b}{m}\dot{f} + \frac{k}{m}f = \frac{b}{m}\dot{F}(t) + \frac{k}{m}F(t) \tag{6.132}$$

当然由式(6.132)也将生成与所建立的原始状态方程形式相同的传递函数。而且在一些情况下 f 和 $\dot{f}$ 可被看做是状态变量。如果给 $\dot{f}$ 取一个新名字,如 g,则式(6.132)可以写成如下形式:

$$\dot{f} = g$$
$$\dot{g} = -\frac{b}{m}g - \frac{k}{m}f = \frac{b}{m}\dot{F}(t) + \frac{k}{m}F(t) \tag{6.133}$$

这几乎是状态空间方程的标准形式,只是对 $F(t)$ 求微分看起来很麻烦。但通过考虑基本输入为 $\dot{F}(t) \equiv H(t)$,并定义一个额外的状态变量 X,这种情况就可以避免,从而 H 的积分就是状态变量:

$$\dot{f} = g$$
$$\dot{g} = \frac{b}{m}g - \frac{k}{m}f + \frac{b}{m}H(t) + \frac{k}{m}X \tag{6.134}$$
$$\dot{X} = H(t)$$

由于图6.24(b)所示的方块图或原始状态空间方程提供了满足给定传递函数的二阶系统,所以很显然式(6.134)所示的三阶系统一定程度上是人为的。虽然存在将式(6.132)从它的二阶形式转换为两个类似原始状态方程的技术,且不引入额外的状态变量,但同时状态变量可能还是很难在物理上解释。由于这个原因,通常更习惯从物理引发的状态方程入手,并在需要时获得 n 阶方程,而不是反过来。虽然任何 n 阶方程可以通过对一阶方程组的微分和合并在一定时间域内建立,但对于产生传递函数,通常在 s 域内进行代数运算更加简便,接下来为了写出最终的微分方程,可简单地将 s 解释为导数运算符。

应该注意非线性情况与线性情况相比,为状态变量找到有用的变换更加困难。且要指出一个事实,即本章中讨论的概念一般不能应用于非线性系统。

习 题

6-1 设式(6.12)中时间常量 $\tau = RC = 1.5\mathrm{s}$,当 $t = 0$ 时令 $T_s = 1500\mathrm{^\circ F}$,$T_0$ 为恒值 $100\mathrm{^\circ F}$[①]。使用式(6.6)中的欧拉法计算 T_s 的初期状态。并根据 τ 的值来选择 Δt 以保证合理的精度。画出前几步中 T_s 相对于 t 的关系图,并指出何时 $\Delta t / \tau$ 的比率过大而导致积分图解有很大的误差,通过 T_s 到 T_0 的指数衰减找出 T_s 的解析式。

6-2 设无衰减振荡器的固有频率为 $100\mathrm{rad/s}$,参考式(6.40a),确定初始态位置和速度均为0时的自由响应。应用式(6.6)中欧拉积分法,经过几步之后,问采用什么合理的方法确定 Δt 以保证数值解的精确?

6-3 如图所示的滤波电路,请写出以电压 $E(t)$ 为输入,最终电压为输出的状态和输出方程,并写出可确定特征值的特征方程。

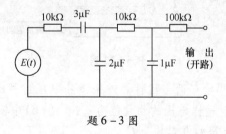

题6-3图

6-4 考虑如下所示的键合图

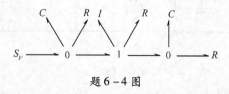

题6-4图

假设所有元件都是线性的,请写出状态方程。选择两个变量作为输出变量,并写出其输出方程。采用式(6.25)中的方法,根据你的方程系数来确定式(6.1a)和式(6.2a)中的系。简述可以应用此键合图建模的机械、电子以及液压系统。

6-5 使用如式(6.59)的方程或复平面中的简图,证明下式

$$\frac{\mathrm{d}}{\mathrm{d}t}\mathrm{Re}(\mathrm{e}^{j\omega t}) = \mathrm{Re}\left(\frac{\mathrm{d}}{\mathrm{d}t}\mathrm{e}^{j\omega t}\right)$$

6-6 如果一辆汽车重3000磅,且其主悬簧振荡时无阻尼固有频率为1.0Hz,那么汽车上4个减振器的总刚度为多少时才能实现0.707的阻尼比率? 这里假定减振器为线性阻尼,而实际中,减振器显然是非线性的。

6-7 对习题6-3中的系统,画出输入电压比输出电压的频率响应示意图。

6-8 如图所示系统中,设$V(t)$为速度输入。建立系统的状态方程,并令最上面的质量块的加速度为系统的输出(注意加速度与作用在该质量块上的合外力是成比例的)。计算当输入速度为正弦曲线时,加速度与输入速度的比率,并画出其频率响应图。

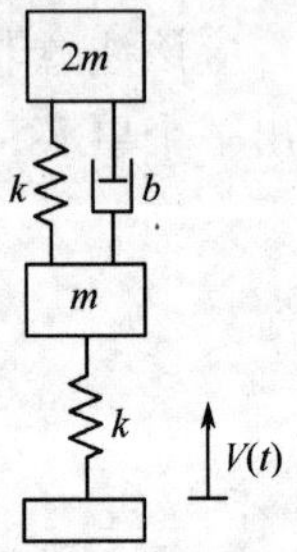

6-9 如果一个一阶系统被一个$t=0$时从0初始的余弦波激发,画出如图6.26 ~ 图6.28所作的激励响应、自由响应以及完全响应。

6-10 通过方块中标记信号并列写出隐含的方程,证明图6.25中方块图等效后的一致性。

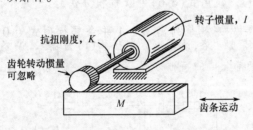

题6-8图

6-11 利用图6.25,将图6.24(b)简化为图6.24(a)。

6-12 下图中发动机的转子通过一个挠性轴连接到齿轮上,用来驱动质量为M的质量块的运动。假定齿轮可以建模为无转动惯量,请构建该系统自由运动的键合图。找出该系统的特征值并予以解释。

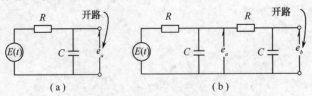

题6-12图

6-13 图(a)和(b)描绘了两个线性滤波来消除电压信号$E(t)$中无用的高频噪声。图(a)中当电路中无电流时输出电压的测量值为e_a;在图(b)中输出为e_b。所有的电阻器的电阻均为R,且所有电容器的电容均为C。

题6-13图

(1) 根据图(a)推导状态方程,并将输出e_a关联到状态变量。对图(b)找出状态方程,并将e_a和e_b关联到状态变量;

（2）根据图（a）找出 e_a 和 E 的传递函数 $H_{e_a/E(S)}$。根据图（b）找出 $H_{e_a/E}$，$H_{e_b/E(S)}$ 以及 e_b 的传递函数；

（3）图（a）和图（b）中 e_a 的两个传递函数应该是不同的吗？e_b 的传递函数不应该是 e_a 传递函数的平方吗？如果是，为什么？

6-14 考虑如下的键合图和状态方程。

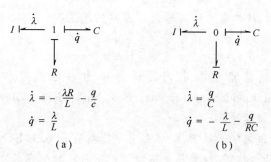

$$\dot{\lambda} = -\frac{\lambda R}{L} - \frac{q}{c}$$
$$\dot{q} = \frac{\lambda}{L}$$

（a）

$$\dot{\lambda} = \frac{q}{C}$$
$$\dot{q} = -\frac{\lambda}{L} - \frac{q}{RC}$$

（b）

题 6-14 图

（1）画出相应的电路；

（2）定性地描述当 $R\rightarrow 0$ 和 $R\rightarrow\infty$ 时，两种情况下的结果；

（3）使用如下步骤，给出两种情况下系统特征值的关系：

① 令状态方程为 $\dot{x} = Ax$；

② 如果 $x = Xe^{st}$，则 $sX = AX$，或 $[sI-a][X] = [0]$，当 $[I]$ 为单位矩阵时；

③ 由于仅当行列式为 0 时 X 是非平凡的，则特征值为令 $\det[sI-A]$ 的 s 值。

注意 A 为给定的，因此要做的就是列出 $sI-A$ 并令其行列式为 0。其结果应为（2）的平方。

6-15 下图展示了一个旋转偏心轮振动器的示意图以及该设备的"机械网络"表示。假定该发动机在旋转质量块 m 和主质量块 M 间产生了一个简单的谐波相关的水平速度

$$V\cos\omega t = \tau\omega\cos\omega t = \text{Re}(Ve^{j\omega t})$$

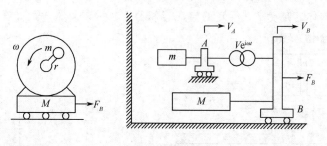

题 6-15 图

根据该设定约束，我们不讨论垂直方向上的力或运动。

（1）为系统构建键合图，并充分将其扩大，假定 F_B 为施加给系统的已知力；

（2）写出该系统的状态方程，并写出 V_A 和 V_B 的输出方程；

（3）应用（2）的结果，来检验当 $Ve^{j\omega t}$ 为速度源的 $V\cos\omega t$ 复平面表示法时，下列常被用

来描述激发机的项是正确的：

① 当速度发生器停止并锁定在一个位置上，则 B 的内部迁移率为速度和力的比值：

$$\frac{V_B}{F_B} = \frac{1}{j\omega(M+m)}$$

② 当一些外部媒介阻碍 B 的运动时，B 的联锁力输出为 F_B：

$$F_{B(\text{blocked})} = j\omega mV$$

③ 当没有力 F_B 时，B 的自由速度输出即为 B 的速度：

$$V_{B(\text{free})} = \frac{m}{M+m}V$$

④ 一个通用的网络定理指出内部迁移率为自由速度和联锁力的商，参考 H. H. Skilling，Elecrical Engineering Circuits，New York：John Wiley & Sons，Inc. 1957，p. 339。应用本例证明该理论。

6 – 16 采用关于电路的参数 R，C 和 L 来重新解释图 6.3（b）中的键合图。展示完毕后，重画图 6.18 中的波特图，注意要使用电学而不是机械学参数来标示特征点。

6 – 17 输出 Y 和输入 X 间的传递函数如下：

$$\frac{Y(x)}{X(s)} = \frac{G(s^2 + \omega_0^2)}{s^2 + 2\zeta\omega_n s + \omega_n^2} \quad \omega_n < \omega_0$$

（1）令 $s = j\omega$，写出复频响应函数；

（2）如果 $x(t)$ 是一个谐波输入，

$$x = x\cos(\omega t)$$

那么，对于一个线性系统，有

$$Y = Y\cos(\omega t + \varphi)$$

请给出 Y 和 φ 的表达式；

（3）对于低，中，高 ζ 分别画出 Y/X 相对于 ω 的关系图，并想象一个也具有该行为的物理系统。

6 – 18 题图所示系统中假定质量块 m 与地面运动 $v_i(t)$ 相隔离。质量块放置在充满流体的置换剂上，并通过一根充满流体的长管连接到一个空气容器中。长管的横截面积为 A_t，长度为 L，流体密度为 ζ。标定的空气容积为 V。对该装置建立键合图，并检验你的是否和给出的键合图一致。

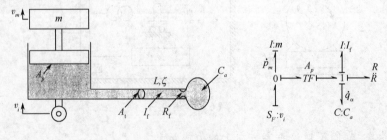

题 6 – 18 图

（1）给出状态方程，这里存在一些微分因果关系，因此使用第 5 章给出的步骤来处理该问题；

176

（2）给出关联输出 v_m 和输入 v_i 的传递函数；

（3）将上步求出的传递函数与题 6-17 相比较，你认为该装置可以作为一个防振器吗？

（4）据你对于流体惯量 I_f 与物理系统参数关系的知识，你能对设计给出一些改进的建议来增强高频隔离吗？

6-19 对于题图中两个装置，构建键合图模型，给出状态方程，并给出关联 $v_m(s)$ 和 $v_i(s)$ 的传递函数。将这些传递函数转换为频率响应函数，并画出 $|v_m/v_i|$ 相对于频率的关系图。谈谈这些装置关于隔振的效果比较。

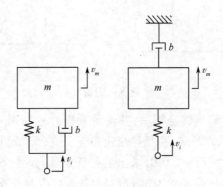

题 6-19 图

6-20 在控制系统中，所需的输出和实际输出之间产生了一个误差，该误差被传递到一个控制滤波器，该滤波器的输出效果是使系统向着误差减小的方向运行。一个典型的控制滤波器是 PID 控制器，它对误差产生一个激励器元件输出均衡器（P），来均衡该误差的积分（I），同时均衡误差的微分（D）。在 s-域中，给定如下：

$$G_c(s) = K_P + K_{Ds} + \frac{K_1}{s}$$

在位置控制系统中建议采用该 PID 控制器。其物理系统建模如图题 6-20 图（1）所示，此处控制力。

（1）为该系统构建键合图模型，并给出关联质量块位置 x 和力 F_c 的传递函数，称此传递函数为 $G_p(s)$；

（2）题 6-20（2）图为整个控制系统的方块图。给出关联输出 x 和想要的位置 x_{ds} 的闭环传递函数；

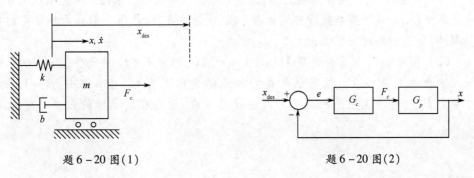

题 6-20 图（1）　　　　　　　　　　题 6-20 图（2）

（3）比较无控制器（开环）和有控制器运行（闭环）两种情况下系统的特征值。简述控制器是如何改变这些特征值的；

（4）画出 x 对于一步中 x_{des} 的变化的响应，并简述 PID 控制器生成合理响应的能力。

6-21 题图展示了一个相对简单的电路和一个编号键合图。该电路有两个能量存储元件，一个感应器和一个电容器。因此除非包含一个微分因果关系，这应该是一个二阶系统。假定所有元件均为线性，其系数为一般或物理形式列在键合图右侧的表格中。

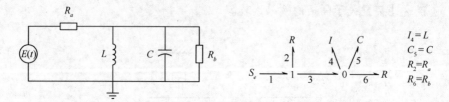

题 6-21 图

（1）将因果关系应用到该键合图中，并使用系数的任一形式将状态方程写成矩阵形式。结果应采用式（6.1b）的形式，且矩阵应采用类似式（6.25）中的形式；

（2）令矩阵 $[sI-A]$ 的行列式为 0，求出其特征方程，如式（6.31a）和式（6.31b）所作；

（3）将你得出的特征方程系数与式（6.65）中的系数相匹配，以物理参数 L,C,R_a 及 R_b 的形式，确定其无衰减固有频率 ω_n，阻尼比率 ζ。

6-22 题图展示了一个简单的机械系统，该系统由一个质量块，两个阻尼器，以及一个在质量块和固定台之间存在摩擦的速度源构成。阻尼器和地面的摩擦被表示成线性摩擦元件，其系数分别为 B_2,B_3 和 B_5。输入强制函数为速度 $V_6(t)$，也可以表示成一般源流的形式 $f_6(t)$。

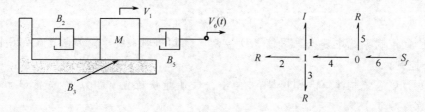

题 6-22 图

（1）首先，弄清楚键合图确实能表达该系统，然后应用因果关系并使用通用势变量和流变量和 I_1,R_2 等一般系数写出其状态方程，根据该方程，使用一般系数和相应的物理系数 M,B_2 等来确定时间常量；

（2）现在假定应用的速度 $V_6(t)$ 被一个应用的力 $F_6(t)$ 所代替（应用力采用一般形式被表示成势 $e_6(t)$，很糟糕的是势和流都是从 F 开始，在 a 部分，$f_6=V_6$，但此处 e_6 为力 F_6），再次应用因果关系并写出状态方程，现在在新类型的强制下时间常量是什么？

参 考 文 献

[1] K. Ogata, *System Dynamics*, 3rd ed. , Upper Saddle River, NJ：Prentice – Hall,1998.

[2] J. L. Melsa and S. K. Jones, *Computer Programs for Computational Assistance in the Study of Linear Control Theory*,2nd ed. ,New York：McGraw – Hill,1973.

[3] W. J. Grantham and T. L. Vincent, *Modern Control Systems Analysis and Design*,New York：John Wiley&Sons,Inc. ,1993.

第 7 章 多通口场和结型结构

在本书的第一部分,采用一通口元件 $-R$, $-C$, $-I$, S_e-, S_f-;二通口元件 $-TF-$ 和 $-GY-$;三通口 0 – 结,1 – 结来构建各类物理系统的动态模型。在本章中,引进场的概念,它是对 $-C$, $-R$, $-I$ 元件的多通口推扩,以及结型结构的概念,来综合表示如下功率守恒的元件:

$$ —0— \quad , \quad —1— \quad , \quad —TF— \quad ,和 \quad —GY—, $$

使用场和结型结构后,可以很方便地使用键合图来研究包含有复杂多通口元件的系统。事实上,带有场和结型结构的键合图是处理复杂多通口系统建模最有效的方法,且其结构详细并很容易可视化表示。后面的章节中举例展示了使用此处引入的元件来为含有多通口设备的系统进行建模。

7.1 储 能 场

第 3 章中元件 $-C$, $-I$ 可以存储能量并可无损失地释放能量。不管这些元件的特性方程如何这点都能保证为真。任何在势和广义位移之间的单值函数关系都可定义一个能量守恒的容性元件,且任何流与广义动量之间的单值关系可定义一个能量守恒的惯性元件。多通口的广义定义 $-C$, $-I$,分别称为 C – 场和 I – 场,它们也是能量守恒的。我们会看到多通口情况下能量守恒给 C – 场和 I – 场的特性方程又加上了一条约束。

7.1.1 C – 场

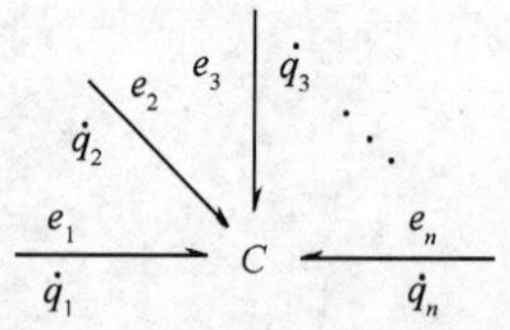

C – 场的符号很简单,就是字母 C,其通口和键的数量相等。图 7.1 中表示了一个 n 通口的 C – 场。注意第 i 通口的流以 $\dot{q}_i$ 表示,且假设采用一个向内的功率方向约定。C – 场中存储的能量 E 可以如下表示:

图 7.1 n 通口 C – 场的符号

$$ E = \int_{t_0}^t \sum_{i=1}^n (e_i f_i) \mathrm{d}t = \int_{t_0}^t \sum_{i=1}^n e_i \dot{q}_i \mathrm{d}t = \int_{q_0}^q \sum_{i=1}^n e_i(q) \mathrm{d}q_i = \int_{q_0}^q e(q) \mathrm{d}q = E(q) \quad (7.1) $$

其中已经使用定义 $f_i \mathrm{d}t = \mathrm{d}q_i$,势和流的列向量定义如下:

$$ q \equiv \begin{bmatrix} q_1 \\ q_2 \\ q_3 \\ \vdots \\ q_n \end{bmatrix}, \quad e \equiv \begin{bmatrix} e_1 \\ e_2 \\ e_3 \\ \vdots \\ e_n \end{bmatrix}, \quad (7.2) $$

且 edq 表示数量积或内积,使用列矩阵 e 的转置矩阵也可以表示为 $e'dq$。

在时刻 $t_0, q = q_0$,时刻 $t, e = e(q)$ 表示 C-场在位移矢量的瞬时值 $q(t)$ 时的特性方程。

在研究一般 C-场如式(7.1)的特性之前,很有必要介绍一些相对简单的 C-场,因为在实际中会遇到。系统的某些元件是由 C-场表示的,例如,图7.2 中的杆,它可以是某个包含质量的振动系统的一部分,也可以是某些位置上的元件,这些位置由 F_1, $\dot{x}_1$ 和 $F_2, \dot{x}_2$ 来指示。如果可以忽略杆的质量(在系统频率很低的情况下是允许的)并临时忽略无弹力材料特性以及支撑轴的功率损耗,则此时杆可看做一个纯弹性结构,它可以表示为二通口 C-场。杆可以通过 F_1, x_1 和 F_2, x_2 之间的特性关系来表示。

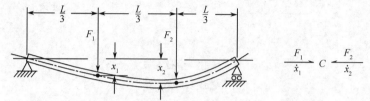

图7.2 弹性杆受两个作用力的影响而形变,它表示为一个二通口 C-场。均匀杆:弹性模数 E;惯性面积矩 I

事实上,所有工程专业的毕业们在他们职业生涯中会在某些点上发现 C-场的特性方程,但是很多人已经忘记了。表示此杆习惯使用"叠加"的方法得到力 F_1, F_2 的综合效果 x_1, x_2。这一过程(例如,见参考文献【1】)仅是因为杆表示为"线性"范围内的拉伸和形变。习惯上结果以矩阵的形式表示:

$$\begin{bmatrix} x_1 \\ x_2 \end{bmatrix} = \frac{L^3}{243EI}\begin{bmatrix} 4 & 7/2 \\ 7/2 & 4 \end{bmatrix}\begin{bmatrix} F_1 \\ F_2 \end{bmatrix} \tag{7.3}$$

特性方程的这一形式把位移作为势的函数,它是一种容度形式。只要式(7.3)中的矩阵是可逆的,我们可以使用 x_1 和 x_2 的形式解出 F_1 和 F_2,这将是刚性形式的特性方程。

类似于杆的例子,元件一开始被描述为一系列 n 通口处的势-位移关系,这些元件模型称为显式场。一般而言,把显式场元件当做普通场是很方便的,但在某些情况下,很有可能发现一个类似的系统,其中包含有一通口储能元件,并与结型结构元件连接在一起,而这些结型结构元件的特性方程与场一样。另一方面,当系统组合后,经常出现一组一通口储能元件,写做 $-Cs$,它与下列元件互连。

$$\overset{|}{—0—} \ , \ \overset{|}{—1—} \ , \text{和} \ —TF—$$

这些子系统经常被当做是一个场。这样的场称之隐式场,因为场的外部通口上的特性方程需要从场内各元件的特性方程推导出来。图7.3 表示了一个例子。除了内部键的功率方向约定外,图7.3 中的电子和机械系统有同样的键合图。如果把积分因果关系加入到图7.3(a)的一通口 C-元件中,那么状态变量为 x_1 和 δ_2,它们表示两个弹簧的形变。通过 x_1 和 x_2 表示的 C-场并不能立刻就清楚地体现为一个 C-场。下面以机械系统为例,找出 C-场的特性方程。

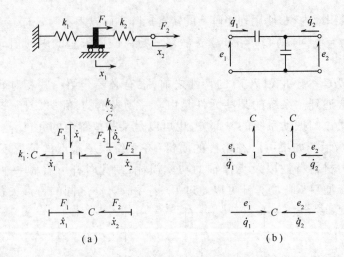

图 7.3 C-场由一通口和结元件构成

(a)机械系统示例;(b)电系统示例。

因果划表明可以通过状态变量 x_1 和 δ_2 把 F_1 和 F_2 作为输出变量。

$$F_1 = k_1 x_1 - k_2 \delta_2, \quad F_2 = 0 x_1 + k_2 \delta_2 \tag{7.4}$$

为了使例子简单,假设弹簧为线性的,状态方程为

$$\dot{x}_1 = \dot{x}_1(t) \tag{7.5}$$

$$\dot{\delta}_2 = \dot{x}_2(t) - \dot{x}_1(t) \tag{7.6}$$

其中 $\dot{x}_1$ 和 $\dot{x}_2$ 由 C-场外部的系统来决定,且它们起到输入变量的作用。

使用式(7.6),δ_2 可以由 C-场的变量 x_1 和 x_2 通过时间积分来表示。

$$\delta_2 = x_2 - x_1 + \mathrm{const} \tag{7.7}$$

参考图 7.3(a),当 $x_1 = x_2 = 0, F_1 = F_2 = \delta_2 = 0$ 时,x_1, x_2 可以如此定义。当 x_1 和 x_2 表示弹簧位移时,式(7.7)中的积分常数可以设置为零。使用式(7.7),可以从式(7.4)中解出 δ_2,那么

$$\begin{bmatrix} F_1 \\ F_2 \end{bmatrix} = \begin{bmatrix} k_1 + k_2 & -k_2 \\ -k_2 & k_2 \end{bmatrix} \begin{bmatrix} x_1 \\ x_2 \end{bmatrix} \tag{7.8}$$

它以刚度矩阵的形式表示二通口 C-场的特性方程。(以类似于式(7.8)的形式,表示图 7.3(b)中的电子 C-场的特性方程,读者会从中获益)。

通过观察式(7.3)和式(7.8)的特性方程,可知对于线性 C-场,容度矩阵(式(7.3))和刚度矩阵(式(7.8))是对称的。一般来说,容度矩阵和刚度矩阵彼此互逆且对称。这一点,我们甚至可以针对非线性 C-场通过研究式(7.1)的储能函数来得到一种有效的形式证明。

q 中任意成分的变化量,称为 Δq_i,它将导致 E 的改变 ΔE。通过直接观察式(7.1),可以推导 ΔE 与 Δq_i 之间的关联系数实际为 e_i。因此,对 E 求 q_i 的偏导数得 e_i,或者

$$\frac{\partial E}{\partial q_i} = e_i(\boldsymbol{q}), \quad i = 1, 2, 3, \cdots, n \tag{7.9}$$

由于 $E = E(q)$ 被用来表示储能函数,将其假设为向量 q 的单值阶梯函数,如果 E 足够平滑,可以得到二阶偏导数,那么

$$\frac{\partial e_i}{\partial q_j} = \frac{\partial^2 E}{\partial q_j \partial q_i} = \frac{\partial e_j}{\partial q_i}, \quad i,j = 1,2,3,\cdots,n \qquad (7.10)$$

它表示了 $e_i(q)$ 和 $e_j(q)$ 是如何受储能函数 E 约束的。换言之,并不是所有以位移方式来表示势的特性方程都能够从储能或能量守恒的 C 场得到。物理上、弹性结构、电容网络,以及类似的结构都不支持比先前存储更多的能量,因此式(7.10)适合于这类设备。

线性情况下,式(7.10)表示刚度矩阵对任何守恒的 C 场都必须是对称的。如果使用 k_{ij} 表示刚度矩阵系数,k 表示矩阵本身,那么 n 通口 C 场的特性方程可以如下表示:

$$e_i = \sum_{i=1}^{n} k_{ij} q_j$$

或

$$e = kq$$

且式(7.8)是特殊例子。存储的能量为

$$E(q) = \frac{1}{2} \sum_{i=1}^{n} \sum_{j=1}^{n} k_{ij} q_i q_j = \frac{1}{2} q^t k q \qquad (7.11)$$

把式(7.10)应用到式(7.11)后,得

$$k_{ij} = k_{ji}, \quad \text{或} \quad k^t = k \qquad (7.12)$$

因为容度矩阵式(7.3)是刚度矩阵的逆矩阵,且对称矩阵的逆矩阵也是对称的,得出如下结论:容度矩阵必为对称矩阵。式(7.12)经常称为麦克斯韦互易关系,它很容易从非线性关系式(7.10)中得出,但图形化微分是以特殊的积分路径为基础的,它经常用于线性系统。示例见参考文献[2]。

在很多情况下,C 场和其他储能场的互易关系是非常有用的。在后面的章节中涉及了各类的应用,这些关系已被证明非常重要。现在仅看一小部分例子,这些例子没有第一个例子那么明显。图7.4中系统显示的是悬臂末端是如何与旋转通口和平移通口交互的。使用杆重叠表或其他方法来寻找杆的偏转角,为找到刚度矩阵可以把容度矩阵转换为

$$\left[\frac{F}{\tau} \right] = EI \begin{bmatrix} 12/L^3 & -6/L^2 \\ -6/L^2 & 4/L \end{bmatrix} \left[\frac{x}{\theta} \right] \qquad (7.13)$$

此矩阵的对称性是检查计算正确性的一个非常有用的手段。而且,可以进行如后面所示的描述。当 $\theta = 0.1\text{rad}$ 时把 x 保持在 0 所需多少牛(力)的大小,等同于当 $x = 0.1\text{m}$ 时把 θ 设置为 0 所需多少牛·米(扭矩)。或者,如果 $F = 1\text{N}$ 且 $\tau = 0$,那么 θ 采用的弧度制在数值上等同于当 $F = 0$ 且 $\tau = 1\text{N} \cdot \text{m}$ 时 x 采用的米制所得结果(后面的描述以容度矩阵的对称性为基础)。

某些应用领域里非线性 C 场很常见。这里给出一个机械元件,在某些受限情况下它的行为就是线性一通口,当允许二维运动时它可以看做非线性二通口 C 场来建模。图7.5中给出了示意图,一个简单的线性弹簧一端接地,另一端在力 F_x 和 F_y 的作用下产

生形变。通过 x 和 y 的关系式表示力 F_x 和 F_y 是可能的,因此将这一设备看做 C - 场。特性关系如下:

$$F_x = kx - k(x^2 + y^2)^{-1/2}L_0x$$
$$F_y = ky - k(x^2 + y^2)^{-1/2}L_0y \qquad (7.14)$$

式中:k 为弹性系数;L_0 为无形变时的弹簧长度。

$$\frac{\partial F_x}{\partial y} = -k(x^2 + y^2)^{-3/2}L_0x2y \qquad (7.15)$$

$$\frac{\partial F_y}{\partial x} = -k(x^2 + y^2)^{-3/2}L_0y2x \qquad (7.16)$$

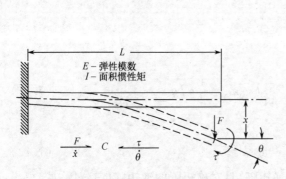

图 7.4　悬臂杆表示为 C - 场

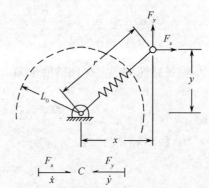

图 7.5　线性弹簧的非线性 C - 场表示,
其中一端可以在平面内移动

因为式(7.15)和式(7.16)右边的表达式是一样的,所以特性式(7.14)确实表示了一个非线性储存 C - 场。

实际上,通过能量的方法很容易推导式(7.14)。存储的能量 E 很容易通过半径 r 来表示:

$$E = \frac{1}{2}k(r - l_0)^2 = \frac{1}{2}k(r^2 - 2rl_0 + l_0^2)$$

使用 $r^2 = x^2 + y^2$,得

$$E = \frac{1}{2}k[x^2 + y^2 - 2l_0(x^2 + y^2)^{1/2} + l_0^2] \qquad (7.17)$$

根据式(7.9),当使用式(7.17)推导式(7.14)时,式(7.15)和式(7.16)接着也必为互易关系。

7.1.2　C - 场的因果关系

一通口 C - 元件中,针对多通口 C - 场我们可以区分积分因果关系和微分因果关系,但是多通口域经常采用混合积分 - 微分因果关系。完整的积分因果关系形式为

184

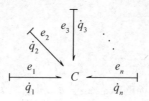

且其特性方程可如下描述：

$$e_i = \Phi_{Ci}^{-1}(q_1, q_2, \cdots, q_n) \quad i = 1, 2, \cdots, n \tag{7.18}$$

完整的微分因果关系形式为

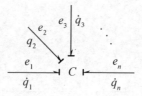

那么它的特性方程也可如下表示

$$q_i = \Phi_{Ci}(e_1, e_2, \cdots, e_n) \quad i = 1, 2, \cdots, n \tag{7.19}$$

在式(7.18)和式(7.19)中，广义的非线性函数 Φ_{ci}^{-1} 和 Φ_{Ci} 是以类似于第3章的一通口相应部分命名的。机械系统中容度形式对应微分因果关系，刚度形式对应积分因果关系。对通口编号后，首先 j 通口有积分因果关系而其他部分采用微分因果关系，那么一个混合的因果形式就出现了，即

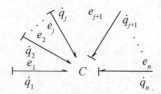

其特性方程是

$$e_i = \Phi_i(q_1, q_2, \cdots, q_j, e_{j+1}, \cdots, e_n) \quad i = 1, 2, \cdots, j; \tag{7.20}$$

$$q_k = \Phi_k(q_1, q_2, \cdots, q_j, e_{j+1}, \cdots, e_n) \quad k = j+1, \cdots, n \tag{7.21}$$

储能场可能采用何种因果关系形式是一个非常有趣的话题。对于使用一组含特殊因果关系形式特性方程表示的显式场，这就是一个代数问题，其中每一因果形式通过不同的输入和输出变量来求解给定关系。在非线性场中，很难决定这是否有可能，甚至在线性场中此问题也很重要。当然，为了从完全积分形式转换为完全微分因果关系，或进行相反的操作，在线性情况下需要转换矩阵。因为可以直接测试矩阵的逆是否存在，所以不难决定，例如，是否给一个微分因果关系中的场以积分因果关系形式都是允许的。为了测试所有混合因果形式而建立的通用规则是很困难的，n 通口场可证明这一点。

另一方面，针对隐式场，常根据场中各元件的因果关系规则来推导场的因果形式。作为一个非常简单的例子，如图7.6所示，考虑由一通口 C – 元件和 0 – 结组成的隐式场，该系统被看做一个在积分因果关系下的二通口 C – 场（图7.6(a)）。分析隐式场的因果关系，可以求得 e_1 和 e_3，假设一通口 C 是线性的，则

185

$$e_1 = e_3 = \frac{q_3}{C_3} \tag{7.22}$$

$$e_2 = e_3 = \frac{q_3}{C_3} \tag{7.23}$$

现在希望把状态变量 q_3 转换为场的状态变量 q_1 和 q_2。分析键合图,得

$$\dot{q}_3 = \dot{q}_1 + \dot{q}_2 \tag{7.24}$$

或

$$q_3 = q_1 + q_2 + \mathrm{const} \tag{7.25}$$

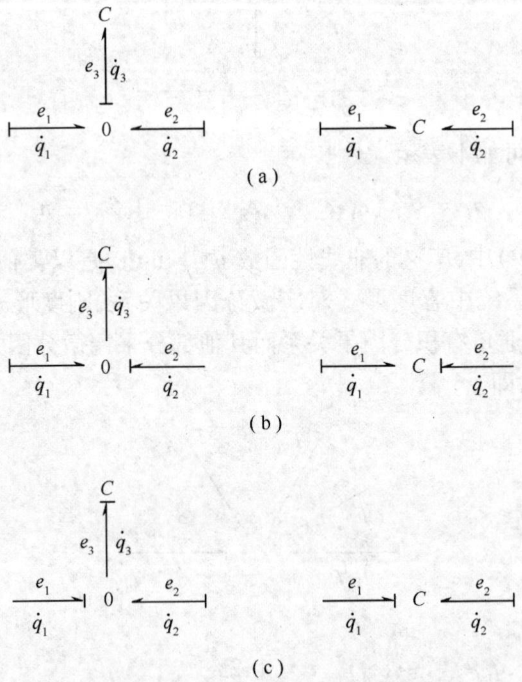

图 7.6　一个简单的显示场

(a)积分因果关系;(b)和(c)为混合因果关系。
(微分因果关系不适用于该场)

如果为了简化,可以定义 q_1, q_2, q_3,则式(7.25)中积分常数为零,那么场的方程可使用式(7.22)和式(7.23)进行替换,则

$$\begin{bmatrix} e_1 \\ e_2 \end{bmatrix} = \begin{bmatrix} 1/C_3 & 1/C_3 \\ 1/C_3 & 1/C_3 \end{bmatrix} \begin{bmatrix} q_1 \\ q_2 \end{bmatrix} \tag{7.26}$$

有两种方法可以证明完全的微分因果形式是不可能的:①当因果关系规则应用到图 7.6 中的隐式场时,并不允许强行将 e_1 和 e_2 作为 0 - 结的输入;②式(7.26)中矩阵的行列式明显为零,这表示式(7.26)并不能用 e_1 和 e_2 解出 q_1, q_2。

另一方面,出现如图 7.6(b)和(c)的两种混合因果形式有是可能的。针对图 7.6(b)

186

的形式,通过解析隐式场键合图可以推导出如下的关系:

$$e_1 = e_2 \tag{7.27}$$

$$\dot{q}_2 = -\dot{q}_1 + \dot{q}_3 = -\dot{q}_1 + \frac{\mathrm{d}}{\mathrm{d}t}(C_3 e_3) = -\dot{q}_1 + \frac{\mathrm{d}}{\mathrm{d}t}(C_3 e_2) \tag{7.28}$$

式(7.28)必须及时积分,而且如果 q_1 和 q_2 被恰当定义,那么积分常数可以为零,则

$$q_2 = -q_1 + C_3 e_2 \tag{7.29}$$

矩阵形式中,混合因果形式是

$$\begin{bmatrix} e_1 \\ q_2 \end{bmatrix} = \begin{bmatrix} 0 & 1 \\ -1 & C_3 \end{bmatrix} \begin{bmatrix} q_1 \\ e_2 \end{bmatrix} \tag{7.30}$$

注意到积分形式,式(7.26)是对称的,根据能量观点它也必须如此,但如式(7.30)所示,混合形式通常含有反对称项。

尽管几乎所有的重要的系统都被认为包含有储能场(前面已经介绍过,甚至单独 $-C$ 和 $0-$ 结被当做是二通口场),通常我们不提倡进行键合图的操作来得到明显的隐式场形式。在分配因果关系过程中,普通规则发生例外,我们发现一个或更多的元件必须被分配微分因果关系。通常这些情况表明隐式场的存在,这些隐式场可以转化为显式场形式,因此可以进一步简化方程。当然,第5章中出现了针对包含微分因果关系情况的方程方法,它允许方程含有不明确场。尽管用微分因果关系把隐式场转化为显式场要付出代价,像这里所做的一样,但这个过程可以增加我们对微分因果关系的起因和本质的认识。而且,显式场的表示方法可以重复使用,这样可以避免在每一个包含场的系统中处理微分因果关系。

作为一个例子,考虑图 7.7(a) 中给出的电学子系统。图 7.7(b) 中的键合图并没有什么特殊属性,但是一个因果关系分配的小测试就可以表明 3 个 $-C$ 元件并不都有积分因果关系。这意味着此种情况下 3 个位移变量,此例中即为 3 个电子电荷变量,相互不独立。在图 7.7(c) 中,$C-$ 场被单独出来用于研究。在这种形式下,例如,电荷 q_2 和 q_6 起到状态变量的作用,而且电荷 q_4 与 q_2 和 q_6 静态关联。现在观察图 7.7(d) 中显式场的表示方法,其中电荷变量 q_1 和 q_2 起状态变量的作用。

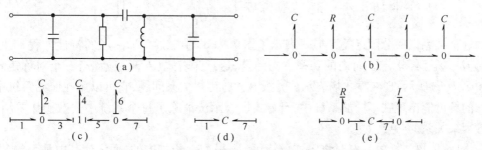

图 7.7 系统包括隐式 $C-$ 场

(a)电路;(b)键合图;(c)隐式场识别;

(d)显式场表示;(e)使用显式场表示(a)中系统的键合图。

观察图 7.7(c),我们发现通口输出变量,e_1 和 e_7,可以用状态变量 q_2 和 q_6 来表示(为了简便,假设所有的 $-C$ 元件是线性的,但是我们的操作也可以针对非线性的 $-C$ 元件)

$$e_1 = e_2 = \frac{q_2}{C_2}, \quad e_7 = e_6 = \frac{q_6}{C_6} \tag{7.31}$$

状态方程可以用来关联 q_2, q_6, q_7：

$$\dot{q}_2 = f_1 - f_3 = f_1 - f_4 = f_1 - \frac{\mathrm{d}}{\mathrm{d}t} q_4 = f_1 - \frac{\mathrm{d}}{\mathrm{d}t} C_4 e_4 = f_1 - \frac{\mathrm{d}}{\mathrm{d}t} C_4 (e_3 + e_5) \tag{7.32}$$

$$= f_1 - \frac{\mathrm{d}}{\mathrm{d}t} C_4 (e_2 + e_6) = f_1 - \frac{\mathrm{d}}{\mathrm{d}t} C_4 \left(\frac{q_2}{C_2} + \frac{q_6}{C_6} \right)$$

类似地，

$$\dot{q}_6 = f_7 - \frac{\mathrm{d}}{\mathrm{d}t} C_4 \left(\frac{q_2}{C_2} + \frac{q_6}{C_6} \right) \tag{7.33}$$

这些方程可以以矩阵的形式重新排列：

$$\begin{bmatrix} (C_2 + C_4)/C_2 & C_4/C_6 \\ C_4/C_2 & (C_4 + C_6)/C_6 \end{bmatrix} \begin{bmatrix} \dot{q}_2 \\ \dot{q}_6 \end{bmatrix} = \begin{bmatrix} f_1 \\ f_7 \end{bmatrix} \tag{7.34}$$

通常希望积分式(7.34)把 q_2 和 q_6 关联到 q_1 和 q_7，但由于存在微分因果关系，还需要进行矩阵求逆，结果为

$$\begin{bmatrix} \dot{q}_2 \\ \dot{q}_6 \end{bmatrix} = \frac{1}{C_2 C_4 + C_2 C_6 + C_4 C_6} \begin{bmatrix} C_2 C_6 + C_2 C_4 & -C_2 C_4 \\ -C_4 C_6 & C_2 C_6 + C_4 C_6 \end{bmatrix} \begin{bmatrix} \dot{q}_1 \\ \dot{q}_7 \end{bmatrix} \tag{7.35}$$

其中：$\dot{q}_1 = f_2, \dot{q}_2 = f_7$。

因为式(7.35)是电荷变量的导数之间的关系，可以在电荷之间通过时间积分生成期望的关系。为了计算出积分常数，必须考虑初始时刻的电荷。如果假设系统不考虑初始无电荷的电容，那么 q_1, q_6, q_2, q_7 初始时刻全部为零且积分常数也为零。那么式(7.35)的积分可通过简单地移除所有 q 上点完成。当这些完成后，替换到式(7.31)中产生出显式场方程：

$$\begin{bmatrix} e_1 \\ e_7 \end{bmatrix} = \frac{1}{C_2 C_4 + C_2 C_6 + C_4 C_6} \begin{bmatrix} C_6 + C_4 & -C_4 \\ -C_4 & C_2 + C_6 \end{bmatrix} \begin{bmatrix} q_1 \\ q_7 \end{bmatrix} \tag{7.36}$$

这个关系以积分因果关系形式表示了图 7.7(d)中二通口 C-场的特性方程。注意针对 C-场已经指定了向内的功率方向约定，这意味着式(7.36)应该有一个对称矩阵。如图 7.7(e)所示，现在显式场表示法并没有微分因果关系问题，它可以用在原始系统中。同样的场可能出现在不同的系统中，且显式场表示法消除了每个系统中代数操作要结合微分因果关系的必要。

最后，值得一提的是有时将隐式场转化为显式场会更加方便，而无论其中是否包含有微分因果关系。图 7.8 所示为两个例子，其中有互连的一通口、二通口、三通口，并且由它们组成了隐式场。图中 7.8(a)中，场的存在是由一个元件的微分因果关系标示的。图 7.8(b)中不需要微分因果关系，但是通过定义一个显式场，可以减少状态变量的数量。

观察图 7.8(a)中的键合图，有

188

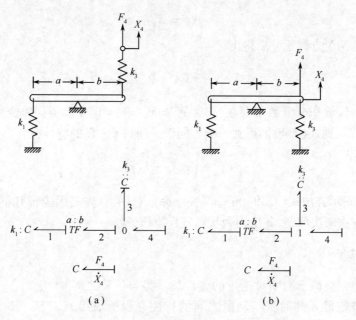

图 7.8 两个隐式场

(a)含内部微分因果关系的一通口场;(b)不含内部微分因果关系的一通口场。

$$F_4 = F_2 = \frac{a}{b}F_1 = \frac{a}{b}k_1 X_1$$

$$\dot{X}_1 = \frac{a}{b}V_2 = \frac{a}{b}(V_4 - V_3) = \frac{a}{b}\left(V_4 - \frac{\mathrm{d}}{\mathrm{d}t}\frac{F_3}{k_3}\right) = \frac{a}{b}\left(V_4 - \frac{\mathrm{d}}{\mathrm{d}t}\frac{F_2}{k_3}\right)$$

$$= \frac{a}{b}\left[V_4 - \frac{\mathrm{d}}{\mathrm{d}t}\left(\frac{a}{b}\frac{F_3}{k_3}\right)\right] = \frac{a}{b}\left[V_4 - \frac{\mathrm{d}}{\mathrm{d}t}\left(\frac{a}{b}\frac{k_1 X_1}{k_3}\right)\right] \tag{7.37}$$

或

$$\dot{X}_1 = \frac{b^2 k_3}{a^2 k_1 + b^2 k_3}\frac{a}{b}V_4$$

或

$$X_1 = \frac{b^2 k_3}{a^2 k_1 + b^2 k_3}\frac{a}{b}X_4 \tag{7.38}$$

假设 X_1,X_4 表示平衡状态的偏移量。把式(7.38)代入式(7.37)中,得到一个等同于一通口容性场的特性方程:

$$F_4 = \frac{a^2 k_1 k_3}{a^2 k_1 + b^2 k_3}X_4 \tag{7.39}$$

图 7.8(b)中的系统很容易描述,因为它不包括微分因果关系:

$$F_4 = F_2 + F_3 = \frac{a}{b}F_1 + F_3 = \frac{a}{b}k_1 X_1 + k_3 X_3 \tag{7.40}$$

包括两个状态方程:

$$\dot{X}_1 = \frac{a}{b}V_2 = \frac{a}{b}V_4 \tag{7.41}$$

$$\dot{X}_3 = X_4 \tag{7.42}$$

但是对这两个方程积分后得出

$$X_1 = \frac{a}{b}X_4, \quad X_3 = X_4 \tag{7.43}$$

在此再次假设积分常数不存在,那么 $X_1 = X_3 = X_4 = 0$ 表示所有弹簧都未发生形变。把式(7.43)代入到式(7.40),得到一个等同于一通口 C – 场的特性方程。

$$F_4 = \left(\frac{a^2}{b^2}k_1 + k_3\right)X_4 \tag{7.44}$$

C – 场的两种表示方法式(7.39)和式(7.44)都很有用,首先是因为带有不同因果关系的代数法可以一次解决问题,其次因为状态方程被积分。

7.1.3 I – 场

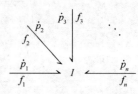

图 7.9 n 通口 I – 场的符号

惯性场非常类似于刚刚讨论过的容性场。势与位移之间的特性方程被惯性元件的流与动量之间的特性方程所取代。如果使用势代换流,使用位移代换动量,那么 C – 场的所有规则都可移植到 I – 场。

例如,图 7.9 中在 n 通口 I – 场中存储的能量恰好为

$$E = \int_0^t \sum_{i=1}^n f_i e_i \mathrm{d}t = \int_0^t \sum_{i=1}^n f_i \dot{p}_i \mathrm{d}t = \int_{p_0}^p \sum_{i=1}^n f_i(p)\,\mathrm{d}p_i$$
$$= \int_{p_0}^p f(p)\,\mathrm{d}p = E(p) \tag{7.45}$$

类似于式(7.1)的情况,其中流和动量的列向量被定义为:

$$p \equiv \begin{bmatrix} p_1 \\ p_2 \\ \vdots \\ p_n \end{bmatrix} \quad f \equiv \begin{bmatrix} f_1 \\ f_2 \\ \vdots \\ f_n \end{bmatrix} \tag{7.46}$$

类似于式(7.9),有

$$\frac{\partial E}{\partial p_i} = f_i(p), \quad i = 1, 2, \cdots, n \tag{7.47}$$

相互的关系为

$$\frac{\partial f_i}{\partial p_j} = \frac{\partial^2 E}{\partial p_j \partial p_i} = \frac{\partial f_j}{\partial p_i} \tag{7.48}$$

式(7.48)对非线性场是合理的,对于线性情况下的应用,如质量矩阵、电感矩阵,及类似矩阵必须是对称矩阵,因为能量必须守恒。

和 C – 场一样,I – 场是以显式场和隐式场两种形式存在。通常 I – 场存在的形式取决于系统建模者的观点,而且认识到对场的操作在实际中可能会非常有用很重要,也可以简化系统成分表示的方法。例如在机械系统中,刚体的概念意味着各元件质量块在移动

过程中相互间距离不变。这意味者所有的刚体都是 I – 场,而在第9章中,描述带有刚体的机械系统的广义方法会进一步讨论。现在,一个例子就足可以表示一个分析人员是如何构建刚体的显式场或隐式场的。

图 7.10(a)中,一根细长刚体杆的横截面积为 A,质量密度为 ρ,长度为 L。因此它的整体质量 m 是

$$m = \rho A L \tag{7.49}$$

而且重心处与杆长度方向正交的轴的转动惯量 J 为

$$J = \frac{mL_2}{12} \tag{7.50}$$

如果考虑杆的平动并仅允许质量中心的垂直运动以及相对于水平轴的小角度位移,而且两个通口的力为 F_1 和 F_2,速度为 V_1 和 V_2,那么刚体可以由线性二通口 I – 场来描述。

得到 I – 场特性方程的一个方法是以质心速度 V_c 和角速度 $\omega = \dot{\theta}$ 来描述运动。杆上的净力是线性动量的变化速率,而且动量通过质量与速度 V_c 建立关系($V_c = p_c/m$)。类似地,质心的净扭矩是角动量的变化速率,角动量通过转动惯量建立与角速度 $\omega = \dot{\theta}$ 的关系($\omega = p_\theta/J$)。在图 7.10(b)中,这些特性由两个一通口惯性元件表示。图的其余部分把 V_1,V_2 和 V_c,ω 关联起来,而且把净力和净力矩与 F_1,F_2 关联起来(图中包含有 0 – ,1 – 结,变换器是一种特殊的结型结构,此结构在机械系统中经常出现,这在第9章中进一步讨论)。

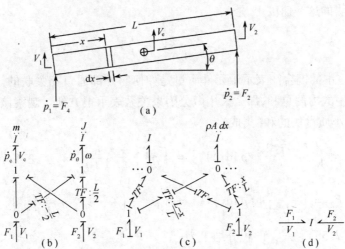

图 7.10 I – 场表示法中刚体的平面运动
(a)示意图;(b)隐式场采用总质量和中心转动惯量;
(c)隐式场使用微分元件;(d)显式场。

根据键合图(或示意图),现在可以写出输出方程:

$$V_1 = V_c - \frac{L}{2}\omega = \frac{p_c}{m} - \frac{L}{2}\frac{p_\theta}{J} \tag{7.51}$$

191

$$V_2 = V_c + \frac{L}{2}\omega = \frac{p_c}{m} + \frac{L}{2}\frac{p_\theta}{J} \tag{7.52}$$

式中:p_c,p_θ 分别为线性动量变量和角动量变量。

状态方程为

$$\dot{p}_c = F_1 + F_2 \tag{7.53}$$

$$\dot{p}_\theta = -\frac{L}{2}F_1 + \frac{L}{2}F_2 \tag{7.54}$$

为了在外部通口处有显式场,这些方程必须及时积分。如果 p_c 和 p_θ 在积分初始时刻为零,那么积分常数可能也为零,结果为

$$p_c = p_1 + p_2 \tag{7.55}$$

$$p_\theta = -\frac{L}{2}p_1 + \frac{L}{2}p_2 \tag{7.56}$$

把式(7.55)和式(7.56)代入到式(7.51)和式(7.52)中,结果是一个显示 I – 场的特性方程,即

$$\begin{bmatrix} V_1 \\ V_2 \end{bmatrix} = \begin{bmatrix} (1/m) + (L^2/4J) & (1/m) - (L^2/4J) \\ (1/m) - (L^2/4J) & (1/m) + (L^2/4J) \end{bmatrix}\begin{bmatrix} p_1 \\ p_2 \end{bmatrix} \tag{7.57}$$

针对这一问题,一个不同且更加基础,但不是很方便的方法是生成一个显示 I – 场直接表示。把杆看做是无质量的刚体,杆上相对位置 x 上带有无穷多个质量值为 $\rho A \mathrm{d}x$ 的小质量块。质量块的这一速度 V_x 是

$$V_x = \frac{L-x}{L}V_1 + \frac{x}{L}V_2 \tag{7.58}$$

图 7.10(c)中的键合图表示了元件质量是如何与外部通口相关联的。因为力 F_1,F_2 是元件质量产生的力的总和,那么采用微分因果关系表示很方便。观察该键合图,把 F_1,F_2 表示为全部小质量块的和(集成):

$$F_1 = \int_0^L \frac{L-x}{L}\frac{\mathrm{d}}{\mathrm{d}t}[(\rho A \mathrm{d}x)V_x] = \int_0^L \rho A \frac{L-x}{L}\left(\frac{L-x}{L}\dot{V}_1 + \frac{x}{L}\dot{V}_2\right)\mathrm{d}x \tag{7.59}$$

$$F_2 = \int_0^L \frac{x}{L}\frac{\mathrm{d}}{\mathrm{d}t}[(\rho A \mathrm{d}x)V_x] = \int_0^L \rho A \frac{x}{L}\left(\frac{L-x}{L}\dot{V}_1 + \frac{x}{L}\dot{V}_2\right)\mathrm{d}x \tag{7.60}$$

其中用到了式(7.58)。对 x 的积分结果为

$$\begin{bmatrix} F_1 \\ F_2 \end{bmatrix} = \begin{bmatrix} \dot{p}_1 \\ \dot{p}_2 \end{bmatrix} = \frac{\rho A L}{6}\begin{bmatrix} 2 & 1 \\ 1 & 2 \end{bmatrix}\begin{bmatrix} \dot{V}_1 \\ \dot{V}_2 \end{bmatrix} \tag{7.61}$$

或者,如果同意这样定义速度,即当 V_1,V_1 为零时,p_1,p_2 也为零,那么

$$\begin{bmatrix} p_1 \\ p_2 \end{bmatrix} = \frac{\rho A L}{6}\begin{bmatrix} 2 & 1 \\ 1 & 2 \end{bmatrix}\begin{bmatrix} V_1 \\ V_2 \end{bmatrix} \tag{7.62}$$

针对图 7.10(d)中显式场的特性方程,以微分因果关系(或矩阵)的形式表示。式

(7.49)和式(7.50)给读者作为练习表示出来,除了不同的因果关系外,式(7.57)和式(7.62)中的特性方程都相同。

包含有相互作用线圈的电子电路可以采用显式 I -迅捷很方便地表示出来。为了写出此场的特性方程,我们不仅需要电流和电压的功率方向约定,还需要线圈的相对位置约定。图 7.11(a)和(b)中的电路示意图展示了这样一个的约定,图中圆点放在接近线圈两端的位置上。这样做的思路是如果定义了电流 i_1 和 i_2,当它们为正时,它们同时进入或同时离开圆点标注的线圈端,则此时的互感作用为正。另一方面,如果圆点如图 7.11(b)放置,那么当电流从标注有圆点的一端流入,从另一端离开时,此时互感作用是负的。针对线性情况该流向约定很容易证明,而在非线性情况下也一样适用。例如,用字母 L 表示自感应系数,M 表示互感应系数,因为是一般规则,那么图 7.11(a)中的系统特性方程为

$$\begin{bmatrix} \lambda_1 \\ \lambda_2 \end{bmatrix} = \begin{bmatrix} L_1 & M_{12} \\ M_{12} & L_2 \end{bmatrix} \begin{bmatrix} i_1 \\ i_2 \end{bmatrix} \tag{7.63}$$

注意这里场表示为微分因果关系形式且是对称的。图 7.11(b)中场的特性方程为

$$\begin{bmatrix} \lambda_1 \\ \lambda_2 \end{bmatrix} = \begin{bmatrix} L_1 & -M_{12} \\ -M_{12} & L_2 \end{bmatrix} \begin{bmatrix} i_1 \\ i_2 \end{bmatrix} \tag{7.64}$$

针对 3 个甚至更多的交互线圈,表示相对位置是不明智的。图 7.11(c)中,点变成了圆、方块和三角形,用这 3 种符号表示相互感应系数。场的特性方程如下:

$$\begin{bmatrix} \lambda_1 \\ \lambda_2 \\ \lambda_3 \end{bmatrix} = \begin{bmatrix} +L_1 & -M_{12} & -M_{13} \\ -M_{12} & +L_2 & +M_{23} \\ -M_{13} & +M_{23} & L_3 \end{bmatrix} \begin{bmatrix} i_1 \\ i_2 \\ i_3 \end{bmatrix} \tag{7.65}$$

在键合图 I -场的表示中,使用圆、方块和三角形的约定在互感应系数的符号模式中很明确。注意向内功率方向约定意味着物理线圈的自感应项必须为正。而且,如果 I -场是能量守恒的,那么线圈感应矩阵以及逆矩阵是对称的,而不依赖于线圈的姿态约定。

当系统中使用了储能场,有时如式(7.65)的显式表示必须为代数操作。例如,如果图 7.11(c)中的线圈相互连接,如图 7.12(a)所示,那么因果关系规则表明积分因果关系不能应用到所有的三通口 I -场中。如果没有相互感应作用,系统将表现为如图 7.12(b)所示,该系统中有一个元件在微分因果关系中,但第 5 章中的形式化方法可以很顺利地处理系统。事实上,此系统恰为图 7.7 中 C -场的对偶。另一方面,当考虑互感应作用时,系统表示为图 7.12(c)所示。如果可以把积分因果关系分配到键 1 和 3 上,那么键 2 必须含有微分因果关系。

把式(7.65)的特性方程转化为图 7.12(c)中的混合因果形式并不是很困难。重写式(7.65)中的部分,得出

$$\begin{bmatrix} \lambda_1 \\ \lambda_3 \end{bmatrix} = \begin{bmatrix} L_1 & -M_{13} \\ -M_{13} & L_3 \end{bmatrix} \begin{bmatrix} i_1 \\ i_3 \end{bmatrix} + \begin{bmatrix} -M_{12} \\ M_{23} \end{bmatrix} \begin{bmatrix} i_2 \end{bmatrix} \tag{7.66}$$

通过 $\lambda_1, \lambda_2, i_2$ 转化这一关系,得到 i_1, i_3

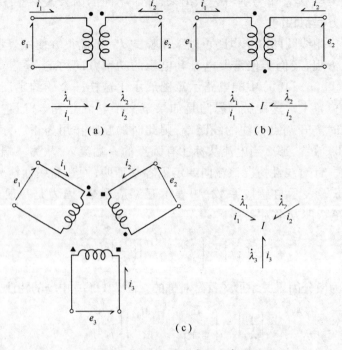

图 7.11　电子系统中的互感应

（a）和（b）线圈方向不同的二通口 I–场；（c）三通口 I–场。

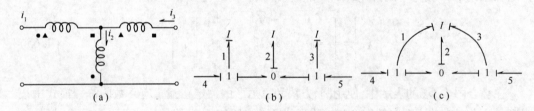

图 7.12　一个互感线圈网

（a）图 7.11 中线圈互连；（b）无相互感应的系统键合图；

（c）含 I–场的系统键合图。

$$\left[\begin{array}{c} i_1 \\ i_3 \end{array}\right] = \frac{1}{L_1 L_3 - M_{13}^2} \left[\begin{array}{ccc} L_3 & M_{13} & L_3 M_{12} - M_{13} M_{23} \\ M_{13} & L_1 & M_{13} M_{12} - L_1 M_{23} \end{array}\right] \left[\begin{array}{c} \lambda_1 \\ \lambda_2 \\ \lambda_3 \end{array}\right] \tag{7.67}$$

把式（7.67）代入到式（7.65）中，可以通过 $\lambda_1, \lambda_3, i_2$ 得到 λ_2 的第三个方程，即

$$\lambda_2 = \lambda_2(\lambda_1, \lambda_3, i_2) \tag{7.68}$$

当相互感应作用出现时，写状态方程并不像没有互感作用时那样简单直接。基本上，这是因为式（7.67）中 i_2 的作用。以 λ_1 的方程开始，有

$$\lambda_1 = e_4 - e_2 = e_4 - \frac{\mathrm{d}}{\mathrm{d}t} \lambda_2(\lambda_1, \lambda_3, i_2) \tag{7.69}$$

现在，

$$i_2 = i_1 + i_3 \tag{7.70}$$

194

可以使用式(7.67)通过 λ_1, λ_3 来得到 i_1, i_3 和 i_2。但现在我们是在代数环中,回忆第5章的内容,即强加的积分因果关系并不能满足所有键上的因果关系确定。根据式(7.70)和式(7.67),可以使用 i_2 自身表示,接着求解 i_2 与 λ_1, λ_3 代数方程来计算状态式(7.69)。如求解失败将导致方程在尝试消去 i_2 时陷入无限循环。

尽管可以用上述所列的方式来写系统的状态方程,但还有一种简单的方法来处理系统。图7.13中,强加的完全微分因果关系允许在没有解出任何代数方程的情况下计算二通口显式场。分析图7.12,并使用式(7.65),得

$$e_4 = e_1 + e_2 = \frac{\mathrm{d}}{\mathrm{d}t}(\lambda_1 + \lambda_2)$$

$$= \frac{\mathrm{d}}{\mathrm{d}t}\left[(L_1 - M_{12})i_1 + (L_2 - M_{12})i_2 + (M_{23} - M_{13})i_3 \right]$$

$$= \frac{\mathrm{d}}{\mathrm{d}t}\left[(L_1 - M_{12})i_4 + (L_2 - M_{12})(i_4 + i_5) + (M_{23} - M_{13})i_5 \right]$$

或

$$\lambda_4 = (L_1 + L_2 - 2M_{12})i_4 + (L_2 - M_{12} - M_{13} + M_{23})i_5 \tag{7.71}$$

在其上积分。类似地,

$$\lambda_5 = (L_2 - M_{12} - M_{13} + M_{23})i_4 + (L_2 + L_3 + 2M_{23})i_5 \tag{7.72}$$

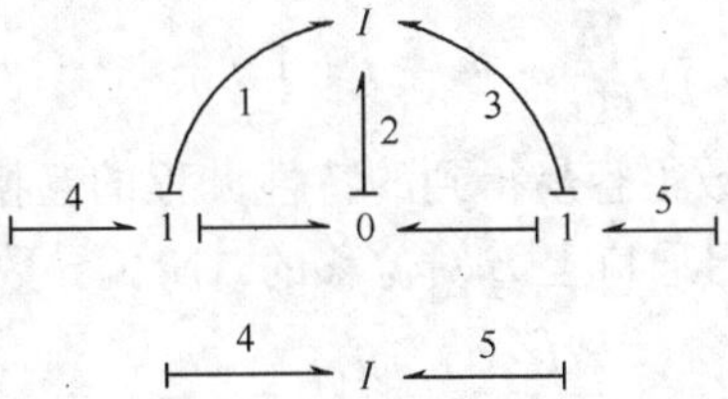

图7.13　图7.12中系统简化来显示二通口 I–场形式

这些方程以微分因果关系形式表示二通口 I–场的特性方程。颠倒该方程就得到完全积分因果形式,则 λ_4, λ_5 可作为两个独立的状态变量。很明显,二通口 I–场要比三通口场以及相应的结型结构更方便采用方程表达式。当然场这些方面的研究,对 C–场和 I–场一样适用。

7.1.4　混合储能场

某些情况下储能设备不能以 C–场或 I–场来表示,而是在某些通口处作用像 C–场,其他通口处却像 I–场。在单能量领域里,这类元件的需求并不明显,但在第8章研究换能器时,你会发现很多换能器本质上能量守恒,但又不是纯的 I–场和 C–场。甚至一些情况下,在由换能器连接的两个能量领域里经常练习设置类似的变量,通过这样的方法传感器就是一个纯场。其实没有必要这么做,在键合图中针对所有能量领域保留了势、流、位移以及动量符号的辨别。接着应该好好讨论一下将被称作 IC–场的场,这一策略不仅和转换类似策略一样方便,而且它还可以处理接下来的问题,在原则上很多的系统也需要。例如,针对包含有活动板电容器、螺线管传感器(这些传感器是以纯 C–场或 I–场来描述的)的机电系统,没有办法来识别势和流。

图 7.14 表示了通用的 n 通口 IC - 场。对通口进行标号,所以第一个 j - 通口$(1 \leqslant j \leqslant n)$在特性上是惯性的,$j+1$ 到 n 通口在特性上是容性的。如以积分因果关系形式表示,第一个 j 状态变量是动量而其余的变量是位移。存储的能量 E 是一系列混合的状态变量的函数:

$$E = \int^t \sum_{i=1}^n e_i f_i \mathrm{d}t = \int^p \sum_{i=1}^j f_i \mathrm{d}p_i + \int^q \sum_{k=j+1}^n e_k \mathrm{d}q_k \tag{7.73}$$

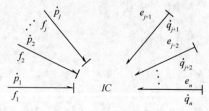

图 7.14　通用混合储能域

式中:p 为动量向量;q 为位移向量。

从式(7.73),得

$$f_i = \frac{\partial E}{\partial p_i}, \quad i = 1,2,\cdots,j \tag{7.74}$$

$$e_k = \frac{\partial E}{\partial q_k}, \quad k = j+1,j+2,\cdots,n \tag{7.75}$$

通过计算 E 的二阶偏导数很容易得到的特性方程的互换性。例如,第一组通口上 E 对动量的二阶偏导数和第二组通口上 E 对位移的二阶偏导数

$$\frac{\partial f_i}{\partial q_k} = \frac{\partial^2 E}{\partial q_k \partial p_i} = \frac{\partial e_k}{\partial p_i} \tag{7.76}$$

其中 $1 \leqslant i \leqslant j, j+1 \leqslant k \leqslant n$。这些结果可以与纯 C - 场,I - 场[式(7.1),式(7.10),式(7.45),式(7.46)]的结果相比,包括 IC - 场的物理例子将在第 8 章中讨论。

7.2　阻　性　场

一个 R - 场是一个 n 通口,其键合组成特性是通过静态(或代数)函数将 n 通口的势和 n 通口的流联系起来。这个定义包括如 0 - 和 1 - 结的功率守恒元件,以及包含源元件的 R - 场,但是在实践中发现很多 R - 场是耗散能量的,这一情况在显式场和隐式场里都存在,非线性设备的建模中经常遇到显式多通口 R - 场,隐式场主要是在互连的一通口电阻器、变换器、回转器中出现,而且三通口结可以很方便地以 R - 场的形式表示为外部通口处势和流之间的关系。

R - 场的因果关系是由系统中的源和储能元件决定的。图 7.15 表示了两种基础因果关系模式,图 7.15(a)表示了阻抗型因果关系的特性形式:

$$e_i = \varPhi_{Ri}(f_1, f_2, \cdots, f_n), \quad i = 1,2,\cdots,n \tag{7.77}$$

图 7.15(b)所示为导纳型因果关系,它的特性方程可以如下表示:

$$f_i = \varPhi_{Ri}^{-1}(e_1, e_2, \cdots, e_n), \quad i = 1,2,\cdots,n \tag{7.78}$$

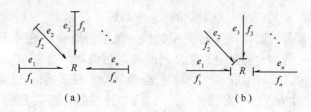

图 7.15　通用 R - 场

(a) 阻抗型;(b) 导纳型。

除这两类基础的因果形式外,还有大量的其他形式,如图 7.15(a)中有些键是有因果方向的,其余的如图 7.15(b)所示。尽管 R - 场的因果关系是中立的,但是我们会遇到 R - 场的某些特性方程对于某些特定的因果关系不是唯一的(当然这一情况只在非线性的情况下发生)。

尽管 R - 场没有像储能域一样的储能功能,而且没有简单的方法可以表示 R - 场的特性方程,但是针对 R - 场的特殊类型,特性方程的某些有用特性可以找到。下面通过例子来证明这些特性。

首先,考虑一下线性 R - 场,其中不包含任何源和回转器。图 7.16 所示为一个典型的例子。在 3 个外部通口处,这个 R - 场接受阻抗型因果关系,如图 7.16(b)所示。分析键合图,得出特性方程:

$$
\begin{bmatrix} e_1 \\ e_2 \\ e_3 \end{bmatrix} = \begin{bmatrix} R_4 & R_4 & 0 \\ R_4 & R_4 + R_5 + R_6 & R_6 \\ 0 & R_6 & R_6 \end{bmatrix} \begin{bmatrix} f_1 \\ f_2 \\ f_3 \end{bmatrix} \tag{7.79}
$$

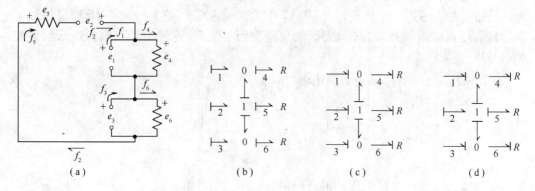

图 7.16　隐式 R - 场

(a)电路图;(b)键合图表示阻抗型因果关系;

(c)键合图表示导纳型因果关系;(d)键合图表示混合因果关系。

如图 7.16(c)中的键合图所示,这个 R - 场也接受导纳型因果关系。因此,通过对式(7.79)两边系数矩阵求逆,或者更简单一些通过观察键合图 7.16(c),可以得出导纳型的特性方程:

$$
\begin{bmatrix} f_1 \\ f_2 \\ f_3 \end{bmatrix} = \begin{bmatrix} 1/R_4 + 1/R_5 & -1/R_5 & 1/R_5 \\ -1/R_5 & 1/R_5 & -1/R_5 \\ 1/R_5 & -1/R_5 & 1/R_5 + 1/R_6 \end{bmatrix} \begin{bmatrix} e_1 \\ e_2 \\ e_3 \end{bmatrix} \tag{7.80}
$$

注意到式(7.79)和式(7.80)是对称的,这种形式可以称为"奥斯格型",因为其与关于不可逆热力学中著名的奥斯格互易关系类似。奥斯格所提出的关于"附着力"和"流场"之间的互易条件,与键合图中势和流之间的关系相类似。通常,隐式 R - 场由线性一通口阻性元件,0 - 结,1 - 结组成,且变换器符合奥斯格互易形式;当以阻抗型或导纳型形式表示时,矩阵的特性方程就是对称的。另一方面,针对混合因果关系,矩阵有反对称条件的限制,而且如果有回转器,那么奥斯格互易关系并不支持。因此储能领域的互为倒数,称做麦克斯韦互易关系,它比奥斯格互易关系更普遍。一个非常合理的显式 R - 场特性,以阻抗型或导纳型形式表达可以是不对称的。可以这样认为,矩阵中不对称的部分源于回转器作用,尽管显式场不能定义回转器,除非能找到某些隐式场,它和显式场一样有相同的通口特性方程。

使用我们的例子,首先展示一个 R - 场在混合因果关系中的反对称条件。图 7.16(d)展示了混合因果模式。分析该键合图,特性方程如下:

$$\begin{bmatrix} f_1 \\ e_2 \\ f_3 \end{bmatrix} = \begin{bmatrix} 1/R_4 & -1 & 0 \\ -1 & R_5 & 1 \\ 0 & -1 & 1/R_6 \end{bmatrix} \begin{bmatrix} e_1 \\ f_2 \\ e_3 \end{bmatrix} \tag{7.81}$$

其中反对称条件很明显。这一形式是在 R - 场中的某些输入和输出变量互换后,其中 R - 场在阻抗型和导纳型因果关系中遵守奥斯格互易关系,有时称为卡米尔型[4]。

这很可能诱导得出这样的结论,即如果 R - 场可以由阻抗型因果关系或导纳型因果关系描述,那么它们会体现出奥斯格互易关系,如果它们由混合因果关系描述,那么它们会表现为卡米尔型。但很明显如果允许在隐式 R - 场中使用回转器,那么上述结论就是错误的。考虑一个例子,如图 7.17 中的 R - 场所示,它是由图 7.16 通过添加单个回转器而得出的。图 7.17(a)表示了导纳型因果关系,这里的场表示为卡米尔型而非奥斯格型:

$$\begin{bmatrix} f_1 \\ f_2 \\ f_3 \end{bmatrix} = \begin{bmatrix} 1/R_4 & -1/r & 0 \\ 1/r & R_5/r^2 & 1/r \\ 0 & -1/r & 1/R_6 \end{bmatrix} \begin{bmatrix} e_1 \\ e_2 \\ e_3 \end{bmatrix} \tag{7.82}$$

式中:r 为回转器半径。

类似地,针对图 7.17(b)中的混合因果关系,R - 场是对称的:

$$\begin{bmatrix} f_1 \\ e_2 \\ f_3 \end{bmatrix} = \begin{bmatrix} 1/R_4 & -r/R_5 & 1/R_5 \\ -r/R_5 & r^2/R_5 & -r/R_5 \\ 1/R_5 & -r/R_5 & 1/R_5 + 1/R_6 \end{bmatrix} \begin{bmatrix} e_1 \\ f_2 \\ e_3 \end{bmatrix} \tag{7.83}$$

一个通用的 R - 场不能以一个奥斯格或卡米尔型来描述。图 7.18 展示了一个简单例子。

特性方程的阻抗型形式是

$$\begin{bmatrix} e_1 \\ e_2 \end{bmatrix} = \begin{bmatrix} R_3 + R_4 & r + R_4 \\ -r + R_4 & R_4 + R_5 \end{bmatrix} \begin{bmatrix} f_1 \\ f_2 \end{bmatrix} \tag{7.84}$$

其中对称部分是根据遵守奥斯格互易关系的元件得来,反对称部分由可被识别的回转器得到。如果式(7.48)以参数的数值表示,那么它们的表现很难区分,既不是奥斯格型也不是卡米尔型。

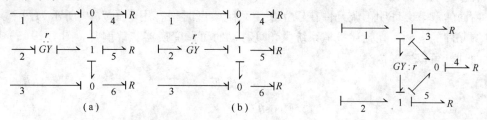

图 7.17　图 7.15 中 R－场的改进版
(a)导纳型因果关系;(b)混合因果关系。

图 7.18　包括回转器的 R－场

　　注意如果使用正的阻抗参数,那么所有的案例中对任何可能的通口情况场都会耗散能量。确实如此,因为一通口阻性元件只能耗散能量,且结元件和二通口 － TF － 和 － GY － ,都能量守恒。在线性显式场中一种检查能量耗散的方法是检查矩阵系数为正还是为负。例如在阻抗形式中,e 是势的列向量,f 是流的列向量,R 是阻抗矩阵,那么功率 P 是

$$P = f^{t}e$$

场的特性方程是

$$e = Rf$$

因此

$$P = f^{t}Rf \tag{7.85}$$

式中:t 表示列向量或矩阵的转置。

　　式(7.85)表示针对任何 f 如果 R 为正,那么功率将耗散。如果只能说没有生成功率,那么 R 必须是半正定的,也即对于零功率耗散有一些限制流。采用检查矩阵正定的规则,读者可以用上面给出的所有 R－场的例子来证明是否半正定。在这方面,任何矩阵的反对称部分对矩阵的正定来说没有任何用处。由此得到一个想法,即根据回转器表示的反对称条件可以表示为场(类似于式(7.84)中的域)中没有功率生成或耗散。

7.3　可调二通口元件

　　二通口元件 － TF － , － GY － 是线性且能量守恒的元件,在前面的章节中已经证明了它的有用性。这里讨论可调变换器 － MTF － ,可调回转器 － MGY － ,它们都是非线性的,是 － TF － , － GY － 能量守恒的广义化。一般地,在可调二通口中,元件 － TF － , － GY － 的参数是某些参数(ξ)的函数。通常的符号和特性方程或这些元件如下所示:

$$\begin{array}{cc} m(\xi) & r(\xi) \\ \downarrow & \downarrow \\ \xrightarrow{1} MTF \xrightarrow{2}, & \xrightarrow{1} MGY \xrightarrow{2}, \end{array}$$

$$m(\xi)e_1 = e_2, e_1 = r(\xi)f_2$$
$$f_1 = m(\xi)f_2, r(\xi)f_1 = e_2 \tag{7.86}$$

199

注意无论 $m(\xi),r(\xi)$ 的值是什么,e_1f_1 等同于 e_2f_2 功率。而且,参数 m,r 是通过信号或信号键,而不是通过功率键改变的。因此,这些参数可调元件的特性是参数值的改变并不直接与功率流相关联。

后面的章节会证明可调元件在建立某类系统模型时很有用。图 7.19 所示为两个典型可调元件的案例。在描述机械系统大角度移动时可调变换器非常重要。图 7.19(a)中刚性性曲轴杆可以这样描述:

$$\tau = (l\cos\theta)F \tag{7.87}$$

$$(l\cos\theta)\omega = V \tag{7.88}$$

其中的变量在图中定义。

可以把机械规则应用到连接中得出这些特性关系。式(7.87)是扭矩平衡状态,式(7.88)是角速度-速度关系,它可以通过求方程的时间微分得到

$$l\sin\theta = x \tag{7.89}$$

图 7.19(b)中的键合图展示了式(7.87)和式(7.88),其中变换器模数是 $l\cos\theta,\theta$ 起到通用式(7.86)里 ξ 的作用。机械元件 MTF 的特性是在通口处系数随着位移的变化而变化。正因为此,MTF 有时称为位移可调变换器。

图 7.19(c)所示为一个电子机械系统,其中场电流 i_f 负责在间隙处生成磁场 $B(i_f)$,如果如图所示长度为 l 的带电流导体以速度 V 移动,那么根据法第定律将在导体上产生一个电压 e,且其满足以下关系:

$$e = B(i_f)lV \tag{7.90}$$

根据洛伦兹力定律可得移动此导体所需的力 F 为

$$B(i_f)li = F \tag{7.91}$$

图 7.19(d)中的可调回转器表示了这些特性,用 $B(i_f)l$ 表示式(7.86)中的系数 r,用 i_f 表示参数 ξ。注意 $ei=FV$(只要电子和机械的功率采用同样的单位),与无功率 MGY 连接的 i_f 也可发生变化。另一方面,i_f 与自感应作用和线圈阻抗相互关联,因此 i_f 也与功率流和储能相关联。从 MGY 的观点来看没有能量与 Bl 形式的改变相关联。第 8 章中可调回转器可以用于建模声音线圈、电动机以及类似设备。

因为可调元件的功率方向约定和因果约束条件和前面学过的 $-TF-$、$-GY-$ 一样,这里没有什么新东西可说。尽管如此,还是有些建议要讲。因为可调元件与纯信号交互作用相互结合,很有可能通过假设变换器或回转器系数是任何变量的函数来构建键合图,但是这样的键合图没有物理解释,就像很容易产生不正确的方块图、信号流图,或者其他信号描述一样,在真实的物理系统中存在功率干扰和能量约束,因此很容易假设元件可以使用可调二通口来建模,事实上,元件可能是真的三通口,或者物理系统不允许模数为假设信号的函数。

考虑图 7.20 中的齿轮齿条系统。很明显,如果齿轮很小($r\ll l$),当 $\theta=0$ 如果杆在中心位置,那么齿条就接近于杠杆比为 $(l/2-r\theta)/(l/2+r\theta)$ 的杆。而且,如果旋转齿轮到某个位置并且固定角 θ,齿条结合由 θ 设置的变换器模数将起到 $-TF-$ 的作用。因此,图 7.20(b)所示的系统看起来很合理。但是,这种表示是错误的。原因是只要

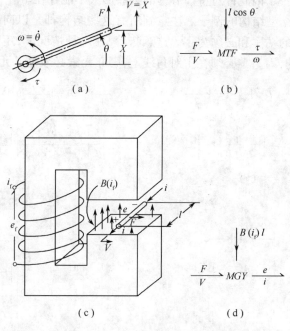

图 7.19　可调二通口元件的例子

(a)机械连接;(b)(a)的可调变换器;(c)电子机械系统;

(d)针对(c)的电子回转器。(注:模由式(7.87),式(7.88)明确定义)

F_1,F_2 不为零,没有功率时角 θ 是不变的。事实上,扭矩 τ 和 F_1 或 F_2 成比例。因此,图 7.20(c)中的设备是真的三通口。第 9 章中,可以使用元件 MTF 来建模并把 $0-$,1 $-$结当做多通口可调变换器,但是图 7.20(b)所示的系统完全错误的。

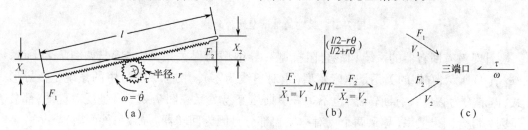

图 7.20　齿轮齿条系统

(a)示意图;(b)不正确的键合图;(c)正确的键合图。

7.4　结型结构

$0-$结、$1-$结、变换器和回转器的集合称为结型结构,它是能量的调度场并将约束条件强制加到动态系统的各部分中。结型结构中没有功率耗散或生成,那么通口处的结型结构净功率就消失。因为结型结构可以提供通口处的势和流之间的关系,它们是特殊的一类永不耗散功率的 $R-$场。我们可能会希望针对线性结型结构,找出和通用 $R-$场中类似的奥斯格和卡米尔型。这些形式确实找到了,但是在通口处结型结构不可能接受所有可能指定的因果关系,因此针对特性方程的某些形式不能存在。

图 7.21 为某些结型结构的例子。注意到所有这些结构都是以向内功率方向约定来展示的,因此通口处的功率和必须为零。这意味着,在每种情况下,矩阵所关联的输入和输出必须是反对称的,因为零必须在主对角线上,第 ij 元素必须是 ji 元素的相反数。

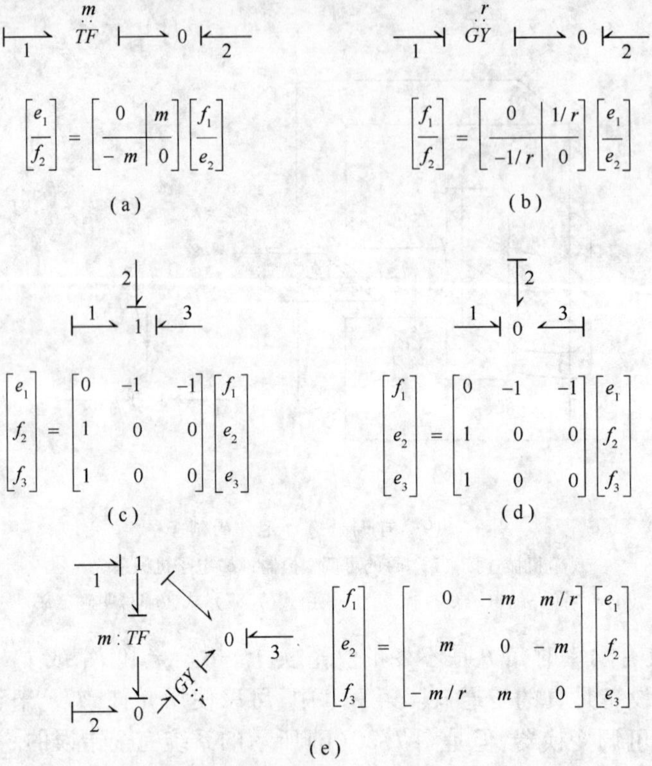

$$\begin{bmatrix} e_1 \\ f_2 \end{bmatrix} = \begin{bmatrix} 0 & m \\ -m & 0 \end{bmatrix} \begin{bmatrix} f_1 \\ e_2 \end{bmatrix}$$

(a)

$$\begin{bmatrix} f_1 \\ f_2 \end{bmatrix} = \begin{bmatrix} 0 & 1/r \\ -1/r & 0 \end{bmatrix} \begin{bmatrix} e_1 \\ e_2 \end{bmatrix}$$

(b)

$$\begin{bmatrix} e_1 \\ f_2 \\ f_3 \end{bmatrix} = \begin{bmatrix} 0 & -1 & -1 \\ 1 & 0 & 0 \\ 1 & 0 & 0 \end{bmatrix} \begin{bmatrix} f_1 \\ e_2 \\ e_3 \end{bmatrix}$$

(c)

$$\begin{bmatrix} f_1 \\ e_2 \\ e_3 \end{bmatrix} = \begin{bmatrix} 0 & -1 & -1 \\ 1 & 0 & 0 \\ 1 & 0 & 0 \end{bmatrix} \begin{bmatrix} e_1 \\ f_2 \\ f_3 \end{bmatrix}$$

(d)

$$\begin{bmatrix} f_1 \\ e_2 \\ f_3 \end{bmatrix} = \begin{bmatrix} 0 & -m & m/r \\ m & 0 & -m \\ -m/r & m & 0 \end{bmatrix} \begin{bmatrix} e_1 \\ f_2 \\ e_3 \end{bmatrix}$$

(e)

图 7.21　某些简单结型结构的特性方程

针对没有回转器的系统和混合阻抗型－导纳型因果关系,此类情况如图 7.21(a),(c),(d)所示,它们的关系是卡米尔型(主对角线为零)。图 7.20(b)中的系统是传导形式,但是因为它包含有回转器,也不遵守奥斯格互易关系。图 7.21(e)是反对称的,部分是因为混合因果关系(导致两个反对称项),部分是因为回转器(导致另外两项)。

由于不含回转器的 R - 场必须以阻抗型或导纳型形式遵守奥斯格互易关系,而且任何结型结构都必须有反对称特性方程,可以断定不含回转器的结型结构不能在所有通口处接受阻抗型或导纳型因果关系。

7.5　多通口变换器

关于结型结构的另外一个有趣的观点就是它们包含所提供变量的变换器。比如来看图 7.22 的结型结构。它把变量 e_3, e_4 变换为变量 e_1, e_2,即

$$\begin{bmatrix} e_1 \\ e_2 \end{bmatrix} = \begin{bmatrix} -1 & -1 \\ -m_1 & -m_2 \end{bmatrix} \begin{bmatrix} e_3 \\ e_4 \end{bmatrix} \tag{7.92}$$

但是这些势的变换也伴随着流的变换,即

$$\begin{bmatrix} f_3 \\ f_4 \end{bmatrix} = \begin{bmatrix} 1 & m_1 \\ 1 & m_2 \end{bmatrix} \begin{bmatrix} f_1 \\ f_2 \end{bmatrix} \qquad (7.93)$$

既然是结型结构完成了变换,那么此变换必定功率守恒。重新排列方程,能量守恒的反对称形式特性如下:

$$\begin{bmatrix} e_1 \\ e_2 \\ f_3 \\ f_4 \end{bmatrix} = \begin{bmatrix} 0 & 0 & -1 & -1 \\ 0 & 0 & -m_1 & -m_2 \\ 1 & m_1 & 0 & 0 \\ 1 & m_2 & 0 & 0 \end{bmatrix} \begin{bmatrix} f_1 \\ f_2 \\ e_3 \\ e_4 \end{bmatrix} \qquad (7.94)$$

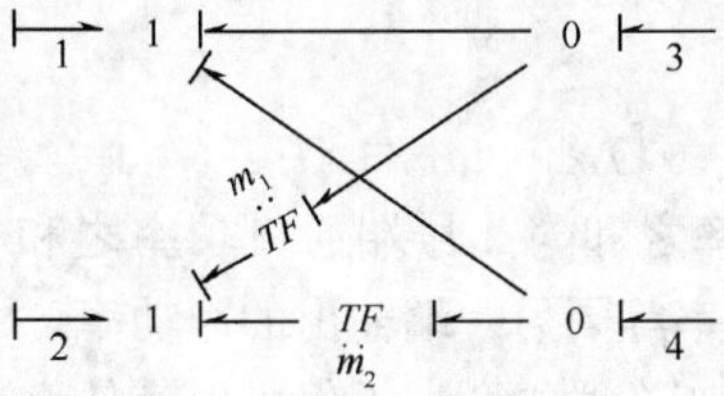

图 7.22　结型结构是一个变量的 2×2 双向转换

我们将这一结构看做二通口变换器的多通口广义化形式。图 7.23 所示为从用于研究广义结型结构的"所有向内"功率方向约定到外部通口的"穿过"功率方向约定。采用这类功率方向约定,式(7.92)中的符号可以改变了,而且转换方程可以以类似于二通口变换器的形式写出:

$$\begin{bmatrix} e_1 \\ e_2 \end{bmatrix} = \begin{bmatrix} 1 & 1 \\ m_1 & m_2 \end{bmatrix} \begin{bmatrix} e_3 \\ e_4 \end{bmatrix} \qquad (7.92a)$$

$$\begin{bmatrix} 1 & m_1 \\ 1 & m_2 \end{bmatrix} \begin{bmatrix} f_1 \\ f_2 \end{bmatrix} = \begin{bmatrix} f_3 \\ f_4 \end{bmatrix} \qquad (7.93a)$$

在这个例子中,关于势的矩阵被简单地转置形成变换流的矩阵。一般来说,类似于二通口变换器的特性是由势和流共同关联的模数来定义(甚至可以把二通口 *TF* 的模数看做 1×1 的矩阵,并且它等同于自身的转置矩阵),多通口变换器由矩阵(和它的转置矩阵)定义特性。

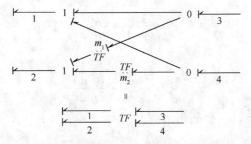

图 7.23　图 7.22 中的结构在通口 1 和 2 处带有修改的半箭头符号

该例中由于变换器的每一端有两个通口,因此包含有 2×2 矩阵,但也有可能变换器

的一端有 n 个通口而另一端有个 m 个通口。此时矩阵是 $n \times m$ 且它的转置是 $m \times n$ 形式。

很容易证明对于包括矩阵及其转置的变换,多通口变换器一端流入的功率和从另一端流出的功率相同[7]。让 $[e_1]$, $[f_1]$ 作为多通口变换器一端的势和流的列向量,$[e_2]$, $[f_2]$ 作为另一端的势和流的向量。同时令 $[M]$ 为合适维数的变换矩阵,则类似于式(7.92a)和式(7.93a),得

$$[e_1] = [M][e_2] \tag{7.95}$$

$$[M^T][f_1] = [f_2] \tag{7.96}$$

通过对方程式(7.96)转置,之后对方程两端同时右乘 $[e_2]$,结果是

$$[f_1]^T[M][e_2] = [f_2]^T[e_2] \tag{7.97}$$

或在其上使用式(7.95)得

$$[f_1]^T[e_1] = [f_2]^T[e_2] \tag{7.98}$$

它简单表示了 1 号端通口功率之和与 2 号端通口功率之和相等。采用新的功率方向约定,这意味着一端流入的净功率等同另一端输出的净功率。

有趣的是通过上述证明,变换器的两端不仅可以有任意数量的通口,而且也没有矩阵元素是常量的要求。因此这一结论不仅可以应用到带有常量矩阵的多通口变换器(在很多的系统中都有),同时也适用于多通口可调变换器矩阵元素随时间变化的情况。多通口可调变换器的重要应用是在机械系统中,其中经常遇到几何非线性。这一话题在第 9 章中将深入讨论,但是这里仅指出当几何约束或与位移在一起的变换可以转换为速度关系,它们经常可以表示为多通口可调变换器或变换器结型结构。而且,当速度关系已经决定并结合矩阵函数时,矩阵转置将自动与势关联。

例如考虑,如图 7.24 所示,在直角坐标和极坐标之间的转换(这包括第 9 章中介绍的例子)。r, θ, x, y 之间的关系是复杂非线性函数关系,它可以表示为几种形式。例如,把 r, θ 转换为 x, y

$$x = r\cos\theta, \quad y = r\sin\theta \tag{7.99}$$

反函数关系是

$$r = (x^2 + y^2)^{1/2}, \quad \theta = \arctan(y/x) \tag{7.100}$$

这些位移关系可能有任意的复杂度,但是对应的速度关系有特定的结构。例子以式(7.99)开始,我们发现

$$\frac{dx}{dt} = \frac{\partial x}{\partial r}\frac{dr}{dt} + \frac{\partial x}{\partial \theta}\frac{d\theta}{dt}$$

和

$$\frac{\partial y}{\partial t} = \frac{\partial y}{\partial r}\frac{dr}{dt} + \frac{\partial y}{\partial \theta}\frac{d\theta}{dt} \tag{7.101}$$

解出方程,我们发现流变量之间的关系如下:

$$\begin{bmatrix} \dot{x} \\ \dot{y} \end{bmatrix} = \begin{bmatrix} \cos\theta & -r\sin\theta \\ \sin\theta & r\cos\theta \end{bmatrix} = \begin{bmatrix} \dot{r} \\ \dot{\theta} \end{bmatrix} \tag{7.102}$$

如果这些变换可以用可调多通口变换器来表示,那么我们知道式(7.102)中相应势

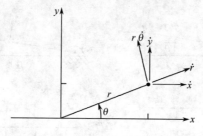

图 7.24　笛卡儿坐标和极坐标

（力或扭矩）的转换必须包括式(7.102)中的矩阵转置：

$$
\begin{bmatrix} \cos\theta & \sin\theta \\ -r\sin\theta & r\cos\theta \end{bmatrix} \begin{bmatrix} F_x \\ F_y \end{bmatrix} = \begin{bmatrix} F_r \\ \tau \end{bmatrix} \tag{7.103}
$$

很容易通过假定力 F_x 和 F_y 作用在图 7.24 中的点上来检查式(7.103)的合法性，然后通过这些力来计算径向力和扭矩。注意可以不使用图 7.25 中的多通口变换器表示法，而是以图 7.23 的方式创建一个包括 4 个二通口 *MTFs* 的结型结构。因为隐含的因果关系，图 7.23 中的 0 - 结和 1 - 结将互换位置。

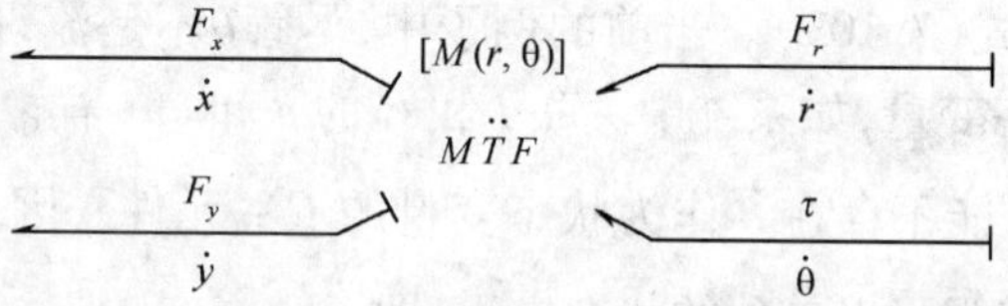

$$
\xleftarrow{\quad \dfrac{F_x}{\dot{x}} \quad} \Big\backslash \quad \begin{matrix} [M(r,\theta)] \\ M\ddot{T}F \end{matrix} \quad \xleftarrow{\quad \dfrac{F_r}{\dot{r}} \quad}
$$

$$
\xleftarrow{\quad \dfrac{F_y}{\dot{y}} \quad} \Big\backslash \qquad\qquad\quad \xleftarrow{\quad \dfrac{\tau}{\dot{\theta}} \quad}
$$

图 7.25　*MTF* 极坐标到笛卡儿坐标转换的表示法

没有必要总是通过对位移关系进行微分来求出速度关系。这个例子中，通过直接考虑图 7.24 中速度元件我们可以找到 $\dot{r}$ 和 $\dot{\theta}$。结果为

$$
\begin{bmatrix} \dot{r} \\ \dot{\theta} \end{bmatrix} = \begin{bmatrix} \cos\theta & \sin\theta \\ -\sin\theta/r & \cos\theta/r \end{bmatrix} \begin{bmatrix} \dot{x} \\ \dot{y} \end{bmatrix} \tag{7.104}
$$

这意味着

$$
\begin{bmatrix} \cos\theta & -\sin\theta/r \\ \sin\theta & \cos\theta/r \end{bmatrix} \begin{bmatrix} F_r \\ \tau \end{bmatrix} = \begin{bmatrix} F_x \\ F_y \end{bmatrix} \tag{7.105}
$$

这些表示法颠倒了图 7.25 中的因果关系，且其中包括在式(7.102)和式(7.103)中使用的逆矩阵。当然，如果这个变换器两端的通口数不相同，矩阵将不是方阵，那么就不能颠倒因果关系，且没有逆矩阵。

最后一个例子探讨一下机械系统中相关的几何约束问题。图 7.26 中的杆为刚体并有 3 个力作用其上。力 F_3 垂直于杆，F_1，F_2 分别垂直和水平。对应的速度是 V_1，V_2，V_3。几何约束只有一个自由度，那么如果一个速度已知，其他的两个就确定了。

MTF 表示了 V_1，V_2 可以由 V_3 决定，F_3 由 F_1，F_2 决定。通过考虑系统的运动学，可以直接得出下列速度关系：

$$
\begin{bmatrix} V_1 \\ V_2 \end{bmatrix} = \begin{bmatrix} -2\sin\theta \\ 2\cos\theta \end{bmatrix} \begin{bmatrix} V_3 \end{bmatrix} \tag{7.106}
$$

式(7.106)中的转置矩阵与力相关联，即

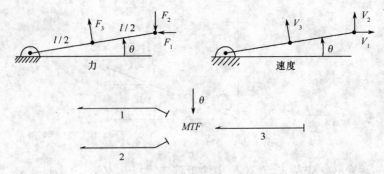

图 7.26　带有 3 个应用力的刚体杆

$$\begin{bmatrix} -2\sin\theta & 2\cos\theta \end{bmatrix} \begin{bmatrix} F_1 \\ F_2 \end{bmatrix} = \begin{bmatrix} F_3 \end{bmatrix} \tag{7.107}$$

上例中转换矩阵中含有角 θ，而 $\dot{\theta}$ 却不是所包含的流其中之一，此情况指出了含调制变换器的机械系统很有趣的一面。原则上，变换器矩阵中的系数是位移关联变换器通口流变量的函数。明显如果位移关系如式 (7.99) 所示，像式 (7.101) 一样求微分后生成新的方程为式 (7.102) 和式 (7.103)。当前的例子中，尽管 $\dot{\theta}$ 不是流，但是 θ 已经被使用了。此例中，θ 被认为是状态变量，如系统中关联 I 和 C 的 p 和 q 一样。这意味着 MTF 迫使我们针对 $\dot{\theta}$ 写方程，即使可能不存在 θ 作为状态变量的 C - 元件。因为 V_3 决定了杆的所有速度，因此要确定 $\dot{\theta}$ 仅需要写出单独的状态方程，即

$$\dot{\theta} = \frac{V_3}{l/2} \tag{7.108}$$

来完成系统表达式。

通常，连接到调制变换器的 C - 元件自动把通口处一些流的积分作为位移状态变量。在转换矩阵中当计算这些变量系数时这些位移很有用。但是在这个例子里，$\dot{\theta}$ 没有出现在任何键上，因此额外的的状态式 (7.108) 是必要的。

在本书第 9 章中会更加清楚地研究，复杂机械系统中有很多可选择的方法来表述几何约束。有些选择方案可以采用直接表达式而其他就很难处理。这些困难是机械系统中所固有的，不论你采用的是键合图法还是其他方法。

习　题

7-1　如图 3 根线性弹簧连接在无质量的小车上。画出这一系统的键合图，并处理隐式 C - 场的关系成所示的一通口 C - 场关系中，假设当 $X=0$ 时所有弹簧无形变。

7-2　两根线性弹簧钉在一起。考虑小的运动，x 和 y，弹簧的微小形变是 e_1, e_2。用隐式场表示系统，并给出变换器的模。在 x 和 y 通口处，把它转换为显式场形式。

7-3　3 个质量集中的质点放在无质量的刚体棒上。考虑垂直平移运动，棒仅移动很小的角度。通过 $V_1 = \dot{X}_1$ 和 $V_2 = \dot{X}_2$ 来表示每一个质点的运动，把这一系统表示为二通

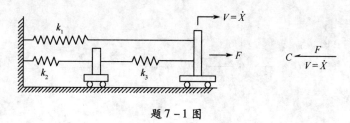

题 7 - 1 图

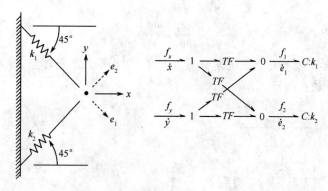

题 7 - 2 图

口隐式 I - 场。并在 F_1, F_2 通口处给出 I - 场的特性关系。

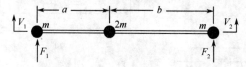

题 7 - 3 图

7 - 4 3 根相同的管子运送不可压缩的液体,用一个 T 型结相连。如果每根管子的流体惯量为 $\rho l/A$,用隐式 I - 场表示。证明这 3 个一通口惯性元件不能同时有积分因果关系。找出一个三通口,用显示 I - 场表示。

7 - 5 写出系统运动方程,假设变换器的特性方程由式(7.63)给出。

7 - 6 针对 R - 场,以奥斯格型和卡米尔型表示因果关系。

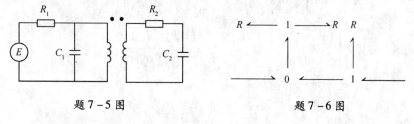

题 7 - 5 图   题 7 - 6 图

7 - 7 不使用奥斯格或卡米尔型来构建一个隐式 R - 场,写出类似于式(7.84)的特性方程。

7 - 8 证明如果阻抗矩阵是反对称的(主对角线为零),那么净功率耗散也为零,假设所有外部键上采用的都是向内功率方向约定。

7 - 9 图(a),(b)表示了两个键合图。

在图(a)中假设 $q_3 = m_1 q_1 + m_2 q_2$,$e_3 = C_3^{-1}(q_3)$ 是非线性电容器。如果(b)中的表示法是正确的,并且二通口 C - 场能量守恒,那么

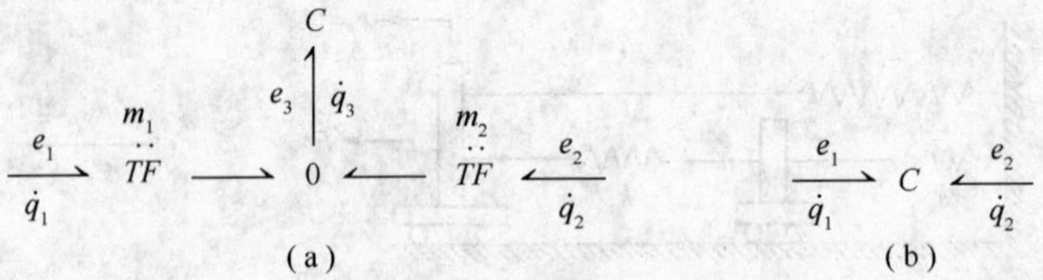

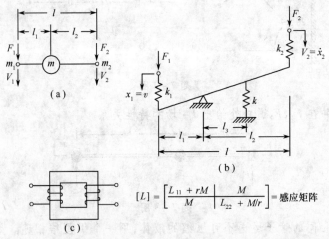

题 7-9 图

$$\frac{\partial e_1}{\partial q_2} = \frac{\partial e_2}{\partial q_1}$$

证明这个表达式针对(a)系统是正确的。扩展该证明到下列情况,其中 TFs 变成了 $MTFs$,q_3 是 q_1,q_2 的广义函数,$q_3 = q_3(q_1,q_2)$。

7-10 研究一些二通口场:

题 7-10 图

(1) 画出 (a),(b),(c) 二通口场,针对(a)和(b)用 $0,1,TF,I,C$ 元件来表示场。

(2) (a) 的质量矩阵是 $\begin{bmatrix} m_1 + (ml_2^2/l^2) & m(l_1l_2/l^2) \\ m(l_1l_2/l^2) & m_2 + (ml_1^2/l^2) \end{bmatrix}$

(b) 的容度矩阵是 $\begin{bmatrix} 1/k_1 + (1/k)(l_2^2/l_3^2) & -(1/k)(l_1l_2/l_3^2) \\ -(1/k)(l_1l_2/l_3^2) & 1/k_2 + (1/k)(l_2^2/l_3^2) \end{bmatrix}$

针对(c)用感应矩阵对比这些结果。

(3) 表示

for(a):

if $m_1 \ll m, m_2 \ll m$,

then

$(l_1/l_2)p_1 = p_2$,

$v_1 = (l_1/l_2)v_2 + (l_2 + ml_2^2p_2)$,

for(c)

if $L_{11} \ll M, L_{22} \ll M$,

for (b):

if $k_1 \gg k, k_2 \gg k$,

then

$(l_2/l_1)x_1 = x_2$,

$F_1 = (l_2/l_1)F_2 + (kl_3^2/l_1^2)x_1$.

208

then

$$\lambda_1 = r\lambda_2 ,$$

$$ri_1 = i_2 + \lambda_1 / M.$$

（4）展示如果（a）中 $m \to \infty$，（b）和（c）中 $k \to 0$，且 $M \to \infty$，则所有系统均变为 - TF - 。

（5）（c）中铁的饱和度类似于（b）中的运动限制，因此直流电压不会在（c）中传递，直流速度不能在（b）中传递。

7 - 11 考虑如下的键合图：

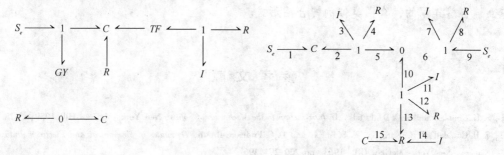

题 7 - 11 图

（1）对于功率方向约定如果图不是标准形式，那么插入额外的 0 - 结和 1 - 结并把它们转换为标准形式。

（2）把因果关系加入到系统中，列出状态向量。

7 - 12 考虑带有刚度矩阵 K 的线性多通口 C - 场。特性关系如下：

$$e = Kq \tag{i}$$

式中：e, q 为 n 维向量；K 为 $n \times n$ 的矩阵。

那么存储的能量 E 有

$$E = \frac{1}{2} q^T K q \tag{ii}$$

如果能量守恒，那么方程（i）中的 K 必须是对称的，$K = K^T$。

（1）任何方阵都能分解为对称部分和非对称部分。例如，

$$K = K_s^T + K_a, K_s = \frac{K + K^T}{2}, K_a = \frac{K - K^T}{2}, K_s = K_s^T, K_a = -K_a^T$$

（2）使用 2×2 的例子

$$K = \begin{bmatrix} k_{11} & k_{12} \\ k_{21} & k_{22} \end{bmatrix}, k_{12} \neq k_{21}$$

有对称部分 K 来表示方程 $E(q)$

$$\frac{1}{2} q^T K q = \frac{1}{2} q^T K_s q$$

因此如果特性方程由存储能量函数微分而得，则有 $e = K_s q$。

7 - 13 线性 R - 场以混合因果形式表示，输入和输出通口变量由矩阵 K 关联

（1）在你写出 R - 场方程之前，关于 K 你能预测什么？

(2)假设 R – 场被强制接受阻抗型或导纳型因果关系。那么阻抗和导纳矩阵会有那些特性?

(3)使用因果关系,证明阻抗矩阵不存在;

(4)写出矩阵 K 和导纳矩阵来证明你在(1)(2)中的预测,针对混合因果形式使用方程,方程不能处理为阻抗型因果关系形式。

7 – 14　在图7.7(c)中找出一个含有隐式 C – 场的机械系统。

7 – 15　一个轻的水平杆其上固定有3个质量块,分别固定在杆的两端和中间。假设末端质量块垂直移动,且杆与水平方向的夹角保持很小。展示此系统有着和图7.12(b)中互连自感作用的键合图类似的键合图形式。

参 考 文 献

[1] S. H. Crandall and N. C. Dahl, eds, *An Introduction to the Mechanics of Solids*, New York : McGraw-Hill, 1959, p. 378.

[2] S. H. Crandall, D. C. Karnopp, E. F. Kurtz, and D. C. Pridmore-Brown, *Dynamics of Mechanical and Electro-mechaical Systems*, New York: McGraw-Hill, 1968, pp. 220, 294, 296.

[3] I. Prigogine, *Introduction to the Thermodynamics of Irreversible Processes*, Springfield, IL: C. C. Thomas, 1955.

[4] J. Meixner, "Thernodynamics of Electric Networks and the Onsager-Casimir Reciprocal Relations", J. Math. Phys., 4, 154 (1963).

[5] G. Kron, *Tensor Analysis of Networks*, New York: Wiley, 1939.

[6] R. C. Rosenberg, "State Space Formulation for Bond Graph Models of Multiport Systems" Trans. ASME, J. Dyn. Syst Meas. Control, 93, Ser, G, No. 1, 35 – 40. (Mar 1971).

[7] D. C. Karnopp, "Power-Conserving Transformation: Physical Interpretations and Application Using Bond Graphs", J. Franklin Inst, 288, No. 3, 175 – 201 (Sept. 1969).

第 8 章　换能器、放大器和设备

这一章主要介绍连接两个不同能域间两个子系统的设备模型。某些情况下，功率转换效率是很重要的。例如：电动机，发电机，泵，以及传动装置，通常设计为可很小损耗地转换能量，至少要满足在正常操作时是这样。另一方面，设备和放大器设计为在低功率效能情况下操作。一个理想设备应该在没有功率损耗的情况下从系统中提取信息，将有限的功率转送到另一个系统中。放大器可以在接近零功率水平接收信号，且以额定功率根据输入信号作用于其他系统。

高效率的换能器通常是无源的，它们不带任何功率源。某种意义上设备和放大器是有源的，为了满足热力学第一定律它们需要提供功率。实际中很多的换能器自身就是一个非常复杂的系统，可以通过键合图来建模。而另一方面，大系统（包括换能器）的设计人员不可能在详细建立复杂的换能器模型上花时间，他们必须使用恰当的模型。在本章中，主要介绍了一些换能器的特性，并展示一种建模的方法，即将不理想的作用逐步地加入到理想的基础模型中。首先看无源换能器，然后简要地研究设备和放大器。

无源换能器含有能量损耗元件，平均而言，它们传出的功率比接收的功率要少。很多的换能器是这样，因为它们有存储能量的特性所以它们可以暂时性地传递额外功率。这两类无源换能器称做功率换能器和储能换能器。

8.1　功率换能器

第 4 章中理想功率换能器被介绍成为变换器和回转器。像液压油缸，容积式泵、马达，永久磁体电动机、发电机，类似设备大致均为功率守恒器件。当然，真实的设备是存在功率损耗的，且包括储能机制并带有惯性作用和容性作用。尽管合理的设计可以将副作用降至很低，但是任何真实设备仍有极限限制。当需要真实换能器的精确模型时，总是用精确非线性元件替代模型中的线性元件。这一过程以高理想化的模型为基础，增加附属元件，且为获得精确换能器模型用非线性元件替代线性元件，针对一些典型的功率换能器我们给予了图例说明。

图 8.1 所示为两个液压油缸的结构示意图以及一系列的键合图模型。图 8.1（b）中的基本的活塞模型在第 4 章中已经使用过。在把液压功率 PQ 转换为机械功率 FV 时这个转换模型没有功率损耗。在某些情况下，这个模型很符合系统分析。另一方面，在真实的活塞中，活塞环带有质量效应和摩擦损耗，或者结合紧密以防止渗漏。图 8.1（c）的键合图从本质上提出了力 F 的损耗，为摩擦损耗和加速活塞运动提供了所需的力。

活塞的质量效应很直接，且在很多的情况下，当活塞杆是刚体且直接连接负载质量，活塞质量和负载质量可以简单地结合在一起。但是摩擦力却很复杂。一个摩擦力可能很

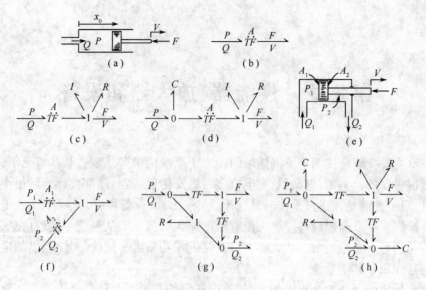

图 8.1 液压油缸
(a)基础油缸;(b)(c)(d)基础油缸的模型;
(e)液压缸;(f)(g)(h)液压缸模型。

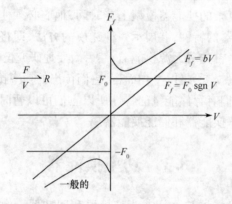

图 8.2 一些机械摩擦定律

小,因此某些情况下就忽略了,但是另一些最简单的情况中,线性摩擦力永远不会是机械摩擦的精确表示。图 8.2 所示为一些可能的摩擦力规则。为了便于使用线性分析方法研究系统,我们经常利用线性规则,但是通常摩擦因数被当做是变量,因此模型可被"调整",从而重新生成实验结果。真实的摩擦中包括静摩擦元件,表示为 $F_f = F_0 \mathrm{sgn} V$,如果 $V > 0$,$\mathrm{sgn} V + 1$,如果 $V < 0$,$\mathrm{sgn} V - 1$。这个规则并不像线性规则那样方便使用,特别当 $V = 0$ 时。一个非常复杂的现象有时称做是"静摩擦效应"。通过观察很容易知道把一个放在桌子上的物块拉动起来所需要的力,要比维持物块低速运动的力大得多。图 8.2 表示了广义的摩擦规则,以此来为这一现象建模。当这一类型的摩擦出现时,系统的趋向是出现振动。如果系统是小提琴的弦和弓那么很容易理解,但是如果此系统只是停留在纸面,或是在机床上的零件,或是带有稳定问题的计算机仿真程序上,那么给人的感觉会很差。有经验的系统建模人员会在有用而过度简单的模型和真实却难处理的摩擦模型之间寻找平衡。

高性能液压系统中另外一个现象也很重要,此系统包含有受压流体的容量。因为液

212

压机液体的适应性较差,其密度微小的改变会伴随很大的压力改变,且通常满足线性特性关系。把体积模数 β 定义为关联压力 P 与体积变化 ΔV 之间的系数,当 $P = 0$ 时一定质量的液体所占的体积是 V_0。

$$P = \beta \frac{\Delta V}{V_0} \tag{8.1}$$

实际使用压力单位来表示 β,它根据平均气压、温度、受压流中空气数量等变化,所以式 (8.1) 的一个非常有用的形式是

$$P = P_0 + \beta \frac{V}{V_0} = P_0 + \frac{\beta}{V_0} \int^t Q\mathrm{d}t \tag{8.2}$$

式中:P_0 为平衡气压;V_0 为名义上的体积,且 $Q = \dot{V}$ 是额定体积的容积流率。

很明显 β 是压力与液体压缩体积非线性特性关系的斜率。图 8.1(d) 中的键合图,展示了 $-C$ 元件建模容性效应。很明显,当活塞质量块和液压机液体容度之间有能量交换时,会出现振动现象。注意式 (8.2) 的线性理论,必须选择一个额定体积,$V_0 = Ax_0$,其中 x_0 是活塞的平均位置(图 8.1(a))。因此,当 x_0 很小时,液压液体的劲度很大,且随着 x_0 的增加而变小。

图 8.1(e) 展示了三通口换能器,其中由于活塞杆截面积的存在,使得将两个压力 P_1 和 P_2 转换为力元件的截面面积不等,且流 Q_1 和 Q_2 不相等。图 8.1(f) 中的键合图表示这个系统是在一个非常理想的形式下。图 8.1(g) 中已经包括了穿过活塞的液压泄漏电阻,图 8.1(h) 中已经建立了机械惯性、摩擦及液压容性作用的模型。我们可以从这个例子看出,在很多不理想作用的影响下,甚至最简单的换能器模型也会变得非常复杂。

功率换能器的另一个有用例子是直流电动机或发电机。图 8.3(a) 所示为基本的理想换能器。当设备作为电动机起作用时,电枢电路中的功率 $e_a i_a$ 转换为轴功率 $\tau\omega$,当设备作为发电机起作用时功率流相反。在场通口处建立磁场,针对轴上单独的导体它提供了电子变量和机械变量之间的耦合。对于永久磁体电动机,这个场是恒定的,但是针对图 8.3(a) 中个别激励电动机,场是场电流 i_f 的函数。由于电枢电流的方向垂直于由 i_f 产生的场,因此电动机的换向器实质上维持着场。由于这些原因,尽管 i_f 影响转换,但是由于 e_a 或 i_a 的存在,事实上 e_f 并没有副作用。因此,场通口的影响作用在信号键上。

根据图 8.3(a) 得出方程如下:

$$e_a = T(i_f)\omega, \quad T(i_f)i_a = \tau, \quad e_f = 0 \tag{8.3}$$

注意转换系数 T 为回转器参数,如果以不同的单位来测量电子和机械功率,则可能采用两个不同的值。因此值得重新写式 (8.3),

$$e_a = T_{em}\omega, \quad T_{me}i_a = \tau \tag{8.3a}$$

例如式中 T_{em} 单位为 V/(rad·s),T_{me} 英尺·磅/A。根据功率守恒,得

$$e_a i_a = \frac{T_{em}}{T_{me}}\tau\omega \tag{8.4}$$

式中用 T_{em}/T_{me} 把 V·A 与英尺·磅/s 关联起来。但不能认定因为 T_{em} 和 T_{me} 数值上不同,致使此设备不是功率守恒。在国际单位体系中,V·A 等同于 N·m/s,因此 T_{em} 和 T_{me} 相等。

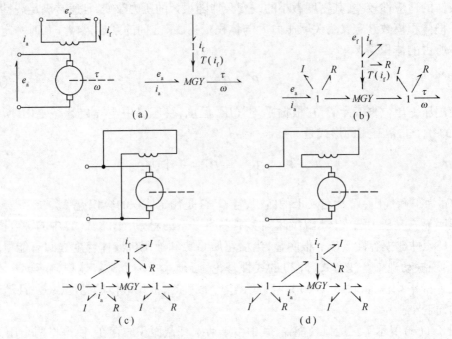

图 8.3　直流电动机,发电机模型

(a)基础理想换能器;(b)加入自感应、电阻、惯性、摩擦
和偏差作用;(c)并激电动机;(d)串激电动机。

参数 T 包括场的强度以及与场作用的电枢导线的数量和有效长度(见第7章调制回转器的讨论,正是针对此类与简化几何的交互作用),在某些情况下,可以合理的假设场与 i_f 成比例,那么

$$T(I_f) \approx Ai_f \tag{8.5}$$

式中:A 为常数。

因此,如果 i_f 是常数,则扭矩与 i_a 成比例,且如果 i_a 是常数,则扭矩与 i_f 成比例。在这些特殊情况下,设备的行为是线性的,即使它在乘法意义上是非线性的。在真实设备中,磁性材料的饱和度限制了场,因此针对大电流 T 和 i_f 之间的关系不能保持为线性。而且当出现磁滞效应时,就意味该场不再是 i_f 的单值函数,而是依赖以前的磁体(永久磁体电动机是一个特例,尽管它没有电流 i_f,但是场仍然存在,因此 T 是常数)。

在大多数的情况下,为了建模实际中存在的重要效应,理想的换能器必须采用储能和损耗元件进行补充。图 8.3(b)是通用的电动机模型。场的自感应和阻抗以及电枢线圈都包括在内,转子的转动惯量和机械电阻器建模时要承担来自转子和冷却风扇引起的损耗和偏差。如果不是精确模型的需求,那么电子 $I-$、$R-$ 元件可被典型地假设为线性。事实上,机械阻性元件很少是线性的,但是当机械摩擦较小且并不影响系统行为时,线性阻性元件也能产生好的效果。

两个普通的二通口电动机是由励磁电动机模型构建的。图 8.3(c)和(d)分别表示串联和并联电动机。注意,图 8.3(d)中,i_a 和 i_f 是相同的,因此把场、电枢传导和阻性元件结合起来,就可以简化键合图。

在结束功率转化器这个话题之前,我们考虑的两个例子中的理想换能器甚至在忽略

214

损耗和寄生 - 储能效应后仍非常复杂。图 8.4(a)采用永久磁体的交流发电机并以示意图形式给出。随着方形线圈在均衡 B – 场中转动,电子功率变量 e,i 和机械变量 τ,ω 之间有一定的作用关系。

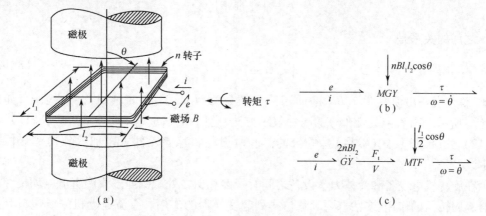

图 8.4 基本的交流发电机

(a)示意图;(b)使用 MGY 的键合图;

(c)使用 GY 和 MTF 的键合图。(使用的模数由式(8.13)和式(8.14)定义)

通过磁通匝连数 λ 的基本定义,可以发现设备的一个特性方程,即由电流通路连接的磁通量是线圈投影区域的的 B 倍,线圈数量的 n 倍。

$$\lambda = Bl_2l_1(\sin\theta)n \tag{8.6}$$

事实上 $\dot{\lambda} = e$,可以对式(8.6)求微分获得 e 和 $\omega = \dot{\theta}$ 之间的关系。

$$e = (nBl_1l_2\cos\theta)\omega \tag{8.7}$$

那么根据 $ei = \tau\omega$,功率必守恒,其余特性方程为

$$(nBl_1l_2\cos\theta)i = \tau \tag{8.8}$$

其中变量是以公制单位表示的,因此 ei 和 $\tau\omega$ 采用了同样的功率单位。

设备的特性式(8.7)和式(8.8)嵌套在图 8.4(b)的键合图中。注意模式函数包含 θ 及本地流 ω 的积分。

另外一种获得此设备规则的方法是计算作用在切割磁力线导线上的力。注意长度为 l_2 的导线切割磁力线,而长度为 l_1 的导线并不切割磁力线。如果 F 是垂直于 B 方向的作用力,V 是这一方向上的速度,那么对于一个典型的导体长度 l_2,第 7 章中给出其基本方程:

$$e_1 = Bl_2V \tag{8.9}$$

$$Bl_2i_1 = F \tag{8.10}$$

式中:e_1,i_1 为一圈导线上的电压和电流。

那么有 $2n$ 圈这样的导线,所以终端电压为 $2ne_1$。

$$e = 2nBl_2V \tag{8.11}$$

而且,每一圈导线都有相同的电流,且每一圈都生成力并且这些力最终生成扭矩 τ。把整个扭矩生成的力称做 F_t,有

$$2nBl_2i = F_t \qquad (8.12)$$

现在,切割速度 V 为

$$V = \left(\frac{l_1}{2}\cos\theta\right)\omega \qquad (8.13)$$

F_t, τ 之间的关系是

$$\left(\frac{l_1}{2}\cos\theta\right)F_t = \tau \qquad (8.14)$$

因此,整个设备由模数为 $2nBl_2$ 的回转器和模数为 $(l_1\cos\theta)/2$ 的调制变换器表示,如图 8.4(c)所示。图 8.4(b)和(c)的两种表示方法,它们和式(8.7),式(8.8),式(8.11),式(8.12),式(8.13),式(8.14)是等价的。能量损耗和存储元件可以加入到功率守恒模型中。

在旋转机电设备和流体力学设备之间有很多相似之处。例如多线圈直流电动机和换向器起回转器的作用,多活塞泵和通口排列起变换器的作用。直流电动机的场通口允许回转器参数调制,及泵冲程的控制,如果它存在,那么允许按转换比调制。交流电动机在物理上比较简单但是功能上却很复杂。图 8.4 中的交流发电机类似于图 8.5 中的单活塞和曲柄轴装置,如果加入合适的阀门就可以组成泵的一部分。尽管活塞作用力、速度、液压液体流和压力之间的关系很容易由变换器来表示,但如扭矩 τ,角速度 ω,及其他功率变量之间的关系更复杂。

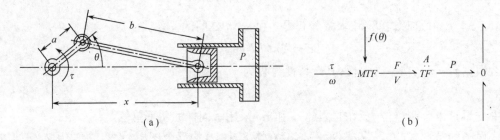

图 8.5　曲柄和活塞换能器
(a)示意图;(b)键合图。

寻找 ω 和活塞速度 V 之间关系的一种方法是从 x 和 θ 之间的关系入手解出它的几何关系,得

$$x = a\cos\theta + (b^2 - a^2\sin^2\theta)^{1/2} \qquad (8.15)$$

如果 $\dot{x} = V$,$\dot{\theta} = \omega$,那么对式(8.15)微分的结果为

$$V = [-a\sin\theta - (b^2 - a^2\sin^2\theta)^{1/2}a^2\sin\theta\cos\theta]\omega \qquad (8.16)$$

因为如果 F 是活塞上的力,有 $FV = \tau\omega$,所以其余特性关系必为

$$[-a\sin\theta - (b^2 - a^2\sin^2\theta)^{1/2}a^2\sin\theta\cos\theta]F = \tau \qquad (8.17)$$

将 θ 的复杂函数当做变换器系数,且为了方便称其为 $f(\theta)$,可以通过图 8.5(b)中的键合图来表示设备,注意图 8.4(c)中的键合图与此图的类似之处。从这些例子可以看出功率守恒的考虑对建模功率换能器有很大帮助。

8.2　储能换能器

在前面的章节中以理想的形式通过结型结构元件建立了换能器的模型。这些元件都是能量守恒的,除此之外,能量会从一个领域瞬间转换到另一个领域。在本节中,研究的换能器仍是理想的能量守恒,但是其中必不可少地包含储能的部分。因此,针对这些储能换能器,能量先在一个能域里存储接下来在另一个能域里释放。

本节的换能器模型是以 C – 场,I – 场,IC – 场为基础,在第 7 章中已经讨论过了。这里仅讨论某些简单的例子并且使用第 7 章的结果。在前面的章节中,真实换能器的模型可以由理想模型结合损耗元件和动态元件来解释真实设备中的作用,但却不能解释理想换能器。

一个典型的具有实际意义的储能换能器的例子是电容扩音器或是静电扬声器。图8.6(a)的简化图中展示这些设备是如何构建的。电容通过在固定板附近安置一块移动板组成,并类似于传统的平行板电容提供电连接。事实上,移动板可能是薄的横膈膜或者是在绷紧的隔膜上带有一层传导材料涂层。这一分布式参数"金属板"可以以非常复杂的方式来移动,但是为了简化,如图 8.6(b) 所示,仅考虑系统只有一个机械坐标 X(那么可以把 X 看做振动膜的第一正常模式形状的位移,在此情况下高频振荡的作用可以忽略)。由于实际情况中声学压力形成的力被定义为 F,所以机械功率是 $F\dot{X} = FV$,其中 V是移动板的速度。当然,电功率是 ei。

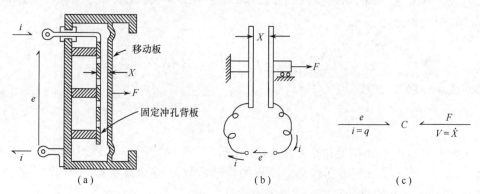

图 8.6　移动板电容器

(a)话筒或扬声器的草图;(b)示意图;(c)键合图表示。

当 X 固定,此设备就是一个普通电子电容器,并且当电量 q 固定,那么力 F 就像机械弹簧中一样,根据 X 的变化而定。一般而言,可以假设 e,F 都依赖于 q,X,则

$$e = e(q,X) \tag{8.18}$$

$$F = F(q,X) \tag{8.19}$$

但是上面的特性关系并不是任意的,如果可以忽略损耗作用,那么这个设备可以最大限度地保存能量。存储的能量 E 很容易计算出来:

217

$$E(t) = E_0 + \int_0^t (ei + FV)\,\mathrm{d}t \tag{8.20}$$

$$= E_0 + \int_{0,0}^{q,X} e(q,X)\,\mathrm{d}q + F(q,X)\,\mathrm{d}X = E(q,X)$$

式中：E_0 可以假设为零，它表示 $t=0$ 或 $q=X=0$ 时的初始能量。

进一步观察式(8.20)，可以 $E(q,x)$ 重新得到式(8.18)和式(8.19)：

$$e = \frac{\partial E}{\partial q}, \quad F = \frac{\partial E}{\partial X} \tag{8.21}$$

两个特性方程之间的关系是

$$\frac{\partial e}{\partial X} = \frac{\partial^2 E}{\partial X \partial q} = \frac{\partial F}{\partial q} \tag{8.22}$$

为满足能量守恒，此时的设备必须满足可积性或者麦克斯韦互易性条件。这些情况在第7章中针对广义 C-场已经讨论过，那么图8.6(c)简单地表示了键合图表示法。C-场的特性方程是式(8.18)和式(8.19)，它必须服从式(8.22)。

通过假定设备是电线性的可以找到特性方程的一个有用近似，即对每一个 X 可以定义一个电容 C，且方程

$$e = \frac{q}{C(X)} \tag{8.23}$$

是式(8.18)的形式。注意从物理原因来看当 $q=0$ 时 $F=0$，通过设置 $q=0$ 可使用式(8.20)来估算 E，给 X 带入任何特殊的值，那么电容用 $X=$ 常数(或 $\mathrm{d}X \equiv 0$)来充电，那么式(8.20)中的积分为

$$E(q,X) = \int_0^q \frac{q}{C(X)}\mathrm{d}q = \frac{q^2}{2C(X)} \tag{8.24}$$

根据式(8.23)得出力特性

$$F = \frac{\partial E}{\partial X} = \frac{q^2}{2}\frac{\mathrm{d}[C(X)]^{-1}}{\mathrm{d}X} \tag{8.25}$$

因此 F 可以由 C,X 的变化来衡量决定。(图8.6(b)给出了一个理想的平行板电容，特性是 $C(X) = \varepsilon A/X$，ε 是金属板之间介质的介电常数，A 是金属板面积)。为了寻找力的特性，使用 E 要比直接计算或者实验测量更加方便。

注意，即使假设设备是电线性的，但是力特性明显仍是非线性的。使用中，设备受偏振电压和浮动信号电压的支配，金属板趋向于移到一块来缩短电路，这将被机械弹簧上的横膈膜所阻止，它在力 F 的方向上提供一个力(图8.6(b))。另外，所有真实的横膈膜都有质量且在运动过程中都有能量损耗。这一作用可以通过向图8.6(c)中的 C-场增加元件来建模。在第6章的文献[1]中对这一设备进行了详细的讨论。

图8.7所示为一个电螺线管起到混合 IC-场换能器原型的作用。这一设备简单地由线圈组成，其中软铁金属块可以自由滑动。当电流流经线圈时，金属块抽离线圈。分析这一设备过程中，从电通口来看，线圈的自感应作用会表现出来，但是线圈的位置 X 可能会影响电子作用。从机械通口的观点来看，金属块上的力 F 取决于位移 X，那么设备将拥有某些机械弹簧的特性，尽管电子变量也会影响作用力 F。如果假设线圈中的电流依靠

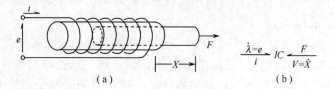

图 8.7 螺线管

(a)设备草图;(b)键合图表示法。

磁通量 λ 和 X,且 F 也依靠 λ 和 X,即

$$i = i(\lambda, X) \qquad (8.26)$$

$$F = F(\lambda, X) \qquad (8.27)$$

那么存储的能量 E 为

$$E = E_0 + \int_0^t (ie + FV)\mathrm{d}t = E_0 + \int_{0,0}^{\lambda,X} i\mathrm{d}\lambda + F\mathrm{d}X \qquad (8.28)$$

式中:$\dot{\lambda} = e; \dot{X} = V$;且假设 $E_0 = 0$。

通过直接观察式(8.28),会发现

$$i = \frac{\partial E}{\partial \lambda}, \quad F = \frac{\partial E}{\partial X} \qquad (8.29)$$

且

$$\frac{\partial i}{\partial X} = \frac{\partial^2 E}{\partial X \partial \lambda} = \frac{\partial F}{\partial \lambda} \qquad (8.30)$$

这是可积性或麦克斯韦互易性条件来限制式(8.26),式(8.27)。图8.7(b)中的键合图展示了理想的换能器。为了记忆目的将电通口连接在 I 上;机械通口连接在 C 处。

通过假设设备是电线性的,进一步观察设备。假设自感应 $L(X)$ 存在,针对金属块的任何位置都存在 i 和 λ 的关联。因此式(8.26)变为

$$i = \frac{\lambda}{L(X)} \qquad (8.31)$$

而且,在物理层面,当 i 和 λ 为零时,F 必须也为零,因此为了估算式(8.28)中的 E,可以在 $\lambda = 0$ 的某些特殊位置 X 处创建一个金属块,此时设备中不做任何工作且当 λ 变为终值时保持 X 不变。当 λ 变化时,$\mathrm{d}X = 0$,所以只有电能储存。那么能量是

$$E(\lambda, X) = \int_0^\lambda \frac{\lambda}{L(X)}\mathrm{d}\lambda = \frac{\lambda^2}{2L(X)} \qquad (8.32)$$

式(8.27)对应的特性方程可以使用式(8.29)得出:

$$F = \frac{\lambda^2}{2}\frac{\mathrm{d}\left[L(X)\right]^{-1}}{\mathrm{d}X} = -\frac{\lambda^2}{2}\frac{L'}{L^2} \qquad (8.33)$$

式中:L' 表示 $\mathrm{d}L/\mathrm{d}X$。

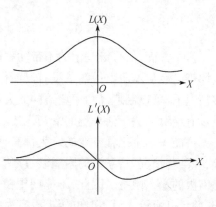

图 8.8 螺线管的感应函数

图 8.8 所示为 $L(X)$,$L'(X)$ 的一般形式。从这些草图和式(8.33)中,可以发现金属

块上将有一居中的力,但即使假定有简单特性式(8.31)时,电子和机械变量中对应的力特性仍很复杂且是非线性的。

IC－场的概念在电磁设备中特别有用,这些设备经常包括交互磁场并带有移动部件。例如交流电动机和发电机,典型的包括线圈相互旋转。这些设备的电通口是惯性的,且当设备以IC－场描述时,旋转机械通口是电容性的。这些设备的例子在第6章的文献[1]及习题中都出现过。

8.3　放大器和设备

"放大器"和"设备"的核心意思是低功率或无反馈的单向作用。对理想放大器和设备的描述侧重于功能层面而不是物理层面,因此,为了表示这些设备必须使用信号键来将键合图中物理的、双向的功率交互简并为信号交互作用。可以假设一个理想的放大器,在有限的功率条件下提供一个输出功率变量,例如电压或电流,以此来响应零功率时的输入信号。类似地,大家都期望一台设备在限定的功率下可以不影响系统,并能提取某些变量的信息而且传输信息。

很明显,理想设备和放大器甚至要比前面讨论过的换能器违反了更多的物理规律。例如,甚至通常的功能性描述就违反了热力学第一定律,因为有限的输出功率从某种程度上来源于零功率输入。当然在现实中,很多的放大器都有一个稳定的电源并且被嵌入功能关系中。图8.9中的键合图表示了电源且此电源并不是凭空想象出来的。

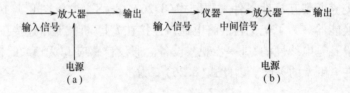

图8.9　放大器和设备
(a)一个放大器的基本键合图表示;
(b)含信号级换能器及相应放大器的设备应用系统。

另一方面,信号键表示的不带功率的信号流只可以被近似。在微观层面,海森堡不确定原理已经从本质上说明了没有反馈作用的信号交互是不可能的,但是在微观层面的很多情况下,可以制造高功率增益的放大器,且很多情况下不影响观测系统的可靠性。但还是没有绝对的关于活动键的恰当表述。

可能每一个工程专业的学生都有把真实的设备当做理想的信号换能器和放大器的经验,在某些情况下,系统的附属装置严重地干扰了系统测量。例如示波器,它有一个很高但有限的输入阻抗。因此,不能期望在一个含有与自身同一数量级阻抗的系统中测量电压,并且电流流入设备时电压上没有大的作用。类似地,水压放大器的末级尺寸,船的舵机要求相当大的功率输入。只有在严格的环境下,输入可以被认为是信号键,例如,如果放大器的末级相当大,那么末级的输入负载并不会在响应末级下一级起重要作用。

在低功率应用中,功率效率并不是很重要,且放大器被设计为可为输入和输出反馈作用提供很强的退耦。另一方面,在大功率的应用中,放大器必须考虑更多的物理特性,因为建造一个高功率生成元件不是一件容易的事情,放大器的输入级可以看做活动信号。因此,是否使用信号键表示放大器或设备属于一个建模决策,且这种表示针对真实设备的每一种系统都必须校验。

有了这些告诫,结合信号键来考虑一些理想元件的键合图表示方法。最简单类型的放大器模型包括信号控制的势或流源。在图 8.10(a)中,一个普通的电子电压放大器以键合图的形式表示出来。输出电压 e_o 假设是输入电压 e_i 的静态或动态函数。在静态线性条件下,获得电压为 G

$$e_o = Ge_i(t) \tag{8.34}$$

在动态条件下,输出电压通过微分方程与输入电压相互关联,或者在广义的线性情况下由传递函数来完成。在后面的案例中,可能会找到产生期望传递函数的放大器内部状态变量。通常,这些状态变量是非物理的且其仅提供的状态方程等同于特定频率领域里的放大器的表示法。这类状态方程可以用在整个系统的时域分析里。

图 8.10(a)中展示了来自 0 - 结的输入电压 e_i,它是信号键上的一个信号。针对 0 - 结上的所有键写出电流总的关系,假设信号键上没有电流。因此,理想的放大器并不影响使它获得输入电压的 0 - 结。在输出端,限制电流 i_o 可能存在,但是 e_o 并不受 i_o 的影响。因此,在理想情况下功率获得是无限的。

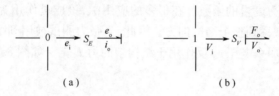

图 8.10 使用控制源的放大器模型
(a)电压控制电压源;(b)振动混合器以速度源来显示。

在设计良好的系统中,放大器可能起到控制源的作用,但是在某些情况下,甚至当需要一个更详细的物理模型时也要做控制源假设。例如在图 8.10(b)中,一个振动平台可以建模为可控制速度源,其中期望的速度时间曲线是 V_i,而且假设一个复杂的自动控制系统在测试系统的通口上加载 $V_o(t)$ 来响应 $V_i(t)$。很多情况下,反作用力确实影响伺服系统,因此 V_o 并不如实地跟踪 V_i。在这种情况下,图 8.10(b)的简单模型是不恰当的,但是控制源模型的简单性却经常诱使工程师们去使用它,特别是在真实设备的动力学还没有完全搞清楚或建立之前。

很多的物理设备在本质上起放大器或换能器的作用,但却被不恰当地建模为简单的控制源。例如,汽油机很明显地放大了人类的或自动控制器的功率。图 8.11(a)所示发动机的扭矩 - 速度曲线,通过节流阀的位置来进行修改,并使用角 θ 表示。而且,功率要求移动节流阀很小,不仅仅与发动机功率相比,而且可以与弹簧力、惯性力和曲轴连接处的曲轴摩擦力相比。因此,可以合理地认为与扭矩相关的曲轴连接处的移动可以忽略,但是不能仅假设用 θ 来控制源,这是因为扭矩 τ 总是输出轴角速度 ω 的函数。由于扭矩与速度有关,可以把发动机描述为电阻器,尽管它是提供功率而不是耗散(汽油机中的功率提供已经加入到扭矩 - 速度曲线)。因此,图 8.11(b)所示发动机的放大器表示法可以表示为可控电阻。

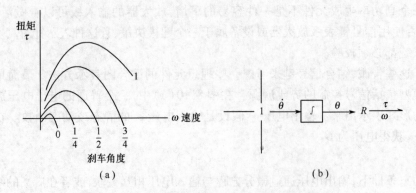

(a)　　　　　　　　　　　(b)

图 8.11　汽油发动机的静态模型,类似于放大器
(a)扭矩速度曲线是截流联动装置角 θ 的函数;
(b)使用控制阻抗的发动机放大器模型。

　　信号键表示节流联动装置没有扭矩,相应的 $\dot{\theta}$ 等同于信号,因此可以使用方块图符号来表示,对 $\dot{\theta}$ 积分后得出信号 θ 控制表示发动机的电阻。总体而言,当放大器和设备是系统的一部分时,为了显示信号键的信号动态关系,在键合图中使用方块图是很有用的。

　　另一个使用可控阻抗的例子如图 8.12 中的应变仪设备。阻抗应变仪的思路是电子电阻的度量是机械张力度量的函数。在很多的应用中,该成员作用为弹性元件把张力联系到压力上,并最终联系到整个结构的力。因此,当张力测试被用到图 8.12(a)的桥接电路后,桥提供电压 e_i,那么电压 e_o 反作用于结构中的力 F 上。如图 8.12(b),(c)所示,一

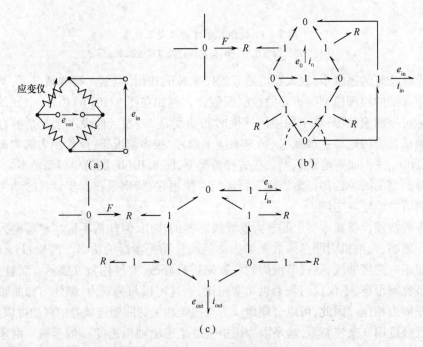

图 8.12　应变仪设备
(a)电路示意图;(b)键合图;(c)选择接地电压后的简化键合图。

222

个基本设备的键合图表示方法可以由力控制电阻和桥接电路的键合图构成。当然,可以进一步简化这个系统。如果 e_i 由一个稳定源提供,那么把电源嵌入到电阻关系中,可以在输出通口把系统转变为力－调制电阻。而且,如果一个放大器连接到输出通口上,它可以提供一个输出电压作为力函数。因此,整个系统都简化为力－控制电压源。

尽管实际上在某些特定情况下任意换能器都能被安排作为设备来使用,在含功率源的结中还可以作用为放大器,但变量阻抗元件仍非常重要。在这些类型中包括有很多的电子设备如换能器、真空管和类似的设备,以及很重要的阀门－控制液压机械设备。或许最后的例子可以帮助表示这些设备在键合图中是如何建模的。

阀门也是机械部件的位置影响液压阻抗的装置。阻抗的改变可以转换为阀门的压降,因此可以推算出移动部件的位置;阀门可以作为位置表示装置。而且,通过移动阀门,液体功率量可以得到控制,且阀门可以嵌入到放大器中。现在就开始考虑这些后续的应用了。

图 8.13 所示为四通阀门,它在液压动力系统中是很普遍的。事实上,阀门上的 4 个阻抗通过阀槽位置 z 来调制。当阀门连接到压力源和负载(典型的液压油缸或正位旋转液压电动机)时,大的液压功率流 $P_m Q_m$ 由很小的由阀槽的移动 z 控制的功率来控制。如图 8.13 所示,液压电路是桥接的。

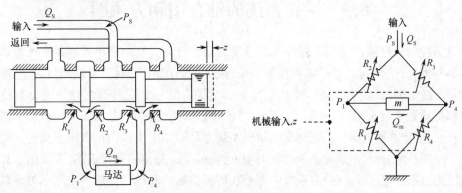

图 8.13　通用的四通阀门和等价电路

这些含有液压阀的系统由于液压阻抗固有的非线性特性而变得复杂。这类系统已被广泛研究,但是,通常更简单的模型却可能会满足要求。以第 7 章的文献[2]为例,得出图 8.14 的曲线,针对阀槽位置 z 的各种值给出了发动机流 Q_m 和发动机压力 P_m 之间的关系($P_m = P_1 - P_4$)。很明显,放大器表示为位移－调制阻抗,且图 8.14 的曲线是设备的特性曲线。(文献[2]中给出了针对不同阀门几何的特征曲线)。图 8.15 中键合图表示放大器应如何表示。图 8.15(a)中,提供的压力仅只被吸收到阻抗的特性方程中。在图8.15(b)中,阀门是以二通口阻性元件方式表示的。在这种情况下,可以对操作各种压力源工作的放大器上的作用进行研究。每个模型中均以简单函数形式来表示复杂物理系统,这一形式只有在严格的条件下才是合理的。自然地,可以使用标准键合图方法来为设备建立精确的基于物理的模型,但是这类模型要比功能模型复杂,且它对整个系统的有用性不会有太大的帮助。正因如此,功能模型首先至少可以起到对系统分析的目的。稍后,会找到一个更完善的模型。

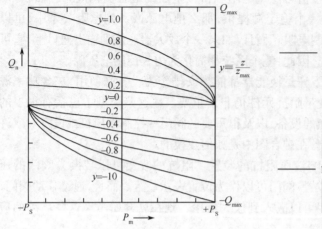
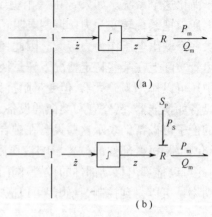

图 8.14　四通阀门的压力 - 流特性　　　　图 8.15　四通液压阀门的键合图模型

（a）位移调制阻抗，将 P_S 嵌入到特性方程中；

（b）表示法显示了压力供给。

8.4　受控系统的键合图和方块图

反馈控制系统被广泛用于修改工程系统的动态行为。它们要求传感器来测量系统响应的某些方面,信号处理器来实现控制规则,执行器来作用于系统。传感器和执行器类似于设备和放大器,因此它们可以使用信号键来建模。信号处理器通常是一种针对特殊目的的模拟或数字计算机,一般采用特定信号的反应来描述,并不考虑任何物理功率需求。

自然地,传感器或执行器是真实的物理系统而且原则上可以由键合图来描述。对一个设计良好的系统来说,这既非必须也非期望,通常的方法是使用信号流图、方块图或计算程序来描述信息处理过程,在控制系统中它是在传感器输出和执行器输入之间来处理的。当传感器或执行器的某些动态特性不能忽略时,它们既可以作为物理系统的一部分,也可以作为控制系统动态规则的一部分。

针对控制系统,使用复合的表示方法会更有优势,其中物理系统使用键合图表示,控制器表示为信号处理器。下面通过举例来证明表示方法的选择。信号处理过程可以由各种不同级别的特征方块图来表示。对于可直接使用键合图模型的连续系统仿真程序,键合图和方块图的组合特别有用(见第 13 章)。在这样的程序中仅需要添加方块图或控制语法,则键合图方程自动生成。甚至可以用方块图或等价方式来表示物理系统,因为放大的键合图只不过是方块图或系列方程的信息压缩表示方法。对于简单的系统,结果结合方块图可以看得很清楚,但是对于复杂系统,结果可能过于复杂而不能广泛使用。

图 8.16 所示为电子控制自动悬停特性的快速反应负载杆和半活动阻尼器的示意图。系统的细节见文献[3 - 5]。为了简便,系统仅展示了"1/4 汽车"模型,其中质量块 M 表示车身,m 表示轮胎。速度 V_0 表示不平坦路面造成的输入垂直速度,k 是线性的轮胎弹簧系数。传感器被期望产生出车身的绝对垂直速度 V 的近似,以及车轮到车身的偏转度量 X。

224

控制器驱动执行器提供主悬停弹簧接触点的相对速度 V_c，类似于传统负载杆（草图表示了系统的机械等价物，实际中它可能以气动的或液压气动的方法来实现）。控制的另外一个输出 F_c 是一个命令力，可以由半活动阻尼器来实现。减振器是一个可变阻抗，例如带有机电阀门的液压振动吸收器。很明显这类设备不能提供任意的 F_c，因为它的力乘以其相对速度 $\dot{X}$ 必须表示为功率耗散。因此，模型中将使用非线性函数 Φ 来把真实减振器力关联到 F_c 和 $\dot{X}$。Φ 的细节依赖于特殊的半活动阻尼器规则原理以及设备的物理结构。

在这个简单的例子中，示意图很清楚地展示了物理系统单独的方程很容易写出，但通常不是这种情况。图 8.17 中键合图模型结合示意方块图。这种表示方法中，很明显物理学系统模型是完全定义的。信号键意味着假定 V 和 X 可以由传感器测量且没有明显的动力学。块 $1/s$ 仅表示信号键上的 $\dot{X}$ 积分后得到 X（符号 s 表示拉普拉斯变换推广到频率变量，因此 $1/s$ 是积分器的传递函数），这是一个信号键明确地作为方块图信号的例子。控制器有命令输入 $X_c(t)$，它与期望停靠高度相关联而且它可以来自监控控制器（由于空气动力学的原因或是人为输入原因，停靠高度由于速度变化而不同）。

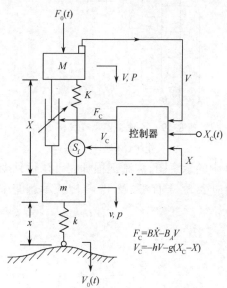
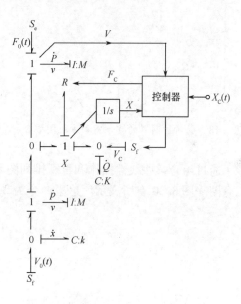

图 8.16　1/4 汽车模型，其中包括电子控制悬停　　　图 8.17　针对控制器的输入和输出信号，
系统并结合了半活动阻尼器和快速负重轧平机　　　图 8.16 中的系统键合图使用信号键

控制器的输出速度 V_c 驱动理想的速度源。如果用执行器的物理模型替代理想源，那么执行器动力学就包括在内，可能是电压源作用于电动机和变速箱模型上。为了对执行器动力学精确建模，某些滞后或延迟也可以合并到控制器方块图或算法中。信号 F_c 调节 R-元件表示可控振动吸收器。而且，工程判断要求确定半活动阻尼器中是否包含执行器动力学。

为了模拟图 8.17 中的系统，我们仅需要把不带活动键的键合图表示给键合图处理器，然后根据控制规则把其加入到程序关系中将 F_c 和 V_c 与 V, X, X_c 关联，类似于图 8.16。事实上，针对简单的控制规则，清楚的键合图方块图就可以表示，见图 8.18，在这一组合示意图中，事实上除了半活动阻尼器外所有的关系都是清楚的。这里仅展示了减振器上的控制力，

225

但是真实的力仍然必须被确定。

因为图 8.18 中的键合图等同于方块图,所以有可能将其转换为完整的方块图表示法。如图 8.19 所示,因为所有内部的势和流都显示,这将导致一种非常清楚却很复杂的表示方法。尽管此类方块图有某些理论优势,但很少有控制工程师对此感兴趣。

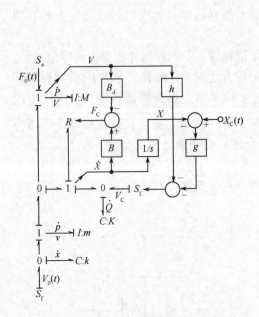

图 8.18　针对控制器的键合图和方块图综合

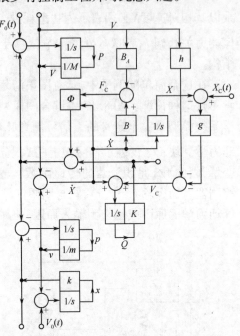

图 8.19　从键合图中直接得出方块图
并组合控制器示意图

通过组合某些线性操作和重新排列图 8.19 中的示意图,控制工程师们可以得到新的示意图。图 8.20 有所展示。这里命令为 X_c,响应为 X,干扰 F_0 及 V_0 与传统示意图中的

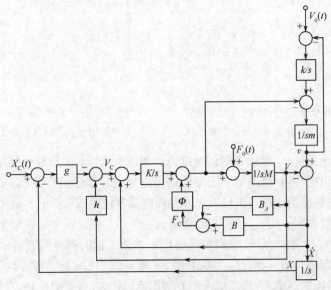

图 8.20　图 8.19 中的方块图被简化并把典型反馈控制方式重新排列

226

来自 V 和 X 的反馈回路一同展示。很明显,示意图帮助我们了解系统控制的方方面面。而且,限定功率和零功率信号之间的区别已经完全不存在了。

通过本章学习,我们看到每一种系统的表示方法,从示意图到混合键合图,再到键合信号图,再到纯信号图或计算示意图,都有各自的用处。如果能很好地运用这些类型的表示方法,那么就很可能在系统动力学和控制方面取得成功。

习 题

8-1 示意图表示了一个使用独立激励直流电动机的定位系统,物理系统变量和参数定义如下:

θ_0—— 输出位置角;

e_{in}—— 输入电压;

e_a—— 线性放大器的输出电压;

i_a—— 电动机电枢电流;

i_f—— 电动机场电流,假设为常数;

K_a—— 线性放大器的放大率,假设无重要的时间常数;

R_a—— 电枢线圈电阻;

L_a—— 电枢感应系数;

J—— 惯性负载;

β—— 黏性阻尼常数;

K_T—— 电动机扭矩常数;

K_v—— 电动机的后电动势常数。

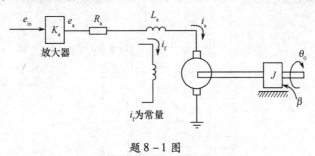

题 8-1 图

下列微分方程控制系统动力学

$$J\ddot{\theta}_0 + \beta\dot{\theta}_0 = K_T i_a, \quad L_a i_C + R_a i_a = V_a - K_v \dot{\theta}_0$$

(1) 构建系统键合图。

(2) 写出状态—空间方程,验证你的方程等价于上面的方程。

(3) 用两种方法分析系统,并进行比较。例如,这个系统是三阶还是两阶? K_T 和 K_v 能否以任意方式关联?

8-2 地震检波器草图如下:

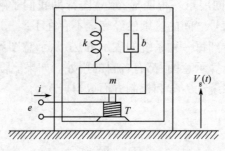

题 8-2 图

输入是大地的运动 $V_g(t)$,且通过一个电子换能器使用一个永久磁体移向线圈来产生检震质量块 m 和容器之间的相对运动。

(1) 构建设备的键合图,使设备的电子通口为自由键,忽略线圈的阻抗和传导作用;

(2) 假设设备与电压放大器相连,因此 $i \approx 0$。找出 $V_g(t)$ 和 e 之间的传递函数;

(3) 因为连接噪声检波,所以有些时候更愿意使用电流而非电压作为信号,假设电流放大器连接到地震检波器终端,因此 $e \approx 0$。当线圈的阻抗忽略时,仍然可以发现 V_g 和 i 之间的传递函数,尽管系统的状态方程已经退化;

(4) 当线圈电阻不能被忽略时,重新考虑(3)中的情况。

8-3 考虑图 8.7 中的螺线管,但是其中包括移动元素的质量 m 以及静摩擦力 F_f,其特性方程是

$$F_f = F_0 \mathrm{sgn} V = \frac{F_0 V}{|V|}$$

式中:F_0 为摩擦力的量值。

假设电子线性并为电压源输入,请给出这一换能器的键合图,写出状态方程。

8-4 圆柱体浸没在圆柱形容器中。与容器的表面积相比,浮体的横截面面积不可

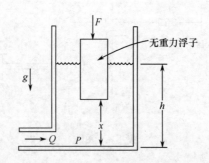

题 8-4 图

忽略。容器进水口的压力 P 为 γh,其中 γ 是水的密度 h 是水的高度。水的体积 V 是流速度 Q 的时间积分。如果假设

$$P = P(V, x), \quad F = F(V, x)$$

这个设备属于哪一类键合图元件?P 和 F 可以任意关联吗?你能画出草图吗?

8-5 静电扬声器系统,其中高充电电压 E 和一个信号电压 $e(t)$ 通过一个电流受限电阻器 R。移动板或隔膜假设有有效质量 m,机械弹簧系数为 k(机械弹簧表示隔膜张力

和气垫作用的结合,气垫由密封舱组成)。键合图片段表示了声负载效用,其中 A 是扬声器的有效面积,P 表示声学过压。在任何单频率时 I 和 R 元件都可以通过调整来匹配空气阻抗:

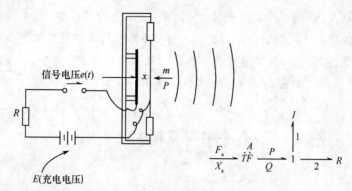

题 8 − 5 图

假设基础换能器是电子线性设备,其电量是 $C(x) = \varepsilon A/x$,其中 ε 是空气密封舱的电容率,构建系统键合图。当 $E = 0$ 时,机械弹簧在 $x = x_0$ 时无形变。写出系统的状态方程,分别把声学惯量和阻抗称为 I_1 和 R_2。

8 − 6 通过研究如下理想的储能换能器,可以理解交流发电机和电动机的基本换能装置,它由一个固定的和一个移动的线圈构成。假设两个电流和扭矩 τ 与两个磁通匝连数变量 λ_1、λ_2 相关联,角的位置为 θ:

$$i_1 = i_1(\lambda_1,\lambda_2,\theta), \quad i_2 = i_2(\lambda_1,\lambda_2,\theta), \quad \tau = \tau(\lambda_1,\lambda_2,\theta)$$

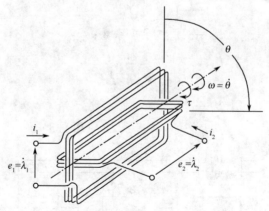

题 8 − 6 图

对电子线性情况,习惯定义自感和互感应系数参数。例如,

$$\begin{bmatrix} L_1 & L_0\cos\theta \\ L_0\cos\theta & L_2 \end{bmatrix}\begin{bmatrix} i_1 \\ i_2 \end{bmatrix} = \begin{bmatrix} \lambda_1 \\ \lambda_2 \end{bmatrix}$$

L_0, L_1, L_2 是常数且 $L_1 L_2 \geqslant L_0^2$。

(1)采用哪一类键合图元件描述该设备?

（2）当 λ_1,λ_2 从零变化到终值,通过计算在 θ 存储的能量从感应矩阵中提取扭矩,关于 θ 对能量函数求微分(见文献[1],322 – 323)。

8 – 7　图示为门铃的模型,其中有螺线管、回动弹簧、摩擦力、击锤和钟。示意图描述的是物理作用建模,其中开关处于关闭状态。给出系统的键合图,其中包括所有物理作用。通过非线性弹簧来建模钟锤之间的相互作用,其中从零到钟锤接触到钟。写出这一设备的运动方程,假设螺线管的非线性。令你的结果为功能形式,令 $L(x)$ 表示自感应,$F(x)$ 表示钟锤弹簧力。画出 $L(x)$ 和 $F(x)$ 的曲线草图。

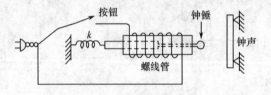

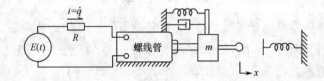

题 8 – 7 图

8 – 8　速度控制系统使用直流电动机,参数如下:

$$L_f \text{——} 场的感应系数;$$

$$R_f \text{——} 场电阻;$$

$$L_a \text{——} 电枢感应系数;$$

$$R_a \text{——} 电枢电阻;$$

$$J \text{——} 总转动惯量;$$

$$B \text{——} 旋转减振器系数;$$

$$T(i_f) \text{——} 传递系数(见图 8.3)。$$

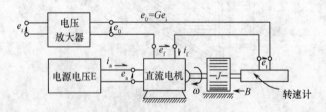

题 8 – 8 图

控制电压 e_f 驱动放大器,该放大器作用为电压控制电压源:

$$\xrightarrow{e_i} S_e \xrightarrow{e_0}, \quad e_0 = Ge_i(t)$$

转速计是永久磁体装置,并作用为一个设备,因此它的机械键可能是活动的:

$$l_\omega \longrightarrow - \overset{K_t}{\ddot{G}} Y \overset{e_t}{\underset{i_t}{\longrightarrow}}, \quad e_t = K_{T_0(t)}$$

写出系统的键合图及状态方程,当 i_a 是常数时找出 e_i 和 ω 之间的传递函数。

8-9 图为交流电自行车发电机,小轮的直径为 d 并与大轮相互接触,大轮的直径为 D。假设发电机的功能类似于图8.4,尽管现实中磁体围绕固定线圈旋转。建立键合图表示法,建模线圈自感应作用、阻抗作用、灯泡阻抗,并能支持预计灯泡电压是如何随速度的变化而变化的。

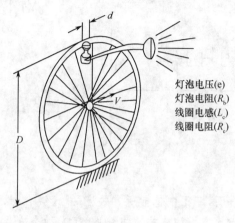

灯泡电压 (e)
灯泡电阻 (R_b)
线圈电感 (L_c)
线圈电阻 (R_c)

题8-9图

解释 $L-R$ 电路的自动调节特性,根据频率响应作用允许灯泡电压上升小于 V。

8-10 为了研究所示生成系统的响应改变活塞的设置 $\theta(t)$ 和负载阻抗 $R(t)$,使用图8.11中的键合图表示发动机,令信号键来控制负载阻抗,$—R \longleftarrow$。

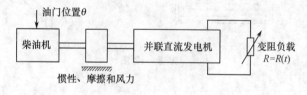

题8-10图

给出该系统的键合图,并以功能形式写出运动方程。参考图8.3。

8-11 题图(a)部分所示为一个简单的泵。止回阀由非线性阻抗表示,阻抗的特性在图(b)中表示。

(1)验证图(c)中的键合图,并计算调制函数 $f(\theta)$;

(2)假设速度 $\omega = \theta$ 为常数,画出吸气和排气流随时间的变化函数;

(3)你应该发现该泵的作用类似一个电子半波整流器电路,创造一个全波整流器电路,并给出所创造泵的键合图。

8-12 考虑如下的高性能速度控制系统。思路是驱动带并激直流电动机的液压泵,并通过调节液压传动装置中的旁路阀来控制速度 ω_2。阀门的调节函数为 $x(t)$,它可以手动改变,或最终由伺服控制系统自动控制。这一系统应该快速反应,因为如果阀门突然关闭,液压马达泵会直接连接,因此存储在旋转惯量 J_1 中的能量可以用来快速加速 J_2。

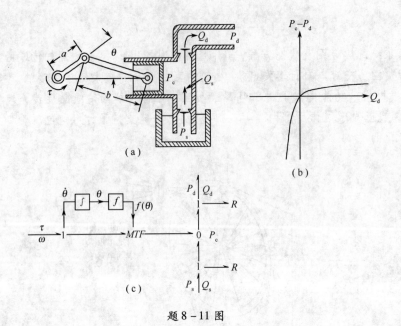

题 8 – 11 图

（1）画出系统的键合图，草图中包括所有效应，放大键合图，列出需要的状态变量；

（2）根据键合图写出状态方程或构建方块图，定义动态方程的输入变量。

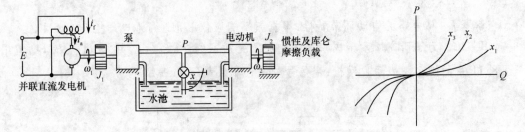

题 8 – 12 图

基本电动机特性为

$$T(i_{\mathrm{f}})i_{\mathrm{a}} = \tau, \quad e_{\mathrm{a}} = T(i_{\mathrm{f}})\omega_1$$

阀门的压力流规律依赖于行程 x，

$$P = A(x)Q|Q = A(x)Q^2\mathrm{sgn}Q|$$

模型应该包括电枢和场的自感应和阻抗。

泵和液压发动机的特性方程如下：

① 对于泵

$$\tau_{\mathrm{a}} = \alpha_{\mathrm{p}}P_{\mathrm{p}}, \quad \alpha_{\mathrm{p}}\omega_{\mathrm{p}} = Q_{\mathrm{p}};$$

② 对于发动机

$$\tau_{\mathrm{m}} = \alpha_{\mathrm{m}}P_{\mathrm{m}}, \quad \alpha_{\mathrm{m}}\omega_{\mathrm{m}} = Q_{\mathrm{m}}。$$

忽略泵和发动机的漏损以及油管的可压缩性。

8 – 13 题图中展示了一个在很多汽车中都能找到的传统液压气动悬停系统，通过附加的阀门使其活动状态。该阀门的一个简单模型为油流 Q 与悬停的相对位置 x 简单地成比例。我们假设一个高压油源,因此阀门可以由 x 调制起到一个流源的作用。

$$\xrightarrow{\ x\ } SQ \longmapsto$$

在悬停中独立于压力。此系统对于任意倍率 g 悬停的"静态偏转"总为零,但当 g 增加时,并不能确保系统仍为稳定。

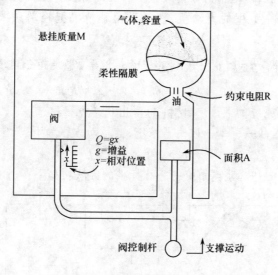

题 8 – 13 图

（1）给出一个系统的键合图;

（2）确定对恰当的系统输入,写出系统的一组状态 – 空间方程;

（3）假设系统所有元件特性均为线性,建立一个表达式来对参数的特殊数值生成系统特征值。

8 – 14　通过连接一个短管阀门和带有反馈连接的液压油缸构建一个伺服机构系统:

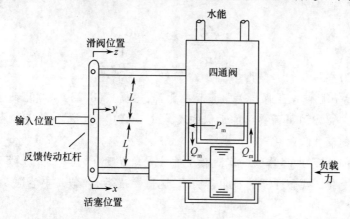

题 8 – 14 图

根据文字讨论以及图 8.13 ~ 图 8.15,为这一设备构建键合图。假设如下:

（1）移动阀门要求的力为 $F_t = F_0 \mathrm{sgn}\, \dot{z}$,其中 $F_0 = $ 常值;

（2）负载力是惯性的且阻抗的,并包含油的可压缩性;

（3）连接装置轻且无摩擦，以微小的角度移动；

（4）油缸的工作区域面积是 A，供应压力是 P_s。采用键合图，回答下列问题：

（1）为了移动该输入，需要怎样的力，最大可能的负载力是多少？

（2）零负载力的情况下，油缸的最大速度是多少？

（3）写出运动方程，以通用函数形式写出阀门的特性方程，例如，$Q_m = Q_m(z, P_m)$。

8-15 针对题8-1中的发动机，按以下两种情况把控制系统方块图加入到键合图中：

（1）速度控制系统 $e_{in} = g(\dot{\theta}_c - \dot{\theta}_0)$，其中 g 是倍率，$\dot{\theta}_c$ 是指令角速度；

（2）位置控制中 $e_{in} = -g\dot{\theta}_0 + h(\theta_c - \theta_0)$，其中 g, h 是倍率，θ_c 是角位置指令信号。每一种情况中注意控制系统的顺序。针对（2）写出状态方程。

8-16 一个质量块—弹簧—阻尼器系统，其运动方程如下：

$$m\ddot{x} + b\dot{x} + kx = f$$

其中 f 是外加力。针对此类系统——一种标准的方块图如下：

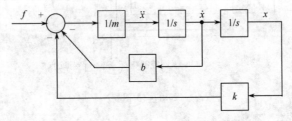

题 8-16 图

针对这类系统给出一个键合图直接将其转换为图8.19风格的方块图。然后重新排列方块图，使其等价于上面的图。

8-17 考虑式(8.23)式(8.25)描述的电子线性平行板电容。以下列形式重写力规则

$$F = \frac{-q^2 C'}{2C^2} \qquad C' = \frac{dC(X)}{dX}$$

类似于式(8.33)螺线管的力规则。

（1）当消去 q 以使电压保持为常量且值为 e_0，根据式(8.23)来找出此情况的力规则；

（2）根据式(8.25)下面提到的近似的表达式 $C(X) = \varepsilon A/X$，当 q 为常数时，在此假设下力并不随 X 的变化而变化。

8-18 一个蝶形电容器的电容随转子的位置角 θ 变化，而不是随题8-17中线性位置 X 的变化而变化。类似于平行板电容力 F，这需要扭矩 τ。假定电容随 θ 的变化情况符合下式

$$C(\theta) = C_0 + C_1 \cos 2\theta$$

并且

$$C_0 = 15 \times 10^{-12} F, \qquad C_1 = 10 \times 10^{-12} F$$

且假设电容与1000V的电源连接，当角尽可能大时计算扭矩量。

8-19 惯性执行器是一种通过恰当的惯性质量加速，可以产生指定的反作用力的装

置。把此执行器连接到一个结构上,结构的运动可以控制。

这个装置由声圈驱动,其中电子一端的线圈阻抗很重要。质量块 m 与弹簧 k 和阻尼器 b 相连。

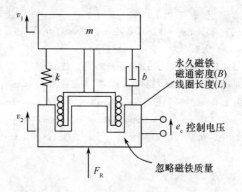

题 8-19 图

此处 F_R 是输出力。假设底座预规定了运动 $v_2(t)$。构建一个键合图模型,生成状态方程,得到 F_R 的输出方程。

8-20 从题 8-19 中的状态方程中,提出关联 F_r 与 v_2 以及关联 F_r 与 e_c 的传递函数。

得出

$$\frac{F_r}{v_2} = G_{Fv}(s), \quad \frac{F_r}{e_c} = F_{Fc}(s)$$

8-21 因为题 8-19 看做线性情况,可以从题 8-20 中以传递函数的方式来表示输出力,即

$$F_R(s) = G_{Fv}v_2 + F_{Fc}e_c$$

我们期望反作用力模拟阻尼器的作用,阻尼器与底座和惯性地面相连。换言之,我们期望

$$F_R = b_c v_2$$

其中 b_c 是控制器倍率。给出理想的控制过滤器来根据设备的动力学产生出理想的反作用力。

8-22 题 8-19 中的装置与一个结构相连,此结构由质量块 m_s、弹簧 k_s 及阻尼器 b_s 组成,力 F_d 作用在结构质量块上。对整个系统构建键合图并推导状态方程。

推导开路($e_c = 0$)传递函数来将输出 v_2 和输入 F_d 相关联。使用题 8-21 中的控制传递函数,从 v_2 和 F_d 之间推导出闭环传递函数。结果中是否有元件类似于地面上的阻尼器?

8-23 重做题 8-19 到题 8-22,但假定该声圈由电流 i_c 驱动,而不是电压驱动。

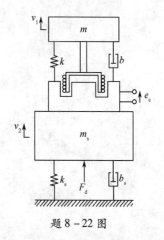

题 8-22 图

参 考 文 献

[1] S. H, Crandall, D. C. Karnopp, E. F. Kurtz, and D. C. Pridmore-Brown, *Dynamics of Mechanical and Electromechanical Systems*, Melbourne, FL: Krieger, 1968.

[2] J. F. Blackburn, G. Reethof, and J. L. Shearer, *Fluid Power Control*, Cambridge, MA: MIT Press, 1960.

[3] D. Karnopp, "Active Suspensions Based on Fast Load Levelers", *Vehicle Syst Dynam*, 16, No. 5-6, 335-380(1987).

[4] D. Karnopp, "Active Damping in Road Vehicle Suspension Systems" *Vehicle Syst. Dynam*, 12, No. 6, 291-311(1983).

[5] D. Karnopp, M. J. Crosby, and R. A. Harwood, "Vibration Control Using Semi-active Force Generators," Trans. *ASME J. Eng. Ind*, 96, Ser. B, No. 2, 619-626(1974).

第9章　含非线性几何学的机械系统

到现在为止,读者可以在一定程度上熟悉,甚至能够熟练使用键合图来表示所感兴趣的各种类型的动态系统。使用键合图通过因果关系指定能够直接表示系统变量,并且每个系统变量对应一个元件模型,这些模型能够组成一个完整的系统模型。已知可能存在代数问题,并在前面的一章中介绍了对这些代数问题的处理策略。在后一章中,将给出计算过程,并且正如读者所猜测的那样,也将体现因果关系在构建计算模型时所带来的方便。事实上,某些代数问题可能很复杂,包括许多不可转化的非线性函数中的变量,因此,初始模型构建过程中在现有建模假设下实际上无法建立形式化的计算模型。

本章介绍对多维刚体机械学的处理和如何将这些复杂的机械学集成到整个系统模型中的问题。尽管还有许多其他示例,但汽车系统在使用非线性机械学工程问题中仍占主要。可以看出,可以将刚体机械学引入一个键合图的形式化表示中,从而得到的键合图部分可用于构建整个模型。可以逐步增加悬挂部件、轮胎、发动机、发动机消声器、闸,以及其他部分,从而以这些可计算的模型将联合所有硬件的方式来构建刚体模型框架。当然这并不容易做到,但是,通过坚持,读者能够获得构建可信的低阶系统模型的能力作为补偿,模型中包含三维刚体运动,并能直接生成形式化状态方程,以供计算。

9.1　多维动力学

图 9.1 为一个在空间中既有平动也有转动的通用刚体模型。惯量主轴为 X,Y,Z,刚体转动轴 x,y,z,及其质心在图中给出。在体坐标系下,转动惯量保持不变,因此由此产生的惯量都为零。但从刚体运动的角度分析,体坐标系并不是最佳的,他们是计算刚体转动的参考坐标系。

在图示瞬时,刚体的绝对速度是 v,绝对角速度是 ω,这些矢量都被分解为相互正交的 3 个部分:v_x、v_y、v_z 和 ω_x、ω_y、ω_z。牛顿证明,作用于刚体的净力 F 改变其动量:

$$F = \frac{\mathrm{d}}{\mathrm{d}t}p \tag{9.1}$$

其中

$$p = mv \tag{9.2}$$

如果 v 在旋转框架下表示,则

$$F = \left.\frac{\partial p}{\partial t}\right|_{\mathrm{rel}} + \omega \times p \tag{9.3}$$

其中

$$\left.\frac{\partial p}{\partial t}\right|_{\mathrm{rel}}$$

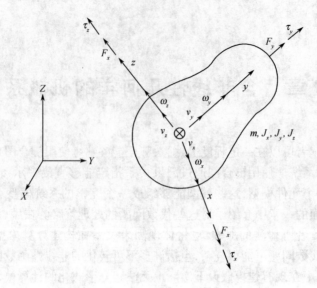

图 9.1 通用的三维运动中的刚体

表示动量相对于运动框架的变化速率。

如果以一个固定点,刚体上某一点或质心为参考点,令作用在刚体上的净扭矩为 $\boldsymbol{\tau}$,角动量为 $\boldsymbol{h}$,则可推导出与式(9.1)相似的角动量定理,如下:

$$\boldsymbol{\tau} = \frac{\mathrm{d}}{\mathrm{d}t}\boldsymbol{h} \tag{9.4}$$

如果假定令 x-y-z 坐标轴系统与刚体的惯量主轴重合,则角动量与角速度之间的关系为

$$\boldsymbol{h} = \boldsymbol{J}\boldsymbol{\omega} \tag{9.5}$$

式中:$\boldsymbol{J}$ 为以主惯量 J_x,J_y,J_z 为对角线的对角线矩阵。

当以转动坐标系为参考表示 $\boldsymbol{h}$ 时,有

$$\boldsymbol{\tau} = \frac{\partial \boldsymbol{h}}{\partial t}\bigg|_{\mathrm{rel}} + \boldsymbol{\omega} \times \boldsymbol{h} \tag{9.6}$$

使用右手法则,可以直接写出式(9.3)和式(9.6)的分量方程,为

$$F_x = m\dot{v}_x + m\omega_y v_z - m\omega_z v_y \tag{9.7}$$

$$F_y = m\dot{v}_y + m\omega_z v_x - m\omega_x v_z \tag{9.8}$$

$$F_z = m\dot{v}_z + m\omega_x v_y - m\omega_y v_x \tag{9.9}$$

和

$$\tau_x = J_x\dot{\omega}_x + \omega_y J_z\omega_z - \omega_z J_y\omega_y \tag{9.10}$$

$$\tau_y = J_y\dot{\omega}_y + \omega_z J_x\omega_x - \omega_x J_z\omega_z \tag{9.11}$$

$$\tau_z = J_z\dot{\omega}_z + \omega_x J_y\omega_y - \omega_y J_x\omega_x \tag{9.12}$$

这些非线性微分方程就是欧拉方程。该方程组没有通用解,仅能在某些特定情况下得到解析解。如果得到了方程的解,则就能知道在任意瞬时不同方向上定义的参考系中的 $v_x,v_y,v_z,\omega_x,\omega_y,\omega_z$,这就使得对刚体运动的描述有些复杂。而且,(来自伴随系统的)力和力矩成分必须分派到刚体固连坐标系中,以使用这些方程。这些工作不会自动完成,

238

因此对这些方程的应用在这一开发阶段是有问题的。

如果把式(9.7)～式(9.9)中的向量积看做力,把式(9.10)～式(9.12)中的向量积看做力矩,则会得到如图9.2所示的平动和转动的非常好的键合图表示。读者可以分别在相应的1连接上增加力和力矩,并且方便地把欧拉方程实际表示为键合图片段。这些回转器环结构合适地引入动量 p_x, p_y, p_z 和角动量 $p_{J_x}, p_{J_y}, p_{J_z}$ 作为状态变量。调制回转器($-MGY-$)元件表示了式(9.7)～式(9.12)式中的向量积,且回转器的模是时变的,并取决于角动量状态变量。

如外力 F_x, F_y, F_z 和外力矩 τ_x, τ_y, τ_z 是键合图片段的因果输入一样,积分因果关系对所有 I 元件都存在。如果我们的愿意总是使用这些力和力矩成分作为因果输入,把速度和角速度作为因果输出,则可以写出这些状态方程,并且一旦写出以后,对这些子模型,就可以在构建系统整体模型的过程中,适当地将其连接到任何外部系统。作这样的假设,并写出状态方程如下:

$$\dot{p}_x = F_x + m\omega_z \frac{p_y}{m} - m\omega_y \frac{p_z}{m} \tag{9.13}$$

$$\dot{p}_y = F_y + m\omega_z \frac{p_z}{m} - m\omega_z \frac{p_x}{m} \tag{9.14}$$

$$\dot{p}_z = F_z + m\omega_z \frac{p_x}{m} - m\omega_x \frac{p_y}{m} \tag{9.15}$$

$$\dot{p}_{J_x} = \tau_x + J_y\omega_y \frac{p_{J_z}}{J_z} - J_z\omega_z \frac{p_{J_y}}{J_y} \tag{9.16}$$

$$\dot{p}_{J_y} = \tau_y + J_z\omega_x \frac{p_{J_x}}{J_x} - J_x\omega_x \frac{p_{J_z}}{J_z} \tag{9.17}$$

$$\dot{p}_{J_z} = \tau_z + J_x\omega_x \frac{p_{J_y}}{J_y} - J_y\omega_y \frac{p_{J_x}}{J_x} \tag{9.18}$$

其中

$$\omega_x = p_{J_x}/J_x \tag{9.19}$$

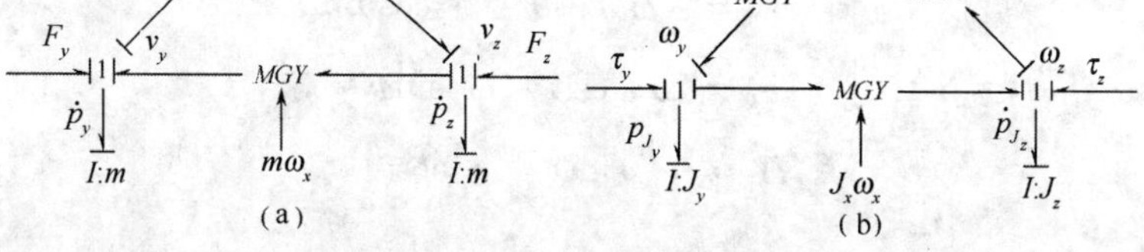

图9.2　刚体三维运动的键合图

$$\omega_y = p_{J_y}/J_y \tag{9.20}$$

$$\omega_z = p_{J_z}/J_z \tag{9.21}$$

对图 9.2 中键合图的简化表示如图 9.3 所示。

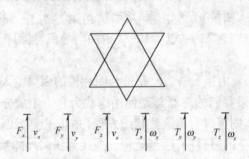

$$F_x\big\uparrow v_x \quad F_y\big\uparrow v_y \quad F_z\big\uparrow v_z \quad T_x\big\uparrow \omega_x \quad T_y\big\uparrow \omega_y \quad T_z\big\uparrow \omega_z$$

图 9.3　刚体三维机械学的简化表示

坐标系转化　由于外力和外力矩不太可能方便地与连续变化的主方向相连,而且在刚体固连坐标系下很难对刚体的运动进行描述,因此有必要通过一系列的坐标变换,将刚体固连坐标转化到其他更方便的坐标系下。从刚体固连坐标系到惯性坐标系的变换方法有很多种,其中可能最熟悉的就是使用欧拉角的转换。所用的转换方法在很大程度上取决于所分析的系统:转动的刚体,回转器的典型运动,使用欧拉角都可很容易地进行分析,而对多体系统,如机械臂,则需要使用其他的变换方法。

这里对坐标变换概念的建立将使用地面上的汽车作为例子,同时将引入万向角,对应于汽车的偏航,俯仰和滚动角。在图 9.4 中给出一个惯性坐标系 (X, Y, Z),一个体坐标系 (x, y, z),以及两个中间坐标系 $(x', y', z'$ 和 $x'', y'', z'')$。首先沿 Z 轴旋转 ψ 角(偏航),得到坐标系 x', y', z'。然后绕 y' 轴旋转 θ 角(偏航),得到坐标系 x'', y'', z''。最后绕 x'' 轴旋转 ϕ 角(滚动),得到瞬时刚体固连坐标系 x, y, z。

现在假定刚体固连角速度 $\omega_x, \omega_y, \omega_z$ 为已知(根据一致性,该输出来自回转器环键合图部分),并写出在中间坐标系和最后在惯性坐标系中的角速度成分:

$$\omega_{x''} = \omega_x \tag{9.22}$$

$$\omega_{y''} = \omega_y\cos\phi - \omega_z\sin\phi \tag{9.23}$$

$$\omega_{z''} = \omega_z\sin\phi + \omega_z\cos\phi \tag{9.24}$$

$$\omega_{x'} = \omega_{x''}\cos\theta + \omega_{z''}\sin\theta \tag{9.25}$$

$$\omega_{y'} = \omega_{y''} \tag{9.26}$$

$$\omega_{z'} = -\omega_{x'}\cos\theta + \omega_{z''}\cos\theta \tag{9.27}$$

$$\omega_X = \omega_{x''}\cos\psi - \omega_{y'}\sin\psi \tag{9.28}$$

$$\omega_Y = \omega_{x'}\sin\psi + \omega_{y'}\cos\psi \tag{9.29}$$

$$\omega_Z = \omega_{z'} \tag{9.30}$$

可以将这些关系式写成矩阵形式,即

240

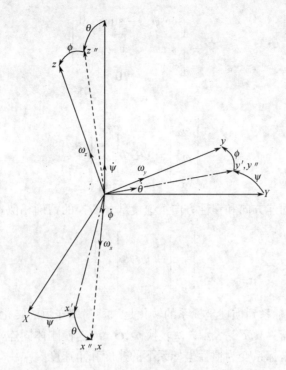

图9.4 万向角坐标变换

$$\begin{bmatrix} \omega_{x''} \\ \omega_{y''} \\ \omega_{z''} \end{bmatrix} = \begin{bmatrix} 1 & 0 & 0 \\ 0 & \cos\phi & -\sin\phi \\ 0 & \sin\phi & \cos\phi \end{bmatrix} \begin{bmatrix} \omega_x \\ \omega_y \\ \omega_z \end{bmatrix} \tag{9.31}$$

$$\begin{bmatrix} \omega_{x'} \\ \omega_{y'} \\ \omega_{z'} \end{bmatrix} = \begin{bmatrix} \cos\theta & 0 & \sin\theta \\ 0 & 1 & 0 \\ -\sin\theta & 0 & \cos\theta \end{bmatrix} \begin{bmatrix} \omega_{x''} \\ \omega_{y''} \\ \omega_{z''} \end{bmatrix} \tag{9.32}$$

$$\begin{bmatrix} \omega_X \\ \omega_Y \\ \omega_Z \end{bmatrix} = \begin{bmatrix} \cos\psi & -\sin\psi & 0 \\ \sin\psi & \cos\psi & 0 \\ 0 & 0 & 1 \end{bmatrix} \begin{bmatrix} \omega_{x'} \\ \omega_{y'} \\ \omega_{z'} \end{bmatrix} \tag{9.33}$$

这样,如果已知 $\omega_x,\omega_y,\omega_z$,则可以确定在所有坐标系下的角速度成分,包括惯性坐标系。
如果将旋转矩阵表示为

$$\boldsymbol{\Phi} = \begin{bmatrix} 1 & 0 & 0 \\ 0 & \cos\phi & -\sin\phi \\ 0 & \sin\phi & \cos\phi \end{bmatrix} \tag{9.34}$$

$$\boldsymbol{\Theta} = \begin{bmatrix} \cos\theta & 0 & \sin\theta \\ 0 & 1 & 0 \\ -\sin\theta & 0 & \cos\theta \end{bmatrix} \tag{9.35}$$

241

$$\boldsymbol{\Psi} = \begin{bmatrix} \cos\psi & -\sin\psi & 0 \\ \sin\psi & \cos\psi & 0 \\ 0 & 0 & 1 \end{bmatrix} \qquad (9.36)$$

则

$$\begin{bmatrix} \omega_X \\ \omega_Y \\ \omega_Z \end{bmatrix} = \boldsymbol{\Psi}\boldsymbol{\Theta}\boldsymbol{\Phi} \begin{bmatrix} \omega_x \\ \omega_y \\ \omega_z \end{bmatrix} \qquad (9.37)$$

应能注意到在刚体固连方向和惯性方向下速度部分变换的精确相似。因此

$$\begin{bmatrix} v_X \\ v_Y \\ v_Z \end{bmatrix} = \boldsymbol{\Psi}\boldsymbol{\Theta}\boldsymbol{\Phi} \begin{bmatrix} v_x \\ v_y \\ v_z \end{bmatrix} \qquad (9.38)$$

因此,从刚体固连坐标系到惯性坐标系的转化是一种功率守恒的转化,如图9.5中的键合图所示。调制变换器 $-MTF-$ 表示3次转换 $\boldsymbol{\Phi},\boldsymbol{\Theta},\boldsymbol{\Psi}$,这使刚体固连坐标系下的速度和角速度成分通过中间坐标系变为惯性坐标系下的速度和角速度。

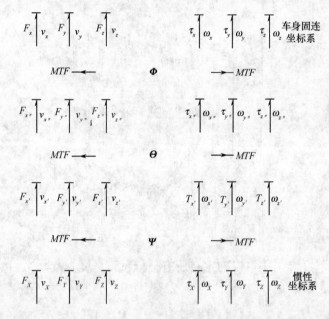

图9.5　坐标变换的键合图

现在利用坐标变换的功率守恒特性。由于此变换对能量没有存储和消耗,因此功率在瞬时必须是守恒的,这在第7章得到证明,并得到下述关于力和力矩的关系:

$$\begin{bmatrix} F_x \\ F_y \\ F_z \end{bmatrix} = (\boldsymbol{\Psi}\boldsymbol{\Theta}\boldsymbol{\Phi})^{\mathrm{t}} \begin{bmatrix} F_X \\ F_Y \\ F_Z \end{bmatrix} \qquad (9.39)$$

$$\begin{bmatrix} \tau_x \\ \tau_y \\ \tau_z \end{bmatrix} = (\boldsymbol{\Psi\Theta\Phi})^{\mathrm{t}} \begin{bmatrix} \tau_X \\ \tau_Y \\ \tau_Z \end{bmatrix} \tag{9.40}$$

或

$$\begin{bmatrix} F_x \\ F_y \\ F_z \end{bmatrix} = \boldsymbol{\Psi}^{\mathrm{t}}\boldsymbol{\Theta}^{\mathrm{t}}\boldsymbol{\Phi}^{\mathrm{t}} \begin{bmatrix} F_X \\ F_Y \\ F_Z \end{bmatrix} \tag{9.41}$$

$$\begin{bmatrix} \tau_x \\ \tau_y \\ \tau_z \end{bmatrix} = \boldsymbol{\Psi}^{\mathrm{t}}\boldsymbol{\Theta}^{\mathrm{t}}\boldsymbol{\Phi}^{\mathrm{t}} \begin{bmatrix} \tau_X \\ \tau_Y \\ \tau_Z \end{bmatrix} \tag{9.42}$$

因此,在图 9.5 中给出的转换不仅表明将刚体固连坐标系下的速度和角速度向惯性坐标系下的转换,也表明将惯性坐标系下的力和力矩转化到刚体固连坐标系。这种双向转化关系由图9.5 给出。

让我们约定总是使用含因果关系显示的图 9.5 中的坐标变换。在这种约定下,现在可以将图 9.5 中的键合图与图 9.3 中的刚体动力学相联系,同时现在能够建立三维刚体动力学状态的完整的形式化表示。此模型可以接受惯性坐标系下的力和力矩,将这些作用合适地分解到惯量主轴方向,然后,通过对一阶方程的积分推导出惯量主轴方向的速度和角速度,并将其转化到惯量空间的方向。这是一个很好的封装。

需要注意,在进行坐标变换时,需要已知角度 ϕ,θ,ψ。确定 $\dot\phi,\dot\theta,\dot\psi$ 与刚体固连坐标系下的 $\omega_x,\omega_y,\omega_z$ 的关系相对简单。根据图 9.4,有

$$\omega_x = \dot\phi - \dot\psi\sin\theta \tag{9.43}$$

$$\omega_y = \dot\theta\cos\phi + \dot\psi\cos\theta\sin\phi \tag{9.44}$$

$$\omega_z = -\dot\theta\sin\phi + \dot\psi\cos\theta\cos\phi \tag{9.45}$$

通过式(9.44)和式(9.45)可以解出 $\dot\theta$ 和 $\dot\psi$,即

$$\dot\theta = \cos\phi\omega_y - \sin\phi\omega_z \tag{9.46}$$

$$\dot\psi = \frac{\sin\phi}{\cos\theta}\omega_y + \frac{\cos\phi}{\cos\theta}\omega_z \tag{9.47}$$

然后,根据式(9.43),有

$$\dot\phi = \omega_x + \sin\phi\frac{\sin\theta}{\cos\theta}\omega_y + \cos\phi\frac{\sin\theta}{\cos\theta}\omega_z \tag{9.48}$$

式(9.46)～式(9.48)是 3 个附加的状态方程,必须与其他公式一起积分,这样就可以连续获得作为调制变量的 ϕ,θ,ψ。

在图 9.6 中给出对刚体机械学和坐标变换的一种非常好的

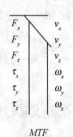

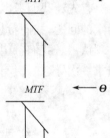

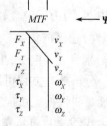

图 9.6　完整三维机械学加上坐标转化的键合图简化表示

243

简化表示。出于计算目的,图9.6的模块无法更好地组织,也不能直接参与外部动态系统的积分。但是,要记住我们的约定。必须保持图9.3和图9.6中给出的因果关系。

9.2 机械系统动力学中的非线性

本节主要解决下述问题:给定一个机械系统的表示示意图,以及对各部分的文字描述和数学表示,来寻找一种对系统建模的有效方式,并以此预测其动力学行为。

有必要强调此问题的重要性。它以一种本质上现代化的形式存在,至少从牛顿时代开始就这样,并吸引了许多杰出科学家,包括哈密尔顿和拉格朗日。自从牛顿时代开始,其发展并不依赖图形化或曲线化的表示形式,而是依赖面向符号的解析形式,表示为各种形式的算子和方程。因为我们现在已经知道如何以多种方式来形式化地表示机械问题,因此可以说基本的问题已经解决[1,2]。

本节的主要目的是介绍并推导将键合图作为机械系统中的标准模型,因此将对这一关于非线性问题的非常重要的类型转化为多通口系统的形式。我们将研究机械系统,包括质点和刚体的大规模运动。将使用各种不同的方法,包括建模者如何选择公式表示中的关键变量,通过简单解析方法的对特定所需变换的确定,以及在一个键合图中将所有部分组合为一个统一的模型。

研究从最简单类型的系统开始,包括直接对惯性成分和容性成分的耦合。

9.2.1 基本建模过程

首先让我们考虑期望达到的目标。在包含质点、刚体和弹性成分的机械学中,对一个给定的问题,我们希望得到一组一阶微分方程,方程中所含变量能生成对系统行为的深层物理认识。我们希望这些方程都是耦合的,而且尽可能地都是显式的(即,在一个方程中只求一次导数),具有如下形式:

$$C - 场:f_C = \phi_C(q_C) \tag{9.49}$$
$$I - 场:v_I = \phi_I(v_I) \tag{9.50}$$
$$结型结构:\dot{q}_C = [T_{CI}(q_C)]v_I \tag{9.51}$$
$$\dot{p}_I = [T_{CI}^t(q_C)]f_C \tag{9.52}$$

式中:f_C 为力的集合,定义了潜在的耦合能量;q_C 为位移的集合,定义了潜在的能量;v_I 为(惯性)速度的集合,定义了运动耦合能量;p_I 为转动惯量的集合,定义了运动能量;$\dot{q}_C$ 和 $\dot{p}_I$ 分别为 q_C 和 p_I 的时间导数。

分析这些方程可以发现,式(9.49)直接来自容性元件的构成法则。关系式的集合既可能是线性的也可能是非线性的,既可能是耦合的也可能是非耦合的,由 C - 场的属性确定。式(9.50)可从系统中的惯量元件直接得到。矢量 v_I 是相对一个惯性坐标系定义的,表示相对非旋转坐标系的刚体质心的平动速度以及角速度。

典型地,机械学中最困难的方面通常是 C - 场和 I - 场的非线性耦合,这是由大幅度运动的几何关系所造成的。这种耦合在式(9.51)和式(9.52)中由转换矩阵 $T_{CI}(q_C)$ 及其转置表示,在键合图中由多通口位移 - 调制变换器表示,如在7.5节中所讨论的。到目前为止,让我们假定原则上 $\boldsymbol{T}_{CI}$ 的每个元件都是矢量 $\boldsymbol{q}_C$ 中每项的标量函数。

在讨论例子之前,我们先观察式(9.49) ~ 式 (9.52),可以对其进行合并,消去 $\boldsymbol{q}_C$ 和 $\boldsymbol{p}_I$,给定:

$$\dot{\boldsymbol{q}}_C = \big[\boldsymbol{T}_{CI}(\boldsymbol{q}_C) \big] \boldsymbol{\Phi}_I(\boldsymbol{p}_I) \tag{9.53}$$

$$\dot{\boldsymbol{p}}_I = \big[- \boldsymbol{T}_{CI}^t(\boldsymbol{q}_C) \big] \boldsymbol{\Phi}_C(\boldsymbol{q}_C) \tag{9.54}$$

这些是以状态变量 $\boldsymbol{q}_C$ 和 $\boldsymbol{p}_I$ 的形式表示的非线性守恒系统的方程。对这些方程可很容易地进行修改,以包含非守恒力的作用。

表示在这里所讨论的这类系统的键合图模型如图 9.7 所示。容性元件在(a)部分中由耦合的 C-场表示,在(b)部分中由"M"C-元件表示。惯量在(a)部分中由耦合的 I-场表示,在(b)部分中由"P"I-元件表示。转换耦合表示为 M 通口 $\times P$ 通口的 MTF 元件,同时引入了 1-结,以清晰表示并支持对 MTF 的"通过"功率方向约定。注意到 MTF 的模都取决于向量 $\boldsymbol{q}_C$。

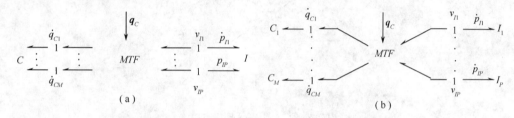

图 9.7 基本的非线性守恒系统的带符号键合图模型
(a)耦合的 C-场和 I-场;(b)1 通口的 C-场和 I-场。

作为所研究的这类公式化表示的一种演示,考虑如图 9.8(a)所示的非线性振荡系统。质点在杆上可自由滑动,并且受弹簧约束。第二根弹簧约束杆在 $X-Y$ 平面内的转动。关键的几何变量在(b)部分中给出,分别是 r, θ, x, y, v_x, v_y。考虑线性弹簧和惯量的关系式,以式(9.49)和式(9.50)的形式,分别在式(9.55)和式(9.56)中给定为

$$F = k_1(r - R) \tag{9.55a}$$

$$\tau = k_2\theta \tag{9.55b}$$

$$v_x = m^{-1}p_x \tag{9.56a}$$

$$v_y = m^{-1}p_y \tag{9.56b}$$

式中:R 为杆上弹簧的自由长度;F 为杆上弹簧的拉力;τ 为扭转弹簧关于一个在 $X-Y$ 平面内的初始位置到杆的位置的扭矩;k_1 和 k_2 为弹性系数。

C-场和 I-场都是线性且解耦的。

如果选择 r 和 θ 作为 $\boldsymbol{q}_C$ 的元素,v_x 和 v_y 作为 $\boldsymbol{v}_I$ 的元素,通过研究在 7.5 节中给出的速度成分可以建立 $\boldsymbol{T}_{CI}(\boldsymbol{q}_C)$ 矩阵,即

$$\dot{r} = (\sin\theta)v_x + (\cos\theta)v_y \tag{9.57a}$$

$$\dot{\theta} = \left(\frac{\cos\theta}{r} \right)v_x + \left(-\frac{\sin\theta}{r} \right)v_y \tag{9.57b}$$

且

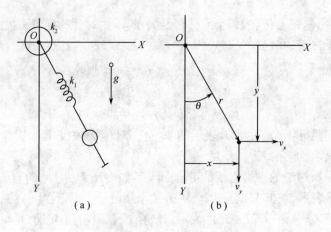

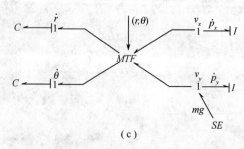

图 9.8　一个非线性机械振荡器

(a)示意图;(b)关键的几何量定义;(c)键合图模型。

$$T_{CI}(\boldsymbol{q}_C) = \begin{bmatrix} \sin\theta & \cos\theta \\ \dfrac{\cos\theta}{r} & -\dfrac{\sin\theta}{r} \end{bmatrix} \tag{9.58}$$

对我们来说,需要计算弹力形式的$\dot{\boldsymbol{p}}_I$。通过分别在 X 和 Y 方向对力 F 和扭矩效果 τ 的近似求解(即 p_x 和 p_y),得

$$\dot{p}_x = (-\sin\theta)F + \left(-\frac{\cos\theta}{r}\right)\tau \tag{9.59a}$$

$$\dot{p}_y = (-\cos\theta)F + \left(\frac{\sin\theta}{r}\right)\tau + mg \tag{9.59b}$$

通过仔细研究式(9.59)可以发现,$\boldsymbol{T}_{CI}(\boldsymbol{q}_C)$事实上是以其负转置形式体现,即

$$-\boldsymbol{T}_{CI}^t(\boldsymbol{q}_C) = \begin{bmatrix} -\sin\theta & -\dfrac{\cos\theta}{r} \\ -\cos\theta & \dfrac{\sin\theta}{r} \end{bmatrix} \tag{9.60}$$

重力的影响仅以一种近似形式添加(直接作为 p_y 的影响),在图 9.8(c)中表示为一个势源 S_e。

在这一点上,通读全文的读者可能会问:"如果一旦得到如式(9.58)中所给出形式的 $\boldsymbol{T}_{CI}(\boldsymbol{q}_C)$,那么是否必须如在式(9.60)中那样,通过分别再次推导来得到它?"答案是否定的,关于此问题的系统过程是下一个研究题目。首先需要合并式(9.57)和式(9.59),并

246

通过式(9.55)和式(9.56)消去 F, τ, v_x, v_y。系统状态方程为

$$\dot{r} = (\sin\theta)m^{-1}p_x + (\cos\theta)m^{-1}p_y \tag{9.61a}$$

$$\dot{\theta} = \left(\frac{\cos\theta}{r}\right)m^{-1}p_x + \left(-\frac{\sin\theta}{r}\right)m^{-1}p_y \tag{9.61b}$$

$$\dot{p}_x = (-\sin\theta)k_1(r-R) + \left(-\frac{\cos\theta}{r}\right)k_2\theta \tag{9.61c}$$

$$\dot{p}_y = (-\cos\theta)k_1(r-R) + \left(\frac{\sin\theta}{r}\right)k_2\theta + mg \tag{9.61d}$$

在图 9.8(c)中给出对整个系统的键合图表示。各种场都以显式形式表示,结型结构转化由二对二的 *MTF* 表示。在式(9.59)和式(9.60)中出现的负号,是由图 9.8(c)右侧 1 - 结上的功率方向约定导致的。

关键几何变量的定义 作为构建一个机械系统中键合图模型过程的第一步,必须先确定其关键变量。在本章中所介绍的方法称为几何法,意味着将使用位移和速度量来组织系统,而力和转动惯量受 *MTF* 的约束。

已经介绍了两个关键矢量。它们是位移矢量 q_C,定义了潜在的能量,和速度矢量 v_I,定义了运动耦合能量。矢量 q_C 直接与 C - 场相关联,矢量 v_I 直接与 I - 场相关联。

如果总是可能使 v_I 与 $\dot{q}_C$ 以 q_C 的形式相关联,就像在前面例子中实现的那样好,则机械学中的问题就不会像典型情况中那样难以应付。通常的情况是在问题中有比耦合约束允许的情况更多的速度和位移变量,它们都是独立的。为了解决这种情况,有必要定义另一个矢量 q_k 作为运动位移矢量或在拉格朗日机械学语言中的通用坐标矢量。基本上 q_k 中的元素应该且足够确定在任意瞬时系统的构型。因此,矢量 q_C 可以 q_k 的形式建立,并且关于 $\dot{q}_C$ 的必要的矢量关系可以适当地估计,就如在下面将要证明的。而且,如果矢量 $\dot{q}_k$ 能够表示在任意瞬时确定所有运动的一组充分且必要的速度,则系统是完备的[①]。这里仅应该考虑完备系统,但是在研究中稍许的扩展就需要支持对非完备系统的处理。如果 q_k 描述了所有的运动,则在 q_k 给定的情况下,矢量 v_I 必然能以 $\dot{q}_k$ 的形式进行代替。

这样,建模的过程以确定这 3 个关键的几何矢量开始:q_k,运动位移矢量或通用坐标矢量;q_C,C - 场位移矢量;v_I,I - 场速度矢量。

在图 9.8(b)中,对选择的运动位移矢量中要包含 (r,θ) 或 (x,y),设置其他的变量对,如 (θ,x)。注意如果

$$q_k = \begin{bmatrix} r \\ \theta \end{bmatrix}$$

则

$$q_k = q_C = \begin{bmatrix} r \\ \theta \end{bmatrix}$$

也就是说,q_k 对 q_C 来说是确定的。这从许多因素角度看都是很方便的。另一方面,如果

$$q_k = \begin{bmatrix} x \\ y \end{bmatrix}$$

---

① 见参考文献[4]。

则

$$\dot{\pmb{q}}_k = \begin{bmatrix} \dot{x} \\ \dot{y} \end{bmatrix} = \begin{bmatrix} v_x \\ v_y \end{bmatrix} = \pmb{v}_I$$

即，$\dot{\pmb{q}}_k$ 对 $\pmb{v}_I$ 来说是确定的。这从许多因素角度看也都是很方便的。对重要的扩展，对 $\pmb{q}_k$ 的合适选择以平衡对 $\pmb{q}_C$ 和 $\pmb{v}_I$ 的"需求"能很容易地构建复杂系统的形式化方程。出于这点考虑，实践是最好的老师。此方法一个重要方面是给出一定范围的选择空间，以及以清晰的形式给出了一些可使用的结论。

作为一个包含某些重要选择的例子，考虑图 9.9(a)所示的弹簧摆系统。单摆的支点受到约束，能够在 Y 方向上滑动。单摆在 $X-Y$ 平面内摆动。系统的一些几何参数在图 9.9(b)中给出。

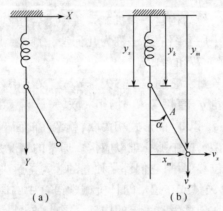

图 9.9　一个物块–弹簧振荡器的例子

(a)示意图；(b)关键的几何量定义。

此系统的构型可在任意瞬时根据支点的位置(y_k)和单摆的角度(α)确定。其他的选择也是可能的，如 y_m 和 α。但是，我们使用

$$\pmb{q}_k = \begin{bmatrix} y_k \\ \alpha \end{bmatrix} \tag{9.62}$$

系统的势能主要来自弹簧，并且很明显可用变量 y_s 来确定，因此有

$$\pmb{q}_C = \begin{bmatrix} y_s \end{bmatrix} \tag{9.63}$$

最终，运动耦合能量是与质点相关(假定杆没有重量)，因此有

$$\pmb{v}_I = \begin{bmatrix} v_x \\ v_y \end{bmatrix} \tag{9.64}$$

在图 9.10(a)中给出的键合图中标明了各变量、C–场和 I–场。标准的实现方式是将 1–结的一列写成 $\dot{\pmb{q}}_C$，一列写成 $\dot{\pmb{q}}_k$，一列写成 $\pmb{v}_I$。下一步是在矢量中找出转换关系，并将它们用键合图表示。

计算速度转换　计算速度转换的一种方法的第一步是写出位移关系，然后对它们求导[5]。$\pmb{q}_k$ 和 $\pmb{q}_C$ 之间的关系可以写成：

$$\pmb{q}_C = \phi_{Ck}(\pmb{q}_k) \tag{9.65}$$

式中：ϕ_{Ck} 为一组关系式，以 $\pmb{q}_k$ 中每个元件的形式定义了 $\pmb{q}_C$ 中的每个元件。

248

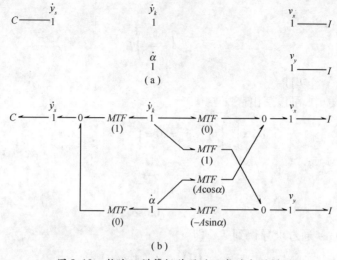

图 9.10　物块 – 弹簧振荡器的显式键合图模型

(a)关键的几何量定义;(b)加入了转换 $\boldsymbol{T}_{Ck}$ 和 $\boldsymbol{T}_{Ik}$ 。

通过对式(9.65)按时间求导,得

$$\dot{\boldsymbol{q}}_C = \frac{\partial \boldsymbol{\phi}_{Ck}(\boldsymbol{q}_k)}{\partial \boldsymbol{q}_k} \dot{\boldsymbol{q}}_k = \boldsymbol{T}_{Ck}(\boldsymbol{q}_k)\,\dot{\boldsymbol{q}}_k \tag{9.66}$$

第 i 个关系为

$$\dot{q}_{C_i} = \sum_{j=1}^{N} \frac{\partial \phi_{C_{k_i}}}{\partial q_{k_j}} \dot{q}_{k_j} \tag{9.67}$$

式中:在 $\boldsymbol{q}_k$ 中有 N 个位移变量。

例如,在图 9.9 的单摆问题中, $\boldsymbol{q}_C$ 和 $\boldsymbol{q}_k$ 之间的关系列写如下,其中,矢量变量由式(9.62)和式(9.63)给定,即

$$y_s = 1y_k + 0\alpha \tag{9.68}$$

则

$$\dot{y}_s = 1\,\dot{y}_k + 0\,\dot{\alpha} \tag{9.69}$$

且

$$\boldsymbol{T}_{Ck}(q_k) = [1\ \ 0] \tag{9.70}$$

在这种情况下, $\boldsymbol{T}_{Ck}$ 并不显式地取决于 $\boldsymbol{q}_k$ 。

在下一步,将惯性速度矢量 $\boldsymbol{v}_I$ 表示为 $\boldsymbol{q}_k$ 和 $\dot{\boldsymbol{q}}_k$ 的形式,即得到 $\boldsymbol{T}_{Ik}(\boldsymbol{q}_k)$ 。通常,作此处理最容易的方法是首先生成一个惯性位移矢量 $\boldsymbol{q}_I$,选择得到

$$\dot{\boldsymbol{q}}_I = \boldsymbol{v}_I \tag{9.71}$$

然后,可以写出

$$\boldsymbol{q}_I = \boldsymbol{\phi}_{Ik}(\boldsymbol{q}_k) \tag{9.72}$$

从中可以计算出 $\boldsymbol{v}_I$,即

$$\boldsymbol{v}_I = \dot{\boldsymbol{q}}_I = \left(\frac{\partial \boldsymbol{\phi}_{Ik}}{\partial \boldsymbol{q}_k}\right)\dot{\boldsymbol{q}}_k = [\boldsymbol{T}_{Ik}(\boldsymbol{q}_k)]\,\dot{\boldsymbol{q}}_k \tag{9.73}$$

第 i 个关系式为

$$v_{I_i} = \sum_{j=1}^{N} \left(\frac{\partial \phi_{Ik_i}}{\partial q_{k_j}} \right) \dot{q}_{k_j} \tag{9.74}$$

式中:在 $\boldsymbol{q}_k$ 中有 N 个元件。

在单摆的例子中,可以写出

$$\boldsymbol{q}_I = \begin{bmatrix} x \\ y \end{bmatrix} \text{且} \quad \dot{\boldsymbol{q}}_I = \boldsymbol{v}_I = \begin{bmatrix} \dot{x} \\ \dot{y} \end{bmatrix} = \begin{bmatrix} v_x \\ v_y \end{bmatrix}$$

因此,$\boldsymbol{q}_I$ 与 $\boldsymbol{q}_k$ 相关,为

$$x = A\sin\alpha \tag{9.75a}$$

$$y = y_k + A\cos\alpha \tag{9.75b}$$

从式(9.75)中,通过求导得到 $\boldsymbol{T}_{Ik}$,即

$$v_x = \dot{x} = (0)\,\dot{y}_k + (A\cos\alpha)\,\dot{\alpha} \tag{9.76a}$$

$$v_y = \dot{y} = (0)\,\dot{y}_k + (-A\sin\alpha)\,\dot{\alpha} \tag{9.76b}$$

和

$$\boldsymbol{T}_{Ik}(q_k) = \begin{bmatrix} 0 & A\cos\alpha \\ 1 & -A\sin\alpha \end{bmatrix} \tag{9.77}$$

在这种情况下,转换取决于 $\boldsymbol{q}_k$ 中的一个元素,即 α。

建立结型结构 由于两种变换 $\boldsymbol{T}_{Ck}$ 和 $\boldsymbol{T}_{Ik}$ 的基本模式都是使用常量或 $\boldsymbol{q}_k$ 的函数乘以 $\dot{\boldsymbol{q}}_k$ 的元素,并加在一起,因此可以将这两种变换表示为 0 - 结和二通口 MTF。这些 MTF 被多次用于合适的函数中,同时 0 - 结被用于添加速度项,如在 7.5 节中的讨论。

参考图 9.10(a)中的部分键合图模型,式(9.70)和式(9.77)中的 $\boldsymbol{T}_{Ck}$ 和 $\boldsymbol{T}_{Ik}$ 在图 9.10 (b)中适当的 1 - 结集合间引入。现在我们已经具有图 9.9(a)中弹簧 - 单摆系统的基本键合图模型。

现在考虑想要增加另外两个动力学效应:支点连接处的耗散和重力的影响。耗散扭矩直接来自于相对运动 $\dot{\alpha}$,在图 9.11 中通过连接到相应结上的 R - 元件给出。作用在 v_y 的重力,直接依赖于 v_y - 结作为大小为 mg 的一个力的恒值源。我们观察到 C - 和 R - 场可能是线性的或非线性的。由于由 MTF 的模表示的几何耦合,结型结构通常是非线性的。在实践中,生成状态方程的难度有时取决于非线性的属性[6]。

将图 9.11 中的键合图模型在图 9.12(a)中重新生成。通过将模为零的 MTF 删除。

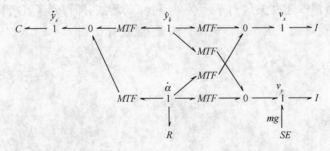

图 9.11 对图 9.4 中物块 - 弹簧振荡器的例子添加耗散和重力影响

在图9.12(b)中,做了额外的简化,并增加了因果关系。在这种情况下,感到庆幸的是没有代数环,或微分因果关系的情况出现。其中一个特点是在 C – 场中 α 不是一个状态变量,然而对于 MTF 又是必需的。因果划表明 $\dot{\alpha}$ 可通过转化式(9.76a)由 p_x 建立。C – 场,I – 场和 R – 场的关系分别为

$$f = k(y_s - Y) \quad (弹簧) \tag{9.78a}$$

$$v_x = m^{-1}p_x \quad (质点) \tag{9.78b}$$

$$v_y = m^{-1}p_y \quad (质点) \tag{9.78c}$$

$$\tau = R\dot{\alpha} \quad (耗散) \tag{9.78d}$$

式中:Y 为式(9.78a)中弹簧的长度,m 为式(9.78b,c)中的质量;式(9.78d)中的 R 是关节的黏性耗散参数。

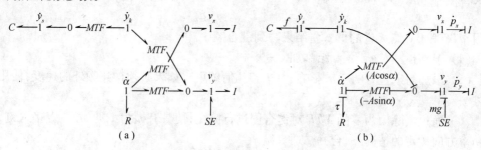

图9.12 简化的物块 – 弹簧振荡器的键合图模型
(a)将模为零的 MTF 删除;(b)对键合图的进一步简化。

以初始的形式,连接或结型结构关系为

$$\dot{p}_x = (-\tan\alpha)f - \frac{R}{A\cos\alpha}\dot{\alpha} \tag{9.79a}$$

$$\dot{p}_y = -f + mg \tag{9.79b}$$

$$\dot{y}_k = (\tan\alpha)v_x + v_y \tag{9.79c}$$

$$\dot{\alpha} = \frac{1}{A\cos\alpha}v_x \tag{9.79d}$$

如果使用式(9.78)删除式(9.79)中的 f, τ, v_x 和 v_y,就得到一组动量 – 位移的状态方程

$$\dot{p}_y = (-\tan\alpha)k(y_k - Y) - \frac{Rm^{-1}}{(A\cos\alpha)^2}p_x \tag{9.80a}$$

$$\dot{p}_y = -k(y_k - Y) + mg \tag{9.80b}$$

$$\dot{y}_k = (\tan\alpha)m^{-1}p_x + m^{-1}p_y \tag{9.80c}$$

$$\dot{\alpha} = \frac{1}{A\cos\alpha}m^{-1}p_x \tag{9.80d}$$

可以以 v_x 和 v_y 的形式删除 p_x,这样就得到一组速度 – 位移方程,即

$$\dot{v}_x = (-\tan\alpha)\frac{k}{m}(y_k - Y) - \frac{R}{m(A\cos\alpha)^2}v_x \tag{9.81a}$$

$$\dot{v}_y = -\frac{k}{m}(y_k - Y) + g \tag{9.81b}$$

$$\dot{y}_k = (\tan\alpha)v_x + v_y \tag{9.81c}$$

$$\dot{\alpha} = \left(\frac{1}{A\cos\alpha}\right)v_x \tag{9.81d}$$

方法小结　获得一个键合图模型的过程可总结为如下一系列步骤：

（1）确定关键矢量 $\boldsymbol{q}_k,\boldsymbol{q}_C$ 和 $\boldsymbol{v}_I$（或 $\boldsymbol{q}_I$）。相对 $\dot{\boldsymbol{q}}_k$、$\dot{\boldsymbol{p}}_C$ 和 $\boldsymbol{v}_I$ 写出 1 - 结。

（2）得到相对 $\boldsymbol{q}_k$ 和 $\boldsymbol{q}_C$ 的位移转换，分别对时间求导数，得到以 $\boldsymbol{q}_k$ 形式表示的相对 $\dot{\boldsymbol{q}}_C$ 和 $\dot{\boldsymbol{q}}_k$ 的速度转换，则

$$\dot{\boldsymbol{q}}_C = \boldsymbol{T}_{Ck}(\boldsymbol{q}_k)\dot{\boldsymbol{q}}_k$$

使用 MTF 和 0 - 结元件的形式将结果写到键合图中。

（3）得到 $\boldsymbol{v}_I$ 相对 $\dot{\boldsymbol{q}}_k$ 的速度转换。对此直接进行，或通过关联 $\boldsymbol{q}_I$ 和 $\boldsymbol{q}_k$，并分别对时间求导数（保证 $\dot{\boldsymbol{q}}_I = \boldsymbol{v}_I$）进行，则有

$$\boldsymbol{v}_I = [\boldsymbol{T}_{Ik}(\boldsymbol{q}_k)]\dot{\boldsymbol{q}}_k$$

使用 MTF 和 0 - 结元件的形式将结果写到键合图中。

（4）根据指示对 $\dot{\boldsymbol{q}}_C$ 和 $\boldsymbol{v}_I$ 结添加 C - 场和 I - 场元件。

（5）添加尚未包含的耗散影响，力源和几何约束。如果必须构建额外的速度，使用转换方法。

（6）通过删除模为零的 MTF 对键合图进行简化，使具有模为 1 的 MTF 直接入键，并在功率方向约定的情况下，合并二通口结。

上述方法在建立一个键合图模型的过程中通常都能成功，使状态方程的建立非常容易，但是其通常会导致所建立的键合图模型中有代数环或微分因果关系。例如，对图 9.11 中给出作为例子的一般键合图的一个小小的实验就能说明：当使用顺序因果分派过程对内部因果关系进行分派时，必须对某些 MTF 键分派任意因果关系。这表明存在代数环问题。这在图 9.12 中没有发生，是因为两个零模数 MTF 可以删除。

只要两个刚体以一种非灵活的形式约束，就会引起一个更麻烦的问题。例如此约束可以使用刚体间的一个铰链接合作为体现，或其中一个刚体可能受力在另一个刚体上沿某个方向滑动。在任何情况下，两个刚体的自由度都通过约束而减少，这通常导致微分因果关系，而且非常困难，因为其中一般会包含几何非线性。

在三维的情况下，一个刚体具有 6 个自由度，表示为图 9.2 中的 6 个惯性元件。当两个刚体间具有刚性连接时，两个刚体的 3 个线速度和 3 个角速度不可能是完全独立的，这意味着不是所有的 I - 元件都具有积分因果关系。在平面运动相对简单的情况下，刚体只有 3 个自由度，但再次地，无论两个刚体间是否连接，微分因果关系都将出现。因此，重要的是意识到这并不足以构建一个正确的机械系统键合图模型，但是同样重要的是，需要一个图解来从任何键合图模型中得到有用的结果。

多体系统的研究领域关心如何精确描述刚体间连接的问题，并开发出大量的形式化方法和分析方法以处理这些问题。这里将给出一些方法，专门适用于包含受约束刚体作为子系统的系统键合图模型。对其中某些方法更为详细的介绍，参见参考文献[12 - 17]。

9.2.2　多体系统

对多体系统的描述和分析已经是一个延续了很长时间的题目。当一定数量的刚体受

到不同类型连接的约束,而不能在三维方向上作大角度运动时,其运动学关系将变得非常复杂。多体领域的专家们已经开发出大量方法,以处理这种类型的机械动态系统,而且与其他可用的建模方法相比,键合图总能作为一种比较好的手段建立这类机械系统的模型的说法是很武断的。尽管键合图显然可用于纯机械多体系统(例如,见文献[17]),但更合理的是,使用键合图方法研究那些其中包含了其他元件,而这些元件更适用于用键合图来研究的系统。

作为一个基本的例子,考虑图9.13所示系统,其中包含一个电动机,通过一个滑轮传送带组合驱动一辆小车,小车上安放一个倒立摆。目标是设计一个控制系统,该系统随着电动机电压的变化,从而驱动小车,使小车在任意预期的位置 x,倒立摆都能保持稳定。

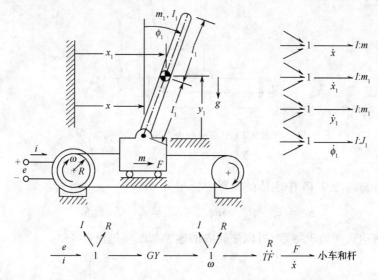

图 9.13　控制系统实验,包括一个位于大质量小车上的倒立摆

如图中所示,用键合图表示驱动系统是顺理成章的,但是小车和摆杆之间的刚体约束自然会产生微分因果关系问题,如果角度 ϕ_1 不是限制得很小,则问题会变得非常复杂。此系统忽略了驱动上的细节,是在文献[12]中使用的一个例子,以讨论所谓的用于多体系统的描述符法,该方法在使多体系统结构更清晰方面具有很好的优势。

我们将按照文献[14]开展研究,来展示一种用于多体系统的键合图法,该方法与产生以描述符形式方程的多体系统方法联系非常紧密。第一步是考虑表示多体系统的键合图元件,这里不考虑在刚体间任何的约束。小车的坐标 x,摆杆的坐标 x_1,y_1 和 ϕ_1 都是在惯性空间中定义的。因此,在图9.13右侧的四个 I 元件合理地表示了所有应用力的和等于线性动量的变化率,以及质心的速度成分是动量除以质量的法则。同时,摆杆质心的力矩等于角动量的变化率。对此平面运动情况,用角速度除以质心转动惯量就给出摆杆的角速度(如前面所提,用于表示无约束刚体的三维运动是相当复杂的)。

为了约束图9.13中的4个 I-元件,并因此生成一个关于摆杆和小车子系统的键合图,以驱动后续的键合图,首先定义间隔 δ_1 和 δ_2,在图9.14中。这两个水平和垂直的间隔位于摆杆支点和小车支点之间,应该为零。而且,在间隔之间的力 λ_1 和 λ_2 也是必需的,以保证 δ_1 和 δ_2 能真正为零。使用 λ 来表示关联约束的力,是为了提醒我们在文献

[12]的多体系统中,这些间隔力是拉格朗日乘子。

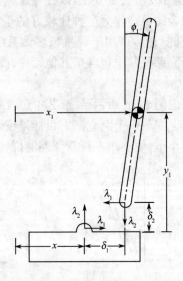

图 9.14　对图 9.13 中摆杆和小车所示的间隔 δ_1 和 δ_2,
应为零,以及伴随的力,λ_1 和 λ_2

间隔很容易与图 9.14 中刚体的位置坐标相关,即

$$\delta_1 = x_1 - x - \sin\phi_1, \quad \delta_2 = y_1 - l_1\cos\phi_1 \tag{9.82}$$

通过对间隔表达式两边求导数,可以使间隔的速度与刚体速度相关:

$$\begin{bmatrix} \dot{\delta}_1 \\ \dot{\delta}_2 \end{bmatrix} = \begin{bmatrix} -1 & 1 & 0 & -l_1\cos\phi_1 \\ 0 & 0 & 1 & l_1\sin\phi_1 \end{bmatrix} \begin{bmatrix} \dot{x} \\ \dot{x}_1 \\ \dot{y}_1 \\ \dot{\phi}_1 \end{bmatrix} \tag{9.83}$$

此关系式可使用一个多通口位移 - 调制变换器的形式表示为键合图的形式,如在第 7 章中所讨论的。图 9.15 所示为与 4 个 I - 元件相连的变换器,以表示两个无约束的刚体。

然后在式(9.83)中对矩阵的转换可自动地使间隔力 λ_1 和 λ_2 与作用在 4 个 I - 元件上的力相关联,即

$$\begin{bmatrix} F_x \\ F_{x_1} \\ F_{y_1} \\ \tau_1 \end{bmatrix} = \begin{bmatrix} -1 & 0 \\ 1 & 0 \\ 0 & 1 \\ -l_1\cos\phi_1 & l_1\sin\phi_1 \end{bmatrix} \begin{bmatrix} \lambda_1 \\ \lambda_2 \end{bmatrix} \tag{9.84}$$

在图 9.15 中,驱动系统的力 F 和重力 m_1g 同时产生影响。按因果标记,可写出某些动态方程:

254

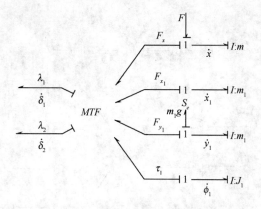

图 9.15 关联间隔速度与刚体速度的键合图模型

$$\dot{p}_x = F - F_x = F + \lambda_1 \qquad\qquad \dot{x} = p_x/m$$

$$\dot{p}_{x_1} = -F_{x_1} = -\lambda_1 \qquad\qquad \dot{x}_1 = p_{x_1}/m_1$$

$$\dot{p}_{y_1} = -m_1 g - F_{y_1} = -m_1 g - \lambda_2 \qquad \dot{y}_1 = p_{y_1}/m_1 \qquad (9.85)$$

$$\dot{p}_{\phi_1} = -\tau_1 = (l_1\cos\phi_1)\lambda_1 - (l_1\sin\phi_1)\lambda_2 \quad \dot{\phi}_1 = p_{\phi_1}/J_1$$

对此机械子系统的多体描述符就是简单地对式(9.85)的改写：

$$m\,\ddot{x} = F + \lambda_1$$

$$m_1\,\ddot{x}_1 = -\lambda_1$$

$$m_1\,\ddot{y}_1 = -m_1 g - \lambda_1$$

$$J_1\,\ddot{\phi}_1 = (l_1\cos\phi_1)\lambda_1 - (l_1\sin\phi_1)\lambda_2 \qquad (9.86)$$

式(9.85)或式(9.86)直接可得,除非间隔力 λ_1 和 λ_2 是未知的。在传统多体公式化表示中,应用了使 δ_1 和 δ_2 在式(9.82)中为零的额外信息。

尽管此公式化表示在代数上是完成了,但是其表示为一组微分 – 代数方程,这种系统不是很容易进行数值求解。图 9.15 中的键合图提供了一种待选的方法,参见文献[16,17]。

假定,作为要求 δ_1 和 δ_2 精确为零的代替,我们对两个刚体之间的枢轴相互作用建模,就如存在刚性弹簧,能产生力 λ ,而不管间隔是否为零。在这种意义上,这看起来更现实一些,因为没有真正的刚体存在。但是,如果使用现实的轴承刚性,则可能需要建立一个具有非常高的固有振动频率的模型,这对任何数值仿真中较短时间步都是非常必要的。更好的思想是考虑在间隔中加入弹簧和阻尼器,作为人工设备,以近似地体现约束,并将此微分 – 代数方程转化为显式的微分方程。此思想是对弹簧刚性进行实验,以发现最低的刚性,来在真实系统操作中得到足够小的 δ_1 和 δ_2 值,这能得到仿真中可能是最长的时间步和最短的仿真时间。

关于图 9.13 中系统完整的键合图在图 9.16 中给出。实际上,在图 9.13 中所给出的驱动系统的键合图,与图 9.15 中具有额外 R – 元件和 C – 元件以生成约束力 λ_1 和 λ_2 作为 $\delta_1, \delta_2, \dot{\delta}_1$ 及 $\dot{\delta}_2$ 的函数的多体系统键合图已经合并了。当间隔不为零时,增加 C – 元件的刚性会产生更大的力的影响,因此会减小间隔。由于弹簧的引入意味着可能有振动运

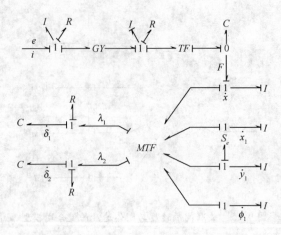

图 9.16 对图 9.13 中系统的键合图模型

动,因此有必要人为引入 R 元件以提供阻尼。再次地,某些具有阻尼参数的实验是必需的,以获得可信的结果。

有些读者可能注意到在图 9.13 中的驱动系统键合图与图 9.15 中的多体系统键合图相连的地方,一个额外的 C-元件插入其中。其原因是:如果两个键合图部分简单地连接在一起,则电动机转子的惯量和小车的惯量通过变换器耦合,此变换器转动与线性运动变量相关。这是惯性元件之间刚体耦合的另一个示例,并总是产生微分因果关系。在这种情况下,简单的做法是通过定义一个单独的等价转子或线性惯性元件,或使用在第 7 章中介绍的方法定义一个 I-场来消除这个问题。同时此刚体约束通过定义一个等价的 C-元件被一个近似地代替。该元件可被考虑来表示轴驱动的灵活性,或作为一个更简单的设备,使整个模型能够具有积分因果关系。

最后,有人可能注意到,可以很容易地写出图 9.16 中对所有 I-元件和 C-元件的状态方程。但是,必须记住在此多体方法中,位移-调制变换器使用惯性元件的位移表示约束或间隔方程。在键合图中,惯性元件的位移变量通常并不必要作为状态变量,因此某些额外的状态变量方程是必需的。

在式(9.83)和式(9.84)中给出的本例的变换器矩阵实际上需要一个位移变量 ϕ_1,所以严格地说只需要包含式(9.85)中的最后一个方程。对这类系统,在任何情况下都包含对所有位移变量 x,x_1,y_1 和 ϕ_1 的状态方程可能会有益的,如在式(9.85)中显示的那样。这些方程虽然会增加系统的阶数,但它们的影响仅仅是在对系统的计算机研究中对仿真时间的微弱影响,因为这 4 个位移中的 3 个都不会与动态系统的剩余部分相耦合。

为了演示相互连接的刚体间加入强制约束的方法是如何扩展的,我们简单地考虑一个与已经研究过的系统相连的双重摆,如图 9.17 所示。通过定义间隔 δ_3 和 δ_4,以及相应的力 λ_3 和 λ_4,以适应将第一根摆杆顶端位置与第二根摆杆底端位置相连的第二组约束,可以推导出另外两个方程,以使得式(9.82)仍然适用:

$$\delta_3 = x_2 - l_2\sin\phi_2 - x_1 - l_1\sin\phi_1$$
$$\delta_4 = y_2 - l_2\cos\phi_2 - y_1 - l_1\cos\phi_1 \tag{9.87}$$

对式(9.87)取时间导数,可以得到将 $\dot{\delta}_3$ 和 $\dot{\delta}_4$ 与 $\dot{x}_1$,$\dot{y}_1$,$\dot{x}_2$,$\dot{y}_2$ 和 $\dot{\phi}_2$ 相关的方程,与式

256

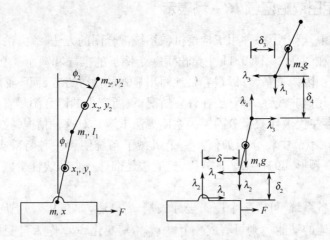

图 9.17　双重上下摆系统

(9.83)类似。6 个力成分与 λ_3 和 λ_4 相关联的转换矩阵,以及两个关系集合都放入一个 2×6 通口的调制变换器,如图 9.18 所示。在这种情况下,所有摆杆都具有 3 个自由度,因此当两个刚体都受到约束时,要包含 6 个通用速度。

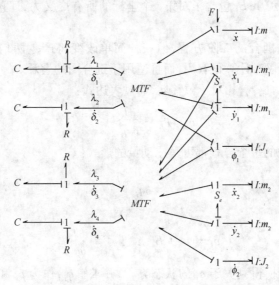

图 9.18　对双重倒立摆系统的键合图模型

再次地,可能需要将 λ_3 和 λ_4 与作用在 I-元件上的力相关联,并要求在式(9.87)中消去 δ_3 和 δ_4,这将完成以描述符形式对多刚体系统的公式化表示。图 9.18 给出备选的使用弹簧和阻尼器元件来以一种近似形式加入约束。

通过使用人工的 C-元件和 R-元件加入约束,并以此避免微分因果关系或微分-代数方程的思想可能会成为一种"粗暴"的方法。这可能是真实的,但是首先有效的粗暴方法不应该被放弃,而且第二,可以认为此方法在很多情况下优于其他备选方法[17]。

257

9.2.3 拉格朗日或哈密顿 IC – 场表示

在9.2.1节中,给出了一种用于构建机械系统键合图的方法,该方法可以使用通用化坐标进行描述。在图9.9~图9.11中给出了一个例子的推导和演示。在这种情况下,使用了一般的键合图因果关系,可以很容易地写出显式的微分方程,而不必考虑在所包含的运动学关系中的几何非线性。但是,在许多情况下,所产生的键合图尽管在形式上是正确的,却因为其中存在代数环或微分因果关系而无法求解。对这种情况,拉格朗日方程是非常有用的,因此在本节中将介绍如何将一个机械子系统使用一种特殊类型的 IC – 场表示,其方程是哈密顿形式的拉格朗日方程,这通常是推导一个非线性机械子系统的最简单方法。

考虑一个完备系统,可由一个广义坐标矢量 $\boldsymbol{q}_k$ 描述,如在9.2.1节中所介绍。系统中所有质点和刚体的动能 T 则可写成一个以 $\boldsymbol{q}_k$ 和其变化率 $\dot{\boldsymbol{q}}_k$ 作为自变量函数。则拉格朗日方程的标准形式为

$$\frac{\mathrm{d}}{\mathrm{d}t}\frac{\partial T}{\partial \dot{q}_i} - \frac{\partial T}{\partial q_i} = E_i \tag{9.88}$$

式中:q_i 为 $\boldsymbol{q}_k$ 中的第 i 个广义坐标(为了简化,将下标 k 去掉,因为在本节中仅需要处理广义坐标位移的"运动");E_i 包含了对第 i 个坐标的所有广义力,还包含那些可从潜在的能量函数中得出的力。

式(9.88)将导致耦合的二阶方程,但一种简单改变将产生两倍数量的耦合一阶方程。此哈密顿形式不仅对计算很有用,而且适用于键合图的表示。

首先,定义广义动量 p_i,相对于位移 q_i,通过表达式:

$$p_i \equiv \frac{\partial T}{\partial \dot{q}_i} \tag{9.89}$$

然后式(9.88)中的每个方程都可写成动量的形式:

$$\dot{p}_i = \frac{\partial T}{\partial q_i} + E_i$$

或

$$\dot{p}_i = e'_i + E_i, \qquad e' \equiv \frac{\partial T}{\partial q_i} \tag{9.90}$$

通过对式(9.89)的变换得到关于 q_i 的状态方程,并求解 $\dot{q}_i$,作为 p_i 和 q_i 的函数。如在文献[15]中所述,式(9.89)总有一种特殊形式。如果 $\boldsymbol{p}_k$ 是广义动量的矢量,则式(9.89)可以表示为

$$\boldsymbol{p}_k = \boldsymbol{M}(\boldsymbol{q}_k, t)\,\dot{\boldsymbol{q}}_k + \boldsymbol{a}(\boldsymbol{q}_k, t) \tag{9.91}$$

式中:$\boldsymbol{M}$ 为一个对称矩阵,并且向量 $\boldsymbol{a}$ 仅在系统包含时变的速度源时才出现。

则关于 q_k 的状态方程公式化为

$$\dot{\boldsymbol{q}}_k = \boldsymbol{M}^{-1}(\boldsymbol{q}_k, t)\left[\boldsymbol{p}_k - \boldsymbol{a}(\boldsymbol{q}_k, t)\right] \tag{9.92}$$

在最坏的情况下,对"质量"矩阵 $\boldsymbol{M}$ 的转置可能需要作为一个仿真过程重复进行,但在某些情况下仅需作一次,即如果 $\boldsymbol{M}$ 是常值或者在解析上 $\boldsymbol{M}$ 不是完全耦合的。

注意式(9.90)和式(9.92)就是当使用键合图时,从包含 I – 元件和 C – 元件的系统

中正常得到的方程的广义类型。

式(9.90)和式(9.92)对图9.19中键合图进行了完美的综合,这可以用于表示将一个复杂的机械子系统与其他已经用键合图描述的成分间的连接。当然,力项 e_i' 甚至包含来自潜在能量 V 的导出力,前提是式(9.90)中的 e_i' 被扩展为

$$e'_i = \frac{\partial T}{\partial q_i} - \frac{\partial V}{\partial q_i} \tag{9.93}$$

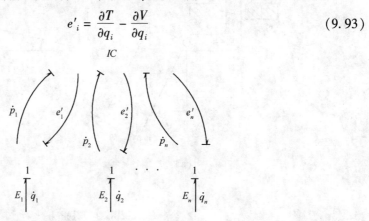

图9.19　一种对拉格朗日方程的哈密顿形式的 IC – 场表示

这将仅在 E_i 中保留非潜在的力。键合图本身通常很容易表示来自弹性元件或重力的力,并且可能表明系统的结构优于在 IC 方程中表示所有元件。

尽管 IC – 场的方程可能看起来很复杂,但必须记住当任何惯性元件具有很强的约束时,仅有一部分自由度对描述子系统有用,否则将有很多产生微分因果关系的情况。而且,很多情况下微分因果关系实际上只是局部的,因此在键合图中将 IC – 场与一些不具有因果关系问题的元件合并可能会生成对大型复杂系统有用的模型。

一个示例系统　在图9.20中给出示意图的系统是非常基本的,但体现出一系列由机械学中惯性元件产生的困难。生成此系统的键合图并不难,通过考虑各质点的 x, y, z 坐标,以及相应的惯性空间速度 $\dot{x}, \dot{y}$ 和 $\dot{z}$ 作为3个简单的 I – 元件上的流。扭转弹簧和转子惯量都具有 $\dot{\alpha}$ 作为其流变量,摆杆支点的摩擦具有 $\dot{\theta}$ 作为其流变量。

体现问题中几何约束的一种显然的方法是考虑 α 和 θ 作为广义坐标,并由之确定 x, y, z:

$$\begin{aligned}
x &= (S + l\sin\theta)\cos\alpha \\
y &= (S + l\sin\theta)\sin\alpha \\
z &= -l\cos\theta
\end{aligned} \tag{9.94}$$

注意到时间并不是显式的包含,因此在式(9.91)和式(9.92)式中的 a 会消失。

速度 $\dot{x}, \dot{y}$ 和 $\dot{z}$ 可通过对式(9.94)求导数得到:

$$\begin{bmatrix} \dot{x} \\ \dot{y} \\ \dot{z} \end{bmatrix} = \begin{bmatrix} -(S + l\sin\theta)\sin\alpha & l\cos\theta\cos\alpha \\ (S + l\sin\theta)\cos\alpha & l\cos\theta\sin\alpha \\ 0 & l\sin\theta \end{bmatrix} \begin{bmatrix} \dot{\alpha} \\ \dot{\theta} \end{bmatrix} \tag{9.95}$$

使用这些关系时,可建立一个键合图模型,如图9.21所示。可使用具有0 – 结和1 – 结的两个二通口 MTF,或一个多通口 MTF,如在式(9.95)中的 3×2 矩阵作为其转换矩

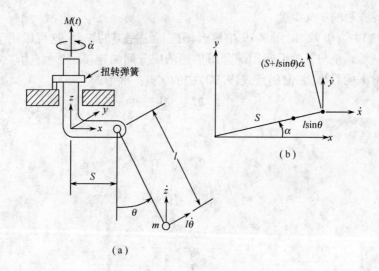

图 9.20 系统举例

(a)三维视图;(b)顶视图。

阵。但是,该键合图不易使用,因为若将两个 I-元件置于积分因果关系中,则剩余的 I-元件将被迫进入微分因果关系中。在图 9.21 所示的因果关系中,$\dot{\alpha}$ 和 $\dot{x}$ 通过积分因果关系中的 I-元件确定。通过对式(9.95)的处理,$\dot{y}$ 和 $\dot{z}$ 可与 $\dot{\alpha}$ 和 $\dot{x}$ 相关。

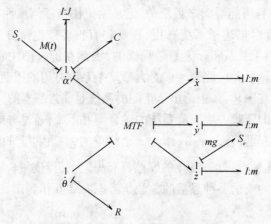

图 9.21 图 9.20 中系统的键合图

为了开发使用 α 和 θ 作为广义坐标的 IC-场表示,首先在式(9.95)的帮助下写出动能,或者更为简单地直接从图 9.20 的示意图中推导:

$$T = \frac{1}{2} m \{ [(S + l\sin\theta)\,\dot{\alpha}]^2 + (l\,\dot{\theta})^2 \} + \frac{1}{2} J \dot{\alpha}^2 \tag{9.96}$$

式中:J 为相对于 z 轴的转动惯量。

广义动量为

$$p_\alpha = \frac{\partial T}{\partial \dot{\alpha}} = m(S + l\sin\theta)^2 \dot{\alpha} + J \dot{\alpha} \tag{9.97}$$

$$p_\theta = \frac{\partial t}{\partial \dot\theta} = ml^2\,\dot\theta \tag{9.98}$$

在此情况下,对应于式(9.92)的相反形式非常简单,为

$$\dot\alpha = \frac{p_\alpha}{m(S + l\sin\theta)^2 + J} \tag{9.99}$$

$$\dot\theta = \frac{p_\theta}{ml^2} \tag{9.100}$$

其余的运动方程为

$$\dot p_\alpha = \frac{\partial T}{\partial\alpha} + E_\alpha = E_\alpha \tag{9.101}$$

$$\dot p_\alpha = \frac{\partial T}{\partial\theta} + E_\theta = m\,\dot\alpha^2(S + l\sin\alpha)l\cos\theta + E_\theta \tag{9.102}$$

注意式(9.99)~式(9.102)实际上是显式的一阶方程,适宜机器求解。可使用式(9.99)消除式(9.102)中的$\dot\alpha$,从而只考虑状态变量p_α和θ,但是若对这些方程按给定顺序积分,这一步在计算意义上实际上是不必要的,因为α的值在其被式(9.102)所需之前就是已知的了。

图9.22为此系统的键合图,其中用一个IC-场表示了机械子系统,并且S_e-元件,C-元件,R-元件支持广义力(力矩)E_α和E_θ。注意重力通过一个MTF起作用,该元件在图9.21中被隐藏在一个多通口MTF中。其关联式(9.95)的最后一行。同时由于

$$e'_\alpha \equiv \frac{\partial T}{\partial\alpha} \equiv 0 \tag{9.103}$$

与$\dot p_\alpha$键共轭的键不再需要,而且,除非对扭矩弹簧,α并不需要作为一个状态变量。

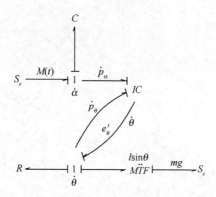

图9.22　对图9.20中举例系统的IC-场表示

结论　许多与微分因果关系相关的问题可通过定义子系统的I-场和C-场来解决,如第7章所述,但是当包含非线性几何约束时,机械惯性元件产生了一系列特别困难的问题。通过将I-场的思想扩展到IC-场,利用拉格朗日的思想或哈密顿方程,消除微分因果关系,在最坏的情况下,代价是一个惯量矩阵的求逆,这可能在计算机仿真中需要数值迭代求解。

9.3　车辆动力学的应用

图 9.6 中的键合图模型部分是所有刚体机械学的基本模块。不同的转换是可以替代的,取决于所建模的刚体系统,但是基本的结构保持不变。在本节,将使用这些模块构建非常复杂,但仍然保持低阶的前面已经讨论过的地面汽车系统的模型。

图 9.23 为一个具有刚体固连坐标系的汽车模型,坐标系的原点位于其质心,并指定了主轴方向。认为汽车是刚体,质量为 m_b,主轴转动惯量为 J_x,J_y 和 J_z。这是一个具有充气轮胎的四轮汽车,前轮掌控方向,前轮驱动,并且 4 个轮子独立悬挂。这基本是一个传统的汽车模型。通过使用键合图,可以打破常规的建模工作,而仅对各部件进行建模。然后,就可以将这些已经分别测试过的模型片段,组合成一个系统模型。

轮胎和悬挂系统　在研究连接部分所生成的力的过程中,充气轮胎是非常复杂的。这里将不从材料力学的角度开展研究,而仅考虑演示使用三维刚体机械学建立系统模型过程的复杂性。感兴趣的读者可以参见文献[8],以更进一步研究充气轮胎的复杂性。

图 9.24 为一个轮胎与地面相接触部分产生力的情况,并给出一个相连的悬挂单元。轮胎质量为 m_t,表示伴随轮胎装配的无弹簧支持质量,并且轮胎具有容性,由劲度系数 k_t 表示。注意垂直方向上轮胎的容性是非线性的,但是,这里为了便于讨论使用一个劲度参数。当然,更为实际的特性可以包含在最终的计算模型中。

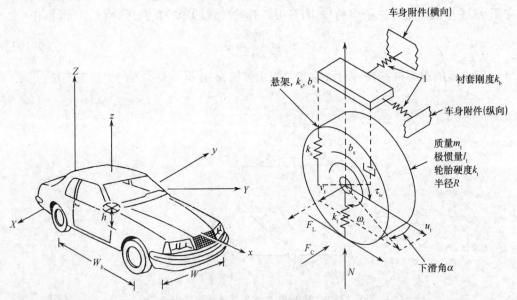

图 9.23　具有刚体固连坐标系的汽车　　　图 9.24　轮胎和悬吊系统的示意图

在给定时刻,轮胎的前向速度为 u_t,其切线速度或边缘速度为 v_t,其角速度为 ω_t。受到一个纵向力 F_L,一个回转力 F_C 和一个通过接触产生的法向力 N 的作用。轮子的扭矩 τ_w 也在图中给出,表示来自于驱动部分的扭矩或由于刹车而产生的扭矩。

纵向力 F_L 取决于轮胎的纵向滑动。滑动 s 用一个百分数表示,计算如下:

变速时:

$$s = \frac{|R_{\omega_t} - u_t|}{R_{\omega_t}} \times 100 \qquad (9.104)$$

刹车时:

$$s = \frac{|u_t - R_{\omega_t}|}{u_t} \times 100 \qquad (9.105)$$

滑动决定了摩擦因数 μ,在图 9.25(a)中通过一个函数关系给定,力的大小为

$$F_L = \mu N \qquad (9.106)$$

值得注意的是,轮胎在某一有限滑动情况下生成最大的力,然后这个力的大小随着滑动的增加而减小。当滑动等于 100% 时,轮胎处于没有前向速度的空转状态(如在冰面上),或者当轮子被锁定,但是汽车在刹车时是有前向速度的。图 9.25(a)中的曲线在很大程度上取决于路面情况以及回转力 F_c。

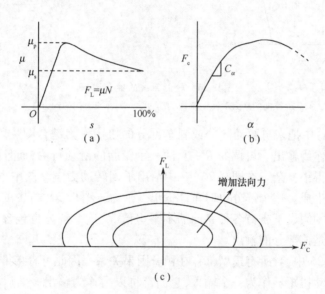

图 9.25　充气轮胎生成的量化的力
(a)纵向力;(b)回转力;(c)在 F_L 和 F_c 之间的量化权衡。

当轮胎转动汽车行驶时,轮子中心的绝对速度并不是沿着轮子所在平面的。而是由于轮胎变形,一个边缘的力 F_c 存在。轮胎的滑动角 α 定义为轮子的绝对速度和轮子所在平面的夹角。这个角度在图 9.24 中给出,并可以下式计算:

$$\alpha = \arctan \frac{v_t}{u_t} \qquad (9.107)$$

回转力是一个与 α 相关的函数,如在图 9.25(b)中所示。曲线的线性部分由轮胎的回转刚性 C_α 确定。图 9.25(b)中的曲线取决于路面环境和纵向力。在 F_L 和 F_c 之间的量化权衡在图 9.25(c)中给出。对我们的讨论来说,重要的仅是意识到如果 α 和 s 都为已知的话,则可计算 F_L 和 F_c,而不必考虑它们之间交互关联的复杂度。

图 9.26 为轮胎系统的一个键合图模型。纵向动力学在图 9.26(a)给出,回转动力学在图 9.26(b)给出,垂直方向的动力学在图 9.26(c)给出。从部分角度看,车轮是可以以

263

一种与车体类似的形式表示的刚体。图 9.26 中给出了对轮子解耦后的动力学。对车轮，有理由忽略交叉耦合项，因为关于垂直和水平正交轴的角速度成分是非常小的。也忽略回转器的影响，因为轮胎旋转的速度 ω_t 非常快。

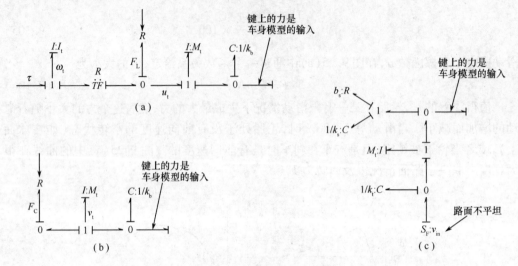

图 9.26　轮胎系统的键合图
(a) 纵向的动力学；(b) 横向的动力学；(c) 垂直方向的动力学。

在图 9.26(a) 中把来自驱动部分或刹车部分的扭矩作为键合图片段的输入，一个作用在车体上的力作为输出。可调的 R - 元件表示轮胎的滑动行为，而且能根据对此模型预期的应用而变得很复杂。在图 9.26(b) 中给出了回转动力学。图中也用了一个 R - 元件表示回转力的生成。这个部分也对车体输出一个力。图 9.26(c) 中的垂直方向动力学在轮胎接触地面的假设下支持各种路面的不平坦情况，这个部分也包含悬挂元件。一个作用于车体的力是该部分的输出。

注意在图 9.26 中，对所有模型都存在积分因果关系。因此可直接推导状态方程。这些方程将接受驱动扭矩 τ 作为一个输入，它们都将以力作为输出。然后这些力将作为对车体模型的输入，同时注意每个车轮都具有特定但独立的表示形式。

驱动模型　所要讨论的最后一个子系统是驱动模型，包括发动机、变速器和分离器（主要是为此讨论而提出）。在对所有汽车系统的仿真中，驱动模型并不是一个实际的系统。如果我们能选择，我们可以非常简单地将其简化为图 9.26(a) 键合图中的 τ。但出于完整性考虑，我们在这里给出驱动系统的模型。

图 9.27 为前轮驱动汽车的示意图模型。发动机的能量传递给一个变速器，然后通过分离器并被传输给位于前方的左轮和右轮。分离器使用左右相等的扭矩，但支持左右两轮具有不同的角速度。驱动系统的一个键合图模型也在图 9.27 中给出。在图 9.27(b) 中，没有包含驱动线容性。发动机被建模为一个可调的扭矩源，扭矩 τ_L 和 τ_C 是此模型的输出，在图 9.27(c) 中，包含了驱动线容性，扭矩仍然是此模型的输出，但是这次发动机必须被建模为一个角速度可调源。当然，输出的扭矩就是图 9.26 中轮胎动力学系统的输入。

结论　在本节使用键合图建立了三维刚体动力学，得到了对欧拉方程的一个非

264

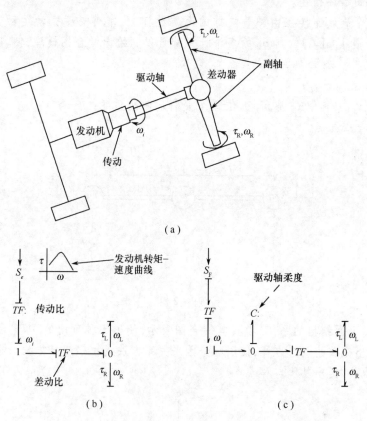

图 9.27 驱动系统的框架结构和键合图

(a)示意图;(b)没有驱动轴容性的键合图;(c)有驱动轴容性的键合图。

常好的表示,但是必须使用一个描述的因果关系,以支持三维键合图模型片段能够很容易地与一个必要的坐标变换相连。同样地,给出了一个更复杂的坐标变换,这必须与一个描述的因果关系在与整个系统模型中其他部分相耦合的情况下使用。这里给出的坐标变换是专用于车辆动力学的。

演示了针对车辆动力学应用所开发的三维刚体模型。介绍了如何分别从三维机械学的角度出发建立轮胎系统和驱动系统的模型,然后在一个计算模型中将二者相联系,并维持描述的因果关系。这里并未建立完整的模型。但是,希望给出足够的细节,以使读者能够继续阅读文献[9 − 11]。这些文献中使用更为复杂的汽车系统模型,以用于设计和控制集成。

习 题

9 −1 一个质点可在无摩擦平面上自由滑动,由一个固定在点 x,y 的线性弹簧约束,弹簧弹性系数 k,初始长度 l_0。为此系统建立键合图模型,对矢量 $\boldsymbol{q}_C$ 和 $\boldsymbol{q}_k$ 使用 r 和 θ,对

矢量 v_l 使用 $\dot{x}$ 和 $\dot{y}$。此系统能接受所有积分因果关系吗? 通过对 q_k 使用 x, y, 对 q_C 使用 r, 建立另一个键合图模型。

9-2 3 个质点连接在由弹簧支撑的无质量杆上, 作小幅度振动运动。矢量 q_C 是 x_1, x_2, 矢量 v_l 是 V_1, V_2, V_3, 对 q_k 的多个选择都可以。给出键合图模型, 使其具有如下对 q_k 的选择。

(1) $q_k = x_1, x_2 = q_C$;

(2) $q_k = x_3, \theta$, 其中 x_3 是 m_3 的位移, θ 是杆倾斜的角度;

(3) $q_k = x_1, x_3$。

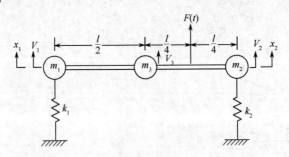

题 9-2 图

9-3 对下面给出的系统, 设置其键合图表示, 使用 3 种可用的 *MTF* 形式表示。对每种情况, 写出完整的状态方程, 使用积分因果关系方法或拉格朗日方程。根据所建立的各种方程的比较, 提出其优点和缺点。

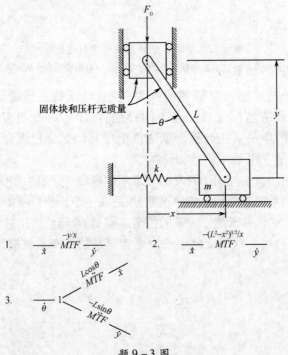

题 9-3 图

9-4 考虑下述脱离道路的汽车的模型。注意到接触表面可使用所给出的方程和键合图表示。为此模型建立键合图模型和状态空间方程。

266

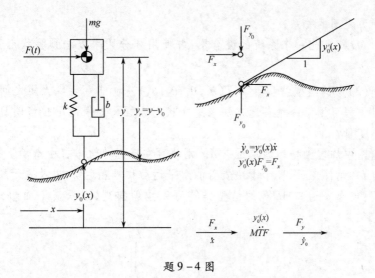

题 9-4 图

9-5 为此二自由度汽车模型建立键合图。使用 I - 场的两种形式表示刚体:一个矩阵表示直接使用通口变量 $\dot{y}_1, \dot{y}_2$,另一个使用辅助变量 y_c 和 θ,以及一个多通口 TF。

9-6 (其中体现了几何非线性的固有困难。)

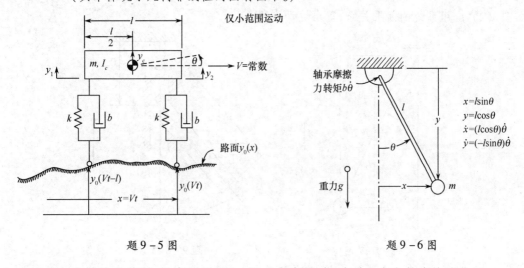

题 9-5 图　　　　　　　　　　题 9-6 图

考虑一个简化的单摆,长度 l,质量 m,沿大角度摆动,受到重力和轴摩擦的作用。

(1) 建立调制变换器表示 $\dot{x}, \dot{y}, \dot{\theta}$ 和相应力 F_x, F_y,以及由刚体杆产生的力矩 τ 之间的关系,证明多通口位移 – 调制变换器之间的关系是功率守恒的;

(2) 给出使用 MTF 建立的系统的键合图。设置功率方向约定和因果模式,使积分因果适用于 x 运动 – I;

(3) 写出与键合图对应的方程。确定状态空间的完整性,并保持标准化形式;

(4) 证明所建立的状态空间与方程 $ml^2 \ddot{\theta} = -b\dot{\theta} - mgl\sin\theta$ 相一致,该方程是许多标准分析的结果。

9-7 考虑下述复摆系统(参见题 9-6)。

(1) 设置多通口位移 – 调制变换器,以关联 $\dot{x}_1, \dot{y}_1, \dot{x}_2, \dot{y}_2$ 和 $\dot{\theta}_1, \theta_1, \dot{\theta}_2, \theta_2$,并以矩阵形

式体现速度和力之间的关系;

(2) 使用 MTF,给出一个系统的键合图,并使用积分因果方法预测状态变量的一个可能的集合;

(3) 使用(2)中的结型结构计算 $T(\theta_1, \dot{\theta}_1, \theta_2, \dot{\theta}_2)$ —动能–生成力矩之间的关系,从而使拉格朗日方程可用做一种备选方法来建立状态方程。如果使用拉格朗日方程,哪些将被作为状态变量?

9–8 题图中均匀细杆轴固定于点 A。滑块可在竖直导轨中自由滑动。将此杆表示为 3 个一通口 I-元件,分别表示滑块质心的水平运动和竖直运动,以及关于质心的转动。

(1) 证明:包含多通口 MTF 的结型结构可以重新排列,以获得下面形式系统的键合图。

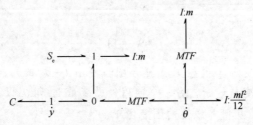

(2) 应用系统的因果关系,写出运动方程。

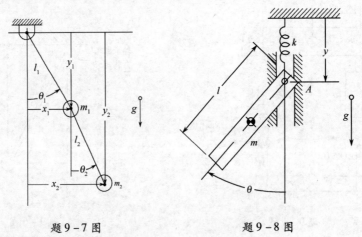

题9–7图　　　　　　　　题9–8图

9–9 令单摆具有质量 m,转动惯量 J。假定 $\theta \ll \pi$。

(1) 注意倒立摆的平衡点为 $\theta = 0$,写出动能和潜在能量的表达式,并对 θ 和 $\dot{\theta}$ 二阶有效。使用该表达式校验下述线性键合图模型:

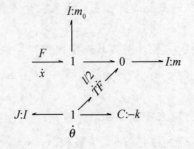

268

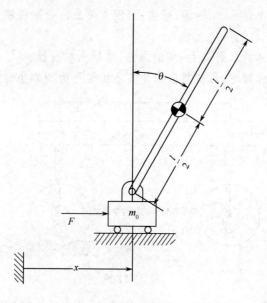

题 9–9 图

找到对重力影响建模的 $-C$ 的负值弹簧常数；

（2）假定 F 为输入，具有参数 m_0 和 J 的 $-I$ 元件具有积分因果关系，写出状态方程，并指出矩阵必须是可逆的，因为具有微分因果；

（3）证明系统可表示为

$$\overset{F=\dot{P}_x \quad \dot{P}_\theta}{\underset{\dot{x} \quad \dot{\theta}}{\longrightarrow}} I \xleftarrow{} C : +k,$$

并且找到 I – 场的矩阵表示。

9–10 按题 9–9 的分析模式，为题图给出的倒立复摆建立键合图模型，写出系统的状态方程。

9–11 下面给出的德语的汽车模型使用如下描述，v 表示 vorn（向前），h 表示 hintern（向后），R 表示 Rad（轮子）。这样，就具有足够的国际通用性而采用键合图建模。

考虑汽车的一个小的倾斜角。回忆竖直方向的合力等于质量乘以质心的加速度，关于质心的合力矩等于质心的转动惯量乘以角加速度。

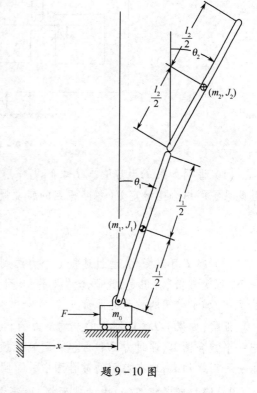

题 9–10 图

（1）构建该模型的一个键合图，其中，汽车的质量 m 和质心转动惯量表示为一通口元件的参数；

（2）给出需要对所建立的键合图所分配的一致的因果关系，并列出状态变量。简单讨论在分配因果关系中可能遇到的困难；

269

(3) 如果将车体作为一个 I - 场,证明:对因果关系的分配将简化,且列写状态方程也变得容易;

(4) 找出描述刚体的二通口 I - 场的属性,或给出其过程;

(5) 当车轮离开地面时,你能想出描述其非线性行为的方法吗?

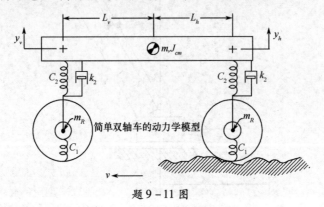

题 9 - 11 图

9 - 12　物块 m 用一根细的不可伸缩的线悬挂,并穿过框架与拉力 T 相连。

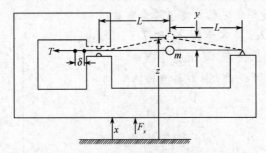

题 9 - 12 图

(1) 证明如果 T 为常值,$y/L \ll 1$,则作用在物块上的力近似给定为 $F = -(2y/L)T$,且此系统的键合图给定为(忽略框架的转动惯量):

$$k_{eq} = \frac{2T}{L} : C \leftarrow 1 \xrightarrow{\underset{\dot{y}}{F_y \ F_z}} 0 \xleftarrow{\underset{\dot{x}}{F_x}}$$

(2) 当 T 可以变化,通过连接一个力源到线上,则等价的弹簧看起来可以简化为具有一个"可变常值"。但是,此概念意义不大,因为一个 $-C$ 元件必须是守恒的,而且对可变的 T, F_y 和 y 之间的关系并非如此。

证明:如果 $y/L \ll 1$,则线的末端沿力的相反方向运动的距离 $\delta = y^2/L$。使用此关系给出一个键合图,以通过力源和位移—调制变换器的形式表示线的影响。注意此模型表现出一种因果约束,这在前面的键合图中并不明显。

9 - 13　考虑题图(a)中的球面摆,确定在图(b)中的键合图,找到 $\dot{\theta}_1, \dot{\theta}_2$ 与 $\dot{x}, \dot{y}, \dot{z}$ 相关 MTF 的构成法则。将多通口 MTF 作为一个使用 0 - 结,1 - 结和二通口 MTF 的结型结构写出。现在证明所有 3 个 I - 元件都无法接受积分因果关系,因为 MTF 无法接受在所有 3 个 $\dot{x}, \dot{y}, \dot{z}$ 键的流输入因果关系。证明仅当 3 个 I - 元件中的两个具有积分因果关系时,可以获取一致完整的因果关系。

270

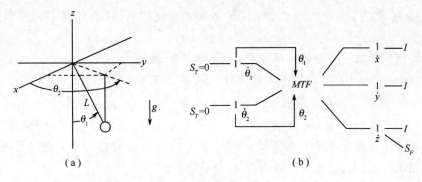

(a)　　　　　　　　　(b)

题 9 - 13 图

9 - 14 对刚体的一般运动,作用力矩和角动量之间的关系的简要表示列写如下,其中使用的成分使用与刚体固连一起运动的坐标系,该成分的坐标轴沿刚体惯量主轴:按文献[4]和4.4节的符号表示,刚体可由为角速度 ω,角动量 H 和惯量张量 I 之间的关系定义,如下:

$$I\omega = H \tag{i}$$

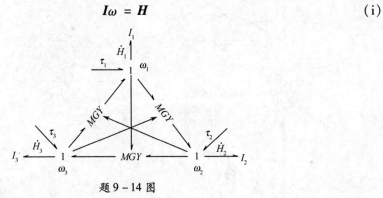

题 9 - 14 图

在惯量主轴坐标系中,变为

$$\begin{bmatrix} I_1 & 0 & 0 \\ 0 & I_2 & 0 \\ 0 & 0 & I_3 \end{bmatrix} \begin{bmatrix} \omega_1 \\ \omega_2 \\ \omega_3 \end{bmatrix} = \begin{bmatrix} H_1 \\ H_2 \\ H_3 \end{bmatrix} \tag{ii}$$

只要计算出刚体关于定点或其质心的力矩,就可得到下式:

$$\frac{\mathrm{d}H}{\mathrm{d}t} = \tau \tag{iii}$$

式中:H 为角动量矢量;τ 为力矩矢量。

当在运动坐标系中选择 H 和 τ 成分时,则式(iii)变为

$$\frac{\partial H}{\partial t_{\text{rel}}} + \omega \times H = \tau \tag{iv}$$

或

$$\begin{bmatrix} \dot{H}_1 \\ \dot{H}_2 \\ \dot{H}_3 \end{bmatrix} + \begin{bmatrix} \omega_2 H_3 - \omega_3 H_2 \\ \omega_3 H_1 - \omega_1 H_3 \\ \omega_1 H_2 - \omega_2 H_1 \end{bmatrix} = \begin{bmatrix} \tau_1 \\ \tau_2 \\ \tau_3 \end{bmatrix} \tag{v}$$

式中:项 $\boldsymbol{\omega} \times \boldsymbol{H}$ 修正了由于表示对运动坐标系相对变化的项,以表示 $\boldsymbol{H}$ 相对于惯性空间的总的改变。

证明调制回转器—环结构正确地表示了欧拉方程(v):

选择其中一个 MGY,写出其表示的方程,证明在下式中功率守恒:

$$\dot{H}_1\omega_1 + \dot{H}_2\omega_2 + \dot{H}_3\omega_3 = \tau_1\omega_1 + \tau_2\omega_2 + \tau_3\omega_3$$

9-15 题图(a)包含一个刚体,围绕一个固定轴转动,另一个围绕一个固定点作更一般的运动。使用题 9-14 中的结果,校验在图(b)中给出的键合图。通过计算使用 θ 和 ψ 表示的 $\omega_1, \omega_2, \omega_3$,找出多通口 MTF 的构成法则。

如果使用 θ 和 ψ 生成坐标,则可通过应用拉格朗日方程到 $T-V$ 获得一个非线性四阶状态方程组。如果所有动态成分都能接受积分因果关系,则可以产生一个四阶的状态空间。这意味着对系统的一部分有必要使用微分因果关系。通过将此 MTF 扩展为一个由 0-结,1-结和二通口 MTF 组成的结型结构来观察其是否真实,并分派因果关系。

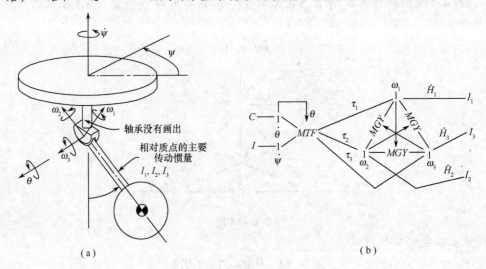

题 9-15 图

9-16 图 9.6 中的坐标变换使用刚体固连质心的速度和角速度成分,并输出刚体的惯性角速度和质心的惯性速度。我们经常需要与刚体上某一点固连的速度。使用题图,

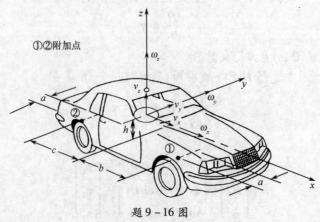

题 9-16 图

推导刚体固连质心参数和在所示连接点的刚体固连参数之间的坐标变换。

9-17 图中给出两个刚体,由一个无摩擦的球形关节相连。同时给出了两个刚体的固连坐标系。球形关节与刚体1的连接点为a,与刚体2的连接点为b。使用与图9.6类似的简化符号表示,构建此交互系统的键合图,分配因果关系,并讨论建立计算机模型过程中可能出现的问题。

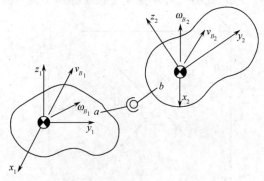

题9-17图

9-18 题图给出一个在每个角上都有一个弹簧-阻尼悬吊装置的刚体,其上附有刚体固连坐标系。一个在图中没有给出的约束系统保持ω_z(关于z轴的角速度)恒为零。使用图9.2,证明简化的键合图部分能够表示该系统的刚体部分。

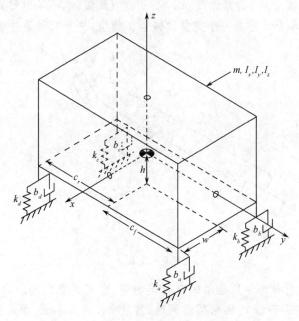

题9-18图

9-19 在题9-18中,对小的位移,有必要假定悬吊单元仅产生竖直方向的力,与刚体固连的z轴保持竖直,该假设避免了从连接点处的刚体固连坐标系到惯性坐标系的坐标变换。在这样的假设下构建一个键合图模型,还可利用质心运动和独立的连接点之间的矩阵变换。

9-20 图中给出了一个质点相对刚体固连坐标系和惯性坐标系的平面运动。对惯性坐标系,使用极坐标参数 r 和 θ,图中也给出了平面运动的部分键合图。根据经典力学,沿 r 和 θ 方向的绝对加速度为

$$a_r = \ddot{r} - r\dot{\theta}^2, \quad a_\theta = r\ddot{\theta} + 2\dot{r}\dot{\theta}$$

使用该平面运动键合图,证明绝对加速度与极坐标系下的一致。

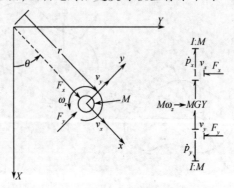

题 9-20 图

9-21 图的上部分给出一个经典的简化车辆模型,称为自行车模型。车在 x,y 平面内运动,没有宽度。也没有悬挂装置,仅考虑回转力。前轮可通过角度 δ 变向。仅考虑关于刚体固连 z 轴(竖直方向)的角速度 ω_z。轮子没有质量,也不考虑衬套。使用图9.2,图9.25,图9.26,为此车系统建立一个完整的键合图模型,并分配因果关系。

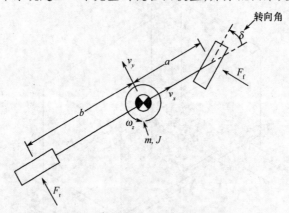

题 9-21 图

9-22 对地面行驶车辆所应用的自行车模型,考虑其稳定性。为实现此目的,假定 v_x 与 v_y 相比很大,并且假设 v_x 为常值。同时,驾驶角度 δ 为小量,前轮和后轮的侧滑角足够地小,回转力分别与其侧滑角的关系为线性,如下:

$$F_f = C_f\alpha_f, \quad F_r = C_r\alpha_r$$

其中

$$\alpha_f = \frac{\text{前轮横向速度}}{v_x}$$

$$\alpha_r = \frac{\text{后轮横向速度}}{v_x}$$

修改题 9 - 21 中建立的键合图模型,以反映这些附加的简化。分派因果关系并识别状态变量。

9 - 23 推导题 9 - 22 中系统的状态方程,将它们写成线性方程的标准化矩阵型式,记住对此模型,v_x 是常值。

9 - 24 题 9 - 23 中的方程为

$$\frac{\mathrm{d}}{\mathrm{d}t}\begin{bmatrix} p_y \\ p_J \end{bmatrix} = \begin{bmatrix} \dfrac{-(C_r + C_f)}{mv_x} & \dfrac{bC_r - aC_f}{Jv_x} - \dfrac{mv_x}{J} \\ \dfrac{bC_r - aC_f}{mv_x} & \dfrac{-(a^2 C_f + b^2 C_r)}{Jv_x} \end{bmatrix} \begin{bmatrix} p_y \\ p_J \end{bmatrix} + \begin{bmatrix} \dfrac{C_f}{aC_f} \end{bmatrix} \delta$$

进行特征值分析,并确定系统的稳定条件。

9 - 25 众所周知,充气轮胎具有侧壁效应,影响其稳定性。图中给出自行车模型,在轮胎和连接片之间有弹簧 k_f 和 k_r。假设弹簧总是位于它们随车辆运动相对轴的直线上。构建此新模型的键合图。

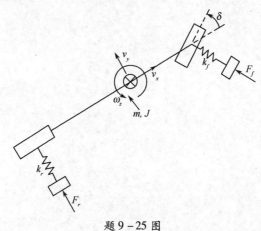

题 9 - 25 图

参 考 文 献

[1] Sir William Thomson and P. G. Tait, Principles of Mechanics and Dynamics, New York: Dover, 1962.

[2] C. Lanczos, The Variational Principles of Mechanics, Toronto: Univ. of Toronto Press, 1957.

[3] R. C. Rosenberg, "Multiport Models in Mechanics," Trans. ASME, J. Dyn. Syst. Meas. Control, 94, Ser. G, No. 3, 206 - 212(Sept. 1972).

[4] S. Crandall, D. Karnopp, E. Kurtz, and D. Pridmore - Brown, Dynamics ofMechanical and Electromechanical Systems, New York: McGraw - Hill, 1969.

[5] D. Karnopp, "Power - Conserving Transformations: Physical Interpretations and Applications Using Bond Graphs," J. Franklin Inst. , 288, No. 3, 175 - 201(Sept. 1969).

[6] R. C. Rosenberg, "State - Space Formulation for Bond Graph Models of Multiport Systems," Trans. ASME, J. Dyn. Syst. Meas. Control, 93, Ser. G, No. 1, 35 - 40(Mar. 1971).

[7] G. Martin, Kinematics and Dynamics of Machines, New York: McGraw - Hill, 1969, p. 7.

[8] H. B. Pacejka, "Introduction into the Lateral Dynamics of Road Vehicles," Third Seminar on Advanced Vehicle Dynam-

ics, Amalfi, May 1986.

[9] D. D. Karnopp, "Bond Graphs for Vehicle Dynamics," Vehicle Syst. Dynam. ,5(1976).

[10] D. L. Margolis and J. Asgari, "Sophisticated yet Insightful Models of Vehicle Dynamics Using Bond Graphs," ASME Symposium on Advanced Automotive Technologies,89 ASME WAM,San Francisco,1989.

[11] D. L. Margolis, "Bond Graphs for Vehicle Stability Analysis,"Int. J. Vehicle Design,5, No. 4(1984)

[12] B. Barasozen, P. Rentrop, and Y. Wagner, "Inverted n – Bar Model in Description and in State Space Form," Math. Model. Syst. ,1,272 – 285(1995).

[13] D. Karnopp, "Lagrange's Equations for Complex Bond Graph Systems," Trans. ASME J. Dynam. Syst. Meas. Control,99, Ser. G,300 – 306(1977).

[14] D. Karnopp, "Understanding Multibody Dynamics Using Bond Graphs," J. Franklin Inst. , 334B, No. 4,631 – 642 (1997).

[15] D. Darnopp, "An Approach to Derivative Causality in Bond Graph Models of Mechanical Systems," J. Franklin. Inst. , 329,No. 1,65 – 75(1992).

[16] D. Margolis and D. Karnopp, "Bond Graphs for Flexible Multibody Systems," Trans. ASME, J. Dynam. Syst. Meas. Control,101,50 – 57(1979).

[17] A. Zeid and C. – H. Chung, "Bond Graph Modeling of MultiBody Systems: A Library of Three Dimensional Joints," J. Franklin Inst. ,329,605 – 636(1992).

第10章 分布参数系统

分布参数系统一般采用偏微分方程而不是全微分方程来描述。实际上,分布式系统是一种不能用本书之前提到的"集总"假设来精确逼近的工程组件和设备。记住所有的工程模型都是近似模拟,是建模者为了解决如系统理解、设计、控制等特定问题而建立的。作为建模者,一般尽量采用能反映真实系统的最简单的模型。就像爱因斯坦曾说的:所有事物都应尽量简单,但也不能过于简单。

本书至此曾说过,工程系统是根据组件所表现的惯性、容性以及阻抗等特性而建立的。我们会把一个物体看做有无限硬度的刚体,把弹簧简化成没有任何质量。当然,所有材料都会表现出惯性和容性特征,而在建模假设中,认为将这些特性分成单独的"集"是正当的。

在很多实际的工程系统中,这个集总过程是非常不明显的。一辆汽车,如果只关心其悬架设计,就可以将其看做使用质量和转动惯量描述的刚体。而一辆拖拉机拖车,要对其进行悬架设计,如果想要精确模拟其真实系统动力学特性,就不能再用刚体来描述。这是因为拖拉机拖车的框架是可活动的,且它们的弯曲运动对于理解该系统是至关重要的。汽车的框架也会弯曲,但是它们的弯曲频率比货车要高出很多,且一般会超出感兴趣的范围。所以可对汽车进行集总建模,而对货车则不合适。

对于一些工程系统实例,如多层建筑,高架路,太空的容性结构,以及长液压机液体线路,建模过程中都不能不考虑一些分布式动力学特性。本章将介绍一种使用键合图框架的分布式系统建模方法。首先简单介绍集总技术,同时说明其局限性。接着介绍有限状态建模来生成分布式系统可能最精确的低阶描述。使用这种方法,集总和分布系统的组合将变得非常明显,由因果关系也可获得最终系统模型的计算上的方便性。作者认为你将发现本章是最有趣且有用的。

10.1 应用于分布式系统的简单集总技术

为了得到动力学组件或子系统的分布式描述,一般从大量的分布式有限集总入手,然后再对集总的大小取无穷小的极限。应用这种方法可以得到分布式系统集总参数模型的连续方程。这里只是简单地采用有限集总,而不再进行求极限操作。这种方法效果不错且在物理上可以理解。但是,即使连续方程也是在有限集总的数量趋于无穷大时得到的,而预测其收敛率是很困难的,从而在低频率时为了获取精度可能需要大量的集总。另外,为了改进低频预测而引入的每个新的集总,会带来新的非常不精确的高频率。作为建模者需要注意,这种分布式系统的表示方法必须慎重使用。文献[1]概述了分布式系统建模的多种不同方法,而有限集总技术就是其中之一。在后面将要求表示法连续,所以首先介绍这种有限集总方法。

杆的纵向运动 图 10.1(a) 为长度为 L,横截面积为 A,密度为 ρ 的均匀杆的连续描述。该杆的左端固定,右端施加外力 $F(t)$。连续变量 x 标示杆的任意位置,变量 $\xi(x,t)$ 表示任意横截面与初始状态相比的位移。图 10.1(b) 为一个质量的有限元件 $\rho A \Delta x$,法向应力 σ 穿过使其不平衡。由牛顿定律可得

$$A\sigma(x + \Delta x) - A\sigma(x) = \rho A \Delta x \frac{\partial^2 \xi}{\partial t^2} \tag{10.1}$$

图 10.1(c) 为相同的部分上承受的简单张力,满足如下关系式

$$\sigma(x) = \frac{E[\xi(x) - \xi(x - \Delta x)]}{\Delta x} \tag{10.2}$$

式中:E 为杨氏系数。

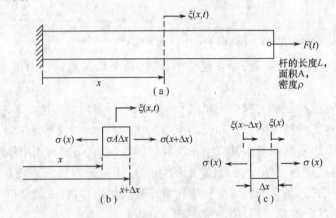

图 10.1 振动杆

注意在写式(10.1)和式(10.2)时,好像集总占据了空间中的不同点,而实际上,当 Δx 趋向于无穷小时,其质量集总和刚度集总处于同一空间位置。

马上将令 $\Delta x \to 0$,但首先将式(10.1)和式(10.2)解析为有限集总,并且构造系统的集总近似。令 $A\sigma = F$,将式(10.1)写成

$$F_{i+1} - F_i = \frac{\mathrm{d}}{\mathrm{d}t} P_i \tag{10.3}$$

式(10.2)写成

$$F_i = \frac{EA}{\Delta x} q_i \tag{10.4}$$

其中

$$p_i = \rho A \Delta x \, \dot{\xi}_i \tag{10.5}$$

是第 i 个集总的动量,且

$$q_i = \xi_i - \xi_{i-1} \tag{10.6}$$

为第 i 和第 $(i-1)$ 个集总间的相对位移。根据其可以写出如下方程,即

278

$$\frac{d}{dt}p_i = \frac{EA}{\Delta x}(q_{i+1} - q_i) \tag{10.7}$$

$$\frac{d}{dt}q_i = \frac{p_i - p_{i-1}}{\rho A \Delta x} \tag{10.8}$$

这些方程是由图 10.2 所示键合图模型中的内部元件生成的。第一个元件和第 n 个元件必须单独处理,因为它们都是边界元件。

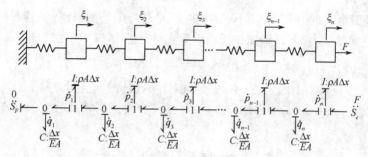

图 10.2　振动杆的有限集总键合图模型

根据图 10.2 所示键合图,第一个元件可生成

$$\frac{dq_i}{dt} = \frac{p_i}{\rho A \Delta x} \tag{10.9}$$

第 n 个元件可生成

$$\frac{dp_n}{dt} = F(t) - \frac{EA}{\Delta x}q_n \tag{10.10}$$

为了将该方法应用于实际系统,将选取想要包含集总的数量,并令 Δx 等于杆按集总数目分段后每段的长度。这些设定也将影响到 I 和 C 参数。选取所包含集总的数目时将基于一些精确的标准;但是,正如之前提到的,该集总模型作为整个系统的一部分,其通用连续模型的收敛性不能确定。实际上,为描述分布式系统的内在特性,该方法常采用图 10.3 所示的构造形式,且由整个系统的因果关系可以确定前面提到的集总数目选取。

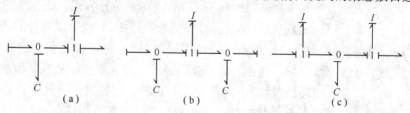

图 10.3　杆有限集总模型的典型配置

回到式(10.1)和式(10.2),令 $\Delta x \rightarrow 0$ 且令变量的微小变化取做微分,就可以得到其连续模型。从而式(10.1)变为

$$A\frac{\partial \sigma}{\partial x} = \rho A \frac{\partial^2 \xi}{\partial t^2} \tag{10.11}$$

对于杆的内部区域,式(10.2)变为

$$\sigma = E \frac{\partial \xi}{\partial x} \qquad (10.12)$$

将式(10.11)和式(10.12)合并可得到没有外力时杆纵向振动的连续描述:

$$E \frac{\partial^2 \xi}{\partial x^2} = \rho \frac{\partial^2 \xi}{\partial t^2} \qquad (10.13)$$

应将其看作简单的波动方程。

当处理连续元件时,对于如图10.1中的$F(t)$这样的外加强制,将其看做是分布在该元件的整个空间领域内,所以施加在任意增量元件上的力$F(x,t)$将为

$$F(x,t) = f(x,t)\Delta x \qquad (10.14)$$

式中:$f(x,t)$为单位长度上的力,在本例中可被分布在杆的x空间方向上。

对于质点力,如图10.1中作用在$x = L$处的$F(t)$,使用δ函数来表示单位长度上分布的力,即

$$f(x,t) = F(t)\delta(x - L) \qquad (10.15)$$

施加在杆上的全部外力可通过对x取至总长度的积分来得到,结果正是所期望的$F(t)$,因为δ函数内的面积是统一的。δ函数正确地表述了该力,这是因为在自变量为0时δ函数也为0。在接下来的一些内容中,将对质点力的表示做更广泛的应用。对于杆的示例,当包含作用在杆末端的外力时,式(10.13)变为

$$\frac{F(t)}{A}\delta(x - L) + E \frac{\partial^2 \xi}{\partial x^2} = \rho \frac{\partial^2 \xi}{\partial t^2} \qquad (10.16)$$

现在有两种类型的方法来描述这个杆。第一种是有限集总表示法,当使用的集总数目很多时,就会生成一个高阶状态空间。这种集总表示法当然能满足要求,因为它正是我们一直以来采用的建模方法。可以想象拉伸或者压缩一个弹簧时,会使其中的惯性单元产生移动,从而很容易"看"到系统的物理特性。然而不幸的是,随着包含集总数目的增加,这个有限集总方法可能就不会那么好了。因为状态空间极快增长的同时,其精度的增加却不尽人意。

杆的第二种表示方法是采用式(10.16)所示的线性偏微分方程。该方法承认杆的阶数实际上是无穷的,且只要假定该简单波动方程是合法可用的,就可以对杆的连续特性做很多的讨论。然而,如果包含了损耗或非线性因素(实际上更可能是包含的),我们就被迫使用数值方法来解连续方程。这也意味着又回到了一种有限表示法或其他的形式。我们会发现相比上面介绍的集总过程,连续表示法生成了一个更加精确且计算更加高效的有限阶模型,哪怕(尤其!)其连续性是通过包含越来越多的集总而达到的。

在处理连续模型应用之前,先来讨论杆的横向运动。

横向梁的运动 这里假定梁为细长形状,且各处具有统一的横截面积A、质量密度ρ、杨氏系数E、切变系数G、惯性面积矩I,以及长度L。图10.4所示为某时刻梁的形态。空间变量x定义了沿梁的位置,$\omega(x,t)$是在时间t时位置x的横向位移。

图10.4中还显示了梁的一个有限分段,并对其施加各种力和力矩。角θ为中心线相对于参考系水平方向的旋度,而角ϕ为平面横截面相对于参考系竖直方向的旋度。如果$\phi = 0$,则此处不存在切变变形。通常情况下$\phi \neq \theta$,同时定义切变角度γ为

$$\gamma = \theta - \phi \tag{10.17}$$

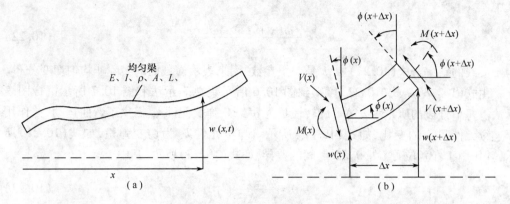

图 10.4　均匀梁的横向运动

我们将针对梁的 Timoshenko 模型写出其运动方程。文献[2]中详尽地介绍了该模型。Timoshenko 模型包含了每个横截面的切变形变及旋转惯量。接下来将忽略这些特性来简化模型,该模型可能更接近于梁的伯努利-欧拉模型。

由图 10.4(b)和图 10.5,可以对每个分段应用牛顿定律,即

$$V(x + \Delta x) - V(x) = \rho A \Delta x \frac{\partial^2 \omega}{\partial t^2} \tag{10.18}$$

且有

$$M(x + \Delta x) - M(x) + V(x + \Delta x)\Delta x = \rho I \Delta x \frac{\partial^2 \phi}{\partial t^2} \tag{10.19}$$

其中需要注意在图 10.5 中梁的惯性特征和容性特征被看做在空间上是隔离的。

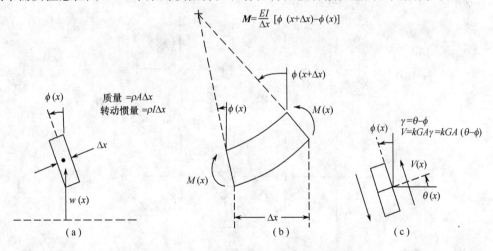

图 10.5　Timoshenko 模型中用到的梁分段

根据图 10.5(b),假定弯矩可被计算出来,就像发生了纯弯曲一样。因此,

$$M(x) = \frac{EI}{\Delta x} [\phi(x + \Delta x) - \phi(x)] \tag{10.20}$$

根据图 10.5(c),假定切变 $V(x)$ 与切变角度的关系为

$$V(x) = kGA(\theta - \phi) \tag{10.21}$$

其中

$$\theta(x) = \frac{\omega(x + \Delta x) - \omega(x)}{\Delta x} \tag{10.22}$$

为中心线的斜率。式(10.21)中,k 是一个参数,用来表示横截面的实际非均匀切变分布。

由式(10.18)~式(10.22)可得到图 10.6 所示集总表示法和图 10.7 所示键合图表示法。每个分段的质量为 $\rho A \Delta x$,旋转惯量为 $\rho I \Delta x$。弹簧元件 k_b 提供了弯曲运动,并作用于连续元件间 ϕ 的变化,如式(10.20)所示。弹簧元件 k_s 为切变弹簧,如式(10.21)所示,其作用于任意位置 i 处 θ_i 和 ϕ_i 间的差异,如式(10.22)所示,其中

$$\theta_i \approx \frac{\omega_{i+1} - \omega_i}{\Delta x} \tag{10.23}$$

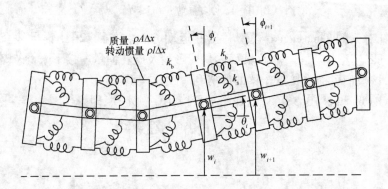

图 10.6　Timoshenko 梁的集总表示

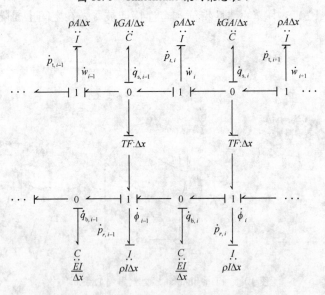

图 10.7　Timoshenko 梁的键合图有限集总模型

图 10.7 中的键合图展示了 Timoshenko 梁的集总模型。其参数的选取与之前对杆所做的类似。我们希望根据模型的一些应用标准来确定所包含集总的数量,接着简单地选

取 Δx 为梁的长度除以所包含集总数量所得的值。

如图 10.7 中的应用,键合图处理了所有积分因果关系,从而应用上一章所描述的步骤,就可以直接得到状态方程。当应用该表示法作为整个模型的一部分时,必须注意练习,以通过保留积分因果关系的方式来结束集总过程。这将给计算带来极大的方便。

现在就要得到该梁的连续表示。做这些之前将集总模型简化成伯努利 – 欧拉模型是很有趣的,该模型忽略了旋转惯量和切变变形。在图 10.7 中,简单地移除了下部的惯性元件和上部的剪切容性,由此产生了图 10.8 中的集总模型。注意积分因果关系仍然存在,这是因为虽然关于 0 – 结上面的剪应力不再由抗剪刚度元件设置,但现在改由弯曲刚度进行代数设置。

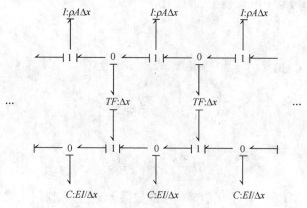

图 10.8　伯努利 – 欧拉梁有限集总键合图模型

令 $\Delta x \to 0$ 并将较小的变化除以 Δx 变为导数,Timoshenko 模型就得以简化成连续表示法,从而,由式(10.18),有

$$\lim_{\Delta x \to 0} \frac{V(x + \Delta x) - V(x)}{\Delta x} = \frac{\partial V}{\partial x} \tag{10.24}$$

且

$$\frac{\partial V}{\partial x} = \rho A \frac{\partial^2 \omega}{\partial t^2} \tag{10.25}$$

类似地,由式(10.19),有

$$\frac{\partial M}{\partial x} + V = \rho I \frac{\partial^2 \phi}{\partial t^2} \tag{10.26}$$

且根据式(10.20),有

$$M = EI \frac{\partial \phi}{\partial x} \tag{10.27}$$

根据式(10.21)及式(10.22),有

$$\theta = \frac{\partial \omega}{\partial x} \tag{10.28}$$

且有

$$V = kGA \left(\frac{\partial \omega}{\partial x} - \phi \right) \tag{10.29}$$

现在就可以合并式(10.25)和式(10.29),得

$$kGA \frac{\partial}{\partial x}\left(\frac{\partial \omega}{\partial x} - \phi\right) = \rho A \frac{\partial^2 \omega}{\partial t^2} \tag{10.30}$$

且可以合并式(10.26),式(10.27)和式(10.29)得

$$EI \frac{\partial^2 \phi}{\partial x^2} + kGA\left(\frac{\partial \omega}{\partial x} - \phi\right) = \rho I \frac{\partial^2 \phi}{\partial t^2} \tag{10.31}$$

对于连续均衡的 Timoshenko 梁来说,式(10.30)和式(10.31)是两个未知量 $\omega(x,t)$ 和 $\phi(x,t)$ 的偏微分方程。如忽略式(10.31)中的旋转惯量,并令抗剪刚度趋向无穷大,就可以将其简化成伯努利–欧拉模型,因此有

$$\theta = \phi = \frac{\partial \omega}{\partial x} \tag{10.32}$$

然后将其代入式(10.30),得

$$-\frac{\partial}{\partial x} EI \frac{\partial^2 \phi}{\partial x^2} = -EI \frac{\partial^4 \omega}{\partial x^4} = \rho A \frac{\partial^2 \omega}{\partial t^2} \tag{10.33}$$

或者

$$EI \frac{\partial^4 \omega}{\partial x^4} + \rho A \frac{\partial^2 \omega}{\partial t^2} = 0 \tag{10.34}$$

如果质点力 $F_1(t)$ 和 $F_2(t)$ 作用在伯努利–欧拉梁上,且分别作用在梁的 x_1 和 x_2 位置处,则式(10.34)将变为

$$F_1 \delta(x - x_1) + F_2 \delta(x - x_2) - EI \frac{\partial^4 \omega}{\partial x^4} = \rho A \frac{\partial^2 \omega}{\partial t^2} \tag{10.35}$$

虽然 Timoshenko 模型是一种更接近实际的表示法,且能对高频特性做更精确的预测,但其解太过烦琐,这里不列出,感兴趣的读者可以参看文献[2]。我们将专门处理伯努利–欧拉模型。

在进入本章的主要重点之前,概括一下示例展示的要点可能会有所帮助,如下所示。

(1)一个分布式系统的集总参数模型一般可以通过连续方程在各点处的求导而得到,所指各点要求连续统的典型量允许趋向于无穷小,然后简单地返回这些量的一个有限的大小。这样一个集总模型如返回微小元件的数目不够大,可能就不会很精确。

(2)集总参数模型表示法有一个优点,即它们可以直接组合成一个总的系统模型。同时,非线性因素也不会引起特别的问题。到目前为止,集总参数方法的缺点是该模型会生成一个较大的状态空间,并且由于模型的各个分布式部分时间比例的较大差异以及系统的余数问题,可能会引发一些严重的计算问题。

(3)当可得到解析解时,真正的连续模型可以产生对系统特性的深入认识,这一般仅限于线性情形。然而,通常很难处理一个连续模型与总系统模型中复杂集总系统(或者其他连续系统)间的关系,并保持连续性将其合并到一起。当试图这样做的时候,对于连续部分求解偏微分方程也将会是一个问题,对于所连接的部分还要满足复杂的边界条件。要得到一个总的系统的深入描述,这种方法是不实际的。最好能找到一种精确、低阶、集总参数的表示法来表示系统的连续部分,并使其能容易地与外部动力学交互。接下来就

要这么做。

10.2　分离变量实现连续集总模型

许多构成工程系统的物理元件拥有连续的惯量分布以及容性特性,前面展示的杆和梁都是此类元件的例子,同样的例子还包括拉伸的绳子、膜、板以及壳体。飞机的机身是由分布式元件组成的复杂系统的一个例子。当被证明合理,且作为建模人员选择这种方式,那么这些分布式元件就可以表示成空间和时间的线性偏微分方程。

这些分布式元件和系统的实际物理动力学特性是由传播的波组成,这些波从边界反射并加和以产生任意点及时间的实际观测现象。由于数学的支持,可以尝试使用分布惯量和容性特性来表示连续系统拥有的波类特性。但是在这里不做展开,感兴趣的读者可以参看文献[3]。

我们将转向变量分离的研究,作为替代的方法来表示线性、分布式波类系统随时间的运动过程。我们将看到,该方法会生成一种优雅的分布元件集总参数键合图表示法,使其可以很方便地与所连接动态系统的键合图模型相结合,从而生成一个十分精确的总系统模型,并具备键合图拥有的所有的公式化及计算方面的优点。使用一种非常通用的方法实现变量分离,并使应用于任意适当连续统的方法表现出一些非常有用的特性,是可能实现的。再一次的,可以参看文献[3]了解该方法的具体说明。这里将通过示例来演示该方法。

杆　一个杆的强迫纵向振动的方程即为式(10.16),这里重写一遍

$$\rho\frac{\partial^2\xi}{\partial t^2}-E\frac{\partial^2\xi}{\partial x^2}=\frac{F(t)}{A}\delta(x-L) \tag{10.36}$$

变量分离从将力 $F(t)$ 暂时设置为零入手,并假设任意点及时间的位移 $\xi(x,t)$ 可被分离成一个乘积的形式,两个乘数分别为仅关于 x 的函数 $Y(x)$ 及仅关于 t 的函数 $f(t)$:

$$\xi(x,t)=Y(x)f(t) \tag{10.37}$$

将其代入式(10.36)的齐次形式,得到

$$\rho Y\frac{\partial^2 f}{\partial t^2}-Ef\frac{\partial^2 Y}{\partial x^2}=0 \tag{10.38}$$

上式两边除以 ρYf,得

$$\frac{1}{f}\frac{\partial^2 f}{\partial t^2}=\frac{E}{\rho}\frac{1}{Y}\frac{\partial^2 Y}{\partial x^2} \tag{10.39}$$

根据假设,式(10.39)左边各项的集合仅依赖于时间,而右边各项的集合仅依赖于 x。从而对于任意的 x 和 t,每个各项的集合必须等于相同的常量。按照惯例,令

$$\frac{1}{f}\frac{\partial^2 f}{\partial t^2}=-\omega^2 \tag{10.40}$$

结果得到

$$\frac{\mathrm{d}^2 f}{\mathrm{d}t^2}+\omega^2 f=0 \tag{10.41}$$

$$\frac{\mathrm{d}^2 Y}{\mathrm{d}x^2} + \frac{\rho}{E}\omega^2 Y = 0 \qquad (10.42)$$

为使分离的解存在,两个全微分方程式(10.41)和式(10.42)必须同时满足。

我们对关于空间函数 $Y(x)$ 的方程式(10.42)有很大的兴趣。对于本例而言,包含一个简单的波动函数,该空间微分方程直接就可解出:

$$Y(x) = A\cos kx + B\sin kx \qquad (10.43)$$

式中

$$k^2 = \frac{\rho}{E}\omega^2 \qquad (10.44)$$

为完善 $Y(x)$ 的解,现在必须写明边界条件。

对于图 10.1 中的杆,左端点的位移 $\xi(0,t)$ 为 0。对于右端点,有多种方式供选择来表示边界条件。可以在边界条件中包含力 $F(t)$,使其与 $x = L$ 处的法向应力平衡。因此

$$\sigma(L,t)A = F(t) \qquad (10.45)$$

或者

$$EA\frac{\partial \xi}{\partial x}(L,t) = F(t) \qquad (10.46)$$

也可以认为该力作用在距离右端点前很短距离处,从而对于右端点本身而言应力为零。因此

$$\sigma(L,t) = E\frac{\partial \xi}{\partial x}(L,t) = 0 \qquad (10.47)$$

边界受力位置变化采用杆内部受力的极限形式是解析便利的,且不会引发问题,这是因为我们仅对有限度量内细度的解感兴趣。我们例子的边界条件就变成

$$\xi(0,t) = Y(0)f(t) = 0$$

或者

$$Y(0) = 0 \qquad (10.48)$$

以及

$$\frac{\partial \xi}{\partial x}(L,t) = \frac{\mathrm{d}Y}{\mathrm{d}x}(L) \cdot f(t) = 0$$

或者

$$\frac{\mathrm{d}Y}{\mathrm{d}x}(L) = 0 \qquad (10.49)$$

将式(10.48)、式(10.49)代入式(10.43),得

$$A = 0 \qquad (10.50)$$

以及

$$Bk\cos kL = 0 \qquad (10.51)$$

式(10.51)称为频率方程,且与集总系统特征值的的特征多项式类似。

如果假定 B 或 k 为 0，该解连续，从而可得 $Y(x)=0$ 及 $\xi(x,t)=0$，这是一个真的却不太有用的解。取而代之，令

$$\cos kL = 0 \tag{10.52}$$

结果可得

$$k_n L = (2n-1)\frac{\pi}{2}, \quad n=1,2,3,\cdots \tag{10.53}$$

并且由式（10.44），得，

$$\omega_n^2 = \frac{E}{\rho}k_n^2 = \frac{E}{\rho}\frac{(k_n L)^2}{L^2}$$

或者

$$\omega_n = \sqrt{\frac{E}{\rho}}\frac{(2n-1)}{L}\frac{\pi}{2}, \quad n=1,2,3,\cdots \tag{10.54}$$

伴随每个 ω_n 有一个专门的形态函数 $Y_n(x)$，由式（10.43），有

$$Y_n(x) = B_n \sin\left(k_n L\frac{x}{L}\right) = B_n \sin\left((2n-1)\frac{\pi}{2}\frac{x}{L}\right), \quad n=1,2,3,\cdots \tag{10.55}$$

这里的常量 B_n 是任意的，这里可以很方便地将其设置为 1。

形态函数 $Y_n(x)$ 常称做特征函数、振型或常态模式，对应于每个振型有一个固有频率 ω_n。图 10.9 所示为一个左端固定右端放松杆的一些振型。一个振型及其频率的一种解释是这样的，如果该杆以一种模式初始化其形态并释放，它将以该模型相应的模型频率配置而进行调和振荡。关于这些模式及频率的另一个事实是这样的：对于任意初始条件，杆进行的所有随时间运动过程，均为各种振型以其自身固有频率振荡的线性组合。而另一个关于这些振型非常重要的事实是它们是正交的，即有

$$\int_0^L Y_n(x)Y_m(x)\,\mathrm{d}x = 0, \quad n \neq m \tag{10.56}$$

或者

$$\int_0^L \sin\left((2n-1)\frac{\pi}{2}\frac{x}{L}\right)\sin\left((2m-1)\frac{\pi}{2}\frac{x}{L}\right)\mathrm{d}x = \begin{cases} 0 & (n \neq m) \\ L/2 & (n=m) \end{cases} \tag{10.57}$$

对于杆的例子，很快就会应用这个性质。

我们对杆的强迫响应很感兴趣，但到目前为止处理的都是非强迫响应。现在就应用性质[3]，即杆的响应，无论强迫或非强迫，均可以表示成一个振型的线性组合。写出

$$\xi(x,t) = \sum_{n=1}^{\infty} Y_n(x)\eta_n(t) \tag{10.58}$$

并将该假设应用于强迫方程式（10.36），从而有

$$\sum_n \rho A Y_n \ddot{\eta}_n - \sum_n AE\frac{\mathrm{d}^2 Y_n}{\mathrm{d}x^2}\eta_n = F(t)\delta(x-L) \tag{10.59}$$

现在，使各项乘以第 m 个振型 $Y_m(x)$，并对每项对 x 取 0 到杆长度的积分，则

$$\sum_n \left(\int_0^L \rho A Y_n Y_m \mathrm{d}x\right)\ddot{\eta}_n - \sum_n \left(\int_0^L \rho A Y_n Y_m \mathrm{d}x\right)\omega_n^2 \eta_n$$

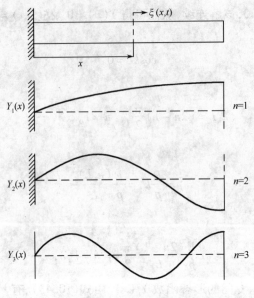

图 10.9　杆的振型

$$= \int_0^L F(t)\delta(x - L)Y_m \mathrm{d}x \tag{10.60}$$

其中第二项应用了式(10.42)的代换,即

$$\frac{\mathrm{d}^2 Y_n}{\mathrm{d}x^2} = -\frac{\rho}{E}\omega_n^2 Y_n \tag{10.61}$$

当式(10.60)中等号左侧的积分项对 $n = 1,2,\cdots,$ 进行求和运算时,会发现除了 $n = m$,其余项均为0,从而只剩下一个方程,即

$$\left[\int_0^L \rho A Y_m^2 \mathrm{d}x\right]\ddot{\eta}_m + \left[\int_0^L \rho A Y_m^2 \mathrm{d}x\right]\omega_m^2 \eta_m = \int_0^L F(t)\delta(x - L)Y_m \mathrm{d}x \tag{10.62}$$

左侧的积分项称为模态质量 m_m,即

$$m_m = \int_0^L \rho A Y_m^2 \mathrm{d}x, \quad m = 1,2,\cdots \tag{10.63}$$

对于该杆来说很简单,就是

$$m_m = \frac{\rho A L}{2} \tag{10.64}$$

与模态数量无关。

式(10.62)右侧的积分项称为模态强迫函数,且对于质点力而言其计算尤其简单。δ 函数确保了在 $x = L$ 之前的值不会对该积分产生影响,而在 $x = L$ 点处清理该 δ 函数,可得 $Y_m(x)$ 实际上为常量且等于 $Y_m(L)$。因此该积分变为

$$\int_0^L F(t)\delta(x - L)Y_m \mathrm{d}x = F(t)Y_m(L)\int_0^L \delta(x - L)\mathrm{d}x = F(t)Y_m(L) \tag{10.65}$$

因此式(10.62)变为

$$m_m \ddot{\eta}_m + k_m \eta_m = F(t)Y_m(L) \tag{10.66}$$

288

式中：m_m 为模态质量，即

$$m_m = \int_0^L \rho A Y_m^2(x)\,\mathrm{d}x = \frac{\rho AL}{2} \tag{10.67}$$

其中：k_m 为模态刚度，即

$$k_m = m_m \omega_m^2 \tag{10.68}$$

且 $Y_m(x)$ 和 ω_m 可由振型的非强迫分析得到。

对于分布系统采用这种方法的优点是：由于振型的正交性，式(10.66)被去耦，且每个 $\eta_m(t)$ 可分别被解出，接着将其与式(10.58)中的振型 $Y_m(x)$ 组合来生成实际的响应，即

$$\xi(x,t) = \sum_{m=1}^{\infty} Y_m(x)\eta_m(t) \tag{10.69}$$

显然，在解中只有有限数量的模式可被保留。

这个方法已有了很大的发展，于是很快得到了一个非常感兴趣的结果。定义模型动量 p_m 为

$$p_m = m_m \dot{\eta}_m \tag{10.70}$$

且模型位移 q_m 为

$$q_m = \eta_m \tag{10.71}$$

从而式(10.66)可写成

$$\frac{\mathrm{d}}{\mathrm{d}t}p_m = -k_m q_m + F(t)Y_m(L) \tag{10.72}$$

且有

$$\frac{\mathrm{d}q_m}{\mathrm{d}t} = \frac{p_m}{m_m} \tag{10.73}$$

我们已将第 m 个模态方程以键合图能量变量 p_m 和 q_m 的形式写成两个一阶状态方程。图 10.10 所示为一个键合图来对 $m = 1,2,3,\cdots$ 时的模态方程组进行复制操作，注意对于所有包含的 m 个模式都存在积分因果关系，且外力 F 对每个模式的作用都满足式(10.72)和式(10.73)。而其变换就是简单的由式(10.55)对力作用点处求得值的振型。键合图也强制使外力键上的流必须表示为 $\partial \xi(L,t)/\partial t$，是各个模态流与适当变换模乘积的和：

$$\frac{\partial \xi}{\partial t}(L,t) = Y_1(L)\frac{p_1}{m_1} + Y_2(L)\frac{p_2}{m_2} + \cdots + Y_m(L)\frac{p_m}{m_m} \tag{10.74}$$

其恰为式(10.69)中 $x = L$ 处速度的值。实际上，由式(10.69)，有

$$F(t)\frac{\partial \xi}{\partial t}(L,t) = \sum_{m=1}^{\infty} F(t)Y_m(L)\dot{\eta}_m(t) \tag{10.75}$$

而 $F(t)Y_m(L)$ 为第 m 个模态力，$\dot{\eta}_m(t)$ 为第 m 个模态流。因此输入端口的外力乘以速度等于各模态力乘以相应的模态流的和。这是一个功率守恒变换的表述，且图 10.10 中的

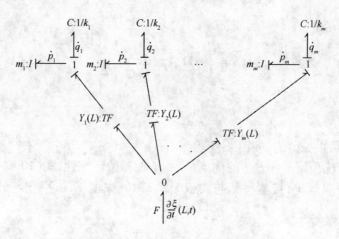

图 10.10　杆 $x=L$ 处受力的模态振动的键合图

扇形变换器表示从物理变量到模态变量及其逆过程的变换。

　　现在一个很有趣的问题出现了：既然已经根据式（10.58）好不容易得出了方程式（10.66），那为什么还要构建一个键合图呢？当我们认识到外力 $F(t)$ 可能不是一个特定的输入，而是与其他外界系统发生相互作用后的结果时，这个问题就一目了然了。举例来说，如果该杆的末端绑定了一个换能器，想用一个简单的质量－弹簧－阻尼系统来表示它，那么相互作用的键合图将如图 10.11 所示。该模态动力学与图 10.10 所示一致，且外界动力学系统简单地连接在外界通口上，从而末端力 $F(t)$ 现在变成了内部力，如图 10.11 所示。由于积分因果关系仍然存在，整个交互作用系统的方程就可以直接得出。当然，对于系统的分布部分只有有限数量的模式可被保留。

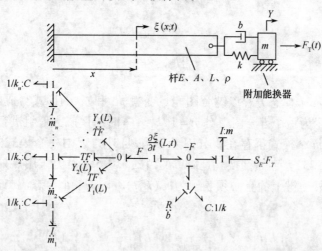

图 10.11　杆的 $x=L$ 处连接一个阻尼系统后的有限模式模型

　　如果杆的末端终止于一个容性成员，并连接到另一个分布式杆，该模型将如图 10.12 所示，对于每个杆保留了 n 个模式。这里积分因果关系仍然存在，从而可直接导出方程。

　　对键合图步骤有一些了解的读者，应该已经开始喜欢上使用这种有限模式方法构建模型所表现出的效能和优雅。在讨论该方法的一些缺陷之前，我们允许将这种好感觉保留得稍微久一点。

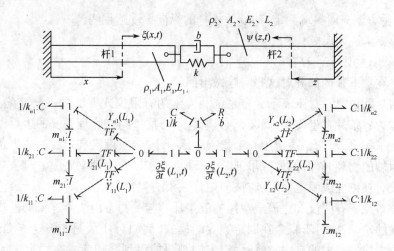

图 10.12　两个分布式杆通过一个容性耗能元件的相互作用

离开这个杆的示例之前,应该注意该杆上任意位置均可被用做输出。我们简单地将任意期望的输出点看做输入力等于 0 的点。

对于两个这样的输出点 x_1 和 x_2 的键合图如图 10.13 所示。可以看出,在键合图中画出所有的键可能会变得非常杂乱。在实际中不会在键合图中包含输出点。作为替代,使用式(10.69)并认可如下:

$$\frac{\partial \xi}{\partial t}(x_i, t) = Y_1(x_i)\frac{p_1}{m_1} + Y_2(x_i)\frac{p_2}{m_2} + \cdots + Y_n(x_i)\frac{p_n}{m_n} \tag{10.76}$$

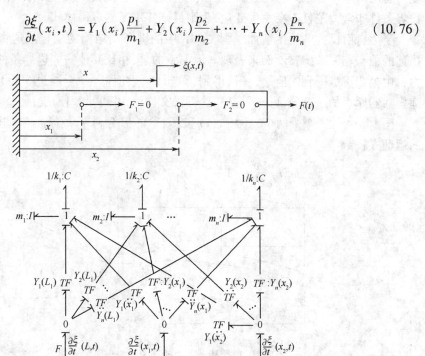

图 10.13　键合图展示如何得到杆任意点处的输出

现在可以提出一些很好的问题:

（1）这种方法只对一端固定，一端放松杆的纵向振动适用吗？

（2）要保留多少模式才够？

（3）当模式的因果流存在时会发生什么？

我们将在接下来的部分对这些问题做出回答。

伯努利–欧拉梁　对于表示分布系统动力学的有限模式方法的一个缺陷是这样的，即无论何时边界条件发生改变，问题都必须重新整理。而且，物理系统的边界条件都是定义不良的。举例来说，如果决定用一个梁来表示一个车架，就没有定义的边界条件。这里只有一些附加的物理元件，例如悬吊部分，发动机底座以及驾驶室底座，连接在各个点处。该框架并没有被钉住或固定，那么应该使用什么模式呢？

对于分布系统有限模式建模最常用的就是那些与受力自由边界连接的模式。有这样一个启发式的论题，即对于联合在固定边界的模式，例如对杆示例在固定末端处的求值，无论在该位置施加多大的推力，在该固定末端都只能得到零响应。在固定末端所有的模式均为零，且根据式（10.58），这里的运动也将一直为零。因此，如果认为前面假设的固定边界并不是真的固定，而实际上是连接了一个质量块，那么就必须对该问题重新形式化，并使用不同的振型。

另一方面，如果由受力自由模式入手，接着决定一个边界通过一个刚性弹簧连接在地面上，根据式（10.58），受力自由模式将正好能够达到一个很小的运动。如果决定将之前受力自由边界固定，那么其运动甚至可能会变为零。因此，当应用有限模式方法时，除非边界条件非常清楚且不会发生变化，否则最好使用受力自由模式。

受力自由模式的使用增加了图 10.13 中的键合图结构的变化。这将通过 10.1 节中描述的伯努利–欧拉梁示例来表现。但不幸的是，相比其他一些边界条件得出的模式，受力自由模式更难得到。但是，一旦得到（分析的、近似的，甚至通过实验），它们就变成了建模兵器库里的一部分，可被保存在计算机文件里，并可重复使用。

图 10.14 为一个受两个外力 $F_1(t)$ 和 $F_2(t)$ 的伯努利–欧拉梁。这里重复式（10.35）的运动方程：

$$EI\frac{\partial^4\omega}{\partial x^4} + \rho A\frac{\partial^2\omega}{\partial t^2} = F_1\delta(x-x_1) + F_2\delta(x-x_2) \tag{10.77}$$

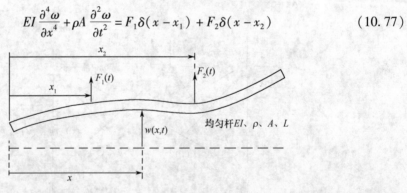

图 10.14　受质点力的均匀伯努利–欧拉梁

受力自由的边界条件是在 $x=0$ 和 $x=L$ 处不存在剪切力和力矩。根据式（10.26）~式（10.28），这些条件可以写成 $\omega(x,t)$ 的形式

$$\frac{\partial^2 \omega}{\partial x^2}(0,t) = \frac{\partial^2 \omega}{\partial x^2}(L,t) = 0 \tag{10.78}$$

作为零力矩约束,以及

$$\frac{\partial^3 \omega}{\partial x^3}(0,t) = \frac{\partial^3 \omega}{\partial x^3}(L,t) = 0 \tag{10.79}$$

作为零剪切力约束。

对杆示例所做的工作继续,尝试对式(10.77)的均匀形式采用一种分离解法,并且假定

$$\omega(x,t) = Y(x)f(t) \tag{10.80}$$

将上式代入式(10.77),得

$$EI\frac{\mathrm{d}^4 Y}{\mathrm{d}x^4}f + \rho A Y \frac{\mathrm{d}^2 f}{\mathrm{d}t^2} = 0 \tag{10.81}$$

各项除以 $\rho A Y f$,得

$$\frac{EI}{\rho A}\frac{1}{Y}\frac{\mathrm{d}^4 Y}{\mathrm{d}x^4} + \frac{1}{f}\frac{\mathrm{d}^2 f}{\mathrm{d}t^2} = 0 \tag{10.82}$$

只有当两项等于同一常量时,该方程才满足所有的 x 和 t。按照惯例,令第二项等于 $-\omega^2$,得

$$\frac{\mathrm{d}^2 f}{\mathrm{d}t^2} + \omega^2 f = 0 \tag{10.83}$$

且有

$$\frac{\mathrm{d}^4 f}{\mathrm{d}x^4} - \frac{\rho A}{EI}\omega^2 Y = 0 \tag{10.84}$$

或者

$$\frac{\mathrm{d}^4 Y}{\mathrm{d}x^4} - k^4 Y = 0 \tag{10.85}$$

式中

$$k^4 = \frac{\rho A}{EI}\omega^2 \tag{10.86}$$

式(10.85)是一个全微分方程,即对边界条件式(10.78)和式(10.79)求解,就将产生振型及相应的型频率。将式(10.80)应用于边界条件,就可得到

$$\frac{\mathrm{d}^2 Y}{\mathrm{d}x^2}(0) = \frac{\mathrm{d}^2 Y}{\mathrm{d}x^2}(L) = \frac{\mathrm{d}^3 Y}{\mathrm{d}x^3}(0) = \frac{\mathrm{d}^3 Y}{\mathrm{d}x^3}(L) = 0 \tag{10.87}$$

式(10.85)有通解[3],即

$$Y(x) = A\cosh kx + B\sinh kx + C\cos kx + D\sin kx \tag{10.88}$$

在此就不列出全部的代数式了。然而,将式(10.87)代入式(10.88),可得频率方程

$$\cosh k_n L \cos k_n L = 1 \tag{10.89}$$

以及振型方程

$$Y_n(x) = (\cos k_n L - \cosh k_n L)(\sin k_n L + \sinh k_n L)$$
$$- (\sin k_n L - \sinh k_n L)(\cos k_n L + \cosh k_n L) \qquad (10.90)$$

现在求解式(10.89)来得到 $k_n L$ 的特定值,并将其应用到式(10.86)来得到型频率,有

$$\omega_n^2 = \frac{EI(k_n L)^4}{\rho A} \frac{1}{L^4} \qquad (10.91)$$

这里必须承认受力自由边界条件允许 $\omega_n = k_n = 0$ 作为型频率。应用这个式子可得到

$$\frac{\mathrm{d}^4 Y}{\mathrm{d}x^4} = 0 \qquad (10.92)$$

或

$$Y = c_1 x^3 + c_2 x^2 + c_3 x + c_4 \qquad (10.93)$$

式(10.93)有两个可能的解来满足边界条件。它们是 $Y = $ 常数和 $Y = ax + b$。这些称为刚体模式,并且可以很方便地将它们看做整个梁的刚体顶点平移,以及绕梁质心的刚体旋转,因此

$$Y_{00} = 1 \qquad (10.94a)$$

$$Y_0 = x - \frac{L}{2} \qquad (10.94b)$$

式(10.90)给定了弯曲模式,并且是相当复杂的函数。我们将会发现与之前所述一致,刚体模式在相同情形下是正交的,对于 $n, m = 00, 0, 1, 2, 3, \cdots$,有

$$\int_0^L \rho A Y_n(x) Y_m(x) \mathrm{d}x = 0, \quad m \neq m \qquad (10.95)$$

强迫响应的计算过程与杆例子的方式类似,假设强迫解有如下形式:

$$\omega(x, t) = \sum_{n=0}^{\infty} Y_n(x) \eta_n(t) \qquad (10.96)$$

并且将其应用到强迫方程式(10.77)。接着对各项乘以 $Y_m(x)$,并对 x 取 $x = 0$ 到 $x = L$ 的积分,然后利用该模式的正交性,得

$$\left(\int_0^L \rho A Y_n^2 \mathrm{d}x \right) \ddot{\eta}_n + \left(\int_0^L \rho A Y_n^2 \mathrm{d}x \right) \omega_n^2 \eta_n = F_1 Y_n(x_1) + F_2 Y_n(x_2) \qquad (10.97)$$

该式与杆示例的方程式(10.66)有着完全相同的形式。第一个零频率模式生成

$$\left[\int_0^L \rho A (1)^2 \mathrm{d}x \right] \ddot{\eta}_{00} = F_1 + F_2 \qquad (10.98)$$

或者

$$m \ddot{\eta}_{00} = F_1 + F_2 \qquad (10.99)$$

该式简单地表明了外力对梁质心加速度的影响。其他的零频率模式生成为

$$\left[\int_0^L \rho A \left(x - \frac{L}{2} \right)^2 \mathrm{d}x \right] \ddot{\eta}_0 = F_1 \left(x_1 - \frac{L}{2} \right) + F_2 \left(x_2 - \frac{L}{2} \right) \qquad (10.100)$$

或者

$$J_g \dot{\eta}_0 = F_1 \left(x_1 - \frac{L}{2} \right) + F_2 \left(x_2 - \frac{L}{2} \right) \tag{10.101}$$

该式简单地表明了外力的力矩与质心角加速度 $\dot{\eta}_0$ 的关系,其中 J_g 为梁的质心转动惯量。

图 10.15 所示为包含受力自由边界条件的一个梁的键合图。无论何时假定受力自由边界,都将出现刚体模式,并简单地表现为没有相应模态刚度的惯性元件。第一个惯性参数为梁的质量 m,第二个就是梁的转动惯量 J_g。与刚体模式相连接的—TF—元件会正确地将力和力矩应用到这些元件上。剩下的结构和杆示例一致。模态质量的表示仍为

$$m_n = \int_0^L \rho A Y_n^2 \mathrm{d}x, \quad n = 1, 2, \cdots \tag{10.102}$$

且模态刚度仍为

$$k_n = m_n \omega_n^2$$

只有这时 Y_n 由式(10.90)给定,且频率 ω_n 由式(10.91)[①]解出。对式(10.102)进行积分,并使用如下无量纲的形式

$$\frac{m_n}{m} = \int_0^1 Y_n^2 \left(\frac{x}{L} \right) \mathrm{d} \frac{x}{L} \tag{10.103}$$

接着存储下来以备后用。总之可能需要使用数值方法执行该积分计算。

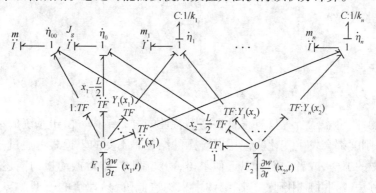

图 10.15　边界受力自由的伯努利-欧拉梁的键合图

当认识到该例中的外力 F_1 和 F_2 也可能是外接动态系统的效果,而现在可以在图 10.15 所示键合图中直接进行添加,就会发现这种建模过程真正的功效和优雅了。举例来说,图 10.16 中的梁两端存在悬吊组件,并且有一个单自由度系统连接在 $x = x_F$ 处。这可能是一个光具座,并且在 $x = x_F$ 处有一个激光反射镜,我们试图设计该悬架来使镜子与地面的运动隔离。图 10.16 中也展示了有限模式键合图。我们简单地将所有连接组件看做外力,并在每个力的位置上将其显示为 0 - 结。每个 0 - 结依附于一个带有模态组件的 1 - 结,并通过模数等于期望模式函数的—TF—元件来对其在力作用位置处进行求值。接着所连接的系统适当地添加到外部 0 - 结键上,来形成一个完整的、低阶、非常精确的系统模型。

虽然在推导过程中没有尽可能地表现出通用性,但现在应该认识到图 10.15 的结构

---

① 原文为式(10.89)。

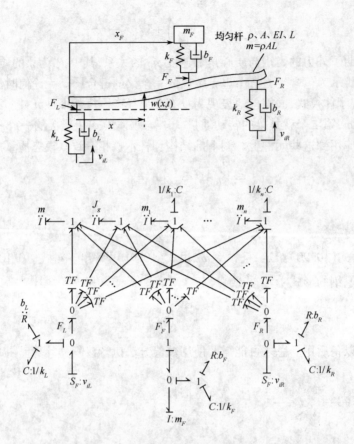

图 10.16　分布系统与外接集总系统交互的示例

是完全通用的,并可表示所有具有正常振荡型特性的分布结构。由于系统的不同,振型以及模态质量、刚度都会发生变化。但是键合图的结构是不变的。模式可通过分析得到,如对杆和梁所做的那样,或者它们可以近似求得,如文献[4]中对振动板的描述。它们可通过有限元件方法得到并应用到键合图结构中来构造低阶、易理解的模型。甚至还可以通过实验的方法,应用结构动力学试验设备及程序来得到这些模式。无论这些模式是如何得到的,它们的有限模式表示法都如图 10.15 所示,并且它们均可与任意动力学元件,甚至非线性元件进行相互作用。

同时,虽然在此没有推导,外力矩也可应用于图 10.15 的结构。如果作用的是一个力矩而不是力,相应由力矩 0 - 结得来的—TF—元件,其振型斜率为$(\mathrm{d}Y_n/\mathrm{d}x)$,且以力矩作用位置处求得的值,而不是振型本身作为其模数。

10.3　有限模式键合图的通用性研究

读者可能开始醉心于键合图建模方法的种种优点,如轻松将各种类型系统集成到一起,轻松识别物理状态变量,轻松导出状态方程,轻松通过一些自动化非常好的软件进行计算机求解,当然也会开始喜欢上分布系统与动态子系统间交互的便利性。关于有限模式概念的实际应用仍然存在一些问题,其中最突出的一些将在本部分得到解答。

296

要保留多少模式　当一个分布式组件作为一个总物理动态系统模型的部分时，我们经常会对频率波段的一些想法产生兴趣。这些来源于我们的工程判断，但不幸的是，当构造任何系统模型时，不管采用何种建模方法，都没有替代物来练习该判断。如果要构建一个不平坦路线上长途卡车的模型，并且决定将车架建模成一个梁，并通过其悬吊组件将车轮与其连接，我们可能会用到自己的一些知识，如正常行驶速度下道路的输入频率一般不超过20Hz，卡车的车轮跳跃约为15Hz，悬架频率一般低于2Hz。接下来很明显较高频率的梁模式对20Hz频率范围的响应贡献很小。

通过考虑一个轻微阻尼模式对一个调和输入的响应，就可以对这种想法进行一些量化。图10.17为一个含输入位置的通用有限模式表示法。如下方程调节第 i 个模式的贡献

$$m_i \dot{\eta}_i + k_i \eta_i = F Y_i \tag{10.104}$$

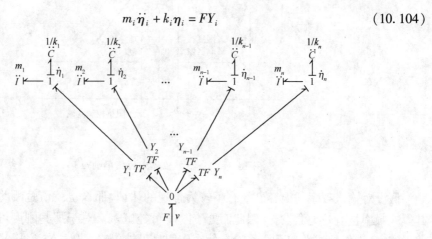

图 10.17　通用有限模式键合图

如果存在一些阻尼与该模式相关联，则式（10.104）可写成

$$\dot{\eta}_i + 2\xi_i \omega_i \dot{\eta}_i + \omega_i^2 \eta_i = \frac{F}{m_i} Y_i \tag{10.105}$$

式中：ξ_i 为模式阻尼系数。

对于 F 谐波，对 $\dot{\eta}_i$ 的模式频率响应拥有如下量值：

$$\left| \frac{\dot{\eta}_i}{\frac{F}{m_i} Y_i} \right| = \frac{\dfrac{\omega}{\omega_i} \dfrac{1}{\omega_i}}{\left[\left(1 - \dfrac{\omega^2}{\omega_i^2} \right) + \left(2\xi_i \dfrac{\omega}{\omega_i} \right)^2 \right]^{1/2}} \tag{10.106}$$

图10.18为该响应的草图。对于较低激励频率，式（10.106）变为

$$\dot{\eta}_i \Big|_{\omega/\omega_i \ll 1} \sim Y_i F \frac{1}{m_i \omega_i^2} \omega = Y_i \frac{F}{k_i} \omega \tag{10.107}$$

且该响应由模态刚度 k 来调节。在图10.18中，称此低频范围为刚度可控区域。当频率接近 ω_i 时，该响应为

$$\dot{\eta}_i \Big|_{\omega/\omega_i \approx 1} \approx \frac{F}{m_i} Y_i \frac{1}{2\xi_i \omega_i} = F Y_i \frac{1}{b_i} \tag{10.108}$$

式中:b_i 为模式阻尼常量,且有 $b_i = 2\xi_i\omega_i m_i$。

我们称接近 $\omega/\omega_i = 1$ 的频率范围为阻抗控制区域。

最后,对于远高于 ω_i 的频率,得

$$\dot{\eta}_i \Big|_{\omega/\omega_i \gg 1} \sim \frac{F}{m_i} Y_i \frac{1}{\omega} \tag{10.109}$$

并且看到该响应只受模态质量影响。该高频范围称做质量可控区域。

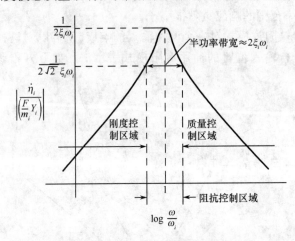

图 10.18 一个单独模式的频率响应

假设对输入频率的内容已经有了较为合理的认识,那么也就清楚哪些模式将会低于其模式频率被有效地激发,并因此而处于刚度可控区域。对于那些刚度可控区域内模式的无穷大,它们的惯性和阻抗都没有什么作用且可被忽略。从这点看来,既可以把这些高频模式统统去除,也可保留它们的模态刚度来改进该分布系统的静态刚度表示法。

实际上,对于只有一个输入位置的分布式系统来说,由于刚度控制模式的无穷大而产生的剩余容度就可直接被计算出来。考虑图 10.19,其中 n 个动态模式被保留,并且选用 n 来扩展并超越感兴趣的频率范围。保留下来的模式仅用其模态容度来表示。注意所有的刚度控制模式都处于微分因果关系中。

我们称刚度控制模式的模态流($\dot{q}_{n+1}, \dot{q}_{n+2}, \cdots$)对输出速度 v 的贡献为剩余速度 v_R。由键合图,得

$$v_R = Y_{n+1} \dot{\eta}_{n+1} + Y_{n+2} \dot{\eta}_{n+2} + \cdots \tag{10.110}$$

但是

$$\dot{\eta}_{n+1} = \frac{1}{k_{n+1}} \dot{F}_{n+1}, \quad \dot{\eta}_{n+2} = \frac{1}{k_{n+2}} \dot{F}_{n+2}, \quad \cdots \tag{10.111}$$

且有

$$F_{n+1} = Y_{n+1} F, \quad F_{n+2} = Y_{n+2} F, \quad \cdots \tag{10.112}$$

因此

$$v_R = \frac{Y_{n+1}^2}{k_{n+1}} \dot{F} + \frac{Y_{n+2}^2}{k_{n+2}} \dot{F} + \cdots \tag{10.113}$$

或者

298

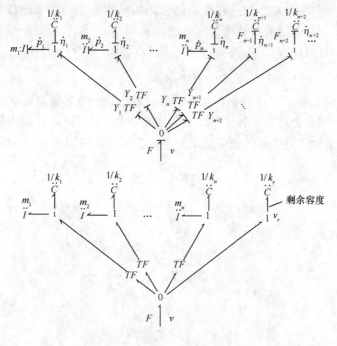

图 10.19 包含剩余容度的有限模式键合图

$$v_{\mathrm{R}} = \left(\sum_{j=1}^{\infty} \frac{Y_{n+j}^2}{k_{n+1}} \right) \frac{\mathrm{d}}{\mathrm{d}t} F \tag{10.114}$$

引入单独的剩余刚度元素 k_{r} 也可对输出速度产生相同的贡献,其中如图 10.19 所示,有

$$\frac{1}{k_{\mathrm{r}}} = \sum_{j=1}^{\infty} \frac{Y_{n+j}^2}{k_{n+j}} \tag{10.115}$$

式(10.105)的和将快速收敛,且很容易进行数值计算。

应该指出,当不止一个输入作用于分布式系统时,该剩余容度将不能由简单的式(10.115)计算得出。取而代之,刚度控制模式中需用一种 C – 场表示法。可以确定该场的一些基本特性,但是简单地将那些可删除模式都清除掉常常更容易。

作为一种经验,建议要保留模式的频率,至少要高于感兴趣的最高频率 2 倍,但同时低其 5 倍。

如何包含阻尼 分布式系统动力学的简正模式表示法已经完成了无阻尼情况下的公式化。而且严格说来,只有在完全没有阻尼或者拥有特殊形式阻尼的情况下,变量分离以及图 10.15 和图 10.17 中的通用键合图结构才是正确的。通常,我们想要在全系统模型中包含的分布式元件是有轻微阻尼的。我们不能确切地找出该结构中阻尼的作用位置,唯一能够确定的是:一旦被激发,其能量就将发生耗散。该机构是很复杂的,其中有些耗散是由于材料的微小变形,有些是由于材料表面的能量辐射。一件事情能够确定,那就是该结构并未附加一些可以指明的阻尼器,从而也就不能将其包含到模型中来表示分布式元件的阻尼。

按照惯例,一般不会试图去对阻尼机构进行细节建模,而代替的是通过将其合并到各

299

个模式,在功能上包含阻尼。通过对模态键合图的模式振荡器简单地添加 R – 元件就可将其实现。则图 10.17 的通用结构就将变成如图 10.20 所示。将每个模式振荡器看做一个独立的单自由度系统,阻抗参数 R_i 就被设置为

$$R_i = 2\xi_i\omega_i m_i \qquad (10.116)$$

式中:ξ_i 为模态阻尼率。典型的机构是轻微阻尼的,其 ξ_i 的范围为 $0.01 \sim 0.1$,其中较高的值可能表示一些复合结构。如果可以得到实验数据,就可以对看起来粗略的所含阻尼进行改善,但是前面描述的所含模态阻尼常常可生成非常精确和有用的模型。

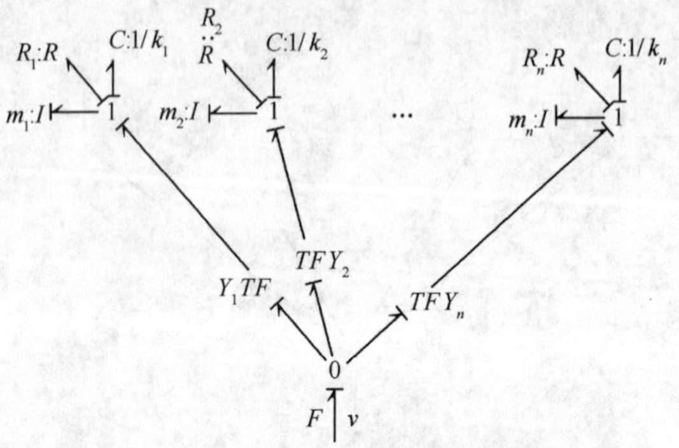

图 10.20　包含模态阻尼的通用有限模式键合图

模态键合图的因果关系考虑　通过第 2 章,读者应该熟悉了因果关系的概念,以及其提供的关于方程公式的难以置信的信息和模型的可计算性。如模型中均为积分因果关系则表明将可直接公式化,如果存在任何微分因果关系或者需要对因果关系进行任意指定,我们就会看到模型中存在代数问题,且当含有非线性元件时,方程的公式化表述就算不是不可能,也会很困难。

因果关系还涉及另一项内容,即关于一个系统模型的某部分与该系统其他部分模型的统一问题。举例来说,图 10.20 的键合图模态表示法并不是一个完整的模型,这是因为我们想要用带有 F 和 v 的外部键连接一些其他的动力学元件。图 10.20 中,力 F 是该模式的因果关系输入,且速度 v 为因果关系输出。该键合图包含了所有的积分因果关系,因此我们能直接列出该键合图片段的状态方程,而且,只要同意只使用该片段现有的因果关系,其方程就永远不会发生改变。只需简单地确定输入 F,则方程就会得到输出 v。当然,任何附加动力学模型都将包含一些因果约束,即必须以 F 作为输出并接受 v 为输入,这就是可计算模型的构造。

目前为止看到的所有展示的有限模式模型中,所有的 I – 元件和 C – 元件都存在积分因果关系,且势变量作为所有外部键的因果输入。考虑图 10.21,图中展示了带有两个外部输入位置的一个通用 n – 模式表示法。因果势 F_1 是一个输入位置处作用的输入,但是因果流 v_2 为另一位置处的输入。读者应该确定因果关系来展现如下情况:对于一个因果流输入,模式中的一个 I – 元件必须具有微分因果关系。对本例来说,选择第 n 个模态惯量使其进入微分因果关系。通常可以看到,对于模式的每一个附加因果流输入,都有一个附加模态惯量被迫进入微分因果关系。

该微分因果关系的一个结果就是丢失了一个状态变量,这是因为 p_n 不再是状态量

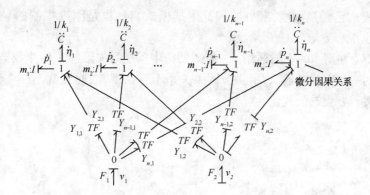

图 10.21 一个输入位置处有因果流的有限模式键合图

了,且 n - 模式描述的精确性也有所降低。这也不会引起什么问题,因为总是可以包含附加的模式,且如果按照推荐的步骤对原始模型进行公式化,那么事实上可能已经包含了比足够更多的模式。

允许微分因果关系存在一个实际的缺陷,体现在用于分析或仿真的系统方程的公式化过程中。如果想要使用第 5 章描述的步骤来直接处理微分因果关系,写出

$$p_n = m_n \dot{\eta}_n \tag{10.117}$$

且伴随 $\dot{\eta}_n$ 的因果关系,得到

$$p_n = m_n \frac{1}{Y_{n,2}} \left(v_2 - Y_{n-1,2} \frac{p_{n-1}}{m_{n-1}} - \cdots - Y_{2,2} \frac{p_2}{m_2} - Y_{1,2} \frac{p_1}{m_1} \right) \tag{10.118}$$

可以看出对该模式的描述中 p_n 依赖于所有其他 $n-1$ 个模态动量,并且还依赖外部输入 v_2。如果试图写出积分因果关系中的 I - 元件的状态方程,将会发现 $\dot{p}_1, \dot{p}_2, \cdots, \dot{p}_{n-1}$ 在其方程中都将需要 $\dot{p}_n$,且根据式(10.118),有

$$\dot{p}_n = m_n \frac{1}{Y_{n,2}} \left(\dot{v}_2 - Y_{n-1,2} \frac{\dot{p}_{n-1}}{m_{n-1}} - \cdots - Y_{2,2} \frac{\dot{p}_2}{m_2} - Y_{1,2} \frac{\dot{p}_1}{m_1} \right) \tag{10.119}$$

因此,所有的模态均被耦合,并且得到明确的状态方程变得非常困难。更糟糕的是,还需要用到输入速度的导数 $\dot{v}_1$。速度 v_2 可能是由一些该模式外部的惯性元件确定的,因此附加动量变量将与模态动量耦合,使该代数问题变得更糟。实际上,此处外部动力学元件耦合到模式结构中,有效防止了模式方程的推导作为独立实体一次次应用于不同的外部动态系统中。

一个关于计算重要性的问题是当允许微分因果关系时,我们将总是以代数表达式式(10.119)中分母的振型因子(变换系数)而结束。在式(10.119)中,$Y_{n,2}$(振型 n 在位置 2 处的值)在右侧的分母中。如果万一 $Y_{n,2}$ 为 0 或者非常小(位置 2 位于或者很接近模式 n 的节点),那么就会导致计算上的问题。文献[5]对这个问题进行了更深入的讨论。该讨论的关键之处在于:当对分布系统使用有限模式模型时,将恰好避免了微分因果关系。

我们可以避免微分因果关系,同时仍然允许因果流输入到该模式。我们简单地在一个模型中包含一个附加的没有相应模态惯量的模态容度,并且我们包含的附加模态容度的数量,与带有流入因果关系的外部输入的数量相同。添加没有相应的 I - 元件的模态 C - 元件不会引发精确性问题,这是因为最初对 n 个模式选择的基础就是要保

证较高频率模式已经是刚度控制的,因此附加模式当然也是刚度控制的且其模态惯量对系统响应也没有影响。

图 10.22 为在图 10.21 的通用 n – 模式结构中重复添加第 $(n+1)$ 个模态容度。注意 v_2 仍为模式的一个因果流输入,但微分因果关系不存在了,因此也就不存在代数问题了,且直接就可实现方程的公式化。

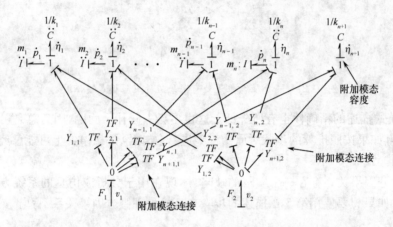

图 10.22　因果流输入中添加一个附加模态容度的有限模式键合图

在结束本节之前必须承认,当不止存在一个因果流输入时,为避免因果关系问题而采取的添加附加模态容度的行为会引发一个代数问题,图 10.23 展示了该问题。在图 (a),展示了一个含有两个因果流输入的 3 – 模式模型。读者应该弄清楚只有容性因果关系迫使模态惯量 2 和 3 进入微分因果关系。图(b)展示了添加两个不含相应惯量的附加模态容度后的同一模型。读者应该对该模型分配因果关系,并且展示对所有 I – 元件和 C – 元件分配积分应该关系后,仍然存在一些未分配的键。该情况的发生总是意味着出现了代数环。任意选择力 e_a 来设置 0 – 结处指定的力,且最终完成了因果关系图。力 e_b 也被标记在图 10.23(b)中。

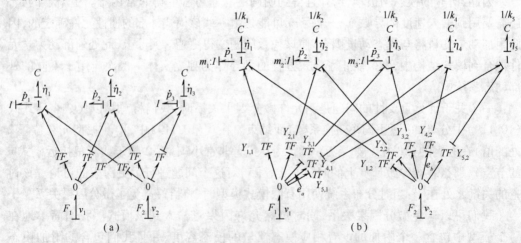

图 10.23　包含两个因果流输入的有限模式键合图

302

与容许微分因果关系时产生的代数问题不同,这里键合图结构内部的代数环必然可被解决。直接就可得到

$$e_a = \frac{1}{Y_{4,1}}(k_4\eta_4 - Y_{4,2}e_b) \tag{10.120}$$

以及

$$e_a = \frac{1}{Y_{5,2}}(k_5\eta_5 - Y_{5,2}e_a) \tag{10.121}$$

显然可以将 e_a 和 e_b 显式地解出,接着将其应用于状态空间方程公式化中。为避免微分因果关系而添加额外的模态容度造成的代数问题是非常容易处理的,而处理微分因果关系通常不那么容易。

10.4 组合完整系统模型

在前一节中介绍了一个步骤来将所有类型的分布式连续统表示为有限模式键合图模型。其中作为示例只介绍了梁和杆;然而,为梁和杆所开发的键合图结构同样也适用于多维的元件,只是各个连续统的振型,模态质量和模态频率有区别。这个声明显得有些信口开河,因为要得到多维结构的模态信息实际上或许是不可能的。

如果一个整体结构由很多(按惯例或多或少)元件组成,那么一个整体结构模型就可以由各元件的有限模式模型通过适当的连接进行构造。图 10.24 为一个地面交通工具的 A 型框架,由 3 个均匀的横杆组成。在图 10.24(b)中展示了该框架受到的内部力和力矩。力 F_1,F_2 和 F_3 为外力,且最终将表示穿过该力位置点处的悬浮力。假设杆 1 和杆 2 不会因为杆 3 的运动而发生扭曲变形。

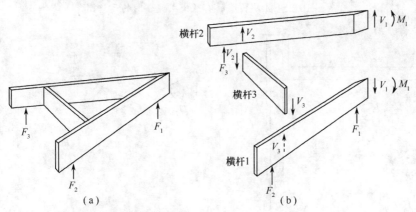

图 10.24 由 3 个均匀横杆构成的 A 型框架

在图 10.25 所示为一个组合模型的首次图解。图中的词语"杆 1 的模式"以及在之前都是被用来表示连接模态振荡器和那两个刚体惯量的 1 - 结的。图中还展示了带有 0 - 结的力和力矩,0 - 结处发源的键的扇形展开必须通过转换器与每个 1 - 结以适当的模式集进行连接,该转化器的模数等于该力作用点处的力自由横杆振型的值。因此 V_1 作用于杆 2 和杆 1,M_1 作用于杆 2 和杆 1,V_2 作用于杆 2 和杆 3,V_3 作用于杆 3 和杆 1。因果关系的考虑告诉我们,由于横杆连接的接口处将拥有同样的速度和角速度,所以将存在微

分因果关系。因此,第二个和最后一个的模型将含有附加的模态容度来消除该微分因果关系。文献[6]展示了该示例完整的展开过程。

作为最后一个示例(图10.26),考虑在 $z = z_1$ 处与一均匀横杆连接的纵向杆。横杆一端连接了一个弹簧 k,纵杆的左端存在一个激励速度 $v_i(t)$。出于频率的考虑,使用一个 2 - 模式(加上刚体模式)来表示纵杆,并使用一个 1 - 模式(加上两个刚体模式)来表示横杆。对两个分布式组件都使用力自由模式来尽可能地获得最通用的表示法。最终的键合图如图10.26所示。注意该纵杆有一个因果流输入;因此该纵杆就包含了一个附加的模态容度。该横杆也有一个因果流输入;因此横杆模式也需要一个附加模态容度。整体模型含有所有的积分因果关系,并且可以直接开始进行公式化。

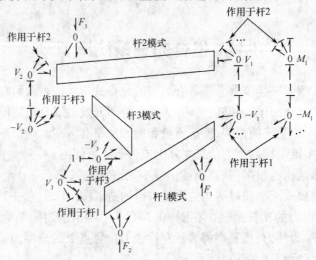

图 10.25 A 型框架的有限模式键合图的示意图

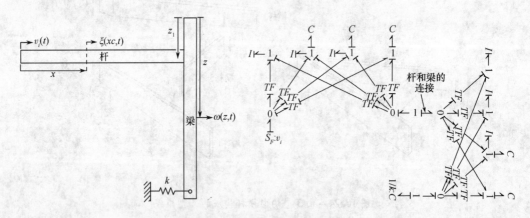

图 10.26 一个杆和梁的交互作用

10.5 小　结

本章主要处理内在的分布系统的建模问题,从而使各分布式组件以一种合理的方式包含到一个整体系统模型中。所介绍第一种建模方法主要处理有限集总的应用,其为连续排列且有足够的数量被保留,因此导致了低频的精确性。该方法对于很粗略的近似完全适用,应用了一个或两个集总,但当需要很多集总时就不适用了。

本章主要的重点是介绍有限模式方法,用以得到非常精确、低阶的完整系统模型,且该模型可与各种类型的分布式和集总动力学组件进行合并。希望读者喜欢上这种方法的优雅和高效。如果还没有,建议参看文献[6-8]。其中展示了对现实系统的有限模式建模方法的应用,例如地面交通工具的组合框架,用以固定世界上最大激光器的机构的动力学,以及人类肺脏的动力学。

习　题

10-1　采用 10.1 节中简单的集总技术,为题图中的杆架建立尽可能低阶的模型,以使所有的元件都存在积分因果关系。

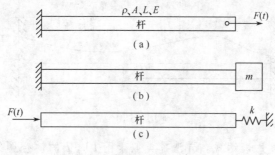

题 10-1 图

10-2　对题 10-1 中的系统,给出因果关系和状态方程。采用题 10-1 中的符号为每个系统写出合理的参数。

10-3　一个标准的伯努利-欧拉杆系住两段成悬浮状态,并且在在其中间连接了一个动态系统。采用与图 10.8 中类似的方法建立一个低阶且有限集总的模型。

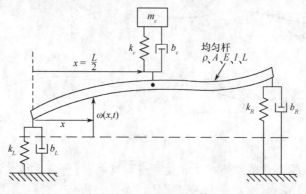

题 10-3 图

10-4　对题 10-3 中的系统,给出其状态表示。

10-5　一个绷紧细绳的横向运动被一个简单波方程控制,与杆架的纵向运动相同,

$$T \frac{\partial^2 \omega}{\partial x^2} + F\delta(x - x_1) = \rho \frac{\partial^2 \omega}{\partial t^2}$$

因为连接点的无质量,图中的边界是受力自由的。边界条件是

$$\frac{\partial \omega}{\partial x}(0,t) = \frac{\partial \omega}{\partial x}(L,t) = 0$$

设想如下分离算法

$$\omega(x,t) = Y(x)f(x)$$

并给出频率方程和振型,包括刚体模式。

10-6 对于题 10-5,假定强制响应给定为

$$\omega(x,t) = \sum_{n=0}^{\infty} Y_n(x)\eta_n(t)$$

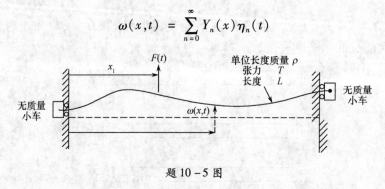

题 10-5 图

并得到模态质量和刚度的表达式。弄清楚类似于图 10.17 的键合图结构(只包含刚体模式)适用于此系统。

10-7 图中两根细绳紧紧地系住。为该系统构建一个有限模式模型,其中每根细绳包含两种模式。由于细绳的两端固定,对固定端采用该振型,并采用符号 $Y_n(x)$ 来表示这些模式。

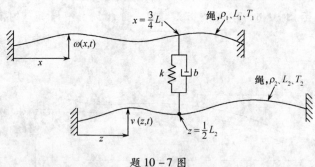

题 10-7 图

10-8 图中紧紧系住的细绳在边界处存在动态元件,为该系统构建一个键合图,其中细绳包含两种动态模式(当然是加入了刚体模式)。给出因果关系,并且弄清微分因果关系是否存在。并且对该振型和模态参数采用符号 $Y_n(x)$。

10-9 对题 10-8 中系统,加入一个附加的模态容度,并说明不存在微分因果关系。给出其状态方程。

10-10 图中展示了左端固定,右端采用 3 种不同边界条件的横杆。图(a)右端固

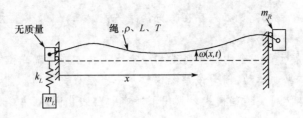

题 10-8 图

定,图(b)右端连接到一个弹簧上,图(c)右端连接到一个速度源。根据参考资料,对于两端固定的横杆其振型及频率为

$$\omega_n^2 = \frac{F}{\rho}\left(\frac{n\pi}{L}\right)^2, \quad Y_n(x) = \sin n\pi\frac{x}{L}, \quad n = 1,2,\cdots$$

对于 $x=0$ 处固定, $x=L$ 处自由的横杆,其振型及频率为

$$\omega_n^2 = \frac{E}{\rho}\left((2n-1)\frac{\pi}{2L}\right)^2, \quad Y_n(x) = \sin(2n-1)\frac{\pi}{2}\frac{x}{L}, \quad n = 1,2,\cdots$$

(1) 使用固定 – 自由振型和到弹簧 k 的适当连接对图(b)中的横杆构建一个 2 – 模式键合图模型。分配因果关系,给出方程以及特征方程。令 $k\to\infty$,使右端有力地固定。确定该约束系统的固有频率,并与两端固定横杆的频率进行比较。

(2) 同样使用固定 – 自由振型为图(c)构建一个 2 – 模式键合图模型。分配因果关系,并注意由速度输入 $v(t)$ 引起的微分因果关系。令 $v(t) = 0$,有力地束缚在横杆右端。使用代数方法处理该微分因果关系,给出该系统的特征方程,并将计算出的频率与两端固定横杆的频率进行比较。

(3) 最后,通过添加附加的模态容度来消除微分因果关系。同样给出其特征方程,并将计算出的频率与两端固定横杆的频率进行比较。

即使仅应用了两种模式,受力自由模式仍然很好地收敛到边缘固定模式,读者应该对此印象深刻。

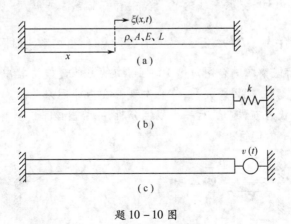

题 10-10 图

10-11 图中一个转向架构架被建模成一个均匀梁。希望在悬挂位置使用传动装置来设计一个控制系统来给该构架的弯曲运动提供缓冲。为该构架构建一个 1 – 模式模型(两个刚体模式加一个动态模式),并适当连接该悬挂元件。给出一组状态方程,以使我

们能够启动我们的控制研究。如果存在微分因果关系,修改你的模型去处理它,接着给出方程。

10-12 图中展示了一个由两个竖梁和一个水平杆构成的简单结构。假设两条梁只有横向运动,杆只有纵向运动,请为该系统构建一个有限模式模型。使用模式和模态参数的符号,但请标明你使用了哪些模式。预想下所有的公式化问题,并给出你将如何修改该模型以避免这些问题。

10-13 一根绳子两端被紧紧系住,如题 10-7 中一样。为紧紧系住的绳子进行一

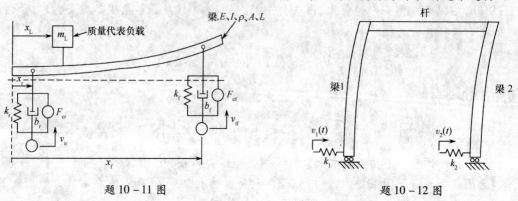

题 10-11 图   题 10-12 图

个模态分析,并使其振型及频率为

$$\omega_n^2 = \sqrt{\frac{T}{\rho}\frac{n\pi}{L}}, \qquad n = 1, 2, \cdots$$

$$Y_n(x) = \sin n\pi \frac{x}{L}$$

式中:T 为绳子的张力,ρ 为细绳单位长度的质量。

给出该模态质量 m_n 以及模态刚度 k_n 的表达式。

10-14 题 10-13 中紧紧系住的绳子现在有一个质量块 m,系在绳子的 $x = \frac{1}{4}L$ 处。

将质量块左侧 $\frac{1}{4}L$ 和右侧 $\frac{3}{4}L$ 的绳子看做无模态张力,给出该系统的固有频率表达式。

10-15 使用有限模式键合图对题 10-14 中的系统建模。其中显然包含绳子连接质量块的前两个模式。分配因果关系,你会发现存在微分因果关系。使用第 5 章中的公式化方法,并给出其状态方程。进行一个线性分析,并给出该系统固有频率的表达式。将该结果与题 10-14 中的进行比较。

题 10-14 图

10-16 在题 10-15 中的模型增加一个附加模态容度,并指出此处不存在微分因果关系。给出状态方程。

10－17 题 10－13 中两端牢系的绳子上现在有两个质量块 m_1 和 m_2，分别系在位置 $x = \dfrac{1}{4}L$ 和 $x = \dfrac{3}{4}L$ 处。请用公式表示一个 2－模式键合图模型。对模态质量块分配因果关系，并指出绳子上的两个质量块都在微分因果关系中。引入一个附加模态容度，并指出一个质量块在微分因果关系中。添加一个附加模态容度并指出所有的积分因果关系都存在，但有未分配的键指向一个代数环。使用第 5 章的步骤执行该代数操作，并给出状态方程。

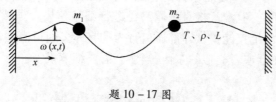

题 10－17 图

参 考 文 献

［1］D. L. Margolis, "A Survey of Bond Graph Modeling for Interacting Lumped and Distributed Systems," J. Franklin Inst., 19, No. 1/2 (Jan. 1985).

［2］H. Crandall et al., Dynamics of Mechanical and Electromechanical Systems, New York: McGraw-Hill, 1968.

［3］L. Meirovithc, Analytical Methods in Vibrations, New York: Macmillan, 1967.

［4］A. W. Leissa, "Vibration of Plates," NASA Report SP－160, 1969.

［5］D. L. Margolis, "Bond Graphs for Distributed System Models Admitting Mixed Causal Inputs," ASME J. Dyn. Syst. Meas. Control, 102, No. 2, 94－100 (June 1980).

［6］D. L. Margolis, "Bond Graphs, Normal Modes, and Vehicular Structures," Vehicle Syst. Dyn., 7, No. 1, 49－63 (1978).

［7］ D. L. Margolis, "Dynamical Models for Multidimensional Structures Using Bond Graphs," ASME J. Dyn. Syst. Meas. Control, 102, No. 3, 180－187 (Sept. 1980).

［8］D. L. Margolis and M. Tabrizi, "Acoustic Modeling of Lung Dynamics Using Bond Graphs," J. Biomech. Eng., 105, No. 1, 84－91 (Feb. 1983).

第11章　磁路和设备

在很多有用的电学和机电设备中都含有磁路。在前面章节中已经使用多端口模型对其中一些设备进行了研究,但本章将对磁通路径进行细节建模。虽然对一个系统分析人员来说,可能会满足于一个仅能提供外部通口行为的整体多通口模型,但如果你想设计一个发动机、螺线管、变压器或者类似的东西,当然会需要细节模型。

11.1　磁效应与流变量

图11.1所示环形螺线管可以当做一个理想装置来定义磁学变量,并建立磁路的键合图表示法。如果该环由软铁制成,那么我们认为该装置在每个单独电极处的行为就像一个感应器,且电流 i 与磁通匝连数 λ 之间成线性关系,至少对于 i 的适中取值如此。但该模型并没有展现出线圈内的物理效应。

在铁芯内部,由于电流通过线圈而引起了磁通。将总磁通记作 Φ;在国际单位制(SI)中它的计量单位为 Wb(在此单位制中,$1\text{Wb} = 1\text{V} \cdot \text{s}$。应用中磁学变量还有很多其他的单位,但是为了简单起见,这里只介绍了与国际单位制相关的单位)。磁场可以用磁通密度 $\boldsymbol{B}$ 来描述,单位为 T,或者 Wb/m^2。$\boldsymbol{B}$ 的大小对应于通过垂直于磁感线的单位面积的磁通量,$\boldsymbol{B}$ 的方向沿磁感线的方向。$\boldsymbol{B}$ 的方向就是磁场中放置一个自由指向罗盘针北极所指的方向,$\boldsymbol{B}$ 也常称为磁感应强度。

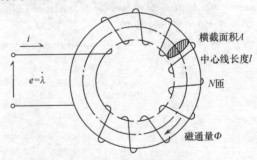

图 11.1　环形螺线管

在图11.1中,如果假定盘绕在环形铁芯的 N 圈导线中的每一圈都通过了该环形的全部磁通 Φ,那么磁通匝连数 λ 和 Φ 的关系就是

$$\lambda = N\Phi \tag{11.1}$$

在实际中,当有多层导线束缚在一个铁芯上,有些环绕线圈就不会包含所有的磁感线。有时称这种情况为一些磁通"泄露"到线圈以外,除非 N 为表示有效缠绕匝数的无量纲数值,而不是实际的缠绕匝数,那么式(11.1)可能仍然是合理的。在下文中,把 N 称做缠绕匝数而不再显著地包含修饰词"有效"。

式(11.1)两端对时间求微分,可以得到端电压 e 与磁学变量 $\dot{\Phi}$ 的关系,即

$$e = \dot{\lambda} = N\dot{\Phi} \tag{11.2}$$

上式正是法拉第感应定律在环绕线圈中的应用。

使铁芯中产生磁通 Φ 的动力源自磁通势 M,它与导线缠绕匝数以及导线中的电流均成正比,即

$$M = Ni \tag{11.3}$$

此处的磁通势与电动势类似,还带有电流的单位——安培(虽然按惯例给定为安培·匝数,但缠绕匝数实际上是无量纲的)。在理想无耗散情况下,M 和铁芯的 Φ 之间的关系可以是线性或非线性关系。在图 11.2 中对这种关系进行了表示。

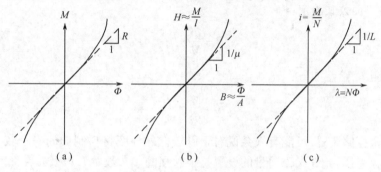

图 11.2 芯的特性

(a)磁通势与磁通量;(b)场力与磁通密度;(c)电流与磁通匝连数。

图 11.2(a)所示为一个铁磁材料的铁芯的典型关系。软磁材料很容易通过携带电流的导线对其进行磁化和退磁,也就是说,该材料使 M 和 Φ 之间成单值曲线关系,所以当 $M=0$ 时,$\Phi=0$。用做永久磁体的硬磁材料,当 M 循环时会有一个滞后效应,从而当 M 为 0 时 Φ 的值可能仍然很高。目前,将主要关注软磁材料。这种材料表现出一种饱和效果。当 M 增大时,Φ 的增长速度会放缓,并且实际上当 M 变得很大时,铁芯能达到的磁通的值也是有限度的(大多数钢铁的 B 值饱和度都低于 2T)。

为描述一个芯的材料特性,最好是作出一条独立于任何芯的特殊配置的曲线。为达到这个目的,经常会用到所谓的 $B-H$ 曲线。在图 11.2(b)中,磁通密度 $\boldsymbol{B}$ 的模 B 表示 Φ 除以芯的横截面积 A。如果通过该芯的磁通量为均匀分布,那么该方法求得的 B 就是准确的。磁化力,或者场力 H 是单位长度上的磁通势,单位为安培每米。对于环形螺旋线圈来说,H 近似等于 M 除以线圈的中心线长度 l。当只给出一条单独的 $B-H$ 曲线时,就意味着这种材料是无方向性的,也就是指无论材料中场的方向如何,B 和 H 的关系都是不变的。对于特定的晶体结构并非如此,可以得出 $\boldsymbol{B}$ 的不同朝向所对应的多条不同 $B-H$ 曲线。

图 11.2(c)中,使用 N 修改 $M-\Phi$ 或 $B-H$ 曲线来对电感线圈的通口特性进行图示。我们可以看到对应于表示感应器的 $-I$ 元件非线性区域的饱和效应。既然大多数 $B-H$ 曲线都表现出饱和效应,那么扼流圈一定是非线性的,但是对于这些设备的一般应用来说一个线性电感模型通常就很精确了。

我们对线圈感应系数的计算很感兴趣。假定图 11.2 中的曲线可以用一条通过原点

附近的直线来近似表示,L 就可通过下式求得,即

$$L = \frac{\lambda}{i} = \frac{N_\Phi}{M/N} = \frac{N^2 AB}{lH} \tag{11.4}$$

$B-H$ 曲线的初始斜率用符号 μ 表示,称为磁导率;它的单位是特斯拉·米每安培

$$\mu = \frac{B}{H} \tag{11.5}$$

所以 $L = N^2 A\mu/l$(自由空间本身也有其磁导率 μ_0,所以有时 μ 称为相对磁导率,也就是说 B/H 的值是由 $\mu\mu_0$ 给定的,而不只是 μ)。

对于整个线圈来说,可以用两种方式来表示 $M-\Phi$ 曲线线性部分的斜率,一种方式为磁导 P,由下面公式给定:

$$P = \frac{\Phi}{M} = \frac{\mu A}{l} \tag{11.6}$$

另一种为磁阻 R,给定如下:

$$R = \frac{M}{\Phi} = \frac{l}{\mu A} \tag{11.7}$$

作为一个存储装置,可能有人会说对于以较低磁导率材料制成的一个较长且面积较小的磁通路径来说,允许大磁通量的设置是很勉强的。参数 L,R 以及 μ 在图 11.2 中分别作为斜率进行了图示。表 11.1 总结了前面讨论过的磁学变量和参数,同时还给出了它们的 SI 单位以及关于其代表值的注释。

表 11.1 磁学变量及参数汇总

符号	名 称	SI 单 位	等价单位,注释
φ	总磁通量	韦伯(Wb)	伏特·秒(V·s)
$\dot{\varphi}$	磁通率	Wb/s	V
B	磁通密度,磁感强度	特斯拉(T)	韦伯每平方米,(Wb/m^2);一个矢量的模
M	磁通势,MMF	安培[·匝数](A)	导线缠绕的圈数是无量纲的,但也包含在 $M = Ni$ 中,其中 $N =$ 携带电流 i 的导线匝数
H	磁场强度	安培[·匝数]每米(A/m)	一个矢量的模
μ_0	自由空间磁导率 $4\pi \times 10^{-7} \approx 1/800000$	亨利每米(H/m)	特斯拉·米每安培(T·m/A);空气中 B 和 H 的关系:$B = \mu_0$ 或 $H \approx 800000B$
μ	材料的磁导率	H/m	T·m/A; 各向同性材料中 B 和 H 的关系:$B = \mu H$
μ_r	材料的相对磁导率	无量纲	$\mu = \mu_r \mu_0$. 对于铁磁材料,μ_r 为 400 ~ 400000 $2B < H < 2000B$
P	电路元件的磁导	亨利(H)	韦伯每安培(Wb/A),应用于公式 $\Phi = PM$
R	电路元件的磁阻	H^{-1}	A/Wb;$R = 1/P$ 应用于公式 $M = R\varphi$
E	能量	焦耳(J)	$E = \int M\mathrm{d}\varphi$ (A·Wb = A·V·s)

为了更深入地研究分析磁路及其设备,开始对变量如 M 和 Φ 以及参数如 P 和 R 进行分类是很有用的,一直以来,磁阻 R 经常被看做与电阻相类似,所以磁通被看做类似于电流,磁通势被看做类似于电动势。虽然这种类比有时可以使用,但是它却不能满足键合图建立的基础,这是因为电阻会消耗能量,而线圈表现的磁阻是在存储能量。实际上,磁导和磁阻均为 $-C$ 或 $-I$ 元件的线性参数。从键合图观点来看,磁通势 M 应该为一个表示势的量,但其流不应该是磁通量,在更传统的类比中常取磁通量随时间的变化率,$\dot{\Phi}$。

当试图研究的动态系统,既包含电学和机械元件又包含磁流(见文献[1])时,磁阻—电阻类比的缺陷就开始显现了。只有当回转器被作为一个有用的网络元件时,才有可能在键合图中考虑使用这种类比[2]。

假定回到基本方程式(11.2)和式(11.3),并将 $\dot{\Phi}$ 看做一个流变量,M 看做一个势变量。那么很明显 N 就是一个回转器参数。另外,既然 Φ 为位移变量,那么由式(11.6)可以看出 P 为一个容量参数,且磁阻 R 为容量的倒数或为刚度参数。所有这些关系都在图11.3 中进行了很好的汇总。当然,$\rightarrow GY \rightarrow C$ 组合与 $\rightarrow I$ 的行为在外部端口处相似,也必须相似。如果想要将电动势和磁通势都作为势变量考虑,那么一个回转器就是很必要的。

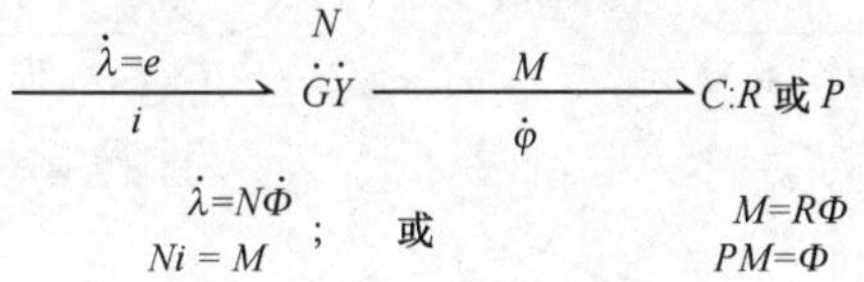

$$\xrightarrow[\ i\ ]{\dot{\lambda}=e}\ \overset{N}{\dot{GY}}\ \xrightarrow[\dot{\varphi}]{\ M\ }\ C{:}R\ \text{或}\ P$$

$$\begin{matrix}\dot{\lambda}=N\dot{\Phi}\\ Ni=M\end{matrix}\ ;\ \text{或}\ \begin{matrix}M=R\Phi\\ PM=\Phi\end{matrix}$$

图 11.3 图 11.1 中线圈的键合图

为了后面使用方便,表11.2 列出了各个变量的分类。注意该容量参数只应用于线性情形。磁路通常包含非线性的 C —元件,其特性如图11.2 所示。

表 11.2 机械电学以及磁学键合图变量及参数

通 用	机 械 学	电 学	磁 学
势变量	力,F	电动势,e	磁通势,M
流变量	速度,V	电流,i	磁通率,$\dot{\Phi}$
广义位移	距离,X	电荷	磁通量,Φ
容度参数	容度,C	电容,C	磁导,P
刚度参数	刚度,k	$1/C$	磁阻,$R=1/P$

11.2 磁能的存储与损耗

图 11.2 所示为多种用来体现无损耗磁芯的微弱非线性性质的方式,本节将对能量的存储及损耗在更多细节上进行研究。

图 11.4 中有物理体积为 Al 的材料所构成两小段物体。图的左侧,力 F 产生了均匀应力 σ,并导致各向同性材料的延长 δ 以及应变 ε。所存储总的能量为

$$E = \int F\mathrm{d}\delta = \int \sigma Al\mathrm{d}\varepsilon = Al\int \sigma\mathrm{d}\varepsilon \tag{11.8}$$

因此单位体积上的能量,正好是 $\sigma-\varepsilon$ 图中该材料从 0 应力应变状态开始阴影部分的面积。当材料处在线性弹回范围内时,$\sigma=E\varepsilon$ 且能量为 $E\varepsilon^2/2$,但如果 σ 与 ε 的关系可用任一单值曲线表示时,那么很明显该材料具有能量守恒。

另一方面,如果该材料发生变化,则应力和应变遵循一个滞后效应,如图中虚线所示,且回线所包围的面积代表每周期每单位体积的能量损耗。仍保持弹回的机械元件由 $C-$元件表示,但当发生变化时,就必须使用一些 $R-$元件来模拟能量的损耗。

图 11.4 右侧的材料在一个磁场作用下的行为特性,与图左侧的材料在一个机械应力场中的表现类似。假定磁通量 Φ 拥有均匀磁通密度 B,且该材料是无方向性的,则存储的总能量就可以根据表 11.1 及表 11.2 中对变量的分类按下式计算得出:

$$E = \int M\mathrm{d}\varphi = \int lHA\mathrm{d}B = Al\int H\mathrm{d}B \tag{11.9}$$

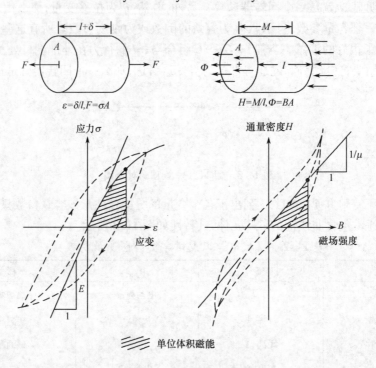

图 11.4　机械能和磁能密度

因此,单位体积的磁能就是图 11.4 右侧 $B-H$ 图中阴影部分的面积。在线性区域内,$H=B/\mu$ 且能量为 $B^2/2\mu$,但如果 B 和 H 位于任一单值曲线,能量就被存储。

当 B 和 H 循环时,该虚线所围形状表明了一个滞后效应,且曲线中的面积代表每周期每单位体积的能量损耗。对于软磁材料,该回线非常狭窄,且带有曲线构成规则的 $C-$元件就可以用来模拟无损耗的饱和效果。由于含有能量损耗,该滞后效果就需要用到 $R-$元件。

对于滞后作用的细节建模一般非常复杂,因为它含有一种存储功能。处理这种情况的一种方法就是替换该单独的 $C-$元件,它只有一个单独的位移状态变量,如将其替换成 $C-$ 和 $R-$元件的组合,它就可以通过许多隐藏状态变量的值来记录滞后系统加载时的各个方面。该步骤在参考文献[3]中进行了讨论。

永久磁体是由具有很大滞后效应的硬磁材料制成的。这些材料与在发生变化后能保持大的应变的弹性－可塑机械材料类似。一个永久磁体在磁化后,甚至在一个方向上存在可能对该材料退磁的 H 或者 MMF 时,仍会保留一个很大的 B 场。

图 11.5 所示为一个弹性－可塑材料的应力－应变图,以及一个典型永久磁体的 B－H 图。在其他很多图中会将本图所示的 B 和 H 轴进行互换。如果这样做了,该滞后效应曲线将会变为相反方向,且代表存储能量的区域也会变换位置。这个非常规的 H－B 图一般用来使位移变量 Φ 或 B 保持在水平轴上,以及势变量 M 或 H 位于垂直轴上,就像本书对所有能域一向所作的那样。

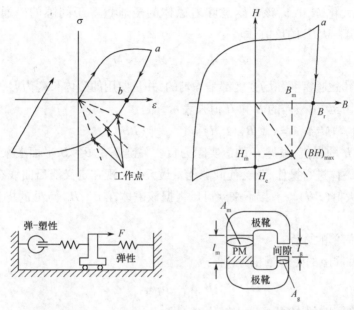

图 11.5　弹性－可塑材料及永久磁体材料的滞后回线

图 11.5 的左侧是一个机械系统,它能帮助解释如何使用永久磁体,而不是携带电流的线圈,来在间隙中制造磁通,并应用于发动机、回转器、电动扬声器以及其他机电换能器中。在应力－应变图中,如果该材料的变形超出了屈服点而到了点 a,那么当应力解除后,该材料会带有一个永久变形而返回点 b。类似的现象也发生在该图右侧的磁性材料上。在 H－B 滞后回线上被磁化到了点 a 之后,如果 H 再返回到 0,该材料仍会保留一个 B 值 B_r,称作剩余磁感强度或剩磁。为得到 $B=0$,需要应用一个反向的磁场强度 H_c,作为矫顽力。参数 B_r 和 H_c 常用来描述永久磁体的性质。

现在假设一个弹性－可塑材料与一个弹性材料形成机械串联,如图 11.5 左下部分所示。如果施加力 F 将弹性－可塑材料拉伸到越过其屈服点,接着释放,那么该系统将不会返回到应力－应变图中的点 b,这是因为弹性元件将倾向于再压缩该屈性元件。该应力将为负值,且应变将小于在点 b 时的应变。图中展示了很多可能的操作点,具体依赖于该弹性元件的刚度。

当在一个带有间隙的磁路中应用一个永久磁体时,也会发生类似的情形,如图 11.5 中右下部分所示。如果为了简化而假定可以忽略磁极的磁阻,并忽略任何磁通的泄露,那么磁体中的磁通也都会穿过该间隙,且磁体总的 MMF 也将通过间隙。磁体将不得不处

理间隙处 MMF 引起的反向 H，来使磁通量通过该间隙。现在来研究一种方法来选取最优的磁体和间隙的尺寸。

一个常用的原则是要使用给定磁体，从而使间隙中的总能量达到最大值。间隙中 $MMF-\Phi$ 的关系是线性的，即

$$M_g = R_g \Phi_g \tag{11.10}$$

则总能量为

$$E = R_g \Phi_g^2/2 = M_g \Phi_g/2 \tag{11.11}$$

且我们期望最大化 $M_g \Phi_g$。该假定意味着磁体的磁通量等于间隙的磁通量，且磁体的 MMF 正好是间隙 MMF 的负值，即

$$\Phi_m = \Phi_g, \qquad M_m = -M_g \tag{11.12}$$

接着假设其磁通密度和场强度都是均匀的，并是使用的磁体长度为 l_m，截面积为 A_m，这样就可以将 $M_g \Phi$ 用磁体的 B 和 H 值来表示，即

$$|M_g \Phi_g| = |M_g \Phi_m| = (A_m B)(l_m H) = (A_m l_m)(BH) \tag{11.13}$$

其中仅考虑了 H 的量值，虽然 H 的值实际为负。关键是在 $B-H$ 平面上乘积 BH 达到最大的点处对该磁体进行操作，就会使间隙能量最大化。现在定义滞后曲线在点 B_m, H_m 处取得 BH 的最大值 $(BH)_{max}$。接下来就可以根据该磁体在 B_m, H_m 点处的操作来确定该间隙的尺寸。

应用 3 个简单的方程：

（1）磁体和间隙的磁通量相等，即

$$B_m A_m = B_g A_g \tag{11.14}$$

（2）磁体和间隙的 MMF 在数值上相等，即

$$H_m l_m = H_g l_g \tag{11.15}$$

（3）在该间隙中

$$B_g = \mu_0 H_g \tag{11.16}$$

消去 B_g 和 H_g 后得到最终的结果为

$$\frac{A_g l_m}{A_m l_g} = \frac{B_m}{\mu_0 H_m} \tag{11.17}$$

式（11.17）右侧项可看做过点 $(BH)_{max}$ 直线的一个归一化斜率，该值常被用来对各种磁体材料进行列表。$(BH)_{max}$ 的值为该磁体材料强度的一个度量。

注意通过调整磁体和间隙的面积，间隙的 B 值可能会大于磁体。如果 $A_g = A_m$，那么 l_m 和 l_g 的比率就正好是 $B_m/\mu_0 H_m$。在过去，对金属磁体来说该比率通常大于 1，这就导致了在设计中磁体的长度远大于间隙的长度，但对于近年来使用的高强度稀土磁体，该比率接近于 1，这就意味着除非要求 $B \gg B_m$，否则磁体与间隙的长度一般相等。

如果要了解更多磁路设计的细节，以使用永久磁体或载流线圈来制造恒定场，读者可以参考文献[4]和[5]。现在就对回路进行建模，其中的场可能会发生动态地变化。

11.3　磁路的组成

使用表11.2的势 – 流标示,就可能对磁路的集总参数元件开始进行研究。在图 11.6(a)中,一个螺线管内放置一段磁芯会使其 *MMF* 增加。在这个模型中,该磁芯不存在磁阻。在图 11.6(b)中,由于磁通 Φ 而导致 *MMF* 降低。当两个磁通路径如图11.6(c)所示发生交叉时,其结果可以用一个 0 – 结来进行建模,因为这 3 个磁通率之和为 0,且只有唯一一个 *MMF*。最后,在图 11.6(d)中,对一个间隙的建模,实质上采用了与对一段磁芯材料建模相同的方式。由于长度的原因,该间隙有较高的磁阻或者说较低的磁导率(实际上是自由空间的磁导率 μ_0),并且不会像铁芯那样存在磁性饱和。为磁通路径的 – *C* 元件计算磁阻或磁导率参数,我们使用式(11.6)和式(11.7),其中磁通路径元件的面积和长度必须进行审慎地估值,以将其设定到磁通线路的实际路径中。

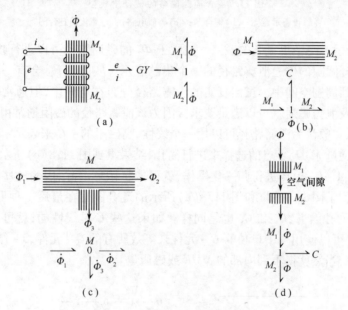

图 11.6　磁路元件的键合图
(a)驱动螺线管;(b)一段铁磁芯体;(c)磁芯连接;(d)间隙。

应用图 11.6 中给出的元件,就可以如图 11.7 对一个简单的磁路构造键合图。该 *MMF* 可以当做电路中的电压来处理。在图 11.7(b)中,每个 *MMF* 变量都被分配给一个 0 – 结,并使用 1 – 结表现了 *MMF* 在通过 – *C* 元件时的降低以及加入磁芯引起的升高。因为只有 *MMF* 的差异才最终有意义,所以选择 M_d 作为 *MMF* 的零点,就可简化该键合图。考虑之前研究过的图 11.7(c)中类似的电路,可能对我们会有所帮助。

消去接地节点并移除该二通口 0 – 结后,就会发现 3 个 – *C* 元件连接到了同一个 1 – 结。这就意味着所有的 *C* 含有相同的流变量且势的下降增大。在磁学领域中,这就意味着对于线性情形,可以用一个单独的 *C* – 元件来进行代换,其磁阻等于原始 *C* 的 3 个磁阻之和,如图 11.7(d)所示。对于非线性情形,当共同的磁通在感兴趣的范围之外变化时,通过简单地加和 3 个原始 *C* 的 *MMF* 下降值,就可得到一个等价的 – *C* 关系。

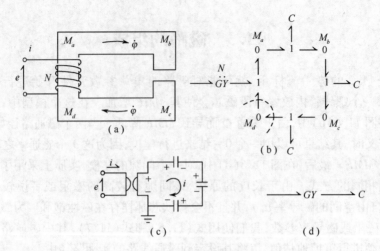

图 11.7　含间隙磁路的键合图模型

(a)设备示意图；(b)键合图；(c)类似电路；(d)简化的键合图。

图 11.8 所示为一个更复杂的磁路。关联于 Φ_3 的磁通路径可以进行物理表示，或者它可以作为绕开间隙的磁通泄露路径的一个集总表示。实际上，总会有一些磁通会脱离主路径而散布到周围空间中。虽然真实的泄露路径分布在空间中，但通常包含一个的等效的泄露路径及泄露磁通就可以满足要求。因为该泄露路径的磁阻通常由气体部分的高磁阻支配，所以一般认为泄露路径可以用一个线性、高磁阻的 $-C$ 来表示。图 11.8(b) 中的基本键合图通过 MMF 零点的选择来进行简化，结果得到图 11.8(c) 所示的键合图。使用键合图对 0－1－0－1 环进行归一化操作，就可能将该环消除，因为这些标号适用于该简化。结果得到了图 11.8(d) 和图 11.8(e) 所示的键合图。在最后一种形式中，很明显 C_2，C_4 以及 C_6 可以合并，C_1 和 C_5 也是同样。如果这些 C 是线性的，就可以将它们的磁阻相加和，最终可以使用一个单独的 C－元件来等效所有的 C－元件，0－结及 1－结的集合，但在接下来，当然就得不到内部的 MMF 或磁通量。

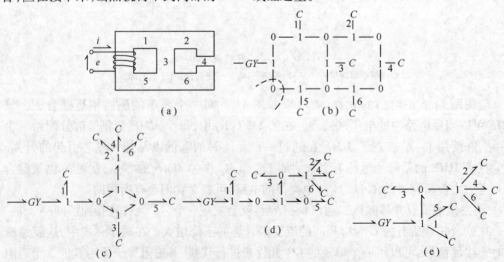

图 11.8　含有额外磁通路径的回路来对泄露磁通建模

(a)示意图；(b)基本键合图；(c)~(e)简化键合图。

当磁路中不含损耗装置时,其内部一般表现为 C – 元件的网络,且通常可以很方便地找到子场间的等价物来简化该系统。但是在更细节的层次上,这里存在由于磁芯中涡流以及其他方面引起的能量损耗。虽然磁路中磁芯的叠片结构可以帮助减少由于涡流引起的损耗,但精确的模型需要加入耗能元件。通过对一个叠片结构磁芯的分析可以看出,线性情形的 R – C 传输线路模型也可以应用于该磁芯[2]。关于此细节模型的研究可能远远超出了现在的目的,并且在实际应用中通常一个更简单的方法就足够。通常将一个磁性阻抗附加到图11.6(b)中就能够满足要求,这意味着除了 Φ 引起的 MMF 下降,由于一段磁芯引起的额外 MMF 下降为关于 $\dot{\Phi}$ 的函数。正如所料,如果没有实验数据,就很难去预测阻抗的量值。另一方面,尤其对于一个受限的频率范围,通常可能通过调整一个线性阻抗关系来为磁芯的损耗提供一个非常精确的表示法。

11.4 磁力元件

在研究带有损耗元件的磁路之前,很有必要介绍一种处理磁力换能器的方法(在第8章中对螺线管的研究采用多通口形式,且没有在细节上对磁路进行分析)。许多换能器的基本思路就是机械运动可以改变磁通路径中磁通量和磁通势之间的关系,这种类型的换能器常称做"可变磁阻"换能器。

考虑图11.9所示装置,其中一个力 F 作用在一个可移动的磁极上,该活动磁极与一固定磁极通过一个间隔长度为 X 的间隙变量相互作用。磁通量 Φ 通过该间隙,并关联于一个 MMF 下降的量 ΔM。如图11.9(b)所示,该装置可用一个 C – 场表示,且与第8章里的活动板电容器类似。

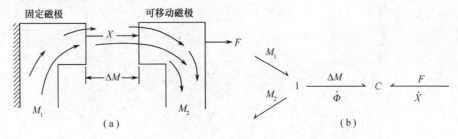

图 11.9　磁力换能器

(a)示意图; (b)键合图表示。

因为这个特别的装置使用了一个间隙,所以假定该装置为线性也是合理的,但其磁阻 R 为关于 X 的函数,即

$$R(X)\Phi = \Delta M \tag{11.18}$$

使用与第7章中类似的变元,就可能写出能量 E,有

$$E(X,\Phi) = \frac{1}{2}R(X)\Phi^2 \tag{11.19}$$

那么就有

$$\Delta M = \frac{\partial E}{\partial \Phi} = R(X)\Phi \tag{11.20a}$$

以及

$$F = \frac{\partial E}{\partial X} = \frac{1}{2}\frac{dR}{dX}\Phi^2 \tag{11.20b}$$

由式(11.7),我们可能会期望

$$R(X) \approx \frac{X}{\mu_0 A} \tag{11.21}$$

所以

$$F \approx \frac{\Phi^2}{2\mu_0 A} \tag{11.22}$$

这就表示如果 Φ 保持为常量,那么对于较小的 X 值也可粗略地将 F 看做常量,但是 Φ 更接近于与 R 成反比例(当在回路的某处 MMF 保持为常量时),所以 F 对于较小的 X 趋向于随 X^{-2} 而变化。对于取很大数值的 X,该回路模型自身就崩溃了,且其磁通量也不会遵循假定的路径。任何磁芯片段的运动都将与存储能量的变化相关联,从而也关联到力或力矩。就算由于磁性饱和使该磁性关系表现为非线性,图 11.9(b) 的键合图仍然可被应用,但是能量的计算会更复杂。

当定子中存在一个场时,图 11.10 所示的铁磁体转子就受到一个矫正力矩 τ。有很多种方法可以求出该力矩,但是最简单的就是考虑能量的方法。可以再次应用式(11.19),但其中 R 为 θ 的函数,而不是 X。假定磁通量集中于长度为 l_g 的狭窄间隙中,就可以应用式(11.7),其中间隙的面积采用 θ 的函数,而不是关于长度的函数。令转子轴向的长度为 l,两个间隙的有效面积为 $l(l_0 - r\theta)$,所以其磁阻为

$$R = \frac{2l_g}{\mu_0 l(l_0 - r\theta)} \tag{11.23}$$

那么

$$E(\theta, \varphi) = \frac{l_g \varphi^2}{\mu_0 l(l_0 - r\theta)} \tag{11.24}$$

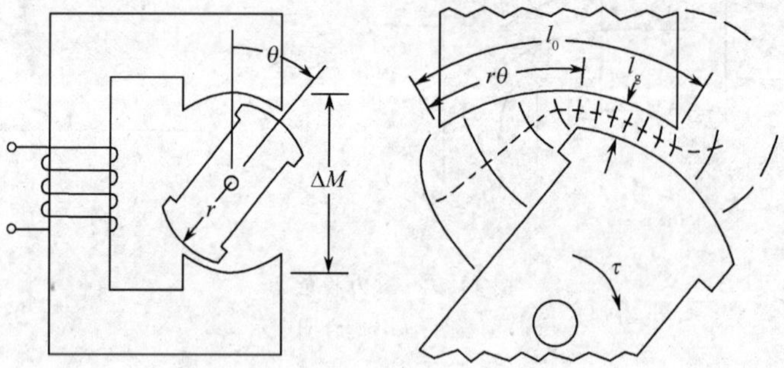

$$\xrightarrow[\dot{\varphi}]{\Delta M} C \xleftarrow[\dot{\theta}]{\tau}$$

图 11.10　旋转的可变磁阻换能器

并且

$$\tau = \frac{\partial E}{\partial \theta} = \frac{l_g r\varphi^2}{\mu_0 l(l_0 - r\theta)^2} \tag{11.25}$$

$$\Delta M = \frac{\partial E}{\partial \varphi} = \frac{2l_g \varphi}{\varphi_0 l(l_0 - r\theta)} \tag{11.26}$$

最后的两个关系式描述了积分因果关系中的二通口 C - 场。

320

其他等价的表达式对于键合图动力学建模可能没有这么大的作用。例如,定义

$$B = \frac{\varphi}{l(l_0 - r\theta)} \tag{11.27}$$

式(11.25)可以写做

$$\tau = \frac{lrl_g B^2}{\mu_0} \tag{11.28}$$

虽然同样正确,但式(11.28)可能会模糊一个事实,即当转子旋转且激励改变时,B 会随 θ 和 φ 而变化。

11.5 设备模型

在前面介绍了磁路的键合图模型的建立方法,作为其应用的一个例子,我们来考虑图 11.11 所示的继电器。因为包含了 3 个能量域,而键合图的目标就是研究此类系统。根据图 11.11(a)所示该设备的示意图,我们可能从指明 MMF 的值并用 1－结和 C－元件,R－元件来表示 MMF 的下降开始,来组合一个键合图模型。从这点来说,需要作一些判断,这是因为我们既不清楚应该表示出多少条磁通路径,也不知道哪里的涡电流损耗最严重。如图 11.11(c)所示,当选择 M_0 作为 MMF 的零点来简化该键合图时,很明显可以将许多 C－元件和 R－元件进行组合。

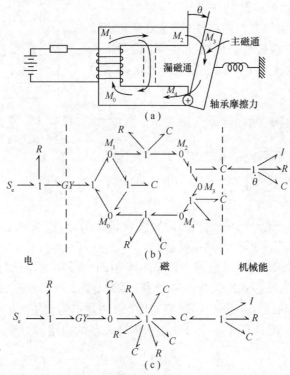

图 11.11　继电器

(a)示意图;(b)基本键合图;(c)简化键合图。

如果忽略损耗元件,那么从电能到机械能的换能作用,就可以在端口处的 C－场中

通过一个回转器实现,换句话说,就是通过一个 IC-场换能器实现。通过第 8 章中使用的方法就可以预知这种情况。但是,现在使用磁路细节模型的方法允许设计者来研究磁通路径的细节,并对内部损耗建模。从一个设计者的观点来看,单一个继电器就是一个非常复杂的动态系统。应用方程对这种系统模型的传统描述并不那么简单。对图 11.11 所示复杂度层次的真实设备建模的示例,读者可看文献[6]。如果仔细阅读,那你可能会更加确信对于创建一个多能域模型,键合图表示法构造了一个严谨而深刻的方法来展示其物理假定。

创建一个非常通用的键合图模型是可能的,它可以描述很多种电磁-机械装置,还包含前面讨论的所有保存功率及储存能量的设备。该模型的开发请参看文献[7],对设备更细节的描述可参看文献[8-10]。

考虑 4 种装置和 3 个关于力或力矩规律的公式,它们将组合作用生成一个通用的键合图模型。文献[8]中给出了该力规律的基本公式推导,并将其应用于图 11.12 所示的凸极形式的同步电动机中。

文献[8]中由定子绕组连通的磁通称做 Φ_s,并假定可分离成一个由线圈电流引起的部分以及由永久磁铁转子的位置 θ 确定的部分:

$$\Phi_s = L_s(\theta)i_s + \varphi_{sr}(\theta) \qquad (11.29)$$

式中:$L_s(\theta)$ 是与位置独立的感应系数。

因此,该模型在电学方面是线性的,这就意味着认为磁路中不会发生磁性饱和。该磁场能 W_m 也可被分离成与定子绕组中电流相关的部分以及与永久磁通位置相关的部分 W_{mr}:

$$W_m = \frac{1}{2}L_s(\theta)i_s^2 + W_{mr}(\theta) \qquad (11.30)$$

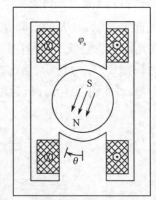

图 11.12　包含文献[8]中讨论的凸极和永久磁铁转子的同步电动机

一个能量变元引出了下面关于电磁力矩 T_e 的表达式:

$$T_e = i_s\frac{\mathrm{d}\varphi_{sr}}{\mathrm{d}\theta} - \frac{\mathrm{d}W_{mr}(\theta)}{\mathrm{d}\theta} + \frac{1}{2}i_s^2\frac{\mathrm{d}L_s(\theta)}{\mathrm{d}\theta} \qquad (11.31)$$

虽然该表达式是根据一个特定类型的旋转设备提出的,但实际上也可以转换成电磁制动器中表现的 3 种基本形式力的正确形式。

在图 11.13 对文献[9]中讨论的两种基本类型的线性制动器进行了图示,在以前关于键合图的文献里,如果显式地包含磁路变量,那么对图(a)的建模,既可以使用一个能量守恒的 IC-场,也可以用一个 C-场,且对图(b)的建模将会使用一个回转器。

但是在文献[9]中,声明了一个可应用于两种设备的通用的力学规律:

$$F_e = i\frac{\mathrm{d}\varphi_0}{\mathrm{d}x} - \frac{\mathrm{d}W_0(x)}{\mathrm{d}x} + \frac{\partial}{\partial x}\int_0^i \varphi_i(x,i')\mathrm{d}i' \qquad (11.32)$$

式(11.32)中的各项与式(11.31)中的各项严格地类似。只是该转子的角位置 θ 被可移动元件的线性位置 x 代替,符号 φ_0 对应于 φ_{sr},W_0 对应于 W_{mr}。其内部项与自感应有关,并且也可以使用一个可变电感应系数将其表示为式(11.30)的形式。

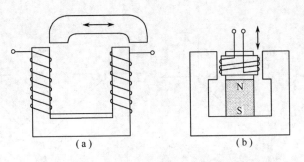

图 11.13　文献[9]中讨论的线性运动制动器

(a)可变磁阻设备;(b)音圈设备。

最后,在图 11.14 中,分析了一个类型非常不同的线性制动器,其中永久磁铁(PM)构成该移动元件。图中的 3 个铁芯固定,且中间的铁芯上简单地分布着缠绕线圈。文献[10]中使用的力学定律为

$$F = I\frac{\mathrm{d}\varphi_{\mathrm{cm}}}{\mathrm{d}p} - \frac{\mathrm{d}W_{\mathrm{m}}}{\mathrm{d}p} + \frac{1}{2}I^2\frac{\mathrm{d}L_{\mathrm{c}}}{\mathrm{d}p} \tag{11.33}$$

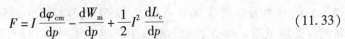
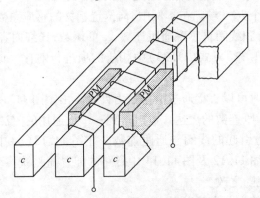

图 11.14　文献[10]中讨论的含移动元件的线性电动机

如果你注意到这里 p 表示磁铁的位置,那么该式与式(11.31)及式(11.32)的相似性就很明显了。

现在创建的键合图能够表示式(11.31)~式(11.33),从而能够对图 11.12~图 11.14 中 4 种装置的任一种进行建模,此外还包括很多其他装置。该键合图也将预知感生电压效应与力效应一致,并且允许简单地附加惯量、摩擦力以及阻抗效果。为达到仿真的目的,该力实际上将被表示为磁通或磁通匝连数状态变量的形式,而不是电流的函数。

图 11.15 所示为为制动器创建的键合图。其机械变量 F 和 $\dot{x}$ 代表力和线速度,但对于旋转的制动装置它们可分别被看做力矩和角速度。

式(11.31)~式(11.33)相应的力学规律为

$$F = i\frac{\mathrm{d}\lambda_4}{\mathrm{d}x} - \frac{\mathrm{d}W_2}{\mathrm{d}x} + \frac{1}{2}i^2\frac{\mathrm{d}L}{\mathrm{d}x} \tag{11.34a}$$

$$F = F_1 - F_2 - F_3 \tag{11.34b}$$

式中:i 为线圈中的电流;λ_4 为永久磁铁引起的磁通匝连数;W_2 为永久磁铁引起的磁路中

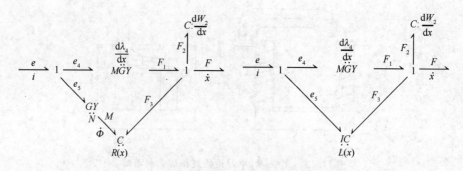

图 11.15　制动器的通用键合图,使用磁路变量 M 和 $\dot{\Phi}$ 的 C – 场
形式及使用电流和电压变量的 IC – 场形式

的磁能,C – 场和 IC – 场表示由于线圈自感效应引起的能量储存。

　　使用一个回转器表示 N 圈绕组,就可以很方便地将电压成分 e_5 及电流 i 同线圈中磁通的变化率 $\dot{\Phi}$ 及磁通势 M 联系起来。对于电学的线性情况,与位置相关的磁阻 $R(x)$ 对将储存的能量用 x 和 Φ 表示非常有用。相替代的描述中使用了电学变量电流 i 及电压成分 $e_5 = \dot{\lambda}_5$,还使用了一个 IC – 场。在本例中,与位置相关的感应系数 $L(x)$,可以用来将储存的能量表示成关于 x 和线圈自感磁通匝连数 λ_5 的函数,详细内容可参考第 8 章。

　　式(11.34a)、式(11.31) ~ 式(11.33)中相应的项进行对比。该成分 F_1,F_2 和 F_3 将分别进行讨论。

　　该力的成分 F_1 有时可以直接通过洛伦兹力计算得出。图 11.13(b)中的音圈就属此类情况。通过一个磁通匝连数的表达式可以得到一个更通用的方法,并假定 λ_4 为永久磁铁磁场(如果目前存在)引起的线圈磁通匝连数。在图 11.13(b)中,该磁通匝连数随磁路中线圈位置而变化,图 11.12 及图 11.14 中磁路的配置随磁铁移动也会发生变化,因此线圈中的磁通匝连数也随之改变。

　　由磁通匝连数 λ_4 的变化率可以得到电压成分 e_4:

$$e_4 = \dot{\lambda}_4 = \frac{d\lambda_4}{dx}\frac{dx}{dt} \tag{11.35}$$

由功率守恒,得

$$F_1 = \frac{d\lambda_4}{dx}i \tag{11.36}$$

并在图 11.15 中用调制回转器来表示。对有些装置,如有适当偏移的音圈,以及简单的直流电动机,$d\lambda_4/dx$ 几乎为常量,且该调制回转器可以用一个常量参数回转器来代换。另一方面,如果该场不是由永久磁铁产生的而是一个外部激励磁场,那么调制回转器参数可能会随时间或者励磁电流及位置而改变。

　　当一个永久磁铁移动到磁路中时,力的成分 F_2 将增大。一般该磁铁的最佳位置为达到最小磁阻时的位置。就算没有线圈电流也可能存在依赖于位置的磁力。这样的力与机械弹簧的力有相同的性质。如果永久磁铁引起的磁路中能量 $W_2(x)$ 被给定为关于位置的函数,那么由于能量守恒就需要

$$F_2 = \frac{dW_4(x)}{dx} \tag{11.37}$$

对于不存在永久磁铁(图 11.13(a))或 x 不影响 W_2(图 11.13(b)及图 11.14)的情况,就不存在力的成分 F_2,因而表示 F_2 的 C – 元件就可被消除。

力的最后一个成分 F_3 是由线圈电流的自感效应引起的。对于电学为线性的情况,能量 W_3 也许可以表示成关于线圈中磁通量 Φ 及位置变量 x 的函数,并使用 $R(x)$ 形式的磁阻,即

$$W_3(x,\Phi) = \frac{R(x)\Phi^2}{2} \tag{11.38}$$

对这个表达式取微分,就可以得到图 11.15 中键合图上部包含的保守形式的磁通势 M 和力的成分 F_2 的 2 – 端口 C – 场规律,即

$$M(x,\Phi) = \frac{\partial W_3}{\partial \varphi} = R(x)\Phi \tag{11.39}$$

$$F_3(x,\Phi) = \frac{\partial W_3}{\partial x} = \frac{\varphi^2}{2}\frac{\mathrm{d}R(x)}{\mathrm{d}x} \tag{11.40}$$

带有参数 N 的回转器将电压成分 e_5 和磁通变化率 $\dot{\Phi}$,以及电流 i 和磁通势 M 联系起来,得到

$$e_5 = N\dot{\Phi} \tag{11.41}$$

$$Ni = M \tag{11.42}$$

作为一种选择,图 11.15 下部的 IC – 场键合图,可以使用联合线圈电流的磁通匝连数 λ_5,并结合与位置相关的自感系数 $L(x)$ 进行描述。则能量 W_3 可表示为

$$W_3(x,\lambda_5) = \frac{\lambda_5^2}{2L(x)} \tag{11.43}$$

对该式进行微分就可得到目前力的 IC – 场规律:

$$i = \frac{\partial W_3}{\partial \lambda_5} = \frac{\lambda_5}{L(x)} \tag{11.44}$$

$$F_3(x,\lambda_5) = \frac{\partial W_3}{\partial x} = -\frac{\lambda_5^2}{2}\frac{1}{L^2(x)}\frac{\mathrm{d}L(x)}{\mathrm{d}x} \tag{11.45}$$

式中

$$\frac{\mathrm{d}\lambda_5}{\mathrm{d}t} = e_5 \tag{11.46}$$

磁阻和感应系数的关系如下面表达式所示,即

$$L(x) = \frac{N^2}{R(x)} \tag{11.47}$$

F_3 的基本键合图表达式中包含状态变量磁通量 Φ 或磁通匝连数 λ_5,然而式(11.34)中相应的表达式及式(11.31)~式(11.33)中类似的表达式都使用了电流。为使能看出这些表达式是完全等价的,只需应用式(11.44)用 i 的表达式来消去式(11.45)中的 λ_5,得到

$$F_3(x,i) = -\frac{i^2}{2}\frac{\mathrm{d}L(x)}{\mathrm{d}x} \tag{11.48}$$

在仿真中,C – 场的规律式(11.39)、式(11.40)以及 IC – 场的规律式(11.44)、式

(11.45)是非常有用的,这是因为它们采用了积分因果关系的形式。

该键合图合并了力的规律,还具有一些其他的优点,它也自动地将电磁感应电压 e 的电压规律按如下形式合并,即

$$e = e_4 + e_5 \qquad\qquad (11.49)$$

其中,e_4 出自式(11.35),e_5 出自式(11.39)~式(11.41)或式(11.44)、式(11.45)。因此,对制动器的完整描述就以功率和能量一致的形式包含在键合图中。

图 11.16 是对图 11.15 下部所示键合图补充了电阻、机械惯量以及机械摩擦元件后的效果,还展示了完整的积分因果关系。该装置的输入信号为一个外接电压 e_{ext} 以及一个外力 F_{ext},且模型的响应为电流 i 和速度 $\dot{x}$。与其他系统组件的特定互连当然也可以引入微分因果关系。

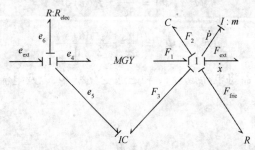

图 11.16 含线圈电阻并附加机械质量效应的通用键合图

该键合图可被化简以得到特定设备的已知模型。例如一个永久磁铁的直流电动机并不需要 IC – 场,因为其电感并不是 x 或 θ 的强函数。因此只需一个简单的常量电感 I 连接到键 5 就可满足要求。同样的,MGY 经常被简化成一个常量参数 GY,且如果忽略"切削"力矩,那键 2 上的 C – 元件也可以消除。对图 11.13(b)、图 11.14 中的装置也可作类似的简化。图 11.13(a)中的装置不含永久磁铁,并且如果忽略剩余磁感效应,那么键 2 上的 MGY 和 C 就都可以去除。这样在模型中就只剩下了继电器或中芯可动螺线管的能量 – 储存 C – 场或 IC – 场。最终的情况是电的时间常量相比系统时间量程很短,或者机械惯量和摩擦可被忽略。在这样的情况下,该模型可能被彻底地简化,当然也只对非常有限的因果模式才是可能的。

虽然本章对磁力系统键合图的简单介绍远没有做到对该主题的详尽阐述,但也提出了其基本要点,希望有兴趣的读者能够将键合图技术应用到更复杂情形下的磁力系统中。

习 题

11 – 1 考虑图 11.7 中的装置,假设已知空气中磁芯物质的导磁率,磁芯的相关物理尺寸,以及缠绕圈数 N。如果磁芯物质仍在 B – H 曲线的线性范围内,请估计该装置的感应系数。

11 – 2 图 11.8 中,根据线性情况下导磁率和物理尺寸得出磁芯物质的电容参数的

326

表达式。将电容参数整合到一个单独等效的电容里,并指出如何使用此等效电容去估计感应系数。

11-3 在题图所示的换能器中,一个磁性材料金属块在磁通路线上部分滑入和滑出。为该装置建立一个简单的键合图模型,所有能量损耗及路径泄漏均忽略不计。考虑该金属块的磁阻是如何随位移 x 的变化而改变的,对比该装置在常量电流下 $f-x$ 的关系和图 11.11 中的设备,定性地讨论你认为的不同之处。

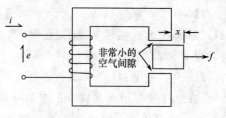

题 11-3 图

11-4 题图中展示了一些典型的永久磁体材料的退磁曲线(这是对于图 11.5 中磁滞曲线右边靠下的象限内容的重画),较粗的曲线代表一个高能稀土材料。该材料的 $(BH)_{max}$ 点有 $B_m/\mu_0 H_m \approx 1$,且可以看到铝镍钴合金材料相应的 $B_m/\mu_0 H_m$ 值大于 1。

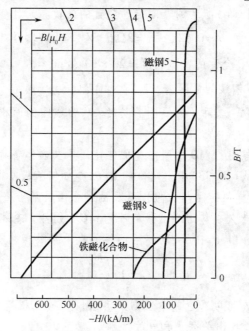

题 11-4 图

考虑如图 11.13(b) 中扩音器音圈的设计。圆柱形线圈的直径为 30mm。空气间隙为 2mm,轴向长度为 10mm。磁体也为圆柱形,直径为 30mm,长度未知。假定稀土磁性材料在 $B-H$ 图中用较粗的曲线表示,找出磁体的最优长度 I_n 以及在间隙中的通量密度 B_g。(忽略将磁通量引向径向间隙的磁极中的磁阻)。

11-5 下面的键合图是图 11.11 中继电器模型的一个简化版本:

$$S_e \xrightarrow[i]{\overset{R_0+\frac{x}{\mu_0 A}}{\overset{\mathbf{R}}{\overset{\dot{R}}{\downarrow}}}} 1 \xrightarrow[i]{\overset{N}{}} GY \xrightarrow[\varphi]{\overset{M}{}} C \xrightarrow[x]{\overset{F}{x}} 1 \xrightarrow[\theta]{\overset{l}{}} IF \xrightarrow[\theta]{\overset{\dot{p}_\theta}{}} I:J_0$$

此版本去除了磁芯损耗元件,且总的磁芯磁阻 $\mathbf{R}_0$ 被合并到二通口 C-场基本法则中。空气间隙的有效长度 x 通过长度 l 关联到角度 θ。机械弹簧力为 $k(x-x_0)$,只要该继电器没

327

有遭遇停止,就应用该式。枢轴的转动惯量为 J_0,且 C – 场磁阻为 $R_0 + x/\mu_0 A$(参考式(11.18)~式(11.22)),应用因果关系并写出 Φ, x 以及 p_θ 的状态方程。

11 – 6 考虑图 11.9 中所示的磁通量 Φ 通过一个空气间隙时响应的力。只考虑式(11.21)给出的近似间隙磁阻,且 MMF ΔM 采用带常量电流 I 的 N 圈线圈生成。将力 F 表示成 x 和 I 的函数。

11 – 7 将图 11.15 中的键合图应用到图 11.10、图 11.12、图 11.13 以及图 11.14 中。然而,在有些情形下通用键合图中的一些部分是不需要的,因为在一般执行中它们代表的效果要么完全没有要么全被忽略。对 5 种装置的示意图分别给出简化的键合图,并解释为何有的元件可被忽略。

11 – 8 假设一个永久磁体起重机系统能够在磁体表面和一块钢铁间的一个很窄的空气间隙间产生 $0.5T$ 的 B – 值。根据 B 和 μ_0 给出单位面积力的表达式,并给出 $1cm \times 1cm$ 面积上的力。这个磁体能提起多少千克的物体?

11 – 9 考虑图 11.13(b)所示的音圈传动装置的设计。设计参数为

$$B = 0.5T, \quad R = 8\Omega, \quad V_{max} = 10V$$

$$允许的电流密度 = 20 \times 10^6 A/m^2 = J$$

$$铜线的电阻率 = 1.72 \times 10^{-8}\Omega \cdot m = \rho_{Cu}$$

(线圈的电阻为 $R = \rho_{Cu} l/A_\omega$,其中 l 为线圈的长度,A_ω 为线圈的面积。)该装置的最大力是多少?

11 – 10 考虑一个与图 11.10 中所示类似但使用永久磁体替换线圈的装置。假设该磁路的总磁阻为 $R(\theta)$(式(11.23)指出间隙的 $R(\theta)$ 是如何随较小的角度变化的,但 $R(\theta)$ 对于所有的 θ 均有效,同样包括磁芯磁阻),下面的键合图展示了一个基于 $R(\theta)$ 的二通口 C – 元件,以及一个代表永久磁体退磁曲线的一通口 C – 元件。基本法则的相关部分也被画出($M_1 - \Phi$ 图可以与图 11.5 中 $B - H$ 滞后回线的右下象限相关联。)

$$P.M. : C \overset{M_1}{\underset{\Phi}{\vdash}} 1 \overset{M_2}{\underset{\Phi}{\dashv}} \overset{R(\theta)}{C} \overset{\tau}{\underset{\theta}{\dashv}}$$

注意 $M_2 = -M_1$,磁通量 μ 可以通过基本法则消去,因此"接头扭矩" τ 可以通过参数 M_0,Φ_0 以及磁阻 $R(\theta)$ 表示。找出关联 τ 和 θ 的法则。

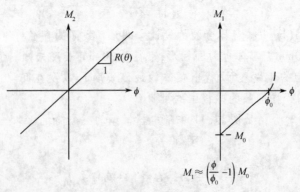

题 11 – 10 图

参 考 文 献

[1] E. Colin Cherry, "The Duality between Interlinked Electric and Magnetic Circuits and the Formation of Transformer Equivalent Circuits," Phys. Soc. London Proc. ,62,101 –111(1949).

[2] R. W. Buntenbach, "Improved Circuit Models for Inductiors Wound on Dissipative Magnet Cores," 1968 Conference Record of Second Asilomar Conference on Circuits and Systems,68C64 – ASIL,New York:IEEE,1969,pp. 229 –236.

[3] D. Karnopp, "Computer Models of Hysteresis in Mechanical and Magnetic Components," J. Franklin Inst. ,316,No. 5, 405 –415(1983).

[4] J. K. Watson, Applications of Magnetism, New York:Wiley,1980.

[5] M. G. Say and E. O. Taylor,Direct Current Machines,2nd ed. ,London:Pitman,1986.

[6] P. G. Stohler and H. R. Christy, "Simulation and Optimization of an Electromechanical Transducer," Simulation, 13, No. 4,202 –210(1969).

[7] D. Karnopp, "Bond Graph Models for Electromagnetic Actuators," J. Franklin Inst. ,319,No. 1/2,173 –181(1985).

[8] E. M. H. Kamerbeek, "Electric Motors," Philips Tech. Rev. ,33,No. 8/9,215 –234(1973).

[9] J. Timmerman, "Two Electromagnetic Vibrators," Philips Tech. . Rev. ,33,No. 8/9,249 –259(1973).

[10] L. Honds and K. H. Meyer, "A Linear D. C. Motor with Permanent Magnets," Philips Tech. Rev. ,40,No. 11/12,329 – 337(1982).

第 12 章 热 流 系 统

12.1 键合图形式表示的基本热力学

热力学基本上是所有物理过程的通用学科。迄今为止,所有建立的物理系统模型都能从热力学的角度来研究,而事实上,当 C – 场和 I – 场被限定为存储能量,或者 R – 场被安排来消耗能量时,热力学的论点便得以运用。另一方面,因为不考虑热传导和温度影响,建立的大部分动力学模型被定义为等温模型;换句话说,就是将多通口看做是处于一个无限大容器之中,无论能量损失或供给,这个容器都保持固定的温度。而实际上,所有元件的基本规律或多或少都会随温度变化,热传导和温度变化是热力学的特殊领域。

很多工程热力学系统根本不是真正动态变化的,它只处理平衡状态之间的变化,而不关心变化本身的过程。在很多情况下,知道了系统终点的平衡状态需要满足的限制条件,就可以提取出一些有用的信息。但是,如果对状态空间中系统遵循的路径真的感兴趣的话,那么就得研究所谓的不可逆过程热力学,它包含了非平衡系统。

近年来,建立热力学系统的动力学模型成为了研究热点。系统中各种有关电的、化学的、机械的、流体动力的以及热传导的影响都至关重要。这里只能给出一个介绍性的说明,前面讨论的模型系统都显示出具有热力学的含义。建立热力学系统的动力学模型的技术方法就是认为这些具有物理范畴和时间刻度的系统局部准平衡条件存在。通过这种方法,将热静力学中常见的一些关系式修改成热动力学的缓变形式。

目前另一个限定条件是只考虑完备系统,也就是边界没有质量通过的系统。这个满足拉格朗日观点的限定条件将在有关流体力学的章节中提出来,但是,在某些类型的系统中经常用到的容积受控或者欧拉点的观点,会给建模带来一些困难,这些困难最好留待稍后讨论。

一定量的纯物体,首先认为它无论如何都至少处于准平衡状态,这样物体的所有部分都基本处于同样的压力、温度、密度等条件中。

下面考虑一个单位质量的物体。体积、内能以及熵之类的量用小写字母 v、u、s 表示。当包含物体质量为 m 时,相应的变量用大写字母表示:$V = mv$,$U = mu$,$S = ms$。假设物体质量相当小并且处于缓变的干扰下,此时波动、湍流等都忽略不计。在没有机械运动以及电磁或表面张力的影响下,可以假定这样一个纯物体仅有两个独立属性,所有其他的属性都通过物体的状态方程与它的两个独立属性相关联。

描述纯物体的基本特性关系,一个合理有效的方法要从每单位质量物体的内能 u 的表达式开始,u 是每单位质量的体积 v 和熵 s 的函数,函数表达式如下:

$$u = u(s, v) \tag{12.1}$$

著名的吉布斯方程将 u 的变化与 v 和 s 的变化联系起来,即

$$du = Tds - pdv \tag{12.2}$$

式中：T 为热力学温度；p 为压力（接下来后面所有的 T 都是指热力学温度，为正值）。

关系式(12.2)包含能量或功。如果物体的状态变化足够缓慢，可以视它为一个集总参数的多通口，且满足如下关系式：

$$\frac{du}{dt} = T\frac{ds}{dt} - p\frac{dv}{dt} \tag{12.3}$$

Tds/dt 项与热流动有关，或者有时与消耗的功有关，比如桨式叶轮缓慢搅动流体物质时就会做功。pdv/dt 代表了在动力学模型中经常讨论的某种可逆电源。

由

$$du = \frac{\partial u}{\partial s}ds + \frac{\partial u}{\partial v}dv$$

得

$$T = \frac{\partial u}{\partial s}\text{和} - p = \frac{\partial u}{\partial v} \tag{12.4}$$

而且

$$\left.\frac{\partial T}{\partial v}\right|_s = \frac{\partial^2 u}{\partial v \partial s} = \left.\frac{\partial(-p)}{\partial s}\right|_v \tag{12.5}$$

从上式可以看到与其他储能场类似的互易关系。在热力学中，式(12.5)命名为"麦克斯韦互易关系"。

纯物质的特性规则可以由一个 C – 场表示；如果愿意将 T 当做势，$\dot{s}$ 当做流，s 当做位移，则

$$\begin{array}{ccc} T & & C \\ \xrightarrow{\dot{s}} & C & \xrightarrow{\dot{v}} \end{array}$$

积分因果关系为

$$\begin{array}{ccc} T & & P \\ \xmapsto{\dot{s}} & C & \xrightarrow{\dot{v}} \end{array}$$

意味着

$$T = T(s,v), p = p(s,v) \tag{12.6}$$

式(12.1)和式(12.2)也暗含了这种函数关系。纯物质的 C – 场唯一的不寻常的特点就是 pv 通口的功率方向约定，在吉布斯方程式(12.2)的传统形式中是负的。

内能与所有的积分因果关系以及式(12.6)形式的特性规则相关联。对于混合的或全微分因果关系，特性规则几乎都改变了，在热力学中这种独立和非独立变量的转换通常利用 u 的拉格朗日变换来完成。焓 h，亥姆霍兹自由能 f，吉布斯自由能 ϕ 都是内能 u 的拉格朗日变换，且对应于不同的因果关系模式。焓表示为

$$h(s,p) \equiv u + pv \tag{12.7}$$

它的导数为

$$\frac{\partial h}{\partial s} = T(s,p) \tag{12.8}$$

$$\frac{\partial h}{\partial p} = v(s,p) \tag{12.9}$$

利用 $h(s,p)$ 能得到另外一个麦克斯韦关系式：

$$\frac{\partial T}{\partial p}\bigg|_s = \frac{\partial^2 h}{\partial s \partial p} = \frac{\partial v}{\partial s}\bigg|_p \tag{12.10}$$

焓 h 对应的 C – 场的因果关系模式如下所示：

$$h = h(s,p) \Leftrightarrow \begin{array}{c} T \\ \vert \\ s \end{array} C \begin{array}{c} P \\ \vert \\ v \end{array}$$

亥姆霍兹自由能定义为如下的变换式：

$$f(T,v) \equiv u - Ts \tag{12.11}$$

它的导数为

$$\frac{\partial f}{\partial T} = -s(T,v) \tag{12.12}$$

$$\frac{\partial f}{\partial v} = -p(T,v) \tag{12.13}$$

同样得到另一个麦克斯韦关系式：

$$\frac{\partial(-s)}{\partial v}\bigg|_T = \frac{\partial^2 f}{\partial T \partial v} = \frac{\partial(-p)}{\partial T}\bigg|_v \tag{12.14}$$

f 对应的因果关系模式为

$$f = f(T,v) \Leftrightarrow \begin{array}{c} T \\ \vert \\ s \end{array} C \begin{array}{c} P \\ \vert \\ v \end{array}$$

最后，吉布斯自由能 ϕ 定义成 u 的双重勒让德变换：

$$\phi(T,p) \equiv u + pv - Ts \tag{12.15}$$

ϕ 的导数为

$$\frac{\partial \phi}{\partial T} = -s(T,p) \tag{12.16}$$

$$\frac{\partial \phi}{\partial p} = +v(T,p) \tag{12.17}$$

且麦克斯韦关系式为

$$\frac{\partial(-s)}{\partial p}\bigg|_T = \frac{\partial^2 \phi}{\partial T \partial p} = \frac{\partial v}{\partial T}\bigg|_p \tag{12.18}$$

吉布斯自由能对应于 C – 场的全微分因果关系：

$$\phi = \phi(T,p) \Leftrightarrow \begin{array}{c} T \\ \vert \\ s \end{array} C \begin{array}{c} P \\ \vert \\ v \end{array}$$

能量函数 u 和联合能量函数 h、f 和 ϕ 即 u 的拉格朗日变换，都表示成它们自己的自然变量的函数形式。这些完成以后，物体的特性函数可以通过微分得到，并且这些特性规则自动确保 C – 场是储存能量的。另一方面，人们不使用状态函数如 u、h、f 或 ϕ 就能写出任一形式的特性关系；唯一的困难就是任意的特性关系通常不允许出现内能函数。在一个周期内,一个具有任意的特性关系的物体,可能允许产生净能量,因此而构造出第一种永动机。在某种意义上,与不利用状态函数相比,从 u、h、f 或 ϕ 推导特性关系要可靠些,因为关系式中体现了能量守恒。

一个典型的没有用状态函数导数的形式表示本构关系的例子就是理想气体。理想气体的状态方程为

$$pv = RT \tag{12.19}$$

式中:R 为常数。

另外,通常要声明 u 仅是温度的函数。意思是如果用气体的特性关系表示 $u(s,v)$,比如说,用 T 和 v 表达,那么 u 将仅是 T 的函数而不是 v 的。让我们用状态函数来推导出这一事实。

如果用 T 和 v 来表达求解方程式(12.19)中的 p,则得到式(12.13)形式的特性关系式如下:

$$\left. \frac{\partial f}{\partial v} \right|_{T} = -p(T,v) = \frac{-RT}{v} \tag{12.20}$$

利用这个结果,通过积分能得到亥姆霍兹自由能:

$$f(T,v) = RT\ln v + \psi(T) \tag{12.21}$$

式中:$\psi(T)$ 仅是温度的函数。

则由式(12.12),得

$$-s(T,v) = \frac{\partial f}{\partial T} = -R\ln v + \frac{\mathrm{d}\psi(T)}{\mathrm{d}T} \tag{12.22}$$

最后,将式(12.22)代入式(12.11),并解出 u,得

$$u(T,v) = f(T,v) + Ts = -RT\ln v + \psi(T) + RT\ln v - T\frac{\mathrm{d}\psi(T)}{\mathrm{d}T}$$

$$= \psi(T) - T\frac{\mathrm{d}\psi(T)}{\mathrm{d}T} \tag{12.23}$$

上式表明,u 仅是 T 的一个函数。

尽管 u 是 T 的一个函数,但是为了求解完整的状态方程需要用 s 和 v 表示 u。因为气体是一个二通口 C – 场,所以有两个完整的状态方程。除了式(12.19)我们还需要更多的信息。(能求解出式(12.21)中的 ψ 函数)更为普遍的是假设两个所谓的比热是常数。常压下的比热 c_p 定义为

$$c_p = \left. \frac{\partial h}{\partial T} \right|_{p} \tag{12.24}$$

一定容积下的比热 c_v 为

$$c_v = \left. \frac{\partial u}{\partial T} \right|_{v} \tag{12.25}$$

将式(12.19)代入式(12.7)并像式(12.24)那样求导,得

$$c_p = c_v + R \tag{12.26}$$

如果现在假设 c_v 是常数,那么式(12.25)可以求积分得到

$$u = c_v(T - T_0) \tag{12.27}$$

注意式(12.7)和式(12.19)意味着 h 也仅是 T 的函数,因此,式(12.24)同样可以通过积分得到:

$$h = c_p(T - T_0) \tag{12.28}$$

这里的下标0代表假定 $u = h = s = 0$ 时的状态。

重新整理基本方程式(12.2),并利用式(12.27),能得到 s:

$$ds = \frac{du}{T} + p\frac{dv}{T} = c_v\frac{dT}{T} + R\frac{dv}{v}$$

或者

$$s = c_v\ln\frac{T}{T_0} + R\ln\frac{v}{v_0}$$

由上式求得 $T(s,v)$:

$$T = T_0 e^{s/c_v}\left(\frac{v}{v_0}\right)^{-R/c_v} \tag{12.29}$$

进一步处理式(12.2),得

$$ds = c_p\frac{dv}{v} + c_v\frac{dp}{p}$$

$$s = c_p\ln\frac{v}{v_0} + c_v\ln\frac{p}{p_0}$$

由此得 $p(s,v)$:

$$p = p_0 e^{s/c_v}\left(\frac{v}{v_0}\right)^{-c_p/c_v} \tag{12.30}$$

式(12.29)和式(12.30)是完整的式(12.4)形式的 C – 场关系式。然而,想要表达的意思是这些方程确实需要从 $u(s,v)$ 开始推导。通过式(12.27)和式(12.29),可以得到:

$$u(s,v) = c_v T_0\left[e^{s/c_v}\left(\frac{v}{v_0}\right)^{-R/c_v} - 1\right] \tag{12.31}$$

由此可得:

$$T = \frac{\partial u}{\partial s} = T_0 e^{s/c_v}\left(\frac{v}{v_0}\right)^{-R/c_v}$$

与式(12.29)吻合,且

$$-p = \frac{\partial u}{\partial v} = c_v\frac{T_0}{v_0}e^{s/c_v}\left(\frac{-R}{c_v}\right)\left(\frac{v}{v_0}\right)^{(-R/c_v)-1} = \frac{-RT_0}{v_0}e^{s/c_v}\left(\frac{v}{v_0}\right)^{-(R+c_v)/c_v} \tag{12.32}$$

与利用式(12.19)和式(12.26)推导出的式(12.30)一致。

读者可能感觉上面所有对理想气体关系式的处理只不过生成了一些如式(12.29)和式(12.30)这种形式的复杂关系式,替代了简单关系式 $pv = RT$。但是,重要的是要记得:①$pv = RT$ 不是气体 C – 场的完整特性;②$pv = RT$ 仅仅是 TS 通口允许微分因果关系的一

种表达形式。式(12.29)和式(12.30)是完整的并且是 C – 场通口的积分因果关系形式,因此,对于一些作为热机械的换能器的气体,在构建其动力学模型时,式(12.29)和式(12.30)是很有用的。

12.2 实键合图和伪键合图中的热传递

纯物体 C – 场的 $\dot{T}S$ 通口可以用于各种与熵增加有关的全部类型的功率流建模,或者换句话说,即不可逆效应。纯物体的熵的变化可能由多种耗散作用产生,例如叶轮的扰动,或者浸入流体中的电阻器的发热。在每一种情况下,为了发现物体状态的变化,可以将耗散的功率看做 $\dot{T}S$。$\dot{T}S$ 通口的一个重要用处在于建立热流影响的模型。用 $\dot{Q}$ 代表以功率为单位的传热率,通常可以把 $\dot{Q}$ 和 $\dot{T}S$ 看成一回事。

首先考虑图 12.1(a)所示的传导传热的简单情况。原则就是绝对温度为 T_1 和 T_2 的两个热能量储存器,允许通过热电阻而不是其他方法相互联系。通常,在两个储存器之间将创建一个热流 $\dot{Q}$。按照一般规律热从温度较高向温度较低的方向流动,并且,这个观测结果确实支持热力学的第二定律。图 12.1(b)中,为了表示热阻绘出了 $\dot{Q}$ 和 $T_1 - T_2$ 之间可能的关系。需要假定的是将任意 $\dot{Q}$ 和 $T_1 - T_2$ 的值绘在 $\dot{Q}$ 对 $T_1 - T_2$ 平面的第一和第三象限,以这样一种方式将 $\dot{Q}$ 和 $T_1 - T_2$ 关联起来(尽管一般假定 $\dot{Q}$ 是 $T_1 - T_2$ 的函数,如同绘制的那样,但是争论也是对的,当 $T_1 - T_2$ 是正值时,$\dot{Q}$ 是否为正的,当 $T_1 - T_2$ 是负值时,$\dot{Q}$ 是否为负,并且当 $T_1 - T_2$ 为零时,$\dot{Q}$ 是否也为零)。

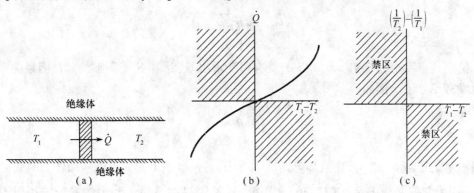

图 12.1 构建热传递
(a)热阻;(b) $\dot{Q}$ 和 $T_1 - T_2$ 之间允许的关系;(c) $1/T_2 - 1/T_1$ 的禁区。

如果现在给出:

$$T_1 \dot{S}_1 = \dot{Q} = T_2 \dot{S}_2 \tag{12.33}$$

这意味着一个物体散发出的热流即刻与传入其他物体的热流相等,那么能得到净熵流率 $\dot{S}_2 - \dot{S}_1$ 为

$$\dot{S}_2 - \dot{S}_1 = \frac{\dot{Q}}{T_2} - \frac{\dot{Q}}{T_1} = \dot{Q}\left(\frac{1}{T_2} - \frac{1}{T_1}\right) = \dot{Q}\frac{T_1 - T_2}{T_1 T_2} \tag{12.34}$$

图 12.1(c)表明,随着 $T_1 - T_2$ 为正的、负的或零,$1/T_2 - 1/T_1$ 也为正、为负或为零。因为绝对温度本身就是正值,所以这是正确的。对于任何有限值 $T_1 - T_2$,产生的净熵率,也就是 $\dot{Q}$ 和 $1/T_2 - 1/T_1$ 的产物,都是正的,并且只有当 $\dot{Q}$ 为零时才为零。热阻可以用下面的二通口场表示:

$$\begin{array}{cc} T_1 & T_2 \\ \longrightarrow R \longrightarrow \\ \dot{S}_1 & \dot{S}_2 \end{array}$$

尽管二通口阻性场功率守恒(见式(12.33)),但是它既不是变换器也不是回转器。它有一个特殊属性,按照上面的功率方向约定,$\dot{S}_2 - \dot{S}_1 \geqslant 0$,表示无论热量怎样流动,出场的熵流量要比进场的熵流量多。当热阻成为系统的一部分,每当有热流经阻抗,往往会增加系统的熵。

阻抗的一个可能的特性关系式为

$$\dot{Q} = H(T_1 - T_2)$$

或

$$\dot{S}_1 = \frac{H(T_1 - T_2)}{T_1}, \quad \dot{S}_2 = \frac{H(T_1 - T_2)}{T_2} \tag{12.35}$$

这里热传导系数 H 假定为常数或者是平均温度 $(T_1 + T_2)/2$ 的一个缓变函数。做一个比较,净熵产率为

$$\dot{S}_2 - \dot{S}_1 = \frac{H(T_1 - T_2)}{T_2} - \frac{H(T_1 - T_2)}{T_1} = \frac{H(T_1 - T_2)^2}{T_1 T_2} > 0 \tag{12.36}$$

注意,式(12.35)用因果关系形式表示为

$$\begin{array}{cc} T_1 & T_2 \\ \longrightarrow R \longmapsto \\ \dot{S}_1 & \dot{S}_2 \end{array}$$

给定任意两个温度 $T_1 > 0, T_2 > 0$,就有可能求出 $\dot{Q}、\dot{S}_1$ 和 $\dot{S}_2$。剩下的其他因果关系形式就没有用处了。例如:

$$\begin{array}{cc} T_1 & T_2 \\ \longmapsto R \longmapsto \\ \dot{S}_1 & \dot{S}_2 \end{array}$$

它表示给定任何 $\dot{S}_1$ 和 $\dot{S}_2$,热阻都应提供 T_1 和 T_2。但事实上我们不能强加任意的变量 $\dot{S}_1$ 和 $\dot{S}_2$,因为它们必须满足式(12.36)。因此,这种因果关系对于动力学系统来说没有用处。即便是混合的因果关系,例如:

$$\begin{array}{cc} T_1 & T_2 \\ \longmapsto R \longmapsto \\ \dot{S}_1 & \dot{S}_2 \end{array}$$

都充满困难。转化式(12.35)的后面一个方程得到:

$$T_2 = \frac{HT_1}{\dot{S}_2 + H}$$

这似乎表示如果 $\dot{S}_2 < -H$ 则 T_2 可以为负。事实上,给定了 T_1,因为要求 T_2 必须是正的,

所以 $\dot{S}_2$ 是受限的。因此，T_1 的选择限定了 $\dot{S}_2$ 的取值范围。从这种意义上讲，混合因果关系模式没有式(12.35)的因果关系用处大，式(12.35)中的温度 T_1 和 T_2（正的）可以任意取值。在下文中，假定热阻只满足因果关系 $-|R|-$。

12.2.1 一个简单案例

图 12.2 所示为由两个含有可压缩流体的室组成的一个系统。一个室容积是固定的，因此室内包含的流体内能只因流经隔断的热而改变，这个隔断被建模为热阻。另一个室的容积是随着活塞的来回移动而变化的。

图 12.2(b)所示的系统键合图把表示流体的两个容性元件和表示热阻的一个 R – 元件整合在一起。0 – 结只是便于实现左手边 C 的 $T_1\dot{S}_1$ 口和阻性场它们箭头向内的功率方向约定，因此前面假定的功率方向约定会在模型中反映出来。0 – 结确保 $T_1 = T_2$ 但 $\dot{S}_1 = -\dot{S}_2$。

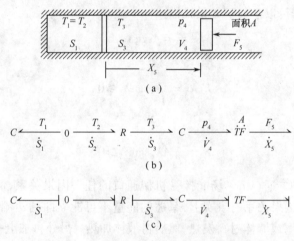

图 12.2　实例系统

(a)示意图；(b)键合图；(c)标记了积分因果关系的键合图。

图 12.2(c)所示为系统的积分因果关系。首选 R – 场的因果关系与两个 C – 元件的积分因果关系相一致。状态变量有 S_1（固定容积流体的熵）、S_3（可变容积流体的熵）、V_4（可变容室的容积）。速率 $\dot{X}_5(t)$ 扮演输入变量的角色。

要得到流体的特性关系式，可以从每单位质量的内能 $u(s,v)$ 开始，它是每单位质量的熵和特定体积的一个函数，然后，转换成总的能量 U，当做是总熵 S 和容积 V 的函数。这就需要知道流体的总质量和初始状态。U 对 S 和 V 求导则求出压力和温度的特性关系。热阻的特性关系前面已经论述了。

很明显，键合图所表示的系统模型只适合缓变情况。例如，假定流体处于准平衡状态，这样整个容积内每一瞬间温度和压力基本上是均衡的。但如果有人需要考虑声波或者流体本身热传导的细节，那么情况就不是这样的了。同样，尽管整个系统是功率守恒的，但是，如果有任何热流动，两个 C – 元件的熵就会增加。从外部端口的角度来看，这个不可逆性很明显地表明能量会丢失。例如，如果取 X_5 经过从 $T_2 = T_3$ 的平衡状态开始的一个循环,可变容积内的流体温度将发生变化,热会流动,并且在循环过程中,将从外部端口观测到丢失的净能量。键合图显示的是能量不会丢失,而是转化成了热能,这些能量不能完全转化成机械能,除了一些极限情况下,例如 X_5 移动得非常缓慢,使得 T_2 和 T_3 近乎相同,且产生的净能量几乎为零。

图 12.2 所示模型中,除了热传导外没有包含不可逆的现象。包括其他消耗的影响并不困难,例如,如果活塞有库仑摩擦且摩擦损失的所有机械能都转化成了热能,那么这个简单的模型中将加入产生了另外的流入流体 C – 场的熵,而这个熵等于划分给流体温度这一块的消耗功率。这种情况的键合图如图 12.3 所示。

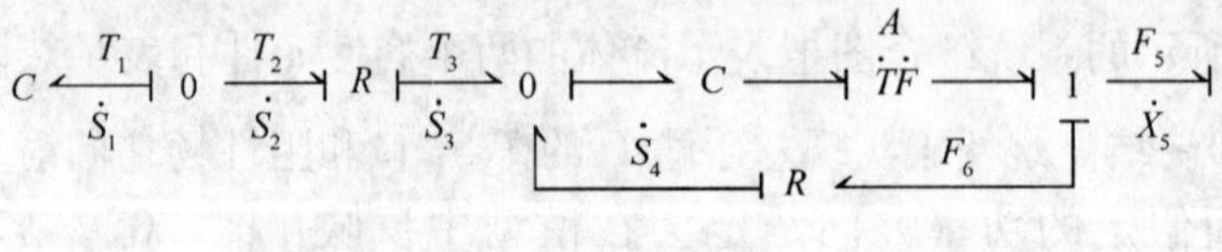

图 12.3　图 12.2 的系统加上活塞摩擦

库仑摩擦电阻器可以由如下关系式描述:

$$F_6 = A \operatorname{sgn} \dot{X}_5$$

那么,耗散功率为

$$F_6 \dot{X}_5 = A \dot{X}_5 \operatorname{sgn} \dot{X}_5 \geqslant 0$$

熵流 $\dot{S}_4$ 则为

$$\dot{S}_4 = \frac{1}{T_3} A \dot{X}_4 \operatorname{sgn} \dot{X}_5 \geqslant 0$$

描述机械阻抗的二通口 R – 场能接受机械通口的任一因果关系,但是热学通口只接受如图 12.3 所示的因果关系。事实上,摩擦的能量不可能立即到达流体,正如模型中所假定的:可以先使活塞或墙体材料发热,然后将液体加热。另外再加上一些热学容性形成的更加复杂的模型就能将这些效应模拟出来。

12.2.2　电热电阻器

所有的消耗都归结为热效应,热效应有时候可以忽略不计或分开处理。例如,电学的电阻器在消耗电功率的同时会加热,但是在很多情况下,如果提供冷却电阻器的方法,发热不会使设备的特性改变太多。在这些情况下,普通的电路模型假定电路组件基本保持恒定的温度。这里,我们构造一个包含电学和热学效应的模型。

图 12.4(a)给出一个电阻器。假设电阻器的主体部分有一个相当均衡的温度 T,且封装在温度为 T_0 的空气中。假设电阻器消耗电功率:

$$ei \geqslant 0 \tag{12.37}$$

只要服从式(12.37),我们就假定电阻器的 e 和 i 的关系有一些的温度依赖性。

通常说在电方面损失的功率是转化成了热量,因此假定:

$$ei = \dot{Q} = T \dot{S} \tag{12.38}$$

上式中是否按通常的意义把 $\dot{Q}$ 作为热流还尚存争议。表示 R – 场的两个因果关系形

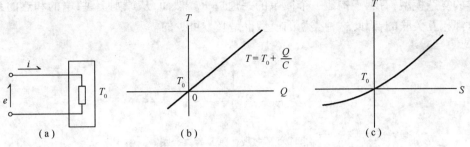

图 12.4 电热电阻器

(a)示意图；(b)热电容的定义；(c)用熵表示电容的关系。

式都有用：

$$\stackrel{e}{\underset{i}{\vdash}} R \stackrel{T}{\underset{\dot{S}}{\vdash}}$$

$$e = e(i, T), \dot{S} = \frac{ie(i, T)}{T} \tag{12.39}$$

和

$$i = i(e, T), \dot{S} = \frac{ei(e, T)}{T} \tag{12.40}$$

和前面的例子一样,在热力学通口有首选的因果关系。

电阻器主体的温度取决于电阻器中储存了多少热能。在下文中,将忽略由于电阻器的膨胀而克服大气压力所做的功,也就是说,假设在 $P\dot{V}$ 口没有重要的功率流。那么,温度将取决于 $T\dot{S}$ 形式吸收的能量多少。

一般假设 T 是 Q 的函数,但是为了一致性,常将 T 表示成 S 的函数。式(12.38)将 $\dot{Q}$ 和 S 联系起来,为使这两个观点一致做好了准备。例如,假设一个热电容 C(近似为常数)被定义为图 12.4(b),方程：

$$T = T_0 + \frac{Q}{C} \tag{12.41}$$

上式中,为了得到 Q 已经在 $T = T_0$ 时对 $\dot{Q}$ 求积分。利用式(12.38)和式(12.41)可以得到 S 为

$$S = \int_0^s \mathrm{d}s = \int_0^Q \frac{\mathrm{d}Q}{T_0 + Q/C} = \frac{C\ln(T_0 + Q/C)}{T_0} \tag{12.42}$$

式中:S 和 Q 都假设初始时刻为零。

求解式(12.42)使得 Q 用 S 表示,结果再代入式(12.41),得

$$T = T_0 \mathrm{e}^{S/C} \tag{12.43}$$

当用 S 表示而不是用 Q 的时候,上式即为热电容的关系式【事实上,由于 T 是绝对温度,所以 $Q \approx T_0 S$,且 $T \approx T_0(1 + S/C)$ 表示 T 与 T_0 的适度偏移】。

图 12.5 所示键合图展示了电阻器的完整模型。整个系统是守恒的,但是从电通口看功率丢失了,因为,一些热流键上的功率不能储存。电热的和热传导的 R-场表现为不可逆效应且产生熵。一旦有关电的电阻器对温度的依赖性不强的话,就可以避免图 12.5

那样的复杂模型,有利于构建一个简单的一通口 R。然而,从原则上讲,电的和热的系统通常都相互关联的,因此这种类型的模型也是必不可少的。

图 12.5　电热电阻器的键合图

　　读者从热动力系统键合图的简要介绍中可能已经注意到只有闭合的系统才能进行建模,也就是说,系统边界没有质量穿过。热动力学的许多科学研究不仅与出入系统的功率而且还与出入系统的质量及它们的流通过程有关。通常当这样的系统模拟成键合图时,质量流经一个控制体的边界而伴随的能量传导会使建模过程变复杂。后面的章节将讨论一些流通过程的模型,这些模型中对流体运动的拉格朗日描述和欧拉描述之间的差别,与闭合的和开放的热力学系统之间的差别相对应。

12.3　流体动态系统

　　我们已经建立了闭路循环液压类的流体系统的势、流、位移和动量变量,系统中容积流率乘静压为大部分传输的功率。现在我们要更深入地研究流体系统。

　　很多流体的机械功与场的问题有关,如要决定是二维或三维的流场,这样的问题通常由偏微分方程来描述。除非恰巧知道这个问题的分析方法,否则必须求助于有限差分或有限元方法。这些方法将连续统一体分解表示为大量属性相同的块。尽管可以为微分方程或它们的有限近似值有关的"微型集"构建键合图,但是很少有人通过这种表示法去获得键合图。微型集都非常相似,并且只以规定的方式与它们的同类相互作用。

　　这一部分主要关心的是,当流体系统是一个大型系统的一部分,且因此实际上不能被非常详细地描述出来时,一般采取的集总的总类型。一个典型实例是,当水力的或气体动力的元件构成控制系统的一部分时就会出现这种情况。下面主要关心的是内部的流,还有通过力、运动、压力和容积流率的影响而产生的流体与固体机械元件之间动态的相互作用。

　　图 12.6 所示的线性元件被认为是分析流体系统时常做的这类近似的一个简单实例。线性情况下的模型类似于输电线路的模型,它尝试着处理明显地呈现在真实线路上的各种影响。对于较短的线段以及对于线性元件来说,这种模型看似有理,但是它经常用于较长的长度 l 和非线性元件。如果不仔细斟酌就使用这种模型,我们将会看到模型出现一些认识上障碍。首先,很明显模型是一维的。通过单位横截面积的容积流率 Q 和压力 p 显然必须看做随面积变化的速率场和压力场的平均量。因为在瞬态条件下流的速率分布普遍会变化,所以很显然图 12.6 中的变量 p 和 Q 以及 R、C、I 元件的参数不能确切地计算出来,除非预先知道横截面积上流的性质。然而,在系统设计研究中,很少有人预先确定系统各个部分的流是如何运作,因此,人们必须对系统的参数至少做一个初步估计,才能估计出流的运动。

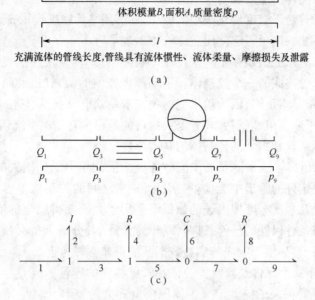

体积模量B,面积A,质量密度ρ

l

充满流体的管线长度,管线具有流体惯性、流体柔量、摩擦损失及泄露

(a)

Q_1 Q_3 Q_5 Q_7 Q_9

p_1 p_3 p_5 p_7 p_9

(b)

(c)

图 12.6 充满流体的管道的集总表示

(a)带参数的管道略图;(b)示意图;(c)键合图。

首先考虑的是估计在线流体的惯性的问题。图 12.6 的惯性系数的基本推导(实例见文献[1])过程如下:线段内流体的质量为 ρAl,改变流体速度的驱动力为 $A(p_1-p_3)$,流速为 Q_2/A,因此:

$$\rho Al\,\frac{\mathrm{d}}{\mathrm{d}t}\frac{Q_2}{A}=A(p_1-p_3) \quad \text{或} \quad Q_2=\frac{A}{\rho l}p_{p_2} \tag{12.44}$$

式中:p_{p_2} 为键 2 的压力动量(或 p_2 的时间积分)。

这一结果表明,当使用变量 p、Q 时,用来表示一个"质量块"的惯性系数为 $\rho l/A$。小面积管道的惯量要比大面积管道的惯量大,这让人感到惊奇。

上面给出的简单推导有几点问题。

首先,为了与模型是一维的假设相一致,管道内的流体被认为像刚体一样运动。修改这个假设很困难,除非知道流体的速度分布在空间和时间上如何变化。这里考虑的这种流经常被称为"准一维流",且状态不变的情况下,当知道每个横截面已绘制好的速率分布时,可以将 Q/A 看做平均速率。在稍后的计算中,将需要通过横截面的速率的平方的平均值,且这一量值可以取为 $\beta Q^2/A^2$,如果知道了速率分布,可以计算出校正因子 $\beta\geq 1$(见文献[2])。校正因子 β 仅仅是为了与不变的速度分布协调,无摩擦、无旋转的流中可以出现不变的速度分布。对于瞬态条件,速率分布经常很难估计,因此这一节的剩余部分,即使是在严格上讲并不属实的情况下,也将假设分布不变。通过引入诸如 β 这样的校正因子,可以稍微改善一些结果的精确性,尽管缺乏实验数据的情况下很难估计出校正因子。

其次,如果不愿意假设流体是不可压缩的,那么密度 ρ 的合理取值就是值得商榷的。如果 $l=\mathrm{d}x\to 0$,则 $\rho(x,t)$ 可以代表位置 x 处 ρ 的一个瞬时值,但是,如果 l 是非极限的,那么图 12.6 中出现的容量与把 ρ 当一个常数来用是不协调的。如果 ρ 变化,那么这段流体的两端当然不会以同样的速度流动。稍后将采取更复杂精密的方法看这个问题。就目前而言,只简单说一下,对于密度变化很小的液压系统,用平均密度表示 ρ 经常就足够了,尽管把容度与一个不变的惯量一起使用意味着将出现矛盾。

这个基本推导真正的错误在于将这段流体当做刚体,即使很显然现正考虑的是由质量和动量流经的长管构成的一个控制体。正如即将介绍的,当管道的两边具有同样的横截面积时,推导恰巧基本正确,因为动量流的项在末端就消失了。当碰到面积变化的管道时,基本推导确实不能简单地概括,并且令人惊讶的是很少有基本系统动力学的作者写到甚至提到流体机械系统动力学的控制体的基本原理。

图 12.6 中的元件 R_4 表示除了加快流体速度所需的压力之外损失的压力,如果能利用实验方法已经决定好的管道中流的数据,p_4 和 Q_4 之间的关系将很容易指定为一般的非线性关系。但是几乎所有摩擦因子的数据都是用于完全获得稳定的流,并且不会用于除了最缓变的瞬态条件以外的任何条件。基于这个原因,分析人员必须做好有关摩擦损失规律的实验准备,直到模型响应与实验数据匹配得非常好为止。

图 12.6 中的下一个元件是打算为流体和管壁构建的容量。流 Q_6 是 Q_5 和 Q_7 的差,它表示管道两端之间损失的流。定义了体积模量 B 之后,压力 p_6(它等于 p_5 和 p_7)能由 Q_6 的积分决定:

$$p_6(t) = p_6(0) + \frac{B}{V_0}\int_0^t Q_6 \mathrm{d}t = p_6(0) + \frac{B}{V_0}V_6(t) \tag{12.45}$$

式中:V_0 为 $t=0$ 管道类流体的容积,这时的压力为 $p_6(0)$。

有人会想,p_6 与 V_6 之间只简单地用一些非线性的关系式代替式(12.45)的线性关系式来模拟气体的压缩性效应,同样的这个模型就可以适用于密度出现很大变化的情况,然而情况并非如此简单。下面即将展示,当密度变化很重要时,必须对这种情况进行热动力学研究。

最后,R_8 代表由于渗漏造成的管道截面损失的流。很明显,p_8 表示绝对压力而不是测量压力时,R_8 应该对应于 p_8 与管道外界压力之间的差,而不是 p_8 本身。这就要求把 R_8 放在 1-结,这个 1-结将计算内压和外压之间偏差,并且还要强加流出管道的流要与流入外部大气的流相同这一条件。

通过上面给出的对集总的线性元件的简要介绍,很显然,论证分块过程有一些基本的困难。只有想要一个线性集总模型时很多问题才会出现,因为,会忽略掉具有有限平均值的量的微小变化,然后这些变得好像很有道理似的。为了更加清楚地了解一些比较普遍使用的流体动力学模型的本质,人们需要认真考虑流体力学的偏微分方程和非线性影响。

12.3.1　一维不可压流

为了利用键合图各元件来阐明流体力学的一般方法与集总的表示法之间的联系,首先要给出伯努利方程的推导。考虑到图 12.7(a)中的问题,让 s 表示沿着一个长为 l 的弯曲的刚性管道中心线的距离。那么 $A(s)$ 表示管道横截面积,$x(s)$ 和 $z(s)$ 分别表示管道中线的水平和垂直位置,$v(s,t)$ 表示位置 s 处 t 时刻的(平均)流速,$p(s,t)$ 表示压力。

由牛顿定律,得

$$\rho\frac{\mathrm{D}v}{\mathrm{D}t} = \rho\frac{\partial v}{\partial t} + \rho v\frac{\partial v}{\partial s} = -\frac{\partial p}{\partial s} - \rho g\frac{\mathrm{d}z}{\mathrm{d}s} \tag{12.46}$$

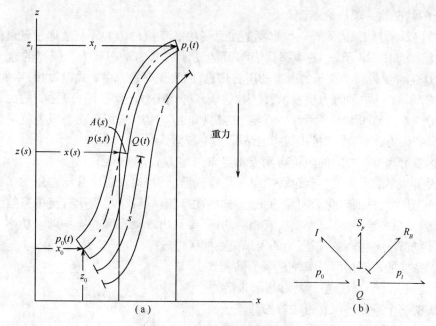

图 12.7 不可压流体的约束运动

(a)系统示意图;(b)键合图。

由于不可压性,容积流率 $Q(t)$ 与 s 无关,给出 v 的表示式为

$$v(s,t) = \frac{Q(t)}{A(s)} \qquad (12.47)$$

将式(12.47)代入到式(12.46),得

$$\rho\left(\frac{\dot{Q}(t)}{A(s)} + \frac{Q^2(t)}{A(s)}\frac{\partial l/A(s)}{\partial s}\right) = -\frac{\partial p}{\partial s} - \rho g\frac{\mathrm{d}z}{\mathrm{d}s} \qquad (12.48)$$

该式可以从 $s=0$ 到 $s=l$ 对 s 进行积分,得

$$I\dot{Q} + \frac{\rho Q^2}{2}\left(\frac{1}{A_l^2} - \frac{1}{A_0^2}\right) = p_0(t) - p_l(t) - \rho g(z_c - z_0) \qquad (12.49)$$

式中

$$I = \rho\int_0^l \frac{\mathrm{d}s}{A(s)} \qquad (12.50)$$

如前面提到过的,可以用 $\beta Q^2/A^2$ 代替 Q^2/A^2。

有趣的是伯努利方程(实质上式(12.49))能够用同样图 12.7(b)所示的集总元件确切地表示出来。如果 $A(s)$ 为常数,式(12.50)中定义的线性惯量系数将变成非严格方法得到的式(12.44)的形式,但是,式(12.49)中出现的其他几项在式(12.44)中确实没有出现。图 12.7(b)中重力项用一个常压源表示,这很容易理解,但是包含 Q^2 的项需要说明。

首先,如果 $A(s)$ 是常数,那么 $A_l = A_0$,且 Q^2 项将不存在,这样表明对于面积不变的情况,式(12.44)基本正确。无论如何,推导式(12.44)中,没有充分考虑通过管道两端截面的流体的流。要使用牛顿定律的最简形式,必须跟踪流体的流;换句话说,就是必须使用拉格朗日描述。然而,有人实际上想把管道当做一个控制体,流体从这个容积中穿过,也就是说,要用欧拉描述。式(12.50)中的 Q^2 项可以认为是动态的压力修正项,对于式

（12.44）的情况这一项恰恰不存在。

对式（12.50）结果的另外一种解释是注意到功率流 $p(t)Q(t)$ 不代表通过管道固定点的总能量流。$\rho Q^2/2A^2$ 形式的项都代表与流体动能关联的动态压力。研究的这个系统中，p 和 Q 包含要得到动态压力所需的所有信息，因为速率是 Q/A。式（12.49）中的 Q^2 项能够用图12.7(b)中的阻力项表示，因为，它表示 Q 和压力（动态压力）之间的关系。阻力项的特性绘制如图12.8所示，很明显，如果只知道 pQ 功率，那么动态压力就可以反复转变成静态压力，与喷嘴和扩压器中的情况一样。

表达伯努利方程所需的阻抗有两点不寻常的地方。首先，无论 $A_0 > A_l$ 或是 $A_0 < A_l$，在阻抗提供功率的地方就会有运转机制。从物理学上讲，这就意味着动态压力正部分被转化成静态压力，从而转化为明显的 pQ 形式的功率流。其次，尽管所有流中只给了阻抗的压力，但是只要给了压力，要么没有相应的流，要么出现动态和静态的两个功率流。于是，这个阻抗有一个非常有说服力的因果关系的优先选择，如图12.7(b)所示。

我们推导的根据是假设流体充满了整个管道，且因此得到 $v = Q/A$，这一观测结果很容易解释后面的那个特点。从管道两端的某些压力条件来看，管道里形成喷射不可能。同样，推导出的方程可能只对一个流向有效。例如，在研究水流经一个喷嘴到大气中时，考虑反向的流可能没有意义，因为喷嘴会充满空气且方程不再有意义。可以说，包括图12.7所示的键合图表示在内的所有伯努利方程的应用中，为了避免毫无意义的结果，在使用阻抗的关系式中的适当分支时必须仔细。阻抗关系式的这些困难在其他类型的物理系统中很少发生。

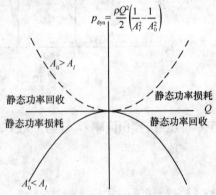

$$p_{\text{dyn}} = \frac{\rho Q^2}{2}\left(\frac{1}{A_l^2} - \frac{1}{A_0^2}\right)$$

$A_0 > A_l$

静态功率回收　　　　静态功率损耗　　　Q

静态功率损耗　　　　静态功率回收

$A_0 < A_l$

图12.8　动态压力阻力器的特性规则

估计一个桶通过一个容器排空所需要的时间，把这个典型的基本问题作为对键合图表示效果的一个说明。图12.9展示了这个系统。为简单起见，不考虑摩擦损失，但是伯努利阻抗可以认为是象征离开系统的流体损失了动能。这个桶容量为 $A_T/\rho g$，其中 A_T 是桶的截面积，与管道面积相比要大很多。按传统分析，假设流体正从一个很大的面积 A_1、压力为 p_1 且速率基本为零处进入管道端口。伯努利阻抗则提供压力 $\rho Q^2/2A_2^2$，其中 Q 通过式（12.44）形式的关系式与压力动量有关联。利用图12.9所示的符号并且从键合图上注意到需要两个状态变量——容积 $V(t)$ 和压力冲量 $p_p(t)$，当 $V \geqslant 0$ 时可得

$$\dot{V} = -\frac{A_2}{\rho L}p_p \tag{12.51}$$

$$\dot{p}_p = \frac{-\rho}{2A_2^2}\left(\frac{A_2}{\rho L}p_p\right)^2 + \frac{\rho g V}{A_T} \tag{12.52}$$

或

$$-\frac{L}{A_2}\ddot{V} = \frac{-\rho}{2A_2^2}(\dot{V})^2 + \frac{\rho g}{A_T}V \tag{12.53}$$

尽管没有静态功率流入代表大气的零压力源，但是仍然有一个流，且用一个扩散器就

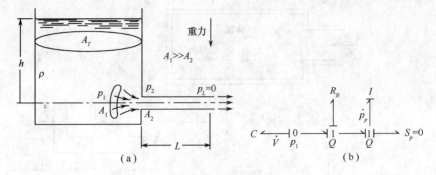

图 12.9　容器变空过程的问题
(a)系统示意图;(b)键合图。

能由这个流恢复功率。

如果控制体本身在惯性空间不是确定的,控制体问题会变得相当复杂。键合图方法能阐明这些系统的建模过程,但是由于篇幅限制不允许在这里充分讨论。文献[6]中有这样一个系统实例。现在继续讨论不考虑不可压流的假设意味着什么,我们会发现有更多的困难等着我们,并且前面用到的液压系统键合图中包含的近似值比开始想象的更多。

12.3.2　可压缩效应的表示

对于密度的微小变化,很容易看到靠线性容性项就可以简单地模拟压缩性效应,和前面所描述的一样。然而,对于密度的较大变化,最好从纯物质的热动力学研究开始。

正如前一节所了解的,任一流体每单位质量的内能 u 依赖于两个独立属性:密度 ρ 和熵 s。反映这些量的变化关系的吉布斯方程如下:

$$\mathrm{d}u = T\mathrm{d}s - p\mathrm{d}\left(\frac{1}{\rho}\right) \tag{12.3}$$

式中:T 为热力学温度;p 为压力;$1/\rho$ 为特定的容积,且:

$$u = u\left(s, \frac{1}{\rho}\right) \tag{12.1}$$

式(12.1)可以很方便地将流体的特性概括起来,式中用 $1/\rho$ 表示特定的容积,因为这一节要用 v 表示速率。正如我们以及看到过的,单位质量或一定数量的物质,其吉布斯方程可以用一个 C - 场表示。

系统中出现一定量的流体被压缩、膨胀、加热时,用 C - 场表示,系统建模将非常简单。当流体进出一个控制体时,情况仍然有些更复杂。例如,图 12.10 中,有一个端口可以让流体慢慢地流进和流出,这样将流体压缩在一个固定容积中。这种情况下,所有的能量都包含在容积 V_0 中,用 U 来表示,它取决于容积内包含的质量 m 以及每单位质量的内能 u。U 发生变化其原因不仅与流所做的功 pQ 有关,而且还与能量对流有关。如果用质量块的流率 $\dot{m} = \rho Q$ 来作为流变量,而不是用 Q,则在等熵的情况下有

$$\mathrm{d}U = u\mathrm{d}m + \frac{p}{\rho}\mathrm{d}m \tag{12.54}$$

定义熵的关系式如下:

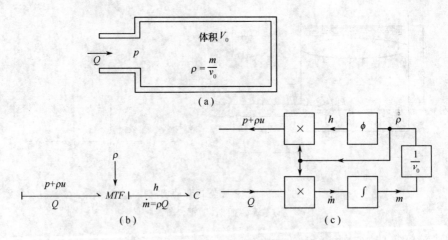

图 12.10　流体等熵压缩

(a)流体流入一个刚性容积；(b)键合图；(c)方块图。

$$h = u + \frac{p}{\rho} \tag{12.55}$$

下面给出通过通口的功率流：

$$him = uim + \frac{p}{\rho}\dot{m} = u\rho Q + \frac{p}{\rho}\rho Q = (\rho u + p)Q \tag{12.56}$$

该式说明 pQ 只是流体静力学的功率。正如前一节，为适当地考虑到实际的功率流，发现有必要用动态压力项补充静态压力，因此，这里为考虑转换的内能，也有必要用额外的 ρu 项来补充 p。图 12.10(b)表示的是基于式(12.55)和式(12.56)的键合图，图 12.10(c)给出了对应于积分因果关系的方框图。要注意的是，目前还没有加入动态压力项，因此这个模型只对低流率的情况有效（实际上是吉布斯方程的 C - 场表示）。还要注意，在等熵情况下，压力和内能只与密度有关，因此，焓也由容器内的情形决定。在更复杂的情况下，端口处的焓不是由容器内流出 $\dot{m} < 0$ 的情况决定，而是由外部向内流入 $\dot{m} > 0$ 的情况决定。这种通过改变流的方向来转换因果关系都出现在流能够转向的热交换系统中，但它在键合图的形式或其他系统分析方法上研究得很少。

图 12.11 所示为出现等熵压缩（一部分因为容积是可变的，还有部分因为进出的流）时如何变更键合图，正像气动伺服机构的功率圆筒一样。图 12.11(b)中的 C - 场有一个 him 通口和一个 $\dot{p}V$ 通口，它的含意是指总能量 U 依赖于 m 和 V，有

$$h = \frac{\partial U}{\partial m}, \ -p = \frac{\partial U}{\partial V} \tag{12.57}$$

通过检测麦克斯韦互易关系式的有效性来证明 C - 场确实是守恒的，这可能是值得的。在等熵假设条件下，互逆关系式为

$$\frac{\partial h}{\partial V} = \frac{\partial(-p)}{\partial m} \tag{12.58}$$

每单位质量的内能只是指定容积的函数：

$$u = u\left(\frac{1}{\rho}\right), \ -p = \frac{du(1/\rho)}{d(1/\rho)} \tag{12.59}$$

346

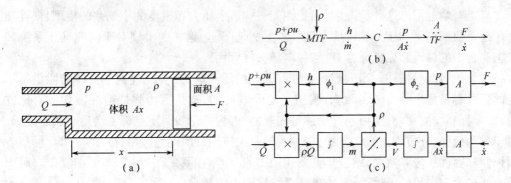

图 12.11　水压机内的压缩过程

(a)系统示意图；(b)键合图；(c)方块图。

指定容积表示为

$$\frac{1}{\rho} = \frac{V}{m} \tag{12.60}$$

有

$$p = p\left(\frac{V}{m}\right), \qquad u = u\left(\frac{V}{m}\right), \qquad h = u + p\frac{V}{m} \tag{12.61}$$

那么

$$\frac{\partial h}{\partial V} = u'\frac{1}{m} + p'\frac{V}{m^2} + p\frac{1}{m} = p'\frac{V}{m^2} \tag{12.62}$$

这里主要是表示 u 和 p 函数的倒数，且式(12.4)用来抵消式(12.62)中的两项。p 对 m 求导，得

$$\frac{\partial p}{\partial m} = \frac{-V}{m^2}p' \tag{12.63}$$

该式与式(12.62)对照，验证式(12.58)是正确的。

图 12.11 的键合图和它表示的方程都是流体伺服机构中复杂的可压缩效应模型，该系统中所关心的流体的容积是变化的。实际上，一个线性化的可压缩性参数可以简单地加入到系统方程中，但情况经常是，不从具体情况的基本物理性质重新出发的话，想从结果的线性模型到一个更准确的非线性模型实际上是不可能的。

12.3.3　一维流的惯性和可压缩性

暂时忽略消耗元件，图 12.6 的简单模型就是长线中惯性和可压缩效应的集总近似。模型的参数对应于长 Δl，当大量的这种模型串联起来，且当 $\Delta l \to 0$ 时，模型的状态方程构成偏微分方程的近似，称为一维波动方程。上一节中详细描述了可压缩流中的惯性效应模型以及不考虑惯性时的容性效应模型。现在问题上升到是否能按图 12.6 的方式，用一系列块交替地表示惯性和可压缩性效应，然后简单地将这些块串联起来，且因此而构造出一个分布式线型模型。

在几个重要情况下答案是肯定的,即:

(1)声学近似。这种情况中,用线性方程构造了压力和密度的小偏差的模型,惯性和可压缩系数都用平均压力和密度来计算。见文献[5]。这样的模型对于研究油压系统和水击问题中的可压缩效应非常有用,和声学一样管用。

(2)拉格朗日描述。当人们观察一群质点的运动时,则会发现这个群体的惯量是不变的。只要是用牛顿力学,系统方程就会是非线性的,这是因为弹性或耗散效应。比方说,对于杆和线的摆动,拉格朗日描述是固有的,因为无论如何质点都不会运动的非常远。对于梁和板,微分方程比波动方程更复杂,但是拉格朗日描述允许用有限的 I 和 C 模型表示惯性和容性效应。然而,结型结构要比图 12.6 简单的 0 - 1 - 0 - 1 串更加复杂。对于质点通过固定边界的流体系统,拉格朗日描述用得比较少。

对于上述情况,毫无疑问可以用标准的键合图元件构建出有限元模型,当这些键合图元件变成微分量时,能反映出连续化模型运动的偏微分方程的一般推导。本质上讲,在有限的元件中系统的惯量、容度和阻抗方面可以分别对待,即使在描述连续统一体中将元件的容积划分得趋近于零时这些方面针对的只是单独的一个点。要说明的是,流体力学通用的欧拉描述彻底囊括了惯量和容度方面,因此不使用大量活动键则很难构建出一系列的有限元件会聚成连续统一体的描述,除非在声学近似中。

在等熵条件下研究穿过一个管子单位横截面积的流体产生的一维流。用 s 表示空间坐标,$v(s,t)$ 表示速度,$\rho(s,t)$ 表示密度,$p(s,t)$ 表示压力,系统的方程描述为

$$\rho \frac{\partial v}{\partial t} + \rho v \frac{\partial v}{\partial s} = -\frac{\partial p}{\partial s} \tag{12.64}$$

$$\frac{\partial \rho}{\partial t} + \frac{\partial \rho v}{\partial s} = 0 \tag{12.65}$$

$$p = p(\rho) \tag{12.66}$$

式(12.64)正是一段流体的牛顿定律,带欧拉形式表示的加速度。式(12.65)是质量守恒的声明,再加上气体的特性关系式(12.66),就能用来定义可压缩效应。惯性关系式(12.64)和可压缩性关系式中都包含了密度 $\rho(s,t)$。相反地,拉格朗日描述是在基准状态下用恒定量流体的形式表示惯性。

构建式(12.64)~式(12.66)的键合图也许并不明智,除非式(12.64)中的 ρ 几乎为常数(式(12.65)和式(12.66)中的 ρ 必须是可变的),且 $v\partial v/\partial s$ 是一个二阶小量。基本上,式(12.64)是无穷小流的牛顿定律。在随后的每一个瞬时,关系式指的是流体不同的无穷小部分。因此,随时间变化的惯性效应不会和正常的键合图惯性元件一样储存能量。同样,$\partial v/\partial s$ 项意味着在微分控制体的两端速率是不同的,因此,惯性效应和可压缩效应都出现在式(12.64)中。最后,这些方程中出现的各因素(因为我们正考虑的是单位面积,因此指的是压力和容积流的速率)没有添加到给定位置 s 和 t 时刻真正的功率流中。正如所看到的,被转化的内能在方程中已经不考虑了。因此,可以用建立了能量守恒和功率守恒的键合图来表示这些(正确的)方程,除了这些方程其他的都不行。如果想用键合图的形式表示流体动态管路,可供选择的办法有:①利用拉格朗日方程描述;②利用欧拉方程描述,但是需要一个声学近似的基本限制;③和前面一样只考虑不可压缩或无惯性的情况。这样,即使不考虑剪应力、边界层等也使建立流体传输管路的模型变得复杂化的因

素,图 12.6 中要求直观的图解仍然要比通常使用的图解更受限制。

12.4 可压气体动力学的伪键合图

前面可以看到,用拉格朗日方法跟踪一个包含固定数目质点的集合时,构建流体动力学系统的键合图模型很简单。拉格朗日描述对于计算不太方便,更多的是用于描述关于欧拉控制体的流体系统,在欧拉控制体中,当不同的流体质点通过时在空间内的一个固定点处进行观测。可惜的是,由于欧拉方法中的固定,能量和动量方程中会出现一些对流项,并且,对流项不便用于功率变量形式的键合图表示。

本书主要强调的构造低阶、精确的、可理解的各种相互作用的物理工程系统模型。热力学和非线性气体的动力学系统部分是另一种相互作用过程,将其归结到统一的方法。毕竟,气体动力学只是内燃机、汪克尔压缩机、螺旋转子扩张器,或气垫车的物理系统的一部分。为了生成一个全面的系统模型,有很多其他的动态元件必须与气体动力学相互作用。

这一节将介绍气体动力学的伪键合图表示。键合图的片断依赖于惯常方法指定的因果关系,并且按惯常方法与其他的键合图片段相连。所有键合图建模的优点都保留下来,包括状态变量的事先识别,推导状态方程的灵活性,以及建立一个可计算的模型。在伪键合图部分,势和流变量的乘积不必等于功率。因此,功率守恒变换的概念是无效的,并且在使用变压器时必须仔细。证明这是用小代价来换取该技术所提供的巨大的建模灵活性。

12.4.1 动态热存储器

研究图 12.12 所示控制体,其内部气体瞬间压力为 P,绝对温度为 T,密度为 ρ,容积为 V,正以速率 v 在运动,且包含的质量为 m,能量为 E。

控制体能通过"进"口和"出"口传送质量,但是流能到达任一方向的任一通口。最终能通过图中显示的体积膨胀得到控制体的功。注意假设的是用一个压力、一个温度、一个密度等来描述整个控制体内部容积的性质。

能量、质量和冲量的一维方程写成如下形式:

$$\frac{\mathrm{d}}{\mathrm{d}t}E = \left(h_i + \frac{v_i^2}{2}\right)\dot{m}_i - \left(h_0 + \frac{v_0^2}{2}\right)\dot{m}_0 - P\frac{\mathrm{d}V}{\mathrm{d}t}(\text{能量}) \tag{12.67}$$

$$\frac{\mathrm{d}}{\mathrm{d}t}m = \dot{m}_i - \dot{m}_0(\text{质量}) \tag{12.68}$$

$$\frac{\mathrm{d}}{\mathrm{d}t}(mv) = v_i\dot{m}_i - v_0 m_0 + P_i A_i - P_0 A_0 + \frac{1}{2}(p_i + p_0)(A_0 - A_i) + \mathcal{R} \quad (\text{动量}) \tag{12.69}$$

式中:E 为控制体的内能:

$$E = mc_v T \tag{12.70}$$

h 为焓,其中:

$$h_i = c_p T_i, h_0 = c_p T_0 \tag{12.71}$$

$\mathcal{R}$ 为作用在控制体上的合成外力;且假设气体遵守气体的规律:

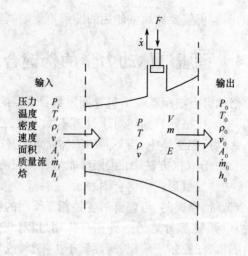

图 12.12　控制体的气体动力学

$$PV = mRT \tag{12.72}$$

对于空气,气体参数为:

$$\begin{cases} 气体常数\ R = 287(\text{N}\cdot\text{m})/(\text{kg}\cdot\text{K}) \\ 常压下的质量定压热容\ c_p = 1005(\text{N}\cdot\text{m})/(\text{kg}\cdot\text{K}) \\ 质量定容热容\ c_v = 718(\text{N}\cdot\text{m})/(\text{kg}\cdot\text{K}) \end{cases} \tag{12.73}$$

同样

$$R = c_p - c_v \tag{12.74}$$

且

$$\gamma = \frac{c_p}{c_v} = 1.4 \tag{12.75}$$

现在不考虑控制体内的动量变化,并且在能量方程中忽略掉转化了的动能。这个动能与转化了的焓相比非常小,下面给出的数字使其变得很明显,如果考虑房间温度为20℃或293K,焓 $h = c_p(293\text{K}) = 2.94 \times 10^5 \text{N}\cdot\text{m/kg}$,同时速度为100m/s的高速气体,那么贡献的动能只有 $v^2/2 = 5 \times 10^3 \text{N}\cdot\text{m/kg}$。

首先列出需要的方程式:

$$\frac{\text{d}}{\text{d}t}E = h_i\dot{m}_i - h_0\dot{m}_0 - p\frac{\text{d}V}{\text{d}t} \tag{12.76}$$

$$\frac{\text{d}}{\text{d}t}m = \dot{m}_i - \dot{m}_0 \tag{12.77}$$

$$\frac{\text{d}}{\text{d}t}V = \dot{V} \tag{12.78}$$

$$E = mc_vT \tag{12.79}$$

$$PV = mRT \tag{12.80}$$

式(12.76)~式(12.78)看上去像是一阶方程,且支持构建图 12.13 所示的键合图。

350

图中的 3 端口 C 场有一个实键和两个虚键。实键用压力 P 作为它的势变量,容积率 $\dot{V}$ 作为它的流变量,乘积 $P\dot{V}$ 表示功率,这些变量在前面构建不可压流体系统的集总模型时都用到过。

其中一个虚键以能量流 $\dot{E}$ 作为流变量,温度 T 作为势变量。另外一个虚键用压力 P 作为势变量,质量流 $\dot{m}$ 作为流。两个虚键它们势和流变量的乘积都不是功率。实际上,第一个伪键的 $\dot{E}$ 已经是功率了。

尽管这个 C-场表示不是实键合图,但是,它对相关联的势和流变量的操作与真正的 C-场方式一样。正如图 12.13 中显示的因果关系,C-场拥有全积分因果关系,且因而允许所有的 3 个键($\dot{E}$、$\dot{m}$ 和 $\dot{V}$)上有流输入。对这 3 个流求积分即可产生状态变量 E、m 和 V。最后,C-场通过合适的本构规律对这些状态变量进行操作,从而产生 P 和 T。从式(12.79)和式(12.80)得到的特性关系式为

$$T = \frac{1}{c_v}\frac{E}{m} \tag{12.81}$$

和

$$P = \frac{mRT}{V} = \frac{mR}{V}\frac{1}{c_v}\frac{E}{m} = \frac{R}{c_v}\left(\frac{E}{V}\right) \tag{12.82}$$

因此,如果 $\dot{E}$、$\dot{m}$ 和 $\dot{V}$ 是指定的(因果关系上),那么热力学存储器将通过式(12.81)和式(12.82)输出 T 和 P。这样做就能使压缩气体的动态过程适合系统建模一般的统一方法。

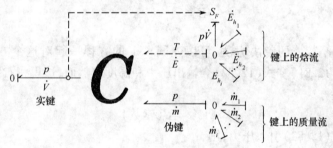

图 12.13 动态热存储器的键合图

与 T 和 $\dot{E}$ 键相关联的流源 $SF \leftarrow$ 有必要适当地考虑流体在控制体中所做的功。剩下的与 T 和 $\dot{E}$ 键相关联的外部的键,告诉存储器有焓流 $h_i \dot{m}_i$,它是由那些与存储器相连的系统产生的,正如0-结所要求的,相连的系统会获得控制体的温度。同样地,P、$\dot{m}$ 虚键也有外部的键,其因果关系指定质量流来自于相连的系统,同时,这些外部键也将控制体压力指定为相连系统的输入。

我们必须说明传递的能量流(焓流)的来源,即

$$\dot{E}_h = \sum_i \dot{E}_{h_i} = \sum_i h_i \dot{m}_i = \sum_i c_p T_i \dot{m}_i \tag{12.83}$$

和质量流 $\dot{m}_i$,这里:

$$\dot{m} = \sum_i \dot{m}_i \tag{12.84}$$

351

但首先要通过一个简单的例子展示一下动力学存储器的作用。

图 12.14 所示为一个汽缸,在活动的活塞下面收集了一定质量的空气,活塞的运动用 $v_i(t)$ 表示。没有对热动力过程做任何假设,现在用热力学存储器的模型来预测可逆绝热或等熵的过程。图 12.14 中还给出了这个简单封闭系统的键合图。

其状态方程为

$$\dot{E} = -P\,\dot{V}$$

$$\dot{V} = A_p v_i (\text{指定的})$$

$$\dot{m} = 0 (\text{封闭系统}) \tag{12.85}$$

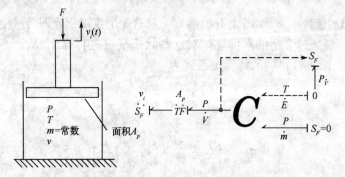

图 12.14   非线性空气弹簧和它的键合图模型

通过特性关系式(12.82),得

$$\dot{E} = -\frac{R}{c_v} E\,\frac{\dot{V}}{V} \tag{12.86}$$

如果追求一个数值的解决方法,可以连同求 $\dot{V}$ 的方程一起对这个方程进行数值积分,这样通过式(12.81)和式(12.82)会输出压力和温度。然而,这里将看到式(12.86)有一个解析的解决方法:

$$EV^{R/c_v} = C(\text{常数}) \tag{12.87}$$

如果再从式(12.82)引入压力,则

$$\frac{c_v}{R}PV^{(R/c_v)+1} = C(\text{常数}) \tag{12.88}$$

或

$$PV^\gamma = C(\text{常数}) \tag{12.89}$$

其中

$$\gamma = \frac{c_p}{c_v} = \frac{R}{c_v} + 1 \tag{12.90}$$

读者应该能看出式(12.89)是等熵过程的 $P-V$ 关系式。

12.4.2   等熵喷嘴

现在研究作为热力学存储器的输入所需要的能量流 $\dot{E}_{h_i}$ 和质量流 $\dot{m}_i$。图 12.15 给出了一个喷嘴,上游的压力和温度为 P_u、T_u;下游的压力和温度为 P_d、T_d;出口面积为 A;质

量流为 $\dot{m}$。如果假设存在等熵流,则 $\dot{m}$ 取决于压力比:

$$P_\gamma = \frac{P_d}{P_u} \tag{12.91}$$

而不是穿过喷嘴产生的压力差 $P_u - P_d$。推导出 $\dot{m}$ 的表达式(见文献[7])为

$$\dot{m} = A \frac{P_u}{\sqrt{T_u}} \sqrt{\frac{2\gamma}{R(\gamma-1)}} \sqrt{P_\gamma^{2/\gamma} - P_\gamma^{(\gamma+1)/\gamma}} \tag{12.92}$$

且由于

$$P_\gamma \leqslant P_{\gamma\text{crit}} = \left(\frac{2}{\gamma+1}\right)^{\gamma/(\gamma-1)} \tag{12.93}$$

因此,流是"受阻的"且与下游的压力 P_d 相互独立。

与质量流 $\dot{m}$ 关联的传送的能量 $\dot{E}_h$ 则为

$$\dot{E}_h = c_p T_u \dot{m} \tag{12.94}$$

通过热力学存储器将控制体表示成式(12.92)和式(12.94)所给出的等熵喷嘴流,我们要研究的就是进出控制体的质量流和能量传输流。喷嘴上游面和 $\dot{m}$ 的符号将由穿过喷嘴的压力差 ΔP 的符号决定。如果 ΔP 的符号改变,那么分派喷嘴的上游端也要改变。

分析图 12.16 所示四通口 R – 元件,它所有键的因果关系都有"势",尽管这些都是虚键,但是这个四通口 R – 元件与使用真实的功率变量的 R – 场在功能上完全一样。这个 R – 元件对输入的势 P_a、P_b、T_a、T_b 起作用,并产生输出的流 $\dot{m}_a$、$\dot{m}_b$、$\dot{E}_{h_a}$、$\dot{E}_{h_b}$。用函数形式表示为

$$\dot{m}_a = \dot{m}_a(P_a, P_b, T_a, T_b)$$
$$\dot{m}_b = \dot{m}_b(P_a, P_b, T_a, T_b)$$
$$\dot{E}_{h_a} = \dot{E}_{h_a}(P_a, P_b, T_a, T_b)$$
$$\dot{E}_{h_b} = \dot{E}_{h_b}(P_a, P_b, T_a, T_b) \tag{12.95}$$

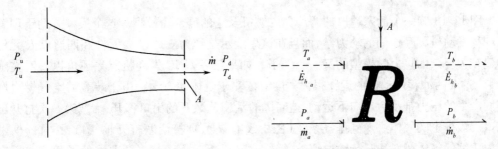

图 12.15 等熵喷嘴 　　　　　　　　　图 12.16 等熵喷嘴的键合图

用图 12.16 所示的 R – 场来表示等熵喷嘴,其计算程序定义如下:

若 $P_a > P_b$,则:$P_u = P_a, T_u = T_a, P_d = P_b$;

若 $P_a < P_b$,则:$P_u = P_b, T_u = T_b, P_d = P_a$ （12.96）

且

$$P_\gamma = P_d / P_u \qquad (12.97)$$

因此

$$若\ P_\gamma > P_{\gamma\text{crit}}, 则: P_\gamma = P_d / P_u$$

$$若\ P_\gamma \leqslant P_{\gamma\text{crit}}, 则: P_\gamma = P_{\gamma\text{crit}} \qquad (12.98)$$

计算

$$\dot{m} = A \frac{p_u}{\sqrt{T_u}} \sqrt{\frac{2\gamma}{R(\gamma-1)}} \sqrt{P_\gamma^{2/\gamma} - P_\gamma^{(\gamma+1)/\gamma}} \qquad (12.99)$$

得到输出:

$$若\ P_a > P_b, 则: \dot{m}_a = \dot{m}_b = \dot{m};$$

$$若\ P_a < P_b, 则: \dot{m}_a = \dot{m}_b = -\dot{m}; \qquad (12.100)$$

且任一情况下都有

$$\dot{E}_{h_a} = \dot{E}_{h_b} = c_p T_u \dot{m}_a \qquad (12.101)$$

式(12.96)~式(12.101)充分表示了等熵喷嘴输入输出关系。这些关系式都是由因果关系推导出来的,只要继续保持这种因果关系,就能一劳永逸地构建这种计算程序,只要有需要就可以反复使用。

12.4.3 构建含热动态存储器和等熵喷嘴的模型

图12.17所示为一个活塞上下都有密闭气体的汽缸。如果上下腔之间不存在漏气现象,那么模型很简单,就是两个独立的存储器,每个都和图12.14中的一个存储器一样。如果考虑移动活塞时产生的漏气现象,则模型如图12.17所示。注意四通口 R – 元件与 C – 元件的虚键是如何相互作用的。C – 元件输出,P_1、T_1、P_2、T_2 是 R – 元件的输入,通过计算式(12.96)~式(12.101),R – 元件输出质量流和能量传输流,用于 C – 元件的输入。C – 元件的实键方面都是正常的,其输出的压力转变为活塞上的推力,然后由于活塞惯性输出速率 $\dot{x}$,从而转化为两个腔的容积速率。图12.17展现了机械和热动力学能量领域的一个非常漂亮的结合。由于存在积分因果关系,因此建立状态方程供计算求解相当简单。

图12.18为一个活塞端口的两冲程内燃机及它的键合图模型。这个模型有助于理解两冲程发动机相互作用的动力学,而且在这里展示是作为三通口 C 元件和四通口 R 元件构建较为复杂的热力学模型的又一个例子。如果读者对 IC 发动机感兴趣可以查看文献[8]。这个两冲程发动机的运作很大程度上依赖于流体动力学。由于装载的空气燃料燃烧而产生的压力推动活塞向下运动,这时随着活塞从敞开的出口移开,活塞第一次打开出气口。当排出的气体逃逸到排气系统(图中没有显示)时,活塞打开输气口,并且曲柄轴箱内压缩的气体燃料通过传输通道被送到头部,供下一次燃烧。活塞移经下死点之后向上移动,这时进气口被打开,新鲜的空气燃料进入正膨胀的曲柄轴箱内,准备下一次压缩曲柄轴箱。头部的空气燃料被压缩并点燃,另一个循环就开始了。

进气和传输通道中的流体惯量以及排气系统的动力学特性,是发动机高效运行的基本要素。一旦流体在入口和传输通道中运行,它的冲量就会对着压力梯度相反的方向继续充满曲柄轴箱和汽缸头部,即使是活塞将端口关闭的时候。正是这一动力学特性使得

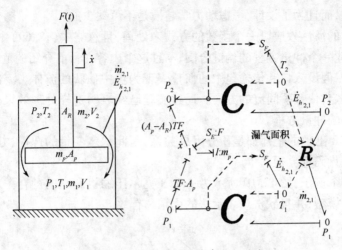

图 12.17 有泄漏的两侧装有空气的汽缸

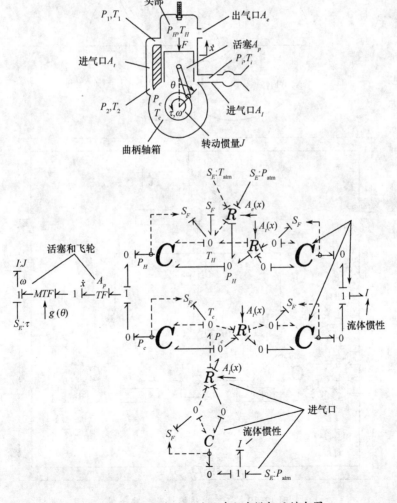

图 12.18 一个活塞端口的两冲程内燃机及键合图

355

发动机如此有趣,而且为了设计,考虑动力学建模是不可缺少的。

传输和入口的惯性效应以一个函数的方式来处理,且忽略式(12.69)中传输的冲量。事实上,可以构建一个冲量方程的伪键合图,不过这个内容在目前介绍的范围之外。这里所要展示的模型,假设入口和传输包中的惯量表现为包中捕获的流体。流体的密度由包边缘的存储器决定,依赖瞬间流的方向。通过实验已经表明这样处理效果很好。排气系统必须用到全部的冲量方程。

注意图12.18出现的全部都是积分因果关系,因此状态变量的选择、方程建立,以及编写计算机显示代码都会很简单。

作为最后一个例子,图12.19所示为一个汪克尔压缩机和它的键合图。强烈推荐读者研究一下这个模型,并且欣赏该表示法的优雅和有效。

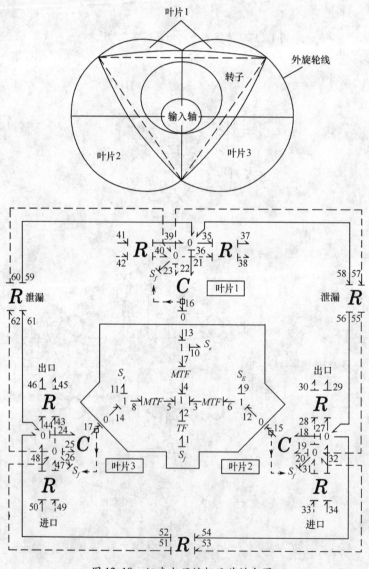

图12.19　汪克尔压缩机及其键合图

12.4.4 小结

为了将可压缩气体动力学元件以一种计算方便的形式包含到总的系统模型之中,有必要介绍热动力存储器和相关联的虚键。三通口 C – 元件具有实表示法的所有特性,并且出于因果关系的考虑,存储器非常有助于将模型放在一起。

考虑到传输的能量,需要等熵喷嘴及它的四通口 R – 元件表示与存储器之间发生相互作用。只要不违背这章所给出的因果关系,即使总的系统模型中包含复杂的、非线性的热动力学和气体动力学,构建任何跨越很多能域的交互成分的键合图模型的过程都一样。

习　题

12 – 1　两个不膨胀或收缩的部分通过一个热阻连接。使用 $\dot{T}Q$ 和 $\dot{T}S$ 变量为系统建立两个键合图。解释当使用两个不同的变量集时,$– R –$ 和 $– C$ 元件之间的不同关系。使用 $\dot{T}S$ 键合图和图 12.1,说明如果最初 $T_2 \neq T_1$ 时,该系统的熵只可能增加。

12 – 2　假设通过一个曲柄活塞装置来压缩气体。让汽缸有一个单独的平均温度,并定义气体温度 T 与汽缸温度以及汽缸温度与大气温度 T_0 之间的热阻。构建一个能够让你来预测曲柄低转速 ω 下低速扭矩 τ 的键合图(请注意,你没有足够的信息来评估所有系统参数)。

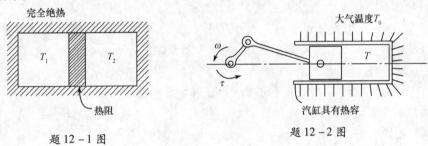

题 12 – 1 图　　　　　　　　　　　　题 12 – 2 图

12 – 3　下面悬挂系统中的阻尼器有一种力 – 速度特性关系,因为它包含黏度随温度变化的油,所以该阻尼器的平均温度 T 是变化的。完成一个能够根据给定的输入基本速度 $V(t)$,预测阻尼器升温情况的简单模型系统。讨论你的假设,以及对你的模型中热部分需要的系统参数你是如何估计的?

12 – 4　假设有题图所示的一个轴连接到油漆搅拌器,对于一个足够低的角速度 ω,所有的能量 $\tau\omega$ 用来加热油漆。建立一个包括热量可能转移到大气中的机械能到熵流 $\dot{S}$ 的键合图。讨论你所使用的简化假设。

12 – 5　在声学近似,体积模量 B 由下式给出:

$$B = \rho_0 c^2$$

式中:ρ_0 为流体的平均质量密度;c 为声速。

如果 Δp 代表平均压力 p_0 小幅增加的压力,那么

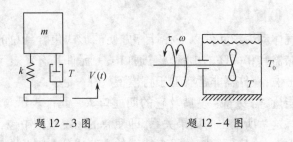

题 12 - 3 图　　　　　　　题 12 - 4 图

$$\Delta p = \rho_0 c^2 \frac{\Delta \rho}{\rho_0}$$

其中:$\Delta \rho$ 代表了密度的变化。

（1）考虑当压力是 p_0 时占用体积为 V 的流体的质量固定,说明

$$\frac{\Delta \rho}{\rho} = \frac{\Delta V}{V}, \Delta p = -B \frac{\Delta V}{V}$$

其中:ΔV 代表体积减少量。

（2）估计图 12.6 中所示长度管子的惯量和容量参数;

（3）使用 $\lambda = c/f$,其中 λ 为波长,f 是频率,c 是声速,如果你使用图 12.16 通过级联多管段建立一个长管段模型,即使是最短波长也将跨越几个"集",试叙述长度 l 对最高循环频率 ω 的影响。

12 - 6　一个高速液压油缸由压力源驱动,我们期望预测它可以运动多快。假定进液管的长度为 l,面积为 A,并且只考虑流入 Q。活塞质量为 m,面积为 A_2,加在它上面的力为 $F(t)$。保守考虑,假定只有静态压力作用于活塞,即所有的动态压力假设为丢失。使用伯努利阻尼模型建立系统的键合图,弥补这方面的动态压力损失。应用因果关系写出该系统的运动方程。

12 - 7　如题图所示,一个采用两个赫姆霍兹共振和阻性元件的消声器系统。假设所有的尺寸都小于所关心的最高频率的波的一个波长。请为系统建立键合图,其中谐振器颈部的有效长度为 l_1, l_2,面积为 A_1, A_2,容积为 V_1, V_2,R 代表所有阻抗。利用题 12 - 5 的结果,列出在密度 ρ_0 和声速 c 下的容量和惯量参数。

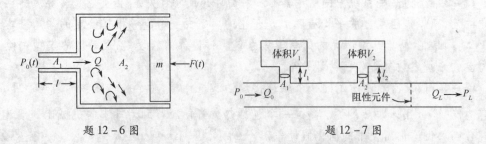

题 12 - 6 图　　　　　　　　　　题 12 - 7 图

12 - 8　题图是自动流量计量系统中的一个部分。主流量通过一个光滑的文丘里管,面积由 A_m 减小到 A_v,其中可以假设所有动态压力是完全恢复的。弹簧活塞由于主要管道和颈部的压力而偏转。活塞室和主管道间的各连接口限制使到活塞气流为低值。

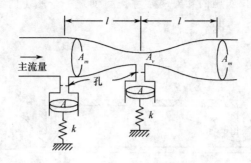

题 12 – 8 图

构建这个子系统键合图,并指出长度 l 的两个面积改变部分的惯性元件和伯努利阻尼。为什么我们要期望这两个活塞偏转量是不同的?请问两者之间的偏转差异能帮助测量主管的流量吗?

12 – 9　题图显示了一个可以作为控制系统执行器使用的汽缸。在顶部和底部的进气端口可以接触到供压为 P_s 和温度 T_s 或排压为 P_a 和 T_a 的气体。完整的开关还将包括一些阀门,这里将不作显示。

构建准备安装到某系统中的这个组件的键合图模型。分配因果关系,由此我们能知道从任何所连接的系统可接收何种因果关系。

12 – 10　安装在 1/4 汽车模型的制动器如下所示。用文字和公式建立其状态方程,使你理解一个计算模型是如何得出结果的。

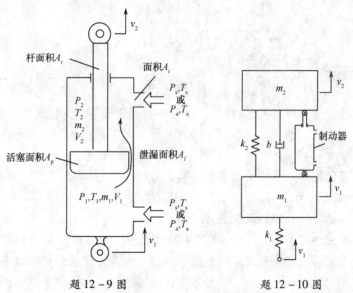

题 12 – 9 图　　　　　　题 12 – 10 图

12 – 11　题图显示了一个气垫车的底座。由于压力 P_s 和温度 T_s 的供给充满了底座的容积空间,车辆可以"滑行"在空气垫上,同时该底座里的气体也逸出到大气中。该底座距地面的高度为 h,且当车辆在崎岖地面行进时该高度随着时间变化。地面输入的速度为 $V_i(t)$

构建这一系统的模型,如果能解决,将能够预测车辆的随时间的垂直运动过程。因为

$h(t)$ 非常小,可将地面和底座的相对运动考虑为创建一个底座的体积变化。

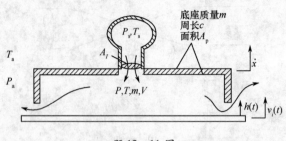

题 12-11 图

12-12 题图给出了一个具有连续变化能力的可变气垫示意图。图中它安装为一个悬浮元件。它由一个主要的空气汽缸并耦合一个次要的带驱动活塞的汽缸。如果活塞向前推进,质量块从前腔室被转移到后腔室,于是将汽车重量被一个更强大的气垫支撑,而车身高度将不会改变。

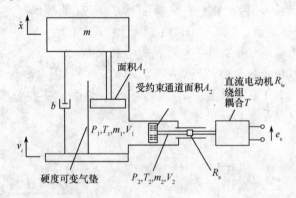

题 12-12 图

构建该系统的键合图模型,包括所有在图中提示动力学,分配因果关系,并用简单易懂的公式形式来说明。该模型可以用于测试一个自适应悬架的控制策略。

12-13 考虑题 12-2 系统中,忽视活塞壁的热容,但考虑由活塞到大气的泄漏。运用一个动态热存储器和一个四端口等熵喷嘴,构建系统的键合图模型。曲柄半径为 R,曲柄长度为 L,活塞面积为 A_p,泄漏面积为 A_L,活塞质量为 m。

12-14 考虑汽缸热容以及从汽缸表面到大气中的传导。汽缸内壁的传热系数为 h_1,外壁为 h_2,壁的热容是 C_w。修改题 12-13 中的模型加入这些影响条件。

12-15 图 12.17 中的系统是一个很有趣的系统。由于从外部通口来驱动气体通过面积为 A_L 的泄漏区域的工作已完成,气体必定因为这些输入能量不断得到加热。如果没有泄漏,那么所有的工作将是可逆的,气体将随着活塞循环加热和制冷。由图 12.17 的键合图中推导这个系统的方程。

12-16 在题 12-15 中,假定汽缸壁的热容为 C_w,内部和外部汽缸壁各自的传热系数为 H_1 和 H_2。汽缸内壁以及从汽缸到大气的对流系数 T_0。修改键合图并且推导系统的状态方程。

参 考 文 献

[1] R. H. Cannon, *Dynamics of Physical Systems*, New York：McGraw – Hill,1967.

[2] W. M. Swanson, *Fluid Mechanics*, New York：Holt, Rinehart and Winston, 1970.

[3] C. J. Radcliffe and D. Karnopp, "Simulation of Nonlinear Air Cushion Vehicle Dynamics Using Bond Graph Techniques," *Proceedings* 1971 *Summar Computer Simulation Conference*, Boston, MA, July 19 – 21,1971.

[4] L. Tisza, *Generalized Thermodynamics*, Cambridge, MA：MIT Press,1966.

[5] P. M. Morse and K. U. Ingard, *Theoretical Acoustics*, New York：McGraw – Hill,1968.

[6] D. C. Karnopp, "Bond Graph Models for Fluid Dynamics Systems," *Trans. ASME J. Dyn. Syst. Meas. Control*,94,Ser. G, No. 3,222 – 229(Sept. 1973)

[7] R. H. Sabersky, A. J. Acosta, and E. Hauptmann, *Fluid Flow*, New York：Macmillan,1971.

[8] D. L. Margolis, "Modeling of Two – Stoke ICE Dynamics Using the Bond Graph Technique," *SAE Trans.* ,pp. 2 263 – 2275(Sept. 1975).

[9] D. L. Margolis, "Bond Graph Fluid Line Models for Inclusion with Dynamic Systems Simulation," *J. Franklin Inst.* , 308,No. 3,255 – 268(Sept. 1979).

第 13 章　非线性系统仿真

第 5 章介绍的键合图因果关系说明了在给出任何方程之前有状态变量、所需的状态方程的数量以及方程表示这些难点。如果因果关系都标注了,并且所有的储能元件全是积分因果关系,那么方程表示要相对简单。如果因果关系没有全部标定,或者一些储能元件是微分因果关系,这给列出系统方程带来了代数环的难题。

第 4 章给出了一些简单系统的仿真实例,这些系统都是线性的,并且方程表示并不困难。一般来说,线性系统从一个时间片到另一个时间片很少使用数值积分方法。一阶线性状态方程组的分析方法大家很熟悉,并且有很好的商业级的线性分析程序,这些程序能给出很多数值积分以外的解线性系统的方法。

本章着眼于形成用线性分析工具无效的复杂的非线性系统解决方法。对大多数非线性系统而言,仅通过数值仿真就能得到系统响应,有几个优秀的商业方程解决者推出了非线性系统的每一步的响应。这些程序要想使用需要方程满足一些特殊形式。本章将讨论经过建模推导出的各种不同的方程形式。

13.1　显式一阶微分方程

按步骤(5.2 节)标注所有积分因果关系和所有需要指定的键,这一键合图模型将产生显式一阶微分方程组,其基本形式如下:

$$\dot{x} = f(x, u, t) \tag{13.1}$$

式中:x 为状态变量向量;u 为系统输入向量;$f(\cdot)$ 为函数关系向量。

用第 5 章介绍的方法展开如下:

$$\dot{x}_1 = f_1(x_1, x_2, \cdots, x_n, u_1, u_2, \cdots, u_r, t)$$
$$\dot{x}_2 = f_2(x_1, x_2, \cdots, x_n, u_1, u_2, \cdots, u_r, t)$$
$$\vdots$$
$$\dot{x}_n = f_n(x_1, x_2, \cdots, x_n, u_1, u_2, \cdots, u_r, t) \tag{13.2}$$

解这种形式的方程组最直接的办法就是用计算机求解。选择一个合理的时间片 Δt,将展开的方程写成差分方程,求解办法就是每次一时间段地递推出来。有无数的算法可以用来求解这类显式方程组,但它们的原理基本上是一样的。

建模者的问题不纯粹是求解诸如式(13.2)这样的方程组,而更多的是如何把方程组(13.2)的右边传给计算机进行方程求解。一个非线性系统可能有很多非线性特征而无法确切将其写成解析函数。一端口阻件的特性是势与流的关系,可以满足如下的原则:

$$e = gf^3 \tag{13.3}$$

式中:g 为常数。

这种关系很容易展开成方程组(13.2)右边的形式。但是,如果通过实验可能只得到

362

e 和 f 值,那么把数据代到方程组(13.2)还需要更多工作。由每一个时间片内的状态方程列写出方程组(13.2)时,有限的输入或位移,或者刚性边界影响,使得方程组(13.2)求值成为又一项挑战。因此,尽管方程组(13.2)用计算机求解最为方便,但要适当地加入系统的非线性特征仍然有大量的工作要做。

对我们来说幸运的是,有很多非常好用的软件包可以用来推导出像式(13.2)这种显式方程组。这些软件包有很多处理常见的非线性特征的固定函数。它们还支持在数据点之间自动插值。这些包有很好的绘图功能,用户使用的结果令人非常满意。

图 13.1 是一个相当简单的非线性系统仿真的例子。它包含质量块 m,这个质量块处于重力场 g 之中,固定在一个弹簧和阻尼器构成的装置中,弹簧和阻尼器可能都是非线性的,因此图上没有标出弹簧系数或阻尼系数。摆角为 θ,使用物体固定坐标系 $x-y$,径向和切向速度则表示出来。聪明的读者会发现这个例子在第 9 章图 9.8 的基础上有一点细微的改变。

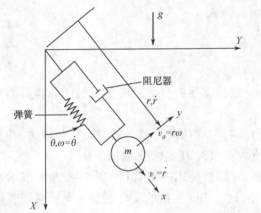 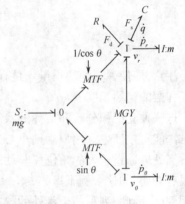

图 13.1　同时做摆动和弹簧块振动的非线性系统　　图 13.2　图 13.1 所示系统的键合图

图 13.2 所示为这个系统的键合图。第 9 章中介绍过调制回转器($-MGY-$),在使用刚体固连坐标系时通常需要调制回转器。图上标注了因果关系,并且 3 个元件指定的都是积分因果关系。状态变量为 r 方向的动量 p_r,θ 方向的动量 p_θ,以及弹簧的伸缩长度 q,系统的运动过程则需要 3 个状态方程来描述。键合图上还标注了弹簧的弹力 F_s 和阻尼器的阻力 F_d。

第 4 章展示了一些简单的线性系统如何自动推导出方程,该话题在本章将重申。但现在用第 5 章的方法步骤推导出状态方程组如下:

$$\dot{p}_r = -F_s - F_d + m\omega\,\frac{p_\theta}{m} + mg\cos\theta \tag{13.4}$$

$$\dot{p}_\theta = -mg\sin\theta - m\omega\,\frac{p_r}{m} \tag{13.5}$$

$$\dot{q} = \frac{p_r}{m} \tag{13.6}$$

式中

$$F_s = F_s(q) \tag{13.7}$$

363

且

$$F_d = F_d\left(\frac{p_r}{m}\right) \tag{13.8}$$

$$\omega = \frac{p_\theta}{mr} \tag{13.9}$$

式(13.4)~式(13.9)是和式(13.2)一样的显式方程。一旦确定了弹簧和阻尼器的结构特性,就可求解这些方程。注意,角度 θ 是有必要的,但是从解方程来说是没有用的。因此,尽管通过键合图已经推导出显式方程组,在寻找求解方法之前还需要一些额外的考虑。

弹簧和阻尼器的非线性结构关系可以是被指定的分析函数或者通过实验数据得到。这些直接包含到仿真包里。因为靠转角 θ 没有能量储存,用户必须扩展状态空间,所以 $\dot{\theta}$ 和 θ 都是有用的。写成独立的积分方程如下:

$$\frac{d\theta}{dt} = \omega = \frac{p_\theta}{mr} \tag{13.10}$$

$$\frac{d\theta}{dt} = v_r = \frac{p_r}{m} \tag{13.11}$$

注意,即使弹簧的伸长量 q 是有用的, r 也是需要的。这就需要我们区分弹簧的自由长度和摆的初始长度。

这些独立的积分式和实际的状态式(13.4)~式(13.6)要一起进行数值求解,并且求解方法能直接产生。用户必须小心避免方程式(13.10)中的 r 取值为0。

当处理通过较大的角位移驱动的机械系统时,使用一些有用的中间变量扩展状态空间很有必要,如这个例子里的 θ。幸运的是,这些中间变量的变化率通常是键合图直接需要用到的,因此,列写一个额外的状态方程并不困难。

13.2 代数环产生的微分代数方程

按第5章介绍的规则标注因果关系后,当键合图上还有键的因果关系未指定,则意味着模型的一些势和流变量中将出现代数环。出现代数环并不能判定建模方法的好坏,但是,这样的方法确实带来了代数上的问题。并且,在进行系统仿真以前还必需解决好这个代数问题。

出现代数环,系统状态方程则推导成如下所示:

$$\dot{x} = f(x, u, z, t) \tag{13.12}$$

式中

$$z = g(x, u, z, t) \tag{13.13}$$

并且, x 为在具有积分因果关系的储能元件中选出的状态变量向量; u 为输入向量;向量 g 包含代数环中的 e 和 f 变量,不幸的是这些变量依赖它们自己本身,如式(13.13)右边所示。

因为式(13.13)中的 z 依赖于 x、u、t,若求解出 z,代入式(13.12)将出现前面介绍过的显式方程组。在5.4节中模型是线性的情况下展示过这一过程。当模型是非线性的时候,要解所需要的代数环这样做就不可能了,尤其是 z 包含几个 e 和 f 变量的时候。

仔细观察方程式(13.12)和式(13.13),不难想象出一个迭代的计算机求解过程,就是从 x 和 u 的初始值出发,调整 z 的分量,直到式(13.13)的右边再产生在指定的误差范围内的变量 z 的值,这些误差范围内的点代入方程组(13.12)将模拟出一个时间间隔。这个过程每个时间间隔重复一次,属于计算密集型。有很多计算机算法或多或少自动完成这一过程,并且,这些算法将更关注于自动仿真部分。

此外,可能更令人满意的处理代数问题的方法就是首先重新面对导致代数问题的建模假设,通过修改模型的假设,把一些先前忽略掉的一些惯量或容度包含进来,代数环就会消失,并且推导出和式(13.2)一样的显式方程组。这种方法在文献[2]中命名为 Karnopp-Margolis 方法,在文献[3]中一个复杂系统中进行了演示,这里,我们将在一个简单系统中展示一下该方法。

图 13.3 为一个系统的机械示意图,它包含一个质量块、一个弹簧和两个阻尼元件。弹簧和阻尼器都是非线性的。按照第 5 章介绍的方法步骤指定因果关系,得到图 13.4(a)所示的不完整的键合图。按照习惯把 F_1 指定到 0 - 结,得到图 13.4(b)所示的因果关系完整的键合图。正因为必需要按习惯指定一个因果关系,因此我们知道将会出现一个代数环。

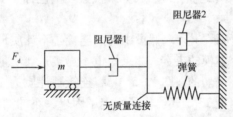

图 13.3　一个有代数环的简单系统

假定 R - 和 C - 元件的特性方程如下:

$$F_1 = \phi_{R_1}(v_1) \tag{13.14}$$

$$v_2 = \phi_{R_2}^{-1}(F_2) \tag{13.15}$$

$$F_s = \phi_c(q_s) \tag{13.16}$$

选择 F_1 为代数环中的从属变量,并用第 5 章详尽阐述的方法推得:

$$F_1 = \phi_{R_1}\left(\frac{P_m}{m} - v_2\right) \tag{13.17}$$

$$v_2 = \phi_{R_2}^{-1}(F_1 - F_s) \tag{13.18}$$

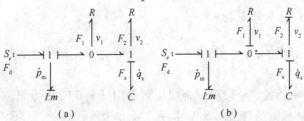

图 13.4　图 13.3 所示系统的键合图

合并式(13.16),式(13.17)和式(13.18),得

$$F_1 = \phi_{R_1}\left\{\frac{p_{\mathrm{m}}}{m} - \phi_{R_2}^{-1}\left[F_1 - \phi_c(q_{\mathrm{s}})\right]\right\} \tag{13.19}$$

这个关系式是与一般情况的方程式(13.13)相当的一个例子。其中,F_1 与状态变量 p_{m} 和 q_{s} 以及它本身有关。

直接列出状态方程组如下:

$$\dot{p} = F_{\mathrm{d}} - F_1 \tag{13.20}$$

$$\dot{q}_{\mathrm{s}} = \phi_{R_2}^{-1}\left[F_1 - \phi_c(q_{\mathrm{s}})\right] \tag{13.21}$$

这个方程组是一般方程组(13.12)的一个实例。这里,由状态衍生出的变化量依赖于这些状态本身和辅助变量 F_1。

如果函数 $\phi_{R_1}(\,\cdot\,)$,$\phi_{R_2}^{-1}(\,\cdot\,)$,$\phi_c(\,\cdot\,)$ 能让式(13.19)求解出 F_1,那么结果就能用于式(13.20)和式(13.21),从而得到显式方程组,并且求解办法也就简单了。但是,必须重视的是,即使代数环中只包含一个变量,非线性函数显然不可能有办法从式(13.19)中解出 F_1。如果一些函数不能用具体的分析式表示而是用数据表的形式表示,那么用显式方法求解方程式(13.19)是不可能的。通常,如果代数环里包含了多个辅助变量,毫无疑问需要明确的公式表示。

回到最初的图13.1所示的模型,假设中间的连接是不计质量的,这是基于该模型合理评估的需要所做的一个建模的决定。如果知道了连接是计质量的,就如同得知前面提出的元件的结构特性是不确切的。图13.5中,将连接不计质量修改成另外一个假设,即是认为连接是有质量的。图13.5还给出了标定了因果关系的键合图。这一次因果关系都标注完了,并且,没有代数环。推导的状态方程组绝对是显式形式的。
直接从键合图上得到如下方程:

$$\dot{p}_{\mathrm{m}} = F_{\mathrm{d}} - F_1 \tag{13.22}$$

$$\dot{p}_{\mathrm{m}} = F_1 - F_{\mathrm{s}} - F_2 \tag{13.23}$$

$$\dot{q}_{\mathrm{s}} = \frac{p_{m'}}{m'} \tag{13.24}$$

式中

$$F_1 = \phi_{R_1}\left(\frac{p_{\mathrm{m}}}{m} - \frac{p_{m'}}{m'}\right) \tag{13.25}$$

$$F_2 = \phi_{R_2}\left(\frac{p_{m'}}{m'}\right) \tag{13.26}$$

$$F_{\mathrm{s}} = \phi_c(q_{\mathrm{s}}) \tag{13.27}$$

这些方程都是显式的,并且,指定了非线性元件的结构特性之后,这些方程就准备好进行计算机仿真了。

为了得到一个因果关系完整的键合图从而得到显式状态方程组,重新考虑原始模型的假设,出现了两件有趣的事情。首先,加入了原本没有考虑的惯性元件 m',增加了系统的阶数,使该系统由2个状态方程变为3个状态方程。在这个简单的例子中,增加了阶数并不是至关重要的。但如果模型规模很大,并且出现很多代数环,以至于需要很多辅助的

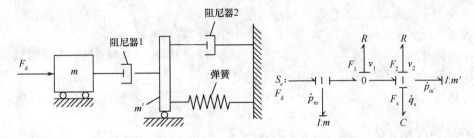

图 13.5　图 13.3 中的连接改成计质量连接后的系统

状态变量,那么建模者就得像前面提到的一样,通过迭代处理代数问题。

在模型中加入 m' 的另外一个结果就是,如果为了要模拟原先的预期的系统而将 m' 做得非常小,模型中会出现一个高频成分。惯性元件 m' 与弹簧和阻尼器相互作用产生短期的和(或)短时间常数的反应成分,并且为了捕捉解决过程中出现的这些短时的瞬时现象,必须适当地缩短计算的时间步长。一般来讲,为了"调整"原始模型的因果关系而引入"寄生元件",如果选择的该元件带动运动比原系统大约快一个数量级,仿真结果将与原系统响应明显不同。为了缩短步长使得仿真所需的时间变长了,增加的时间与模型处于不同的代数形式时执行代数迭代过程所需的时间几乎相同。

这一节结束以前,读者应该了解到非线性系统确实没有如第 6 章中线性系统所定义的特征值、时间参数或振动频率。因此,严格地来讲,当描述引入寄生元件"调整"非线性系统的因果关系的效果时,使用上面的这些项是不严密的。然而,I – 元件与 C – 元件相互作用将产生振荡,I – 元件与 R – 元件相互作用将在一些时间段上做衰减运动,而 R – 元件与 C – 元件相互作用将在一些时间段上消耗能量。对物理系统建模的工程人员来说,要解释引入寄生元件后的动力学现象并不困难。

13.3　微分因果关系导致的隐式方程

在第 5 章中看到,有时在键合图上指定了因果关系之后,一些 I – 或 C – 元件最终都在微分因果关系中。和前一节中因果关系没有标定完整一样,微分因果关系的出现对于模型质量或者建模的决策没有任何意义。但是,它确实说明了在系统仿真之前必须要解决存在的代数问题。

对于线性系统,第 5 章展示了在推导状态方程组之前处理代数隐式的步骤方法,对于非线性系统,该方法仍然有用,但是代数处理有可能不能执行。

一般而言,若键合图模型中出现微分因果关系,状态方程组的一般表达式如下:

$$\dot{x} = f(x, u, t, \dot{x}) \tag{13.28}$$

式中:x 为状态变量向量;u 为输入向量。

式(13.28)的右边部分代表状态、输入和状态导数的非线性函数。这些方程组是隐式形式,不能轻而易举地用数值方法求解,这是因为知道了输入和状态变量并不能立刻得到状态变量的导数。

可以设计这样一个算法,它从状态变量的初始值出发,推测状态的微分量 $\dot{x}$ 的初始值,然后用一些迭代的方法,直到式(13.28)的右边重新得到在定义的精度范围内的左边部分为止。一旦 $\dot{x}$ 已知,就可以做积分,并且程序又启动了。这个求解隐式方程的方法完全依赖于计算机进行运算。本节讨论更多的是如何自动仿真。

处理微分因果关系的另一个办法和处理代数环一样。我们着眼于导致微分因果关系的建模决策,然后建立一个新的模型,使新的建模决策不要产生那样的问题。我们又人为地有针对性地加入寄生元件,这些元件在保留模型预期的性能的同时支持生成显式方程组。

以图13.6的系统为例,它包含3个非线性弹簧和1个非线性阻尼器。几个弹簧的结构特性分别如下:

$$F_1 = \phi_{c_1}(q_1) \tag{13.29}$$

$$F_2 = \phi_{c_2}(q_2) \tag{13.30}$$

$$F_3 = \phi_{c_3}(q_3) \tag{13.31}$$

阻尼器的结构特性为

$$v_d = \phi_R^{-1}(F_d) \tag{13.32}$$

这个系统的键合图如图13.7所示。因果关系的指定说明了弹簧3在微分因果关系中。注意,阻尼器的因果关系说明流 v_d 是输出,势是 F_d 输入。

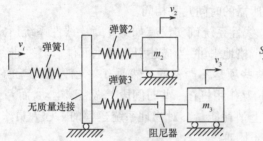

图13.6　具有微分因果关系的非线性系统　　　图13.7　图13.6所示系统的键合图

第5章的5.5节介绍的方法表明,列出状态方程表达式需要弹簧的流 q_3 来进行方程推导。式(13.31)可以写成:

$$q_3 = \phi_{c_3}^{-1}(F_3) \tag{13.33}$$

这要求我们必须能够根据微分因果储能元件变换结构关系式,这也许不可能,但是,假设这样做可能的话,我们就继续。因果关系告诉我们:

$$F_3 = F_1 - F_2 \tag{13.34}$$

其中 F_1、F_2 从式(13.29)和式(13.30)得到。然后,

$$\dot{q}_3 = \frac{\mathrm{d}\phi_{c_3}^{-1}(F_3)}{\mathrm{d}F_3}\dot{F}_3 \tag{13.35}$$

式中

$$\dot{F}_3 = \frac{\mathrm{d}\phi_{c_1}}{\mathrm{d}q_1}\dot{q}_1 - \frac{\mathrm{d}\phi_{c_2}}{\mathrm{d}q_2}\dot{q}_2 \tag{13.36}$$

直接由键合图得到状态方程组如下:

$$\dot{q}_1 = v_1 - v_d - \frac{p_3}{m_3} - \dot{q}_3 \tag{13.37}$$

$$\dot{q}_2 = -\frac{p_2}{m_2} + v_d + \frac{p_3}{m_3} + \dot{q}_3 \tag{13.38}$$

$$\dot{p}_2 = F_2 \tag{13.39}$$

$$\dot{p}_3 = F_1 - F_2 \tag{13.40}$$

其中 F_1、F_2 从式(13.29)和式(13.30)得到,v_d 通过式(13.32)得到,并且,

$$F_d = F_1 - F_2 \tag{13.41}$$

注意,尽管弹簧3是储能元件,但是 q_3 不是一个独立状态变量。由于微分因果关系,q_3 在代数上与状态变量 q_1 和 q_2 有关。将式(13.36)代入式(13.35),结果再代入式(13.37)和式(13.38),得到的方程正如式(13.28)所示的一般形式,其状态变量导数将出现在状态方程组的右边。

假设式(13.35)和式(13.36)需要的运算能执行,这些隐式方程就能通过迭代的办法求解。也许能通过代数计算得到所有的状态导数值带到式(13.37)和式(13.38)左边并且进行处理,直到得到隐式方程的结果。这对于非线性系统通常不可能,因为元件的结构特性不必是各种解析函数,而有可能是一些有不连续点的限制函数和(或)通过实际装置测试得来的数据表。

一个可供选择的办法是重新考虑建模的假设并且稍微修改一下,让结果不再出现微分因果关系。图13.8所示为图13.6中去掉了连接无质量这一假设后的示例系统。此时,连接处包含了一个质量块 m',包含了 m' 后的键合图没有出现微分因果关系,这样,通过键合图即可以得到显式方程组。

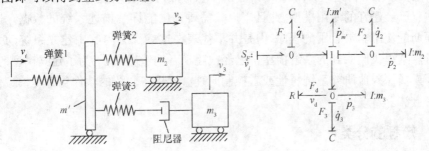

图13.8 修改图13.6后没有了微分因果关系的系统

此时,状态方程组为

$$\dot{q}_1 = v_i - \frac{p_{m'}}{m'} \tag{13.42}$$

$$\dot{q}_2 = -\frac{p_2}{m_2} + \frac{p_{m'}}{m'} \tag{13.43}$$

$$\dot{q}_3 = \frac{p_{m'}}{m'} - \frac{p_3}{m_3} - v_d \tag{13.44}$$

$$\dot{p}_2 = F_2 \tag{13.45}$$

$$\dot{p}_3 = F_3 \tag{13.46}$$

$$\dot{p}_{m'} = F_1 - F_2 - F_3 \tag{13.47}$$

其中,F_1、F_2 和 F_3 通过结构关系式(13.29)、式(13.30)和式(13.31)求得,由于 $F_d = F_3$,

v_d 可由式(13.32)求得。于是,就得到了可供计算机求解的一阶显式非线性状态方程组。

对于出现微分因果关系的情况,当重新考虑建模假设并且引入一个寄生元件 m',结果增加了两个状态方程。加入质量块 m' 的目的一是为了引入 I 元件,另一个目的是为了改变弹簧 3 的因果关系,从而使 q_3 成为一个独立状态变量。对于低阶次模型需要添加的寄生元件并不多,增加的状态方程不会带来计算上的困难。但是对非常大规模的模型而言,有很多具有微分因果关系的元件,我们处理问题的办法可能选择直接求解隐式方程。后面介绍有关自动仿真的章节将告诉我们如何处理这样的问题。

最后,当引入寄生元件而产生显式方程组时,如果寄生元件的大小调整到近似最初期望的模型,就可以得到快速变化的瞬态过程。前一节有关代数环的部分讨论过这个问题,那些论述在这里同样适用。

13.4 动态系统的自动化仿真

这里的自动化仿真是指那些专门负责求解方程的软件,它们把一些动态方程转化成一些指定的格式,提出解决办法,并且不需要用户提供任何计算机程序就可以呈现出结果。所有的这些包都允许方程形式作为输入,而且,有一些包还提供图形接口,能将不同的图标用方程进行描述,然后完全转化为方程求解。本书将不专门讨论目前全世界可用的软件包,这里讨论自动仿真的一些基本概念。

汽车动力学、火车动力学、磁路、声学等一些非常特殊的系统有几个专用的软件包。这些包中有已经建好的专用模型,并且用户只需要提供能详细描述系统的数据。这些都是针对预期的使用非常有用的程序,但是并不代表在这一部分内容中建立系统动力学模型是重点。这里我们谈到的系统模型都已经被建模者构造出来了,为了建立模型的原型,这些建模人员深入地研究系统特性或者控制原理。这里将介绍的软件包都是模型仿真中最简单的方法。

13.4.1 方程的分类

对于求解软件来说,模拟一个时间步,需要当前的状态变量导数值。用户所提供的方程组经过了自动排序,一次只能解一个方程,因此,计算每一个微分值时需要的最新变量信息也都已经计算好了。

一个简单的例子,方程如下:

$$\frac{\mathrm{d}x}{\mathrm{d}t} = ax + b \tag{13.48}$$

其中

$$a = 6 \tag{13.49}$$
$$b = 8 \tag{13.50}$$
$$x = 2 \tag{13.51}$$

方程没有自动排序,$\mathrm{d}x/\mathrm{d}t$ 就无法计算出来,除非式(13.49)~式(13.51)提前计算出来,对 a、b、x 设置具体数值。方程若自动排序了,计算机算法就知道在计算 $\mathrm{d}x/\mathrm{d}t$ 以前要计算出 a、b 和 x 的值。这个特点可能很简单或者显而易见,但是它不需要用户人为地提供按顺序排列的方程组,并且不用注意顺序地将几个子模型列在一起很容易。

下面的简单例子将展现方程排序的另一个同样重要的特点。

$$\frac{\mathrm{d}x}{\mathrm{d}t} = ax + b \tag{13.52}$$

其中

$$b = c - b + x \tag{13.53}$$
$$c = 6 \tag{13.54}$$
$$a = 8 \tag{13.55}$$
$$x = 2 \tag{13.56}$$

这里,我们给方程排序出现了困难。式(13.53)中,b 依赖于它本身,并且没有一个自动排序程序能找出式(13.53)~式(13.56)的计算顺序,从而计算出式(13.52)中的 $\mathrm{d}x/\mathrm{d}t$。一个自动排序算法不能给这样的方程组排序。原则上讲,根据式(13.53)容易得到 $b = \frac{1}{2}c + \frac{1}{2}x$,而且,有了这个条件也就可以求解方程了。一个能处理微分代数方程[①]的计算机算法会先取得 c 和 x 的值,然后迭代 b 值,直到式(13.53)的右边跟左边相等。把这样的方程给一个显式方程求解软件,结果将提示"不能排序",并且放弃退出。因此,目前需要显式方程组的商业软件包,在模型不能继续求解时会自动提示,但是,仿真也不能再继续的了。

正如前面所看到的,在推导方程式以前,键合图上就能告知代数解析问题,这使得建模人员在尝试仿真之前要关注他(她)的模型假设,这是键合图建模最实用的优点。

13.4.2 隐式方程和微分代数方程的求解

当建模的假设条件引起了代数环或微分因果关系时,求解显式方程的软件不能给要仿真的方程组排序。如果代数方法不能解决,就只能通过前面讲述的迭代方法一步步列出答案来。涉及这类问题的都是微分代数方程(DAE)或隐式方程。

正如前面提到过的,有很多专用的软件包用于模拟如汽车和火车这些非常特殊的动力系统。这些模型命名为"多体系统动力学",属于动力学的范畴,多体系统内的惯性物体都被假定为刚性的并且禁止在各物体之间的连接点处做相对运动,这种系统的键合图模型全是微分因果关系。对于这些特殊系统,用 DAE 算法来求解系统方程组。特殊的代数问题造成方程组也是特殊形式,因此,用户不加入代码的话,软件是无法列出结果的。

这里详尽阐述的建模方法经常导致代数问题,这在计算机求解之前建模人员必须要关注。一些和库仑摩擦一样平常的事情,如果涉及代数环,没有主要使用者的监督就不能用 DAE 求解软件。正因为 DAE 求解软件是一个在自动仿真方面功能强大的工具,因此,本书中强调模型最好生成显式方程组。

13.4.3 基于图标的自动化仿真

有一些商业软件包兼容图像形式的系统描述,能自动将图像系统转化成所需格式的

---

① 有很多专门求解微分代数方程的软件包,但是没有求解显式方程的软件那么普遍。

方程组,并且交给软件进行求解。这些基于图标的软件包主要参与一些特殊的应用,比如电路、液压系统、弹簧 – 质量块 – 阻尼器构成的机械系统、磁路、声学系统,甚至更多。有些程序容许"功能块"作为输入,比如图表块,并且没有前面提到的软件那样强的特殊系统针对性。

有几个软件包能将键合图描述转化成合适的输入文件给方程求解软件。正因为键合图适用于各种与能量相关的、无论是线性或是非线性的系统的建模,因此,图形化的键合图程序最适合耦合了传动装置、传感器和控制器构成的复杂机械系统的整体系统动力学建模。

如果构造模型中用到了线性建模的假设,那么描述每一个 $-R$、$-I$、$-C$、$-TF-$、$-GY-$ 元件只需要一个参数。对于多通口元件,参数的数量会增多,但是仍然有限制。对于非线性系统,有无数多种可能的特性规则。例如,键合图上如果有一个 $C-$ 元件,计算机就能把这个图标理解为满足线性特征规律:

$$e = \frac{q}{C} \tag{13.57}$$

并且用户只需要提供相应的参数 C 的值。如果那个 $C-$ 元件是非线性的,则

$$e = \phi_c(q) \tag{13.58}$$

在提供函数或数据列表以外,用户还必须给计算机提供函数的限定条件。一些基于图标的键合图图像分析软件把键合图都理解为线性的,因此允许用户修改输入文件来反映本来的非线性特性,或者如果元件确实是线性的就直接给适当的参数赋值。

这一节的标题是"动态系统的自动化仿真",但是读了所有的介绍之后,读者可能感觉仿真根本没有自动化。对于用户几乎不费吹灰之力就能模拟出的低阶次线性系统而言,那种感觉确实存在。但是,复杂的非线性系统确实只需要有意义的用户输入。

键合图可以将整个复杂模型拆成一些易处理的部分,并且通过标定的因果关系把计算上的困难都转告给用户。下一节将展示一个复杂系统的仿真过程。

13.5   非线性仿真举例

在第 12 章中,详尽阐述了热力学建模,图 12.8 展示了一个活塞端口的两冲程发动机的键合图。这里仿真的实例模型是两冲程发动机简化后的形式,称为"空气发动机"。

图 13.9 所示为空气发动机的示意图,图上包括了一个曲柄滑块运动机构,这个机构驱动着一个活塞在汽缸内运动。恰好到了上止点(TDC)之后,进气阀被打开了,使活塞受到给定的压力 P_S,汽缸内的压力 P 将活塞往下推。当活塞经过出气口时,活塞将调节流通面积,并且影响汽缸内进/出空气的流通。仿真的目的可能就是为了找到最好的出气口位置 x_e,以便提供的空气发挥最有效的作用。这里,我们的目的正是要展示非线性仿真。选择这个特殊的例子是因为这个系统所有部件的模型在本书前面都构建过,而更重要的是,这个系统根本不可能利用线性方法进行分析。要深入了解这个系统的性能,唯一的方法就是仿真。

假设压力 P,温度 T,质量 m,能量 E,体积 V 表示了汽缸上部的瞬时特性。又假设活塞是不计质量的,并且活塞周围不漏气。最后,假设根据指令即刻打开的进气口面积为

A_i，假设汽缸上部的模型构造成一个简单的热力学存储器（详见 12.4.1 节），并且假设进气口和出气口均看做是等熵喷管（详见 12.4.2 节）。

图 13.10 所示为空气发动机的键合图，因果关系已经标定，并且表明了所有的积分因果关系不会出现代数环。因此，尽管表达式会很复杂，但是能生成显式方程组用于仿真。热力学存储器将提出 3 个状态变量，惯性飞轮提供 1 个状态变量。这个系统仿真只需要 4 个状态方程。表示进气口的四通口 R 元件需要压力 P_S 和温度 T_S 的确定值。还需要知道流通面积 A_i，通过用户提供的一些逻辑表达式可以确定 A_i。当 θ 角超过 180°时，进气口打开，当活塞位置 x_p 低于出气口的位置 x_e 时，进气口关闭。

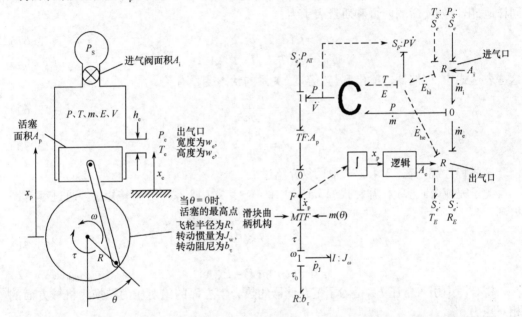

图 13.9　空气发动机的示意图　　　　图 13.10　空气发动机的键合图

表示出气口的四通口 R 元件需要出口外的压力 P_e 和温度 T_e 的确切值。由三通口 C - 元件的因果输出 P 和 T 可知空气上行情况。出气口的面积 A_e 通过用户提供的逻辑表达式由活塞的位置 x_p 来调节，$\dot{x}_p$ 经过信号处理模块后得到的理想值就代表活塞的位置。

8.1 节推导了曲柄滑块的关系式 $m(\theta)$，这里重复如下：

$$m(\theta) = \left[R\sin\theta - \frac{R^2\sin\theta\cos\theta}{(L^2 - R^2\sin^2\theta)^{1/2}} \right] \tag{13.59}$$

用 $m(\theta)$ 可以得到：

$$\dot{x}_p = m(\theta)\omega \tag{13.60}$$

式(13.59)中 θ 角以垂直向下（即滑块在下死点时）为起始，这点与 8.1 节中 θ 角的起始点不同。状态变量 E、m 和 V 分别代表能量、质量和存储器的体积，还有 p_J 表示飞轮的角动量。

根据因果关系的信息推导出的方程组如下：

$$\dot{E} = -P\dot{V} + \dot{E}_{hi} - \dot{E}_{he} \tag{13.61}$$

$$\dot{m} = \dot{m}' - \dot{m}_e \tag{13.62}$$

$$\dot{V} = -Ap\dot{x}_p \tag{13.63}$$

$$\dot{p}_J = -b_\tau \frac{p_J}{J_\omega} - \tau \tag{13.64}$$

进气口的焓流 $\dot{E}_{hi}$ 和质量流 $\dot{m}_i$ 是 12.4.2 节中介绍的四通口 R 元件的输出,在那一节中,式(12.96)~式(12.101)描述了计算的过程,这里不再重复介绍。这里只说明四通口因果关系的涵义,有

$$\dot{E}_{hi} = f_i(T_s, R_s, T, A_i) \tag{13.65}$$

$$\dot{m}_i = g_i(T_s, P_s, T, A_i) \tag{13.66}$$

同样地,出口处流通的能量和质量表示为:

$$\dot{E}_{he} = f_e(T, P, T_e, P_e, A_e) \tag{13.67}$$

$$\dot{m}_e = g_e(T, P, T_e, P_e, A_e) \tag{13.68}$$

这些表达式中,存储器的输出都与"容度"关系的状态变量有关。

$$T = \frac{1}{c_v} \frac{E}{m} \tag{13.69}$$

$$P = \frac{R}{c_v} \frac{E}{V} \tag{13.70}$$

这些特性规则在 12.4.2 节中反复介绍过。

为了完成公式表达,需要式(13.63)中的 $\dot{x}_p$ 和式(13.64)中的转矩 τ。通过键合图得到:

$$\dot{x}_p = m(\theta) \frac{p_J}{J_\omega} \tag{13.71}$$

$$\tau = m(\theta) Ap(P - P_{AT}) \tag{13.72}$$

键合图中引入常压 P_{AT} 是为了把存储器的热力学方面的绝对压力转换为机械方面的相对压力。

我们必须认识到,需要 θ 和 x_p 作为中间变量。这里通过下面的公式来扩展状态空间:

$$\dot{\theta} = \frac{p_J}{J_\omega} \tag{13.73}$$

并且,θ 能和其他的状态方程一起求解出来,位移 x_p 通过求解式(13.71)也是能得到的。最后,要完成公式还需要调节的入口面积 A_i 和出口面积 A_e,这些都通过用户提供的逻辑表达式来确定。例如,对于 A_i,有

$$A_i = \begin{cases} A_{imax} & (\theta \geqslant 180° \text{且 } x_p > x_e) \\ 0 & (\text{其他}) \end{cases} \tag{13.74}$$

这意味着进气口将保持打开状态直到出气口开始打开为止。用户必须略微注意的是,由于对式(13.73)进行积分时 θ 会不断地增加,并且旋转一周以后式(13.74)就不适用了,因此必须确保每旋转一整周之后 θ 角要重新置零。

出气口面积的逻辑表达式为

$$A_e = \begin{cases} w_e[x_e + h_e + x_p] & (x_p \leqslant (x_e + h_e)) \\ w_e h_e & (x_p \leqslant x_e) \\ 0 & (\text{其他}) \end{cases} \tag{13.75}$$

A_i,假设汽缸上部的模型构造成一个简单的热力学存储器(详见 12.4.1 节),并且假设进气口和出气口均看做是等熵喷管(详见 12.4.2 节)。

图 13.10 所示为空气发动机的键合图,因果关系已经标定,并且表明了所有的积分因果关系不会出现代数环。因此,尽管表达式会很复杂,但是能生成显式方程组用于仿真。热力学存储器将提出 3 个状态变量,惯性飞轮提供 1 个状态变量。这个系统仿真只需要 4 个状态方程。表示进气口的四通口 R 元件需要压力 P_S 和温度 T_S 的确定值。还需要知道流通面积 A_i,通过用户提供的一些逻辑表达式可以确定 A_i。当 θ 角超过 180°时,进气口打开,当活塞位置 x_p 低于出气口的位置 x_e 时,进气口关闭。

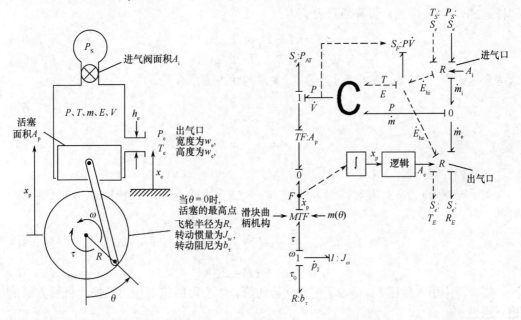

图 13.9 空气发动机的示意图   图 13.10 空气发动机的键合图

表示出气口的四通口 R 元件需要出口外的压力 P_e 和温度 T_e 的确切值。由三通口 C-元件的因果输出 P 和 T 可知空气上行情况。出气口的面积 A_e 通过用户提供的逻辑表达式由活塞的位置 x_p 来调节,$\dot{x}_p$ 经过信号处理模块后得到的理想值就代表活塞的位置。

8.1 节推导了曲柄滑块的关系式 $m(\theta)$,这里重复如下:

$$m(\theta) = \left[R\sin\theta - \frac{R^2\sin\theta\cos\theta}{(L^2 - R^2\sin^2\theta)^{1/2}} \right] \tag{13.59}$$

用 $m(\theta)$ 可以得到:

$$\dot{x}_p = m(\theta)\omega \tag{13.60}$$

式(13.59)中 θ 角以垂直向下(即滑块在下死点时)为起始,这点与 8.1 节中 θ 角的起始点不同。状态变量 E、m 和 $\mathcal{V}$ 分别代表能量、质量和存储器的体积,还有 p_J 表示飞轮的角动量。

根据因果关系的信息推导出的方程组如下:

$$\dot{E} = -P\dot{\mathcal{V}} + \dot{E}_{hi} - \dot{E}_{he} \tag{13.61}$$

$$\dot{m} = \dot{m}' - \dot{m}_e \tag{13.62}$$

$$\dot{\mathcal{V}} = -Ap x_p \qquad (13.63)$$

$$\dot{p}_J = -b_\tau \frac{p_J}{J_\omega} - \tau \qquad (13.64)$$

进气口的焓流 $\dot{E}_{hi}$ 和质量流 $\dot{m}_i$ 是 12.4.2 节中介绍的四通口 R 元件的输出,在那一节中,式(12.96)~式(12.101)描述了计算的过程,这里不再重复介绍。这里只说明四通口因果关系的涵义,有

$$\dot{E}_{hi} = f_i(T_s, R_s, T, A_i) \qquad (13.65)$$

$$\dot{m}_i = g_i(T_s, P_s, T, A_i) \qquad (13.66)$$

同样地,出口处流通的能量和质量表示为:

$$\dot{E}_{he} = f_e(T, P, T_e, P_e, A_e) \qquad (13.67)$$

$$\dot{m}_e = g_e(T, P, T_e, P_e, A_e) \qquad (13.68)$$

这些表达式中,存储器的输出都与"容度"关系的状态变量有关。

$$T = \frac{1}{c_v} \frac{E}{m} \qquad (13.69)$$

$$P = \frac{R}{c_v} \frac{E}{\mathcal{V}} \qquad (13.70)$$

这些特性规则在 12.4.2 节中反复介绍过。

为了完成公式表达,需要式(13.63)中的 $\dot{x}_p$ 和式(13.64)中的转矩 τ。通过键合图得到:

$$\dot{x}_p = m(\theta) \frac{p_J}{J_\omega} \qquad (13.71)$$

$$\tau = m(\theta) Ap(P - P_{AT}) \qquad (13.72)$$

键合图中引入常压 P_{AT} 是为了把存储器的热力学方面的绝对压力转换为机械方面的相对压力。

我们必须认识到,需要 θ 和 x_p 作为中间变量。这里通过下面的公式来扩展状态空间:

$$\dot{\theta} = \frac{p_J}{J_\omega} \qquad (13.73)$$

并且,θ 能和其他的状态方程一起求解出来,位移 x_p 通过求解式(13.71)也是能得到的。最后,要完成公式还需要调节的入口面积 A_i 和出口面积 A_e,这些都通过用户提供的逻辑表达式来确定。例如,对于 A_i,有

$$A_i = \begin{cases} A_{imax} & (\theta \geq 180° \text{且} \ x_p > x_e) \\ 0 & (\text{其他}) \end{cases} \qquad (13.74)$$

这意味着进气口将保持打开状态直到出气口开始打开为止。用户必须略微注意的是,由于对式(13.73)进行积分时 θ 会不断地增加,并且旋转一周以后式(13.74)就不适用了,因此必须确保每旋转一整周之后 θ 角要重新置零。

出气口面积的逻辑表达式为

$$A_e = \begin{cases} w_e[x_e + h_e + x_p] & (x_p \leq (x_e + h_e)) \\ w_e h_e & (x_p \leq x_e) \\ 0 & (\text{其他}) \end{cases} \qquad (13.75)$$

这些条件将调整活塞所暴露的出口面积,当端口全部暴露出来时出气口面积为最大值,并且当端口全部被覆盖时出气口面积设置为0。用户想尝试其他可能的策略,这些是最好的例子。将式(13.61)~式(13.75)传递给适应任何阶的显式方程求解软件,自动排序程序将按适当的顺序计算每个方程的值从而得到状态的微分量,一个求积分的算法将从一个时间步到下一个时间步地逼近结果。由于知道这是一个因果的、可计算的模型,并且能够实现方程排序,因此没有必要试图将这些方程写成如下的显式函数形式:

$$\dot{x} = f(x, u, t) \tag{13.76}$$

13.5.1 一些仿真结果

空气发动机的参数为:

活塞的直径:$D_p = 80mm$;

曲柄的半径:$R = 40mm$;

连接杆的长度:$L = 40mm$;

TDC 头部的体积:$V_{sq} = 40mL$;

飞轮的转动惯量:$J_\omega = 1.64 \times 10^{-3} kg \cdot m^2$;

负载阻抗:b_τ 是可变的,用于控制转矩、速度和功率。

进气口的参数为:

入口的最大面积:$A_{imax} = 2.9cm^2$;

供给压力:$P_s = 200psig[①] = 14.3atm[②] = 14.3 \times 10^5 N/m^2$;

供给温度:$T_s = 20℃ = 193K$。

出气口的参数为:

出口的高度:$h_e = 17mm$;

出口的宽度:$w_e = 17mm$;

出口相对于曲柄中心的位置:x_e 是可变的,用户可能的取值范围为{0mm,20mm,40mm,…}初始条件:仿真从 $\theta = 182°$ 刚过 TDC 时开始。汽缸内的压力 P 为 P_{atm},温度为20℃。汽缸的体积 $V_{sq} = 40mL$。通过式(13.70)能计算出初始的能量 E,通过式(13.69)能计算出初始的质量 m。初始的角动量 p_J 为零。

仿真在这些初始条件下开始,并随着活塞的循环运动继续进行,能量和气体质量也在活塞循环运动的同时在发动机中进出。利用商业软件包和下面即将展示的典型响应就能求解状态方程了。

图13.11 所示为随时间变化的汽缸压力 P 和进出口面积,图13.12 所示为汽缸的温度。压力和温度经过几个循环之后都差不多趋于稳定状态。当进气口打开时,压力出现一个小的尖峰,这是由供给压力和汽缸压力的压力差引起的,也因为活塞靠近TDC 时运动非常缓慢这一事实所造成。温度也呈现出同样的特性。

图13.13 所示为通过进出口的气体质量的流通率。有趣的是,进气口出现一个非常窄的负的尖峰波,这是由于进气口打开时汽缸内的压力要比供给压力高的缘故。随着活

---

① 1psig(磅/英寸²) = 0.00689MPa;

② 1atm = 101.325kPa。

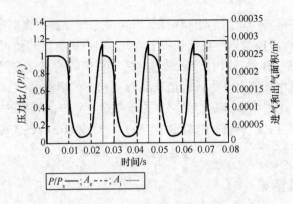

图 13.11　空气发动机汽缸内的压力

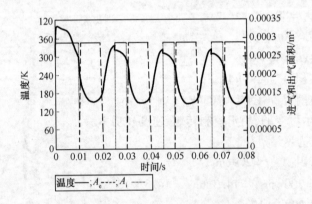

图 13.12　空气发动机汽缸内的温度

塞向下运动,气体流入汽缸,流通率出现了一个快速的重新调整。当出气口打开时,气体向外溢出加快,然后,随着汽缸的压力下降而溢出速度放缓。在出气口关闭以前的气流增加是由于活塞已经到达了下止点并且正向上运动。当活塞遮盖出气口时就把空气逐出了端口。

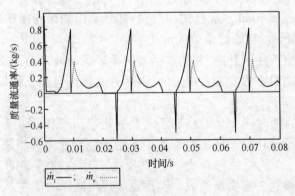

图 13.13　通过进出口的气体质量的流通率

图 13.14 为发动机输出的转矩。这是通过测量图 13.10 中的扭转阻抗 b_τ 而得到的转矩。它和压力的变化特性一致。有趣的是转矩的峰值和压力的峰值不是同时发生,这是由曲柄滑块机构的固有特性所决定的。在靠近 TDC 时,即压力出现最高峰的时刻,没

有力臂将转矩传送给飞轮。当飞轮开始旋转以后，力臂随着压力的减小开始增长。

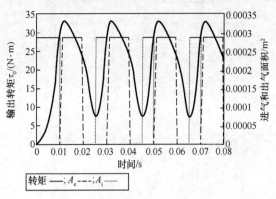

图 13.14　空气发动机输出的转矩 τ

13.6　结　论

本章试图揭示非线性仿真和机构的复杂性，所给的例子利用键合图将一些复杂系统整合起来。为了构造一个可计算的模型，仿真该如何进行，在这个问题上为了给用户提供更多的选择，在方程表示以前会出现很多公式表达问题，因果关系是应对该问题的强有力的工具。因果关系还规定了输入和输出变量要满足元件的非线性特性规则。这使得我们可以预先决定，如果公式化需要的话，是否转化一个特殊的关系。

这里和第 9 章都说明了非线性几何学通常需要中间变量，从代数角度来看，它们对于状态变量是没有用的。在这种情况下，必须扩展状态空间来包含"自由积分器"，它们能和状态变量一起求解出来。键合图会提供这些自由积分器的关系。

最后通过一个实例展示了复杂的仿真过程。希望读者能充分意识到键合图在创建仿真模型方面是很有用的。

习　题

13-1　下面展示的系统具有如下的非线性弹性特征

$$F_s = g_s \delta_s^3$$

和非线性阻尼特征

$$F_d = g_d v_d^3$$

构建一个键合图模型，推导状态方程。并翻译成计算机能够仿真的形式。

13-2　对于题 13-1 的系统，如果模型的弹簧和阻尼器的特征采用平方而不是立方，必须在计算机模型上做什么样的变化？

13-3　对于题 13-1 的系统，加入物体和地面之间的摩擦，重新建立键合图。推导方程，并翻译成能够进行计算机仿真的准备形式。描述为了加入摩擦所必须包含的程序

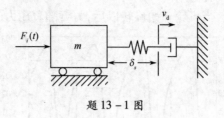

题 13 - 1 图

语句。

13 - 4 上面显示该设备是一个气垫,假设具有等熵特征。该设备的特性关系确定如下:

$$F = P_0 A_P \left[\frac{1 - \left(\dfrac{A_P \delta}{V_0}\right)^{\gamma}}{\left(\dfrac{A_P \delta}{V_0}\right)^{\gamma}} \right]$$

其中 P_0 是在大气压力,V_0 是室容量,且 $A_P \delta / V_0 = 1$。该设备连接点暴露的键合图如上所示。

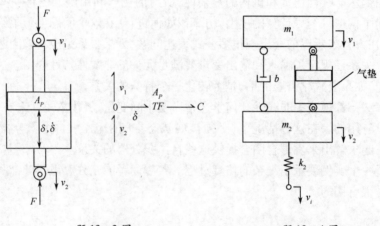

题 13 -3 图　　　　　　　　　题 13 -4 图

包括这个气垫的 1/4 汽车模型如下所示,创建键合图模型,推导出一套完整的状态方程。将这些方程组织成一种适合计算机模拟的形式。对处理 $A_P \delta / V_0 \rightarrow 0$ 这一特殊情况所需要的所有语句,请给出解释。

13 -5 题图所示的系统有两个非线性耗散元件的特性行为,

$$F_1 = g_1 v_1^3, \quad v_1 = v_m - v_2$$
$$F_2 = g_2 |v_2| v_2$$

构建键合图模型,并确定存在的代数环。尝试使用第 5 章 5.4 节的步骤推导出状态方程。现在添加一个寄生元件消除代数环。推导状态方程,并将其组织成适合计算机仿真的形式。

13 -6 题图所示的系统是一个具有挠性轴和附加惯性负载的直流电动机。轴是非线性并按照如下公式运转:

$$\tau = g(\theta_2 - \theta_1)^3$$

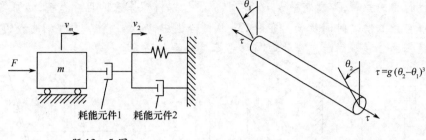

题 13 – 5 图

构建一个键合图模型,分配因果关系,充分说明微分因果关系存在。尝试使用第 5 章 5.5 节的方法推导出一个计算模型。附加一个寄生元件到你的模型来消除微分因果关系,并给出这一元件的物理解释。推导由此产生的显式方程,并转换成可进行计算机仿真的形式。

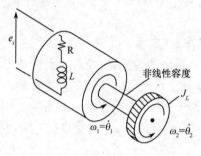

题 13 – 6 图

13 – 7   图 12.17 显示了一个热力学系统及其因果键合图。推导该系统的状态方程,并说明他们是适合计算机仿真的。

13 – 8   题图系统所示的组合是由题 13 – 4 的气垫和式(13.59)滑块曲柄设备组成。构建该系统的键合图模型,推导状态方程。扩展必要的状态空间,并建立你的计算机仿真方程。

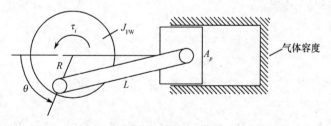

题 13 – 8 图

13 – 9   物体 m,从刚性墙壁反弹且过程无能量损失。建模该现象的一种方法是指定一个边界脉冲力 F,持续作用特定但很短的时间量(或许一个仿真时间步长),该力加速物体,使其以撞上墙壁时同样的速度脱离墙壁,但作用在相反的方向。

对于一个 Δt s 的持续作用时间,计算这个力的值,假设接近速度已知;对该仿真建立包含需要处理边界冲力的逻辑语句的状态方程。

13 – 10   对于题 13 – 9,另一种处理碰撞问题的方法是假设墙和物体两者之间存在如下特性行为的弹簧,弹簧常数 k,必须"非常硬",以模拟原来的目标系统,这可能需要缩短与墙壁接触的仿真时间步长。在题 13-9 键合图中,加入一个 C 元件到的激励源,并推导适合仿真的方程。同时包含处理"刚性"容度必要的逻辑。

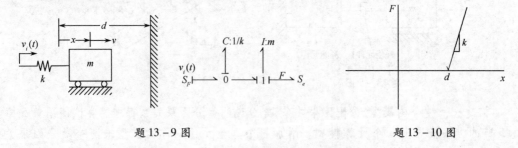

题 13-9 图   题 13-10 图

13-11 如题图所示,两个长度不等的摆由一个弹簧连接在一起。构建支持大角度偏转的键合图模型。推导出一个完整状态表示,并创建计算机仿真。弹簧在两个摆垂直时处于自然状态。

13-12 滑动曲柄装置中,假定唯一重要的惯性元件是质量为 m 的连杆,其转动惯量为 J,长度 L,如题图所示一种改进装置中,横向滑动约束已由两个弹簧 K_H 和 K_V 所取代。如果 K_V 非常硬,那么接近于水平滑动限制。构建系统的键合图模型,注意涉及角度 θ 和 α 的 *MTF* 的使用。推导一个完整的状态表示和组合它们进行仿真(提示:转移 c_g 运动到曲柄终点,然后对曲柄施加约束速度,并推导出另一端的弹簧速度)。

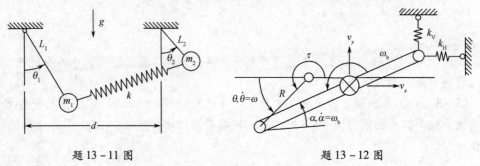

题 13-11 图   题 13-12 图

参 考 文 献

[1] B. Carnahan, H. A. Luther, and J. O. Wilkes, Applied Numerical Methods, New York:Wiley,1969.

[2] A. Zeid and C. H. Chung, "Bond Graph Modeling of Multibody Systems:A Library of Three-Dimensional Joints," J. Franklin Inst. ,329,605-636(1992).

[3] D. Margolis and D. Karnopp, "Analysis and Simulation of Planar Mechanisms Using Bond Graphs," ASME J. Mechan. Des. ,101,No. 2,187-191(1979).

附录 用于建模机械、声学及液压元件等典型材料的属性值

质量密度，ρ，$[kg/m^3]$

固体

铝： 2700kg/m³

铜： 8900kg/m³

硬质橡胶： 1100kg/m³

软质橡胶： 950kg/m³

钢： 7700kg/m³

钛： 4500kg/m³

液体

液压油,封装良好： 900kg/m³

淡水,20℃： 998kg/m³

海水① 1026kg/m³

气体：

1个标准大气压下空气,20℃： 1.21kg/m³

1个标准大气压下空气,0℃： 1.29kg/m³

1个标准大气压下氢气,0℃： 0.09kg/m³

弹性模量，E，$[Pa = N/m^2]$

铝： $71000N/mm^2 = 71 \times 10^9 Pa$

铜： $122000N/mm^2 = 122 \times 10^9 Pa$

硬质橡胶： $2300N/mm^2 = 2.3 \times 10^9 Pa$

软质橡胶： $5N/mm^2 = 0.005 \times 10^9 Pa$

钢： $206000N/mm^2 = 206 \times 10^9 Pa$

钛： $110000N/mm^2 = 110 \times 10^9 Pa$

体积模量，B，$[Pa = N/m^2]$

水,20℃： $2.18 \times 10^9 Pa$

液压油(封装良好)： $1.52 \times 10^9 Pa$

声速，c，$[m/s]$

1个标准大气压空气中,20℃： 343m/s

1个标准大气压空气中,0℃： 332m/s

---

① 原文为 water,sea,at 134℃ :1,026kg/m³。数据有误。

1 个标准大气压氢气中,0℃:   1269. 5m/s

淡水中,20℃:   1481m/s

海水中,0℃:   1500m/s

剪切黏度系数,μ,$[\text{Pa} \cdot \text{s}]$

1 个标准大气压空气,20℃: $1.8 \times 10^{-5} \text{Pa} \cdot \text{s}$

蓖麻油: $0.96 \text{Pa} \cdot \text{s}$

淡水,20℃: $1.0 \times 10^{-3} \text{Pa} \cdot \text{s}$

绝热指数,$\gamma = c_p/c_v$

空气   1. 40

二氧化碳

（低频）   1. 30

（高频）   1. 40

氮气   1. 40

内 容 简 介

全书系统介绍了动力学系统的建模、设计、仿真以及分析方法，详细介绍了基于键合图理论的建模方法，主要内容包括键合图基本理论、各类动态系统模型、线性系统分析、分布参数系统、非线性系统仿真等。本书是一部有关机电系统动力学建模的经典教材，经过 4 次修订。书中还包括大量习题，适合教学参考。

本书可作为高等院校相关专业的教材或参考书，也可供相关技术人员参考。